● 中学数学拓展丛书

本册书是湖南省教育厅科研课题"教育数学的研究"（编号06C510）成果之十二

数学欣赏拾趣

SHUXUE XINSHANG SHIQU

沈文选　杨清桃　著

 哈尔滨工业大学出版社
HARBIN INSTITUTE OF TECHNOLOGY PRESS

内容提要

本书共分七章,包括:数学欣赏的含义;欣赏数学的"真";欣赏数学的"善";欣赏数学的"美";欣赏数学文化;从数学欣赏走向数学鉴赏;从数学文化欣赏走向文化数学研究.

本书可作为高等师范院校、教育学院、教师进修学院数学专业及国家级、省级中学数学骨干教师培训班的教材或教学参考书,是广大中学数学教师及数学爱好者的数学视野拓展读物.

图书在版编目(CIP)数据

数学欣赏拾趣/沈文选,杨清桃著. —哈尔滨:哈尔滨工业大学出版社,2018.5
(中学数学拓展丛书)
ISBN 978-7-5603-6845-0

Ⅰ.①数… Ⅱ.①沈… ②杨… Ⅲ.①中学数学课 – 教学参考资料 Ⅳ.①G633.603

中国版本图书馆 CIP 数据核字(2017)第 191435 号

策划编辑	刘培杰　张永芹
责任编辑	张永芹　李　欣
封面设计	孙茵艾
出版发行	哈尔滨工业大学出版社
社　　址	哈尔滨市南岗区复华四道街 10 号　邮编 150006
传　　真	0451 – 86414749
网　　址	http://hitpress.hit.edu.cn
印　　刷	哈尔滨市石桥印务有限公司
开　　本	787mm×1092mm　1/16　印张 19　字数 475 千字
版　　次	2018 年 5 月第 1 版　2018 年 5 月第 1 次印刷
书　　号	ISBN 978-7-5603-6845-0
定　　价	48.00 元

(如因印装质量问题影响阅读,我社负责调换)

序

我和沈文选教授有过合作,彼此相熟.不久前,他发来一套数学普及读物的丛书目录,包括数学眼光、数学思想、数学应用、数学模型、数学方法、数学史话等,洋洋大观.从论述的数学课题来看,该丛书的视角新颖,内容充实,思想深刻,在数学科普出版物中当属上乘之作.

阅读之余,忽然觉得公众对数学的认识很不相同,有些甚至是彼此矛盾的.例如:

一方面,数学是学校的主要基础课,从小学到高中,12年都有数学;另一方面,许多名人在说"自己数学很差"的时候,似乎理直气壮,连脸也不红,好像在宣示:数学不好,照样出名.

一方面,说数学是科学的女王,"大哉数学之为用",数学无处不在,数学是人类文明的火车头;另一方面,许多学生说数学没用,一辈子也碰不到一个函数,解不了一个方程,连相声也在讽刺"一边向水池注水,一边放水"的算术题是瞎折腾.

一方面,说"数学好玩",数学具有和谐美、对称美、奇异美,歌颂数学家的"美丽的心灵";另一方面,许多人又说,数学枯燥、抽象、难学,看见数学就头疼.

数学,我怎样才能走近你,欣赏你,拥抱你? 说起来也很简单,就是不要仅仅埋头做题,要多多品味数学的奥秘,理解数学的智慧,抛却过分的功利,当你把数学当作一种文化来看待的时候,数学就在你心中了.

我把学习数学比作登山,一步步地爬,很累,很苦.但是如果你能欣赏山林的风景,那么登山就是一种乐趣了.

登山有三种意境.

首先是初识阶段.走入山林,爬得微微出汗,坐拥山色风光.体会"明月松间照,清泉石上流"的意境.当你会做算术,会记账,能够应付日常生活中的数学的时候,你会享受数学给你带来的便捷,感受到好似饮用清泉那样的愉悦.

其次是理解阶段.爬到山腰,大汗淋漓,歇足小坐.环顾四周,云雾环绕,满目苍翠,心旷神怡.正如苏轼名句:"横看成岭侧成峰,远近高低各不同.不识庐山真面目,只缘身在此山中."数学理解到一定程度,你会感觉到数学的博大精深,数学思维的缜密周全,数学的简捷之美,使你对符号运算能够有爱不释手的感受.不过,理解了,还不能创造."采药山中去,云深不知处."对于数学的伟大,还莫测高深.

第三则是登顶阶段.攀岩涉水,越过艰难险阻,到达顶峰的时候,终于出现了"会当凌绝顶,一览众山小"的局面.这时,一切疲乏劳顿、危难困苦,全都抛到九霄云外."雄关漫道真如铁",欣赏数学之美,是需要代价的.当你破解了一道数学难题,"蓦然回首,那人却在,灯火阑珊处"的意境,是语言无法形容的快乐.

好了,说了这些,还是回到沈文选先生的丛书.如果你能静心阅读,它会帮助你一步步攀登数学的高山,领略数学的美景,最终登上数学的顶峰.于是劳顿着,但快乐着.

信手写来,权作为序.

张奠宙
2016 年 11 月 13 日
于沪上苏州河边

附 文

(文选先生编著的丛书,是一种对数学的欣赏.因此,再次想起数学思想往往和文学意境相通,2007 年年初曾在《文汇报》发表一短文,附录于此,算是一种呼应.)

数学和诗词的意境

张奠宙

数学和诗词,历来有许多可供谈助的材料.例如:

一去二三里,烟村四五家.
亭台六七座,八九十枝花.

把十个数字嵌进诗里,读来朗朗上口.郑板桥也有题为《咏雪》的诗云:

一片二片三四片,五六七八九十片.
千片万片无数片,飞入梅花总不见.

诗句抒发了诗人对漫天雪舞的感受. 不过,以上两诗中尽管嵌入了数字,却实在和数学没有什么关系.

数学和诗词的内在联系,在于意境. 李白的题为《送孟浩然之广陵》的诗云:

故人西辞黄鹤楼,烟花三月下扬州.

孤帆远影碧空尽,唯见长江天际流.

数学名家徐利治先生在讲极限的时候,总要引用"孤帆远影碧空尽"这一句,让大家体会一个变量趋向于 0 的动态意境,煞是传神.

近日与友人谈几何,不禁联想到初唐诗人陈子昂的题为《登幽州台歌》的诗中的名句:

前不见古人,后不见来者.

念天地之悠悠,独怆然而涕下.

一般的语文解释说:上两句俯仰古今,写出时间绵长;第三句登楼眺望,写出空间辽阔;在广阔无垠的背景中,第四句描绘了诗人孤单寂寞、悲哀苦闷的情绪,两相映照,分外动人. 然而,从数学上看来,这是一首阐发时间和空间感知的佳句. 前两句表示时间可以看成是一条直线(一维空间). 陈老先生以自己为原点,前不见古人指时间可以延伸到负无穷大,后不见来者则意味着未来的时间是正无穷大. 后两句则描写三维的现实空间:天是平面,地是平面,悠悠地张成三维的立体几何环境. 全诗将时间和空间放在一起思考,感到自然之伟大,产生了敬畏之心,以至怆然涕下. 这样的意境,数学家和文学家是可以彼此相通的. 进一步说,爱因斯坦的四维时空学说,也能和此诗的意境相衔接.

贵州省六盘水师专的杨老师告诉我,他的一则经验. 他在微积分教学中讲到无界变量时,用了宋朝叶绍翁的题为《游园不值》中的诗句:

春色满园关不住,一枝红杏出墙来.

学生每每会意而笑. 实际上,无界变量是说,无论你设置怎样大的正数 M,变量总要超出你的范围,即有一个变量的绝对值会超过 M. 于是,M 可以比喻成无论怎样大的园子,变量相当于红杏,结果是总有一枝红杏越出园子的范围. 诗的比喻如此恰切,其意境把枯燥的数学语言形象化了.

数学研究和学习需要解题,而解题过程需要反复思索,终于在某一时刻出现顿悟. 例如,做一道几何题,百思不得其解,突然添了一条辅助线,问题豁然开朗,欣喜万分. 这样的意境,想起了王国维用辛弃疾的词来描述的意境:"众里寻他千百度. 蓦然回首,那人却在,灯火阑珊处."一个学生,如果没有经历过这样的意境,数学大概是学不好的了.

前言

> 音乐能激发或抚慰情怀,绘画使人赏心悦目,诗歌能动人心弦,哲学使人获得智慧,科技可以改善物质生活,但数学却能提供以上的一切.
>
> ——Klein

> 数学就是对于模式的研究.
>
> ——A. N. 怀特海

> 甚至一个粗糙的数学模型也能帮助我们更好地理解一个实际的情况,因为我们在试图建立数学模型时被迫考虑了各种逻辑可能性,不含混地定义了所有的概念,并且区分了重要的和次要的因素.一个数学模型即使导出了与事实不符合的结果,它也还可能是有价值的,因为一个模型的失败可以帮助我们去寻找更好的模型.应用数学和战争是相似的,有时一次失败比一次胜利更有价值,因为它帮助我们认识到我们的武器或战略的不适当之处.
>
> ——A. Renyi

人们喜爱音乐,因为它不仅有神奇的乐谱,而且有悦耳的优美旋律!

人们喜爱画卷,因为它不仅描绘出自然界的壮丽,而且可以描绘人间美景!

人们喜爱诗歌,因为它不仅是字词的巧妙组合,而且有抒发情怀的韵律!

人们喜爱哲学,因为它不仅是自然科学与社会科学的浓缩,而且使人更加聪明!

人们喜爱科技,因为它不仅是一个伟大的使者或桥梁,而且是现代物质文明的标志!

而数学之为德,数学之为用,难以用旋律、美景、韵律、聪明、标志等词语来表达!你看,不是吗?

数学精神,科学与人文融合的精神,它是一种理性精神!一种求简、求统、求实、求美的精神!数学精神似一座光辉的灯塔,指引数学发展的航向!数学精神似雨露阳光滋润人们的心田!

数学眼光,使我们看到世间万物充满着带有数学印记的奇妙的科学规律,看到各类书籍和文章的字里行间有着数学的踪迹,使我们看到满眼绚丽多彩的数学洞天!

数学思想,使我们领悟到数学是用字母和符号谱写的美妙乐曲,充满着和谐的旋律,让人难以忘怀,难以割舍!让我们在思疑中启悟,在思辨中省悟,在体验中领悟!

数学方法,它是人类智慧的结晶,也是人类的思想武器!它像画卷一样描绘着各学科的异草奇葩般的景象,令人目不暇接!它的源头又是那样地寻常!

数学解题,它是人类学习与掌握数学的主要活动,它是数学活动的一个兴奋中心!数学解题理论博大精深,提高其理论水平是永远的话题!

数学技能,它是人类在数学知识的学习过程中逐步形成并发展的一种大脑操作方式,它是一种智慧!它是数学能力的一种标志!操握数学技能是追求的一种基础性目标!

数学应用,给我们展示出了数学的神通广大,它在各个领域与角落闪烁着人类智慧的火花!

数学建模,呈现出了人类文明亮丽的风景!特别是那呈现出的抽象彩虹——一个个精巧的数学模型,璀璨夺目,流光溢彩!

数学竞赛,许多青少年喜爱的一种活动,这种数学活动有着深远的教育价值!它是选拔和培养数学英才的重要方式之一.这种活动可以激励青少年对数学学习的兴趣,可以扩大他们的数学视野,促进创新意识的发展!数学竞赛中的专题培训内容展示了竞赛数学亮丽的风景!

数学测评,检验并促进数学学习效果的重要手段.测评数学的研究是教育数学研究中的一朵奇葩!测评数学的深入研究正期待着我们!

数学史话,充满了前辈们创造与再创造的诱人的心血机智.让我们可以从中汲取丰富的营养!

数学欣赏,对数学喜爱的情感的流淌.这是一种数学思维活动的崇高表情!数学欣赏,引起心灵震撼!真、善、美在欣赏中得到认同与升华!从数学欣赏中领略数学智慧的美妙!从数学欣赏走向数学鉴赏!从数学文化欣赏走向文化数学研究!

因此,我们可以说,你可以不信仰上帝,但不能不信仰数学.

从而,提高我国每一个人的数学文化水平及数学素养,是提高我国各个民族整体素质的重要组成部分,这也是数学基础教育中的重要目标.为此,笔者构思了《中学数学拓展丛书》.

这套丛书是笔者学习张景中院士的教育数学思想,对一些数学素材和数学研究成果进行再创造并以此为指导思想来撰写的;是献给中学师生,试图为他们扩展数学视野、提高数学素养以响应张奠宙教授的倡议:建构符合时代需求的数学常识,享受充满数学智慧的精彩人生的书籍.

不积小流,无以成江河;不积跬步,无以至千里.没有积累便没有丰富的素材,没有整合创新便没有鲜明的特色.这套丛书的写作,是笔者在多年资料的收集、学习笔记的整理及笔者已发表的文章的修改并整合的基础上完成的.因此,每册书末都列出了尽可能多的参考文献,在此,衷心地感谢这些文献的作者.

这套丛书,作者试图以专题的形式,对中小学中典型的数学问题进行广搜深掘来串联,并以此为线索来写作的.

这一本是《数学欣赏拾趣》.

欣赏,就是怀着愉悦的心态对待面临的美满对象,就是用观赏的目光看待眼前事物的美好形态,就是用赞赏的情怀透视事物外表的喜悦,就是用领略的眼光发现事物内部深处的美妙.

数学欣赏是一种佩服数学理性的心理倾向,是数学素养中某种意识的流淌,数学欣赏是学习数学的一种情趣表露.

数学欣赏,就要欣赏数学的"真";欣赏数学的"真",就是震撼于数学之理性精神,震撼于数学的两重性,震撼于数学的特殊属性.

数学欣赏,就要欣赏数学的"善";欣赏数学的"善",就是震撼于数学认知之深刻,震撼于数学育人价值之独特,震撼于数学应用之广泛.

数学欣赏,就要欣赏数学的"美";欣赏数学的"美",就是震撼于简捷之特征,震撼于和谐之特征,震撼于奇异之特征.

数学欣赏,就要欣赏数学文化;欣赏数学文化,就是震撼于数学学科的融合性,震撼于数学人文的意境性,震撼于数学历史的生成性,震撼于数学文化的价值性.

从数学欣赏走向数学鉴赏是更高级的数学欣赏.

从数学文化欣赏走向文化数学研究是为了更好地进行数学文化欣赏.

文化数学研究也是教育数学研究的重要组成部分,这也是作者在多年的教育数学研究中才逐步认识到的.20世纪90年代初,作者开始接触到张景中院士的教育数学思想,深为这种理念所吸引,就开始了从事教育数学研究,分析了教育数学思想的根由及组成的主要内容,得到了"从数学基础的研究发展而形成基础数学,数学计算的大量需要而发展形成计算数学,数学应用的广泛深入而发展形成应用数学",数学教育发展的必然结果而需研究教育数学,这均是水到渠成的事.为了数学教育的需要而研究教育数学,显然教材数学、竞赛数学、测评数学应是教育数学研究的重要组成部分.这是经过几年研究后逐步认识到的.随着教育数学研究的不断深入,认识到这三个方面涉及的主要是学校数学教育.现代的教育观应该是终身教育,因而社会的数学教育也应提到议事日程,特别是当今的数字化时代,高新技术其实就是数学技术的时代,文化数学的研究也就成为必然.如何进行文化数学研究是我们应当努力探讨的工作.在该书中,介绍了作者的一些浅见,也望得到读者的斧正.

最后,衷心感谢张奠宙教授在百忙中为本套丛书作序!

衷心感谢刘培杰数学工作室,感谢刘培杰老师、张永芹老师、李欣老师等诸位老师,是他们的大力支持,精心编辑,使得本书以这样的面目展现在读者面前!

衷心感谢我的同事邓汉文教授,我的朋友赵雄辉、欧阳新龙、黄仁寿,我的研究生们:羊明亮、吴仁芳、谢圣英、彭熹、谢立红、陈丽芳、谢美丽、陈淼君、孔璐璐、邹宇、谢罗庚、彭云飞等对我写作工作的大力协助,还要感谢我的家人对我们写作的大力支持!

沈文选　杨清桃

2017年3月

于岳麓山下

第一章　数学欣赏的含义

1.1　什么是数学欣赏？ ································· 1
1.2　数学欣赏要欣赏什么？ ····························· 5
1.3　欣赏数学真、善、美的一些途径 ····················· 7
1.4　数学欣赏的意义 ··································· 34
　　1.4.1　数学欣赏承载着完成数学教育功能的使命 ······· 34
　　1.4.2　数学欣赏有着普遍的教育价值 ················· 34
　　1.4.3　数学欣赏有助于学习者从一个新的视角认识和理解
　　　　　数学内容 ································· 37
　　1.4.4　数学欣赏是实践数学文化教育的示范性亮点 ····· 41

第二章　欣赏数学的"真"

2.1　欣赏数学的"真"，震撼于数学之理性精神 ············· 42
　　2.1.1　欣赏数学的"真"，崇尚理性需要证明 ··········· 42
　　2.1.2　欣赏数学的"真"，领悟公理化思想，学会理性思维 ··· 43
2.2　欣赏数学的"真"，震撼于数学的两重特性 ············· 52
　　2.2.1　欣赏数学的"真"，认识数学是演绎的，也是归纳的 ··· 52
　　2.2.2　欣赏数学的"真"，认识数学的真理观与可误观 ··· 61
　　2.2.3　欣赏数学的"真"，认识数学是发现的，也是发明的 ··· 69
　　2.2.4　欣赏数学的"真"，认识数学是抽象的，也是直观的 ··· 76
2.3　欣赏数学的"真"，震撼于数学的特殊属性 ············· 82
　　2.3.1　欣赏数学的"真"，看到数学中的"变"与"不变" ··· 82
　　2.3.2　欣赏数学的"真"，认识数学中的"不变量"与"不变性"
　　　　　 ··· 86
　　2.3.3　欣赏数学的"真"，理解数学中的"有限"与"无限" ···
　　　　　 ··· 90

第三章　欣赏数学的"善"

3.1　欣赏数学的"善"，震撼于数学认知之深刻 ············· 101
　　3.1.1　欣赏数学的"善"，认识数学是认识自然的中介 ··· 101
　　3.1.2　欣赏数学的"善"，理解数学的消耗量是科技含量的
　　　　　标志 ····································· 103

3.2 欣赏数学的"善",震撼于数学育人价值之独特 …………… 104
3.2.1 欣赏数学的"善",看到数学有利于正确的认知
与世界观的形成 ……………………………………… 104
3.2.2 欣赏数学的"善",认识数学有助于人的思维能力
与创造能力的培养 …………………………………… 104
3.2.3 欣赏数学的"善",理解数学有益于人的心灵净化 …… 105
3.3 欣赏数学的"善",震撼于数学应用之广泛 ………………… 107
3.3.1 欣赏数学的"善",认识数学是一种新兴技术 ………… 107
3.3.2 欣赏数学的"善",理解数学模型之深刻 …………… 113
3.3.3 欣赏数学的"善",体验数学丰富了我们的"阳光"
生活内涵 ……………………………………………… 116

第四章 欣赏数学的"美"

4.1 欣赏数学的"美",震撼于简捷之特征 ……………………… 122
4.1.1 欣赏数学的"美",看到符号的简单性 ………………… 122
4.1.2 欣赏数学的"美",看到抽象的简明性 ………………… 125
4.1.3 欣赏数学的"美",看到统一的简捷性 ………………… 128
4.2 欣赏数学的"美",震撼于和谐之特征 ……………………… 132
4.2.1 欣赏数学的"美",认识和谐的雅致性 ………………… 133
4.2.2 欣赏数学的"美",认识对称的普遍性 ………………… 144
4.2.3 欣赏数学的"美",认识形式的美观性 ………………… 150
4.3 欣赏数学的"美",震撼于奇异之特征 ……………………… 160
4.3.1 欣赏数学的"美",理解奇异中的真理性 ……………… 160
4.3.2 欣赏数学的"美",理解有限中的无限性 ……………… 166
4.3.3 欣赏数学的"美",理解神秘的情怀性 ………………… 168
4.3.4 欣赏数学的"美",理解常数的魅力性 ………………… 170

第五章 欣赏数学文化

5.1 欣赏数学文化,震撼于数学学科融合性 …………………… 179
5.1.1 欣赏数学文化,剖析文学中的数学 …………………… 179
5.1.2 欣赏数学文化,赏析艺术中的数学 …………………… 188
5.1.3 欣赏数学文化,分析生活中的数学 …………………… 192
5.2 欣赏数学文化,震撼于数学人文意境性 …………………… 194
5.2.1 欣赏数学文化,领悟文学中的数学意境 ……………… 194
5.2.2 欣赏数学文化,领悟数学中的人文意境 ……………… 195
5.3 欣赏数学文化,震撼于数学历史生成性 …………………… 197
5.3.1 欣赏数学文化,了解数学的历史生成 ………………… 197
5.3.2 欣赏数学文化,体验数学历史文化 …………………… 201
5.4 欣赏数学文化,震撼于数学文化价值性 …………………… 203
5.4.1 数学文化是人类文化的重要组成部分 ………………… 203
5.4.2 数学文化在数学教育中的重要作用 …………………… 206

第六章　从数学欣赏走向数学鉴赏

6.1 在数学欣赏中学会数学鉴赏 …………………………………… 209
6.1.1 向语文教育学习善于进行欣赏 ………………………… 209
6.1.2 在数学教育中多方位进行数学欣赏 …………………… 210
6.1.3 从具体概念欣赏走向系统价值鉴赏 …………………… 211
6.1.4 从赏析解题到鉴赏问题 ………………………………… 213
6.2 进行数学鉴赏给我们提出了新的挑战 ……………………… 219
6.2.1 进行数学鉴赏需要的有关储备 ………………………… 219
6.2.2 对数学鉴赏进行必要的探究 …………………………… 223
6.3 逐步提高鉴赏水平 …………………………………………… 239
6.3.1 加强教学引导，提高鉴赏水平 ………………………… 239
6.3.2 真理观与可误观的结合，使鉴赏水平更上一个层次 …… 242

第七章　从数学文化欣赏走向文化数学研究

7.1 数学文化与文化数学 ………………………………………… 243
7.2 探讨研究文化数学的着眼点 ………………………………… 245
7.2.1 着眼于史料发掘 ………………………………………… 245
7.2.2 着眼于科普创作 ………………………………………… 246
7.2.3 着眼于文学修饰 ………………………………………… 247
7.2.4 着眼于艺术渲染 ………………………………………… 257
7.2.5 着眼于生活现实解惑 …………………………………… 262
7.2.6 着眼于高新技术解读 …………………………………… 263

主要参考文献 …………………………………………………………… 267
作者出版的相关书籍与发表的相关文章目录 ………………………… 269
编后语 …………………………………………………………………… 272

第一章 数学欣赏的含义

1.1 什么是数学欣赏

先来看看何谓欣赏?欣赏的中文含义是领略、赞赏、观赏、喜欢,还有佩服.英语是 to admire 或 to enjoy,都包含着一种在喜好、倾慕的前提下愉快、积极地接受、沉浸并享受某种客体(或对象)的情感.可见欣赏是一个与主体意识和心理倾向紧密相关的概念.

从我们自己的体验来说,欣赏,就是怀着愉悦的心态对待面临的美满对象,就是用观赏的目光看待眼前事物的美好形态,就是用赞赏的情怀注视事物外表的美观,就是用领略的眼光发现事物内部深处的美妙.这里,愉悦的心态、观赏的目光、赞赏的情怀、领略的眼光都是一种积极的心理倾向与主体意识,这又与一个人的知识水平有着密切的关系.因此,欣赏,作为一种伴随着较为积极的心理倾向的活动,它是一个值得深入研究的课题.

许多人都有体验:随着欣赏对象的不同,要求也不一样.对于较为复杂和高级的欣赏活动,有时候要求欣赏者具有较高的知识素养或艺术素养.即使是欣赏同一件事物或对象,也是有层次之分的.比如,欣赏一件艺术品,欣赏者之间的欣赏水平可能相距万里,有的人是鉴宝专家,有的人是一无所知的外行.俗话说,"外行看热闹,内行看门道",意思就是说对同一事物,不同的知识层次和观赏力会出现不同的效果.这也就是说,即使是对于同一对象,由于审视者个人修养的不同,会出现完全不同的欣赏感受和欣赏效果.

下面,我们讨论什么是数学欣赏?若认为就把数学加在欣赏前面,即把数学作为欣赏对象,则这是对数学欣赏的一般理解.对数学欣赏的深入理解,这是我们要研究的问题了.这正如黄秦安先生等所说的:[①]对于数学欣赏,细细想来,感觉"数学欣赏"的概念在实际语境中远比想象的要复杂些,特别是当这个概念与数学教学联系在一起的时候更是如此.初步看来,可以把数学的欣赏理解为个体认同,喜欢数学的一种心理趋向,一种对于数学的美好情感和认知.在最初的数学欣赏中,一个人懂不懂数学或者懂得多少,其实都没有什么关系,正如许多五音不全和一点五线谱知识都没有的人也可以很喜欢音乐一样.在数学的受众中,不懂数学但仍喜欢数学的人数量是不多的.其中,有些人并不是很懂数学,但在长期的社会文化与科学文化氛围中,感受到了数学计算之精确,形式结构之严密和论证推理之充分有力,因此,对数学有一种崇敬之情,也是在情理之中的.一个社会对数学的文化评价越高,就越容易获得公众对数学的喜爱和认可.这些都可以看作是一种较为朴素的对数学的欣赏.而我们在数学教育中所倡导的"数学欣赏",应该是高于朴素的大众数学文化层面的,即需要建立在必要的数学认知基础之上.也就是说,数学欣赏是要以一定深度的数学理解,数学习得和

[①] 黄秦安,刘达卓,聂晓颖.论数学欣赏的"含义""对象"与"功能"——数学教育中的数学欣赏问题[J].数学教育学报,2013(1):8-12.

数学认知作为前提的．这种理解、习得、认知也与了解数学的精神、数学眼光、数学思想、数学方法、数学解题、数学应用、数学史观，等等密切相关．作者的这套丛书就是为广大数学爱好者以及数学工作者提供参考的．

数学欣赏，古已有之，中外皆然．特别是近几年在张奠宙教授的倡导下，数学欣赏是谈论得比较多的一个话题了．张教授于2010年分别在《中学数学教学参考》《中学数学月刊》上发表了《欣赏数学的真善美》《谈课堂教学中如何进行数学欣赏》的指导性论文，接着陕西师范大学的教育刊《中学数学教学参考》专门开辟"数学欣赏"的专栏，并邀请张奠宙教授作为主持人，在开篇栏目中还写了编者按，并指出：数学欣赏是一种数学情怀，是一门学问，是一种学习，是一种精神，是一个鲜活的研究课题．学会数学欣赏，研究数学欣赏，大力挖掘数学欣赏，有助于我们从一个新的视角去认识和理解数学内容，给课堂教学注入新的活力；有助于促进中学教师以欣赏的激情去从事数学教学，数学课堂或许变得更加有趣味，数学教学或许给予学生更多的数学精神和力量，数学或许会让更多的学生迷恋和欣赏．这为我们深入研究数学欣赏开辟了新的阵地．近几年来在这块阵地上已刊载了一系列佳作．

作者通过对这套数学欣赏丛书的写作以及近期文献的学习，认为对数学欣赏的理解可从一些侧面做如下的描述：

数学欣赏是一种对数学的喜爱情感，是一种对数学的崇敬情怀，是一种佩服数学理性的心理倾向，是数学素养中某种意识的流淌，是一种数学思维活动的展现，是学习数学的一种情趣表露．前三者是较低层次的欣赏，后三者是较高层次的欣赏．下面，我们试举6例以说明之．

例1 一条辅助线使一道几何题求解豁然开朗．

每个喜爱数学的人，都曾感受到那样的时刻：一条辅助线使不好着手的几何题求解豁然开朗．如图1-1，在折五边形$ABCDE$中，求五个折角和$\angle 1+\angle 2+\angle 3+\angle 4+\angle 5$的度数．

解析 联结CE，设AE与BC交于点O，由三角形内角和定理及$\angle AOB=\angle COE$，可得
$$\angle 1+\angle 2=\angle OEC+\angle OCE$$
所以

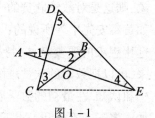

图1-1

$$\angle 1+\angle 2+\angle 3+\angle 4+\angle 5$$
$$=\angle OEC+\angle OCE+\angle 3+\angle 4+\angle 5$$
$$=(\angle OCE+\angle 3)+(\angle OEC+\angle 4)+\angle 5$$
$$=\angle DCE+\angle DEC+\angle CDE$$
$$=180°$$

这道简单数学问题的处理也训练了解题者的思维，当我们处理某些事情时，也要善于发现对象间的内在联系，也要善于找到适当的处理手段．数学就是这样让人喜爱！

例2 用数学符号表达一种世界观．

数学符号就是数学语言的词汇，它是数学先辈们长期创作的数学语言中的精华，是世界上最通用的一种语言，又比世界上任何一种母语更精练、更准确．用数学符号语言来表达，丰富和发展了人类语言．例如可用数学符号表达一种世界观：

"+"号用在学习上,"-"号用在闲聊上,"×"号用在工作上;

"÷"号用在专业上,","号用在委屈上,"!"号用在情怀上;

"?"号用在成绩上,"="号用在群众上,"()"号用在自省上;

"……"号用在事业上,"→"号用在未来上,"∫"号用在创新上.

数学符号语言就是这样的闪烁着人类的智慧,数学就是这样让人崇敬!

例 3 求下列组合数的平方和
$$S = (C_n^0)^2 + (C_n^1)^2 + \cdots + (C_n^n)^2$$

解析 处理这个问题需要有点理性和悟性.

先注意到下列二项展开式(此组合数与二项展开式有关)
$$(1+x)^n = C_n^0 + C_n^1 x + C_n^2 x^2 + \cdots + C_n^n x^n$$

类似地(理性思维)有
$$\left(1+\frac{1}{x}\right)^n = C_n^0 + C_n^1 \frac{1}{x} + C_n^2 \frac{1}{x^2} + \cdots + C_n^n \frac{1}{x^n}$$

当上述两个式子两边相乘时,显然乘积右端的常数项正好是
$$(C_n^0)^2 + (C_n^1)^2 + \cdots + (C_n^n)^2$$

而乘积左端是
$$(1+x)^n \left(1+\frac{1}{x}\right)^n = \frac{1}{x^n}(1+x)^{2n}$$

因此,所要求的和即是 $\frac{1}{x^n}(1+x)^{2n}$ 中的常数项,也就是展开式 $(1+x)^{2n}$ 中 x^n 的系数,那当然便是 C_{2n}^n. 于是便得
$$(C_n^0)^2 + (C_n^1)^2 + \cdots + (C_n^n)^2 = C_{2n}^n = \frac{(2n)!}{(n!)^2}$$

由上可知,这个组合恒等式的发现,是数学理性与思维悟性(心理倾向思维)共同作用的结晶. 数学就是这样让人佩服其理性的心理倾向!

例 4 观察 $34^2 = 1\ 156$,$334^2 = 111\ 556$,$3\ 334^2 = 11\ 115\ 556$,$\cdots$,请写出 $\underbrace{3\cdots 34}_{k \uparrow}{}^2 = ?$

解析 这是对一个有特色的问题的探求,这个特色呈现出规律,因而可猜测为
$$\underbrace{3\cdots 3 4}_{k \uparrow}{}^2 = \underbrace{1\cdots 1}_{k+1 \uparrow} 5 \underbrace{\cdots 5}_{k \uparrow} 6$$

这个猜测能证实吗?

数学的某种意识启引我们用字母与数字表示这些式子的左端,有
$$[3(10^k + 10^{k-1} + \cdots + 10 + 1)n + 1]^2, k = 1,2,\cdots 且 n = 1$$

将上式利用平方和公式展开,有

上式 $= n^2(10^{2k+1} + 10^{2k} + \cdots + 10^{k+1}) + (6n - n^2)(10^k + 10^{k-1} + \cdots + 10 + 1) + 1$

故当 $n = 1$ 时,$\underbrace{3\cdots 34}_{k \uparrow}{}^2 = \underbrace{1\cdots 1}_{k+1 \uparrow}5\underbrace{\cdots 5}_{k \uparrow}6$.

这样,我们不但求得了结果,而且还引发我们推导类似的问题:

例如:当 $n = 2$ 时,则当 $k = 1,2,\cdots$ 时,有

$67^2 = 4\,489, 667^2 = 444\,889, 6\,667^2 = 44\,448\,889, \cdots, \underbrace{6\cdots67}_{R\text{个}}{}^2 = \underbrace{4\cdots4}_{R+1\text{个}}\underbrace{8\cdots8}_{R\text{个}}9$

由上可知,数学素养中的这种意识(参见本套丛书中的《数学精神巡礼》第八章有 8 种意识)使某些规律明显呈现. 数学就是这样流淌出某种意识,让人在欣赏中获得问题解决的方法.

例 5 解方程 $x^3 - 2\sqrt{2}x^2 + 2x - \sqrt{2} + 1 = 0$.

解析 这给出的不仅是一个 3 次方程,而且系数中含有无理数,直接求解显然困难不小.

观察事物,立场不同,观察到的结果也会不同. 处理问题,若从某一角度用某种方法解决难以奏效时,数学思维的灵活性品质,引导我们不妨换一个角度去观察,换一种方法去处理便有可能"柳暗花明",而"迎刃而解".

此时可将 x 看作"已知量",将 $\sqrt{2}$ 看作"未知量",于是原方程可整理为

$$x(\sqrt{2})^2 - (2x^2+1)\sqrt{2} + x^3 + 1 = 0$$

由一元二次方程的求根公式得

$$\sqrt{2} = x + 1 \text{ 或 } \sqrt{2} = \frac{x^2 - x + 1}{x} \quad (x \neq 0)$$

否则原方程无意义,故得 $x_1 = \sqrt{2} - 1, x_{2,3} = \frac{1}{2}(\sqrt{2} + 1 \pm \sqrt{2\sqrt{2} - 1})$ 为所求.

由上可知,此问题的求解展现出来了数学思维的优良品质. 数学思维让人震撼!震撼油然产生欣赏. 数学欣赏,是一种数学思维活动的展现.

例 6 设实数 x, y, z 满足 $x + y + z = xyz$.

求证: $\dfrac{2x}{1-x^2} + \dfrac{2y}{1-y^2} + \dfrac{2z}{1-z^2} = \dfrac{8xyz}{(1-x^2)(1-y^2)(1-z^2)}$.

解析 这是一道有趣的代数问题.

我们先看这个等式的左端,分母显然是

$$(1-x^2)(1-y^2)(1-z^2)$$

通分

左式的分子 $= 2x(1-y^2)(1-z^2) + 2y(1-x^2)(1-z^2) + 2z(1-x^2)(1-y^2)$
$= 2x(1 - y^2 - z^2 + y^2z^2) + 2y(1 - x^2 - z^2 + x^2z^2) + 2z(1 - x^2 - y^2 + x^2y^2)$
$= 2(x+y+z) - 2x^2y - 2xy^2 - 2yz^2 - 2y^2z - 2z^2x - 2x^2z + 2xyz(yz + zx + xy)$

(*)

整理到此步,令人目眩神摇,眼花缭乱,怎样才能拨开迷雾?

注意到题设条件 $x + y + z = xyz$,我们来一个"双向替换",即看到 $x+y+z$ 就用 xyz 代替,反之,看到 xyz 就用 $x+y+z$ 代替. 于是,我们便由式(*)有

$2xyz - 2x^2y - 2xy^2 - 2y^2z - 2yz^2 - 2z^2x - 2x^2z + 2(x+y+z)(yz + zx + xy)$
$= 2xyz - 2x^2y - 2xy^2 - 2y^2z - 2yz^2 - 2z^2x - 2x^2z + 2xyz + 2x^2z + 2x^2y + 2y^2z + 2xyz +$
$\quad 2xy^2 + 2yz^2 + 2z^2x + 2xyz$
$= 8xyz =$ 右边的分子

从上述证明过程可知,代数式的恒等变形是处理问题的关键之所在. 其实,此题也可以用三角知识来证：

令 $x = \tan A, y = \tan B, z = \tan C$, 由 $x + y + z = xyz$, 有
$$\tan A + \tan B + \tan C = \tan A \cdot \tan B \cdot \tan C$$

由三角知识,我们便可推断有 $A + B + C = k\pi$(k 为整数).

从而
$$2A + 2B + 2C = 2k\pi$$

于是
$$\frac{2x}{1-x^2} + \frac{2y}{1-y^2} + \frac{2z}{1-z^2}$$
$$= \frac{2\tan A}{1-\tan^2 A} + \frac{2\tan B}{1-\tan^2 B} + \frac{2\tan C}{1-\tan^2 C}$$
$$= \tan 2A + \tan 2B + \tan 2C$$
$$= \tan 2A \cdot \tan 2B \cdot \tan 2C$$
$$= \left(\frac{2x}{1-x^2}\right)\left(\frac{2y}{1-y^2}\right)\left(\frac{2z}{1-z^2}\right)$$
$$= \frac{8xyz}{(1-x^2)(1-y^2)(1-z^2)}$$

逐步推演,都是题中应有之义,显得多么自然、轻松,烦琐的计算一概省略了.

以上两种证法,充分体现了数学的和谐统一性,不得不让人油然而生欣赏之情趣. 数学欣赏是学习数学的一种情趣表露.

从上述诸例也可以看出,数学欣赏有多种角度,可从数学自身的美感,可从独立的审美情趣,也可从特有的价值观等.

1.2 数学欣赏要欣赏什么?

在数学中,哪些内容可以成为欣赏的对象呢? 著名数学家丘成桐曾接受《光明日报》记者采访时说:"数学是一门很有意义、很美丽,同时也是很重要的科学,从实用角度讲,数学遍及物理、工程、生物、化学和经济,甚至与社会科学也有很密切的关系. 文学的最高境界是美的境界,而数学也具有诗歌和散文的内在气质,达到文学性的方面,达到一定境界后,也能体会和享受到数学之美. 数学既有文学性的方面,也有应用性的方面,我对这些都感兴趣,探讨它们之间妙趣横生的关系,让我真正享受到了研究数学的乐趣."[1] 著名数学家陈省身先生曾有"我们欣赏数学,我们需要数学"和"数学好玩"等题词,强调了数学的真、美与善等不同层面.[2] 可见,在陈先生和丘先生看来,数学具有真、善、美三个层次的表现力. 这里,我们对数学的真善美的概念略加说明. 所谓数学的真,就是数学的真理属性,全部的数学知识都是以数学的真理性为依归的. 而数学的善,则是衡量数学功用价值的一个重要尺度. 至于数

---

[1] 沈耀峰,齐芳. 丘成桐：享受数学之美[N]. 光明日报,2005-11-15(2).
[2] 丁石孙,张祖贵. 数学与教育(《数学·我们·数学》丛书)[M]. 长沙：湖南教育出版社,1991.

学的美,则是数学艺术价值的一种体现.数学的真、善、美构成了数学表现力的主要层面,而三者的综合则是全面审视并欣赏数学的基本起点.因此,数学的欣赏可以从上述三个维度各自展开并予以适当的组合.[①]

数学是真、善、美的统一体,真、善、美也是数学精神的精髓(参见本套丛书中的《数学精神巡礼》).美与情感结合产生美满,美与善结合产生美好,美与眼光结合产生美观,美与领略结合产生美妙.由此可知数学欣赏也是一种意识,一种喜爱数学的主体意识.

数学之美是最能令人作为欣赏的对象.除了数学的美可以作为欣赏对象之外,数学的真和善也同样可以作为数学欣赏的对象.数学的真、善、美,既可以相对独立地作为欣赏的对象,也可以两两组合,如真—善,真—美,善—美,作为数学欣赏的二维对象,还可以真—善—美三位一体作为数学欣赏的对象.如果我们从某个层面来看前面的6道例题的话,也可以依次欣赏到数学的"真""善""美""善—美""真—美""真—善".源自于数学的真与善,是数学精神的两个重要层面,是刻画世界图式的两个基本诉求.在数学的真与善这样一个维度上,数学的美也随之展现.例如,在阿基米德、牛顿、拉普拉斯、傅里叶、高斯、麦克斯韦、狄拉克、爱因斯坦、冯·诺依曼等众多数学家和科学家的研究中,大自然及其现象成为其研究所因循的本宗.如三维状态下著名的拉普拉斯方程:$\frac{\partial^2 \varphi}{\partial x^2}+\frac{\partial^2 \varphi}{\partial y^2}+\frac{\partial^2 \varphi}{\partial z^2}=0$,既是最基本的偏微分方程形式,还是刻画电场、引力场和流场等有势场的最有效的数学物理方程.而这样一个兼具数学的真与善的著名方程,其形式(对称、均匀、简捷、整齐、划一、齐次等)之美也是如此地突出.真实地展现了在真—善层面上的美妙,堪称数学真、善、美的合一.

张奠宙教授在他的两篇论文[②][③]分别提出了如下观点与小标题:欣赏数学的"真",震撼于数学之理性精神;欣赏数学的"善",震撼于数学模型之深刻;欣赏数学的美,震撼于数学思维内在之和谐;欣赏数学的普遍价值:理性之美;欣赏数学的人文意境;欣赏数学的特定内涵:等价美;欣赏数学美的美观层次,以对称与对仗为例;欣赏数学的"和谐美",与美好相连接;欣赏数学的历史生成,以向量为例.

由上所述,通过对数学真、善、美(三个层次或)三个维度的立体分析和结构剖析,数学欣赏的对象不仅有极大的丰富性,而且显示了很好的层次性和结构性,真、善、美是数学欣赏的主体.其实在张教授的观点中,数学欣赏的对象还是比较宽泛的.笔者也认为,诸如数学精神、数学眼光、数学思想、数学方法、数学解题、数学技能、数学应用、数学建模、数学竞赛、数学测评、数学史话以及数学文化等也均应成为数学欣赏的对象.为此,笔者撰写了这套丛书以抛砖引玉.在这套书中也介绍了笔者的欣赏体验.

综上,数学欣赏就是欣赏数学的数、形结构形象之巧,欣赏数学结论深刻之妙,欣赏数学的文化底蕴之浓,欣赏数学的理性思维之慧.

[①][②] 黄秦安,刘达卓,聂晓颖.论数学欣赏的"含义""对象"与"功能"——数学教育中的数学欣赏问题[J].数学教育学报,2013(1):8-9.

[②] 张奠宙,柴俊.欣赏数学的真善美[J].中学数学教学参考,2010(1,2):3-7.

[③] 张奠宙.谈课堂教学中如何进行数学欣赏[J].中学数学月刊,2010(10,11,12):1-3.

1.3 欣赏数学真、善、美的一些途径

张奠宙教授指出:世上万物,以真善美为最高境界.数学自然也有自己的真善美.欣赏数学的真善美,就成为数学教育的一项重要任务."教育形态的数学"与"学术形态的数学"之间的一个重大区别,就在于是否具有"数学欣赏"的内涵.但是,数学的真善美往往被淹没在形式演绎的海洋里,需要大力挖掘、用心体察才能发现、感受、体验和欣赏.

欣赏,是教育的一部分.欣赏是需要指导、培育的:语文教育,旨在认识和欣赏人生的真善美;数学教育则是为了欣赏数学文化和数学思维的真善美.

不过,语文教育和数学教育有一个明显的差别.语文教育重在欣赏,比如在语文课教学生欣赏古文,欣赏唐诗,却基本上不会教学生作古诗,写古文.但是,从小学到大学,数学教育的重点是"做题目",几乎不谈"欣赏"二字.数学教育缺少了"欣赏"环节,使得许多人无法喜欢数学,以致厌恶数学,远离数学.

那么,怎样欣赏数学的真善美呢?大致有以下途径:

A. 对比分析,体察古今中外的数学理性精神;

B. 提出问题,揭示冰冷形式后面的数学本质;

C. 梳理思想,领略抽象数学模型的智慧结晶;

D. 构作意境,沟通数学思考背后的人文情景.

这是张教授给我们指引的重要欣赏途径.在指导具体的教与学中,他还给出了10个案例.下面我们介绍其中4例:

A. 对比分析,体察古今中外的数学理性精神

例7 三角形的内角和为180度.

欣赏点:"数学和物理学的区别",数学结论的无可争辩性,绝对可靠性.

这也是一个非常基础的几何命题.现在的数学课程和教材,以及无数的公开课教案,都是强调让学生动手剪三个角,分别量,再加起来得到结果;然后分组汇报,最后得到大体上是180度的结论.这样"活动"一番,命题就算成立了.

这样做,背离了数学的"真".可以说这不是数学,而是物理学.记得科普名作家谈祥柏先生说过这样的故事:他是1947年上海大同中学的毕业生,60年之后,老同学聚会见面,几位研究物理学的"老同学"说,一个物理学定律成立,只要重复做几次实验,结果都稳定地体现某一个规律,研究就算成功了.可是数学则不行.比如,哥德巴赫猜想是说"一个充分大的偶数必定可以表示为两个素数之和",虽然我们已经用超级计算机验证过,凡小于10^{13}的偶数都是两个素数之和,但是仍然不能说这个猜想已经成立.

这是两种不同的思维形式,要欣赏数学的"真",就必须挑明这两者的区别,数学地看"三角形的内角和为180度"的命题,"量一量"是不算数的.必须从平行公理出发,用逻辑演绎方法加以证明.这样的认识,不会自动产生.只有教师把问题挑明了,学生感到数学推理的价值了,数学"欣赏"也就在其中了.

总之,我们要欣赏数学的"真",必须浓墨重彩地解说、对比、分析,不能停留在形式的逻

辑推演上. 不要像"猪八戒吃人参果,吞到肚里却不知道是什么滋味".

数学运用符号,具有形式之美. 数学因为使用符号,显示其纯粹之真.

B. 提出问题,揭示冰冷形式后面的数学本质

线性相关和线性无关是学生感到头疼的问题.

例8 线性相关与线性无关的定义.

欣赏点:用数学符号形式化地定义的是熟悉的特征,但是它背后的思想往往是很朴素的.

定义 (线性相关向量组)如果向量组 $a_1, a_2, \cdots, a_m$ 中有一个向量可以经其余的向量线性表出,这个向量组就叫作线性相关. 用符号写出来是: $a_1, a_2, \cdots, a_m$ 称为线性相关,是指有 m 个不全为零的数 $k_1, k_2, \cdots, k_m$,使

$$k_1 a_1 + k_2 a_2 + \cdots + k_m a_m = \mathbf{0} \qquad (*)$$

如果向量组 $a_1, a_2, \cdots, a_m$ 不线性相关,就称为线性无关. 用符号写出来是:由式(*)可以推出 $k_1 = k_2 = \cdots = k_m = 0$.

复旦大学的张荫南教授指出,如果一位教师直接把定义抄在黑板上,又逐字逐句地解释了一遍,那么学生仍然不知道为什么要有这样的定义,教师只要问:"这 m 个向量中哪些是必不可少的,哪些是多余的?"这就是线性相关背后的原始朴素思想,还可以更形象地问:"把 m 个向量比作一座房子的'承重柱',哪几根是必不可少的,哪几根是由其他柱子派生出来并不承重的?"那就更加清楚了.

数学欣赏的语言不在多,画龙点睛地提出问题,把原始的底牌翻出来,数学之"真",就很容易理解了,当然,最后还要过渡到符号表示的形式.

C. 梳理思想,领略抽象数学模型的智慧结晶

例9 代数模型:三根导线的例子.

欣赏点:在看不见数学的地方,构建数学模型,感受数学思维之深刻.

什么是代数?中小学教材上异口同声重复着的一个习惯说法是:"代数就是用文字代表数". 这一概括其实是不准确的. 例如,小学里讲自然数的交换律,就写了 $AB = BA$,这里,用文字 A, B 代表任意的自然数,可是这和代数无关.

代数建模的核心思想是"文字参与运算". 也就是说,代数的实质是用文字代表未知数,而且由文字代表的"未知数"和已知数可以进行运算,即进行"式"的运算.

20世纪90年代的一天,陈振宣先生对我说了一个"三根导线"的故事. 他的一个学生毕业后在和平饭店做电工. 工作中发现在地下室控制10层以上房间空调的温度不准,经过分析,原来是空调使用三相电,而联结地下室和空调器的三根导线的长度不同,因而电阻也不同. 剩下的问题是:如何测量这三根电线的电阻呢?显然,电工用万用表无法测量这样长的电线的电阻,于是这位电工想到了数学. 他想:一根一根测很难,但是把三根导线在高楼上两两相联结,然后在地下室测量"两根电线"的电阻是很容易的(即为 a, b, c). 如图1-2,设三根导线电阻是 x, y, z. 于是,他列出以下的三元一次联立方程组

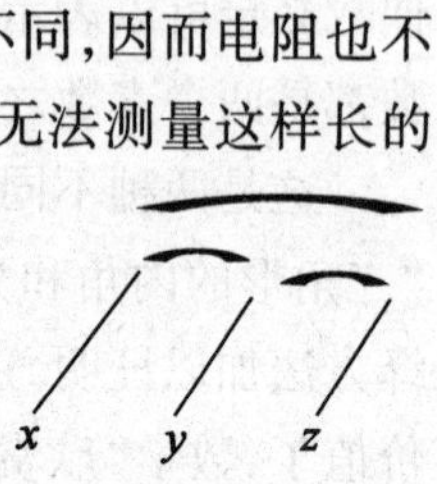

图1-2

$$\begin{cases} x+y=a \\ y+z=b \\ z+x=c \end{cases}$$

解之,即得三根导线的电阻.

这样的方程谁都会解. 但是,能够想到在这里用方程,才是真正的创造啊! 我为这位电工的数学意识所折服. 袁枚曾说:"学如弓弩,才如箭镞,识以领之,方能中鹄."有知识,没有能力,就像只有箭,没有弓,射不出去. 但是有了箭和弓,还要有见识,找到目标,才能射中. 上面的例子说明,解这样的联立方程组,知识和能力都不成问题,难的是要具有应用联立方程组的意识和眼光,在看不见数学的地方,创造性地运用数学.

数学之美,低端欣赏在于"美观"层次. 一般谈数学美的文字,说得比较多的是黄金分割,蜂房结构,仅仅诉诸直观. 其实,数学美的"高端"欣赏在于和人文意境的沟通. 我们将在本书后面谈到的,如微积分的局部,无界变量的文学描写,对称与对联,都是直观的背景,更多属于意境的沟通与升华. 下面,我们看看一个纯粹意境性的数学美学欣赏的例子.

D. 构作意境,沟通数学思考背后的人文情景

例10 拉格朗日微分中值定理的"存在性定理".

欣赏点:"只知道它存在,却不知道它在哪里",这在数学中是常见的,这也是能用文学意境来想象的.

近年来,"奥数"的某些思考方法渐渐为人所熟悉. 其中使用的"抽屉原理"(也称鸽笼原理)就是把 M 个苹果放在 N 个抽屉里($M>N$),那么必定存在 1 个抽屉,其中的苹果多于 1 个. 至于究竟是哪一个抽屉,我们并不知道. 在高等数学里,连续函数的介值性定理、拉格朗日中值定理都是典型的存在性定理.

拉格朗日中值定理叙述为:设 $f(x)$ 在 $[a,b]$ 上连续,在 (a,b) 内的点都有导数,那么
$$f(b)-f(a)=f'(\xi)(b-a)$$

这是典型的纯粹存在性定理,即微分中值定理中的 ξ 只是肯定存在于 a,b 之间,但不确切知道在哪一点. 这种意境,也能够找到相应的文学意境. 请看贾岛的诗句:

"松下问童子,言师采药去. 只在此山中,云深不知处."

虽然我们不知道"老药师"在山中的什么地方,但他却肯定存在着.

数学欣赏是一门学问,就像"艺术欣赏""文学欣赏"一样需要专门的研究.

在张教授高瞻远瞩观点的指引下,我们也可试图寻找一些欣赏数学真、善、美的途径. 例如:

E. 整合资源,领悟贯穿于数学概念、公式、法则、定理学习之中的最有灵性的数学美学思想;

F. 数学解题,揭示隐含于数学推导中最火热的数学思考;

G. 学习新知,归结形成于数学认知结构中最典型的数学模式;

H. 适时假设,拓广展示于问题情境中最能开启智慧的数学视野;

I. 发掘史料,吸取汇集于优秀文化遗产中最明智的数学素养;

J. 解决问题,善用呈现于亮丽风景之中最夺目的数学模型;

K. 关注创新,挖掘蕴涵于数学材料中最原生态的数学发现;

L. 加强阅读,激发隐藏于人文意境中最盎然的数学情趣;

……

下面,我们来看一些例子:

E. 整合资源,领悟最有灵性的数学美学思想

(1)在概念的形成过程展现数学美[①]

人们常说:"成功的教学给人以一种美的享受". 数学概念的形成过程不仅是学生个体的认识和发展过程,而且是在教师引导下的审美过程. 因此在概念的形成过程中,应把数学美的内容通过教学设计展现出来,从而使学生认识到数学的内容是美的.

例 11 为引进对数概念,教师先引导学生再现由等式 $a^b = N$ 所定义的两种运算:已知 a,b,求 N 的运算——乘方;已知 N,b,求 a 的运算——开方. 再启发学生从考虑数学和谐性的形式出发,必须要研究另一种运算:已知 a,N,求 b 的运算——求对数. 这样,就从弥补原有的知识结构不对称的缺陷开始,完成了引进对数概念的任务.

事实上,数学概念中有大量的美学内容,如函数 $y=f(x)$ 这一简单的表达式把两个变量 x 和 y 的关系通过对应规则 f 并且用等号联结在一起,深刻地表现了数学的符号美和简捷美. 又如,圆锥曲线图形的对称、杨辉三角的对称等反映了数学的对称美;方程的曲线和曲线的方程的关系静中有动,动中有静,深刻地反映了数学的静态美与动态美……

因此,在概念的形成过程中,或是让学生分析现存的知识结构的缺陷,提出反映"和谐性"形式的课题;或是让学生对前面的数学概念质疑问难,构造带有"奇异性"形式的反例. 所有这些,只要持之以恒,就能培养起学生对数学的审美感觉,使他们能透过抽象的数学符号、概念,看到美的形象,透过严密的逻辑推理领略美的风采,为最终能驾起数学美的风帆,驶向创造思维的彼岸做铺垫.

(2)在公式的推导、应用过程中挖掘数学美

心理学研究表明,兴趣是人们积极主动地认识客观事物的一种心理倾向,它表现为一种好学精神. 运用数学美的感染力,能够使学生产生愉快的心理体验,激发学生浓厚的学习兴趣. 数学美有的是可以直接感受的,如雅致的图形、流畅的曲线、对称的方程、简单的解法等;有的不那么明显,且往往容易被忽视,如一些公式所蕴含的较高层次的数学美,它们需要在教学过程中充分挖掘.

例 12 在介绍等差数列通项公式后,可以让学生对等差数列通项公式进行探究. 引导学生将公式 $a_n = a_1 + (n-1)d$ 变形为 $a_n = dn + (a_1 - d)$,可以发现,当 $d \neq 0$ 时,a_n 是关于 n 的一次式. 若令 $a_n = y, n = x, d = k, a_1 - d = b$,则可得直线方程 $y = kx + b$,由此可见,以正整数集 $\mathbf{N}^*$ 为定义域的函数 $a_n = f(n)$ 的图像应是直线 $y = kx + b$ 上那些 $x \in \mathbf{N}^*$ 的点的集合,而这一直线的斜率 $k = d$,在纵轴上的截距 $b = a_1 - d$,这就是等差数列通项公式的几何意义. 等差数列通项公式与直线方程的形式是相同的,学生进一步理解等差数列与一次函数的关系,从

[①] 林少安. 揭示数学美育,彰显数学文化[J]. 中学数学研究,2010(12):13-15.

中获得了和谐的美感. 很自然的,在和谐美的启示下,学生容易将经过两点$(x_1,y_1),(x_2,y_2)$的直线的斜率公式$k=\dfrac{y_2-y_1}{x_2-x_1}$,创造性地用来解决由等差数列的两项$a_m,a_n$求其公差$d$的问题,即$d=\dfrac{a_n-a_m}{n-m}$,此公式还能简捷地用于解决不少的等差数列问题,学生从中获得了美的享受,启迪了思维,深化了对知识的理解.

又如,三角函数公式中处处都闪耀着美的光彩,无论是诱导公式,还是两角和与两角差公式都在不同程度上体现了数学的简捷美、对称美,尤其是两角和、两角差公式与倍角、半角公式密切联系,体现了数学知识结构的和谐美.

徐利治教授指出:"学生的学习应该是主动的、富有美感的智力活动,学习材料的兴趣和美学价值乃是学习的最佳刺激,强烈的心智活动所带来的美的愉悦和享受是推动学习的最好动力". 在数学教学中,教师引导学生把数学中的美学本质挖掘出来,揭示出来,学生通过发现、认识、体验和运用数学美的形式,直觉地感受到数学美震撼人心的力量,形成强烈的认知趋向和身心满足,从而激发学生对数学美的体验,培养学生爱好数学、认识数学美的兴趣.

(3)在法则及定理的发现、论证过程中追求数学美

数学的法则及定理是经过千锤百炼"完美无缺"的逻辑体系,但数学的发明和创造,除了反映客观世界的数量关系和空间形式,还来源于对美的追求. 衡量一个理论是否成功,不仅要有实践标准、逻辑标准,还要有美的标准,对数学美的完善与追求,是发现新理论、创造新发明的重要线索和有力手段. 事实上,当某个理论、某个问题或某个对象,无论是其思想内容,还是其形式方法,尚未完善时,往往会遵循审美标准,依据美的规律去继续创造、发展,直至完善它,"按照美的规律来制造".

例13 众所周知,圆锥曲线的标准方程之形式是如此简捷、优美、匀称,它给人以一种美的享受. 在椭圆标准方程的推导过程中,首先得到$\sqrt{(x-c)^2+y^2}+\sqrt{(x+c)^2+y^2}=2a$,这就是椭圆的方程,但因它不符合数学美的"简单性"要求,因此,必须简化. 简化后得$\dfrac{x^2}{a^2}+\dfrac{y^2}{a^2-c^2}=1$,它比原来的方程简单多了,但还不符合数学美的要求. 我们知道,椭圆具有对称性,那么,相应的方程理应也具有某种对称性. 可是,眼下的情况并非如此,所以我们还要再改进,要设法使y^2与x^2的分母取得一致的形式——二次幂. 为此,令$a^2-c^2=b^2(b>0)$,于是得到$\dfrac{x^2}{a^2}+\dfrac{y^2}{b^2}=1$,这就是椭圆的标准方程.

至此,我们清楚地知道,选取过焦点F_1,F_2的直线为x轴,线段F_1F_2的垂直平分线为y轴建立直角坐标系是追求数学的对称美;选择"$2c,2a$"正是为了追求数学的简捷美;而产生b是人为制造的,但实践证明,b正好是椭圆短半轴长,又具有鲜明的几何意义,体现数学的奇异美与简捷美;为何称为标准方程呢? 应该说,对于同一个椭圆,建立不同的坐标系就可得到不同的方程,其中若不规定一个作为标准的,那人们就没有共同的语言,体现了数学的统一美. 椭圆标准方程的推导过程中,几乎涵盖了数学美的所有表现形式.

又如,当 n 是自然数,$n!$ 表示从 1 到 n 的 n 个自然数的乘积,而当 $n=0$ 时,$0!$ 显然无意义,这就破坏了阶乘定义的整体和谐美,考察公式 $C_n^m = \dfrac{n!}{m! \cdot (n-m)!}$,这里 m,n 是自然数,且 $m<n$. 当 $m=n$ 时,左边为 $C_n^m = 1$,右边为 $\dfrac{n!}{n! \, 0!}$,为使 $m=n$ 时,公式仍成立,就必须补充规定 $0! = 1$,从而满足了和谐性.

从表面上看,数学符号是单调的,数学公式是枯燥的,数学内容是乏味的,但正是这些内容构成了数学大厦的美丽与壮观,同时也蕴含了一种哲学的美,一种朴素的美,一种理性的美. 数学教师可以通过讲解、剖析、演示、图形、图像、多媒体、幻灯片等形式,展现数学美,挖掘数学美,使数学的内容活起来,动起来,从而赋予数学内容以美的生命、美的内涵,使学生通过数学的显性美提高对数学隐性美的认识,从感性认识上升到理性认识,进而形成数学美感,领悟到数学的美学思想.

F. 数学解题,揭示隐含于数学推导中最火热的数学思考

例 14[①] 已知 $a,b,c \in \mathbf{R}_+$,求证

$$A = \sqrt{\dfrac{a}{b+c}} + \sqrt{\dfrac{b}{c+a}} + \sqrt{\dfrac{c}{a+b}} > 2 \qquad ①$$

$$B = \sqrt[3]{\dfrac{a}{b+c}} + \sqrt[3]{\dfrac{b}{c+a}} + \sqrt[3]{\dfrac{c}{a+b}} > 2 \qquad ②$$

(1)不等式证明第一步——感性认识

式①②都是关于 a,b,c 的轮换对称不等式,为了获取对式①②的感性认识,我们先取一些特殊值:令 $a=b=c=1$,则有 $A \approx 2.121 > 2$,$B \approx 2.381 > 2$;令 $a=b=1,c=0.1$,则 $A \approx 2.13$,$B \approx 2.306$,….

有了直观感受之后,不禁要问:A,B 会"等于"2 吗? 仔细审视后发现:当 a,b,c 三个数中,某个数趋于 0,另外两个数相等时,左端的值会非常接近于 2. 如当 $c \to 0^+$,$a=b$ 时,有 $A \to 2^+$ 且 $B \to 2^+$,而且这个趋势与根号的次数似乎并无关系,于是我们大胆猜想:

若 $a,b,c \in \mathbf{R}_+$,则对任意的 $n \geq 2$,都有

$$C = \sqrt[n]{\dfrac{a}{b+c}} + \sqrt[n]{\dfrac{b}{c+a}} + \sqrt[n]{\dfrac{c}{a+b}} > 2 \qquad ③$$

式③是式①②的推广,式①②与式③是特殊与一般的关系:一方面,若式③得证,则式①②"不攻自破";另一方面,式①②得证虽不能推出式③成立,但其证法或许能为式③的证明提供一些思路. 下面我们先探索式①的证明.

(2)不等式证明第二步——初步尝试

看到三个根式的和. 自然想到了均值不等式,则有 $A \geq 3\sqrt[3]{\sqrt{\dfrac{abc}{(b+c)(c+a)(a+b)}}} \leq 3\sqrt[3]{\sqrt{\dfrac{abc}{8abc}}} = \dfrac{3\sqrt{2}}{2} \approx 2.121$. 尝试失败——不等号的方向反了,这启示我们是不是要作一些适当的变换?

---

① 杨春波,程汉波."美丽"背后的"火热的思考":兼谈不等式证明的六部曲[J]. 数学通讯,2013(10):28-29.

此时，我们可尝试倒数代换$\left(设 a=\dfrac{1}{M}, b=\dfrac{1}{N}, c=\dfrac{1}{P}\right)$，分母代换$($设$a+b=l, b+c=m$，$a+c=n)$，整体代换$\left(设 r=\sqrt{\dfrac{a}{b+c}}, s=\sqrt{\dfrac{b}{c+a}}, t=\sqrt{\dfrac{c}{a+b}}\right)$等方法，也都以失败告终，但也有所获：必须想办法将"根号"去掉，否则不等式证明将很难进行下去.

（3）不等式证明第三步——构造证明

为了建立A与2的不等关系，能否构造一些不含"根号"的中间不等式呢？结合式①的结构特征，将常数2进行拆分，是否有

$$\sqrt{\dfrac{a}{b+c}} \geqslant \dfrac{2a}{a+b+c} \qquad ④$$

$$\sqrt{\dfrac{b}{c+a}} \geqslant \dfrac{2b}{a+b+c} \qquad ⑤$$

$$\sqrt{\dfrac{c}{a+b}} \geqslant \dfrac{2c}{a+b+c} \qquad ⑥$$

成立呢？式④等价于

$$\dfrac{a}{b+c} \geqslant \dfrac{4a^2}{(a+b+c)^2} \Leftrightarrow (a+b+c)^2 \geqslant 4a(b+c)$$

记$b+c=p>0$，则式④等价于$(a+p)^2 \geqslant 4ap \Leftrightarrow (a-p)^2 \geqslant 0$，显然成立，得证.

同理可证⑤⑥两式，于是$A \geqslant \dfrac{2a}{a+b+c}+\dfrac{2b}{a+b+c}+\dfrac{2c}{a+b+c}=2$，注意到等号不可取得，故有$A>2$，式①证毕.

这个证法适用于式②的证明吗？自然想证$\sqrt[3]{\dfrac{a}{b+c}} \geqslant \dfrac{2a}{a+b+c}$，即$\dfrac{a}{b+c} \geqslant \dfrac{8a^3}{(a+b+c)^3}$，$(a+b+c)^3 \geqslant 8a^2(b+c)$，同样令$b+c=p>0$，则有

$$(a+p)^3 \geqslant 8a^2 p \qquad ⑦$$

式⑦成立吗？展开即$a^3-5a^2p+3ap^2+p^3 \geqslant 0$. 我们记$f(a)=a^3-5a^2p+3ap^2+p^3, a\in(0,+\infty)$，则$f'(a)=3a^2-10ap+3p^2=(3a-p)(a-3p)$，当$0<a<\dfrac{p}{3}$或$a>3p$时，$f'(a)>0$；当$\dfrac{p}{3}<a<3p$时，$f'(a)<0$，于是$f(a)$在$\left(0,\dfrac{p}{3}\right)$，$(3p,+\infty)$上单调递增，在$\left(\dfrac{p}{3},3p\right)$上单调递减，又$f(0)=p^3>0, f\left(\dfrac{p}{3}\right)=\dfrac{40}{27}p^3>0, f(3p)=-8p^3<0$，结合$f(a)$的图像知式⑦是不成立的，证法的"平移"失败.

当然构造的方法不是唯一的：2也可拆分为$\dfrac{b+c}{a+b+c}, \dfrac{c+a}{a+b+c}, \dfrac{a+b}{a+b+c}$的和. 尝试证$\sqrt[3]{\dfrac{a}{b+c}} \geqslant \dfrac{b+c}{a+b+c}$，分析发现该式也是不成立的. 其他的构造方法呢？未可知否，式②的证明陷入了僵局.

(4)不等式证明第四步——善于联想

"构造证明"部分已给出了式④的证明,发现它可由 $(a-p)^2 \geq 0$ 变化得到,当且仅当 $a = p = b+c$ 时等号成立. 这让我们联想到均值不等式(几何平均≥调和平均),于是有如下解释

$$\sqrt{\frac{a}{b+c}} = \sqrt{\frac{a}{b+c} \times 1} \geq \frac{2}{1+\frac{b+c}{a}} = \frac{2a}{a+b+c}, \text{当且仅当} \frac{a}{b+c} = 1 \text{时取等号}$$

这不仅仅是一种解释,也是一种思路,更是一种启发. 将其运用到式②是否奏效?

于是

$$\sqrt[3]{\frac{a}{b+c}} = \sqrt[3]{\frac{a}{b+c} \times 1 \times 1} \geq \frac{3}{1+1+\frac{b+c}{a}} = \frac{3a}{2a+b+c}$$

同理有

$$\sqrt[3]{\frac{b}{c+a}} \geq \frac{3b}{a+2b+c}$$

$$\sqrt[3]{\frac{c}{a+b}} \geq \frac{3c}{a+b+2c}$$

于是

$$B \geq \frac{3a}{2a+b+c} + \frac{3b}{a+2b+c} + \frac{3c}{a+b+2c}$$

右端≥2吗?继续放缩有

$$B > \frac{3a}{2(a+b+c)} + \frac{3b}{2(a+b+c)} + \frac{3c}{2(a+b+c)} = \frac{3}{2}$$

放过了!分母不一致,我们就统一地将分母放大,却导致了放缩过界. 要是分母一致就好了!

考虑引入参数 λ,以不变应万变! 有

$$\sqrt[3]{\frac{a}{b+c} \cdot \lambda \cdot \lambda} \geq \frac{3}{\frac{1}{\lambda^3} + \frac{1}{\lambda^3} + \frac{b+c}{a}} = \frac{3a\lambda^3}{2a+\lambda^3(b+c)}$$

即

$$\sqrt[3]{\frac{a}{b+c}} \geq \frac{3a\lambda}{2a+\lambda^3(b+c)}$$

为了使分母一致,取 $\lambda^3 = 2$,则

$$\sqrt[3]{\frac{a}{b+c}} \geq \frac{3\sqrt[3]{2}a}{2(a+b+c)}$$

同理有

$$\sqrt[3]{\frac{b}{c+a}} \geq \frac{3\sqrt[3]{2}b}{2(a+b+c)}$$

$$\sqrt[3]{\frac{c}{a+b}} \geq \frac{3\sqrt[3]{2}c}{2(a+b+c)}$$

三式相加得 $B \geq \dfrac{3\sqrt[3]{2}}{2} \approx 1.8998$，再次放过了！我们又考虑引入两个参数 λ, μ，尝试后发现仍然不能证出 $B > 2$，这里就不再详细展开了. 证法的"平移"再次失败.

(5) 不等式证明第五步——抓住本质

式①已通过均值不等式放缩得证，然而其证法却在"平移"中屡遭失败，是"平移"不得"法"，还是没有抓住问题的本质？经过数日的苦思冥想，我们终于发现了问题的"本质"，顺利地证得了②③两式，下面我们直接证明式③（其中 $n \geq 2$）

$$\sqrt[n]{\dfrac{a}{b+c}} = \sqrt{\dfrac{a^{\frac{2}{n}}}{(b+c)^{\frac{2}{n}}}} \geq \dfrac{2}{1+\dfrac{(b+c)^{\frac{2}{n}}}{a^{\frac{2}{n}}}} = \dfrac{2a^{\frac{2}{n}}}{a^{\frac{2}{n}}+(b+c)^{\frac{2}{n}}} \geq \dfrac{2a^{\frac{2}{n}}}{a^{\frac{2}{n}}+b^{\frac{2}{n}}+c^{\frac{2}{n}}}$$

这时因为

$$a^{\frac{2}{n}}+(b+c)^{\frac{2}{n}} \leq a^{\frac{2}{n}}+b^{\frac{2}{n}}+c^{\frac{2}{n}} \Leftrightarrow (b+c)^{\frac{2}{n}} \leq b^{\frac{2}{n}}+c^{\frac{2}{n}} \Leftrightarrow (b+c)^2 \leq (b^{\frac{2}{n}}+c^{\frac{2}{n}})^n$$

利用二项式展开定理或数学归纳法可证上式成立. 同理有

$$\sqrt[n]{\dfrac{b}{c+a}} \geq \dfrac{2b^{\frac{2}{n}}}{a^{\frac{2}{n}}+b^{\frac{2}{n}}+c^{\frac{2}{n}}}, \quad \sqrt[n]{\dfrac{c}{a+b}} \geq \dfrac{2c^{\frac{2}{n}}}{a^{\frac{2}{n}}+b^{\frac{2}{n}}+c^{\frac{2}{n}}}$$

三式相加，注意到等号不能同时取得，即得证.

先将 n 次根式转化为二次根式，再沿用式①的证明思路，并对分母进行放缩使其一致化，则式③得证. 于是可见，式①②③的共同本质——两个正数的几何平均数不小于它们的调和平均数. 解题一旦抓住本质，则可如鱼得水.

(6) 不等式证明第六步——合理推广

式①②③确实"优美"，结构对称和谐，虽然次数不同，但都有公共的下确界 2. 下面对式③进行再推广：若 $x_i > 0, i = 1, 2, \cdots, m(m \geq 3)$，常数 $\alpha \in \left(-\infty, \dfrac{1}{2}\right]$，令 $S = \sum_{i=1}^{m} x_i$，则有

$$\sum_{i=1}^{m}\left(\dfrac{x_i}{S-x_i}\right)^{\alpha} \geq 2 \text{（当 } m=3, \alpha=\dfrac{1}{n} \text{ 时即为式③）.（证略）}$$

上述便是杨春波、程汉波两位老师证明这个不等式的"火热的思考".

G. 学习新知，归结形成于数学认知结构中最典型的数学模式

例 15 对圆锥曲线定义的新模式认知.

数学学习是数学认知结构的形式与重组. 对数学概念的学习尤其是这样，对有关概念进行发散思考，转换思维，换一个角度欣赏，这是一种提高型的再认知，这种再认知，往往也是对一些典型的新的数学模式的认知.

(1) 对椭圆定义的再认知[①]

设 P 为椭圆上任一点，F_1, F_2 是其两个焦点，则 $|PF_1| + |PF_2| = 2a$（$2a$ 为椭圆长轴长）.

再认知 1 由 $|PF_1| + |PF_2| = 2a$ 有 $|PF_1| = 2a - |PF_2|$，如果我们把此等式的左边看成

---

① 徐广华. 对圆锥曲线定义的再认知[J]. 数学通讯, 2013(3): 17-19.

是两圆的圆心距,右边看成是两圆的半径之差,那么这两圆内切,由此我们得到:

性质1 若 P 为椭圆上的动点,F_1,F_2 是其两焦点,以 P 为圆心,PF_2 为半径作圆 M,则圆 M 总与某个定圆 N 相切.(定圆 N 就是以 F_1 为圆心,椭圆长轴长 $2a$ 为半径的圆,且圆 M 总与定圆 N 内切.)

反之,若动圆过定点 F_2,且与以 F_1 为圆心,$2a(2a>|F_1F_2|)$ 为半径的圆内切,则动圆圆心 P 的轨迹就是以 F_1,F_2 为焦点,长轴长为 $2a$ 的椭圆.

再认知2 由 $|PF_1|+|PF_2|=2a$ 有 $\frac{1}{2}|PF_1|=a-\frac{1}{2}|PF_2|$,如果我们以 PF_2 为直径作圆 M(圆心 M 就是 PF_2 的中点),设 O 为椭圆的中心(O 就是 F_1F_2 的中点),由三角形中位线定理,知 $|OM|=\frac{1}{2}|PF_1|$,因此有 $|OM|=a-\frac{1}{2}|PF_2|$.类似地,我们可以得到:

性质2 若 P 为椭圆上的动点,F_1,F_2 是其两焦点,以 PF_2 为直径作圆 M,则圆 M 总与某个定圆 N 相切.(定圆 N 就是以椭圆的中心 O 为圆心,长半轴长 a 为半径的圆,且圆 M 总与定圆 N 内切.)

例16 已知椭圆 $C:\frac{x^2}{a^2}+\frac{y^2}{b^2}=1(a>b>0)$ 的左、右焦点分别为 $F_1(-1,0)$,$F_2(1,0)$,且经过定点 $A\left(\frac{2}{3},\frac{2\sqrt{6}}{3}\right)$,$M$ 为椭圆 C 上的动点.

(Ⅰ)求椭圆 C 的方程;

(Ⅱ)若以点 M 为圆心,MF_2 为半径作圆 M,求证:圆 M 总与某个定圆 N 相切;

(Ⅲ)若以 MF_2 为直径作圆 P,是否存在定圆 Q,使得圆 P 与圆 Q 恒相切?

简解 (Ⅰ)易得椭圆 C 的方程为 $\frac{x^2}{4}+\frac{y^2}{3}=1$.

(Ⅱ)由椭圆定义知,$|MF_1|+|MF_2|=2a=4$,且 $|MF_1|=4-|MF_2|$,以椭圆 C 的左焦点 $F_1(-1,0)$ 为圆心,4 为半径作定圆 N,则圆 M 总与定圆 $N:(x+1)^2+y^2=16$ 内切.

(Ⅲ)设 MF_2 的中点为 P(圆 P 的圆心),连 MF_1,OP,由三角形中位线定理,得

$$|OP|=\frac{1}{2}|MF_1|=\frac{1}{2}(2a-|MF_2|)=a-\frac{1}{2}|MF_2|=2-r,r \text{ 为圆 } P \text{ 的半径}$$

以原点 O 为圆心,2 为半径作定圆 Q,则圆 P 与圆 Q 恒内切,故存在定圆 $Q:x^2+y^2=4$,使得圆 P 与圆 Q 恒相切.

(2)对双曲线定义的再认知

设 P 为双曲线上任一点,F_1,F_2 是其左、右(或下、上)焦点,则 $||PF_1|-|PF_2||=2a(2a$ 为双曲线实轴长$)$.

再认知1 设 P 为双曲线右支(上支)上一点,则 $|PF_1|-|PF_2|=2a$,即 $|PF_1|=2a+|PF_2|$,如果我们把此等式的左边看成是两圆的圆心距,右边看成是两圆的半径之和,那么这两圆外切,由此我们得到:

性质3 若 P 为双曲线右支(上支)上的动点,F_1,F_2 是其左、右(或下、上)焦点,以 P 为圆心,PF_2 为半径作圆 M,则圆 M 总与某个定圆 N 相切.(定圆 N 就是以 F_1 为圆心,双曲线

实轴长 $2a$ 为半径的圆,且圆 M 总与定圆 N 外切.)

再认知2 设 P 为双曲线左支(下支)上一点,则 $|PF_2| - |PF_1| = 2a$,即 $|PF_1| = |PF_2| - 2a$. 类似地,我们可以得到:

性质4 若 P 为双曲线左支(下支)上的动点,F_1, F_2 是其左、右(或下、上)焦点,以 P 为圆心,PF_2 为半径作圆 M,则圆 M 总与某个定圆 N 相切.(定圆 N 就是以 F_1 为圆心,双曲线实轴长 $2a$ 为半径的圆,且圆 M 总与定圆 N 内切.)

将以上性质3和性质4逆反过来,我们得到以下结论:若动圆过定点 F_2,且与以 F_1 为圆心,$2a(2a < |F_1F_2|)$ 为半径的圆相切(包含外切和内切),则动圆圆心 P 的轨迹就是以 F_1, F_2 为焦点,实轴长为 $2a$ 的双曲线.

再认知3 设 P 为双曲线右支(上支)上一点,则 $\frac{1}{2}|PF_1| = a + \frac{1}{2}|PF_2|$,如果我们以 PF_2 为直径作圆 M(圆心 M 就是 PF_2 的中点),设 O 为双曲线的中心(O 就是 F_1F_2 的中点),由三角形中位线定理,知 $|OM| = \frac{1}{2}|PF_1|$,因此有 $|OM| = a + \frac{1}{2}|PF_2|$. 类似地,我们可以得到:

性质5 若 P 为双曲线右支(上支)上的动点,F_1, F_2 是其左、右(或下、上)焦点,以 PF_2 为直径作圆 M,则圆 M 总与某个定圆 N 相切.(定圆 N 就是以双曲线的中心 O 为圆心,实半轴长 a 为半径的圆,且圆 M 总与定圆 N 外切.)

再认知4 设 P 为双曲线左支(下支)上一点,则 $\frac{1}{2}|PF_1| = \frac{1}{2}|PF_2| - a$,如果我们以 PF_2 为直径作圆 M(圆心 M 就是 PF_2 的中点),设 O 为双曲线的中心(O 就是 F_1F_2 的中点),由三角形中位线定理,知 $|OM| = \frac{1}{2}|PF_1|$,因此有 $|OM| = \frac{1}{2}|PF_2| - a$. 类似地,我们可以得到:

性质6 若 P 为双曲线左支(下支)上的动点,F_1, F_2 是其左、右(或下、上)焦点,以 PF_2 为直径作圆 M,则圆 M 总与某个定圆 N 相切.(定圆 N 就是以双曲线的中心 O 为圆心,实半轴长 a 为半径的圆,且圆 M 总与定圆 N 内切.)

(3)对抛物线定义的再认知

设 P 为抛物线上任一点,F 是其焦点,d 是 P 到其准线 l 的距离,则 $|PF| = d$. 因此,如果我们以 P 为圆心,PF 为半径作圆 M,那么圆 M 总与准线 l 相切. 反之,若动圆 P 经过定点 F 且与定直线 l 相切(其中 F 不在 l 上),则动圆的圆心 P 的轨迹就是以 F 为焦点,以 l 为准线的抛物线.

同样地,以抛物线的焦点弦 AB 为直径作圆 M,利用抛物线的定义和梯形的中位线定理,可知圆 M 也总与抛物线的准线 l 相切.

(4)有心圆锥曲线的"第三定义"

由 $\frac{x^2}{a^2} + \frac{y^2}{b^2} = 1(a > b > 0)$,得 $\frac{y^2}{b^2} = 1 - \frac{x^2}{a^2} = -\frac{x^2 - a^2}{a^2}$,即 $\frac{y^2}{x^2 - a^2} = -\frac{b^2}{a^2}$,亦即 $\frac{y}{x+a} \cdot \frac{y}{x-a} =$

$-\frac{b^2}{a^2}$,设 $P(x,y)$,$A(-a,0)$,$B(a,0)$,则 $k_{PA} \cdot k_{PB} = -\frac{b^2}{a^2} = -\frac{a^2-c^2}{a^2} = \left(\frac{c}{a}\right)^2 - 1 = e^2 - 1 < 0$.
这说明椭圆上任一点 P 与长轴两端点 A,B 的连线的斜率乘积为定值 e^2-1.

由 $\frac{x^2}{a^2} - \frac{y^2}{b^2} = 1(a,b>0)$,得 $\frac{y^2}{b^2} = \frac{x^2}{a^2} - 1 = \frac{x^2-a^2}{a^2}$,即 $\frac{y^2}{x^2-a^2} = \frac{b^2}{a^2}$,亦即 $\frac{y}{x+a} \cdot \frac{y}{x-a} = \frac{b^2}{a^2}$,设 $P(x,y)$,$A(-a,0)$,$B(a,0)$,则 $k_{PA} \cdot k_{PB} = \frac{b^2}{a^2} = \frac{c^2-a^2}{a^2} = \left(\frac{c}{a}\right)^2 - 1 = e^2 - 1 > 0$. 这说明双曲线上任一点 P 与实轴两端点 A,B 的连线的斜率乘积为定值 e^2-1.

将椭圆和双曲线统一起来,就是:有心圆锥曲线上任一点 P 与长轴(或实轴)两端点 A,B 的连线的斜率乘积为定值 e^2-1,其中 e 为该曲线的离心率.

反过来,我们可以得到有心圆锥曲线的"第三定义":平面内,若动点 P 与两定点 A,B 的连线的斜率乘积为定值 $\lambda(\lambda \neq 0, -1)$,则动点 P 的轨迹是有心圆锥曲线(不包含 A,B 两点),且当 $\lambda < 0(\lambda \neq -1)$ 时是椭圆;当 $\lambda > 0$ 时是双曲线.

H. 适时假设,拓广展示问题情境中最能开启智慧的数学视野

例 17 在 100 名选手之间进行单循环淘汰赛(即一场的比赛结果,失败者要退出比赛),最后产生一名冠军,共需比赛的场次是_____.

解法 1 第一轮要进行 50 场比赛,留下 50 名选手;第二轮要进行 25 场比赛,留下 25 名选手;第三轮要进行 12 场比赛,1 名选手轮空,留下 13 名选手;第四轮要进行 6 场比赛,1 名选手轮空,留下 7 名选手;第五轮要进行 3 场比赛,1 名选手轮空,留下 4 名选手;第六轮要进行 2 场比赛,留下 2 名选手;最后一场产生一名冠军,所以共需比赛的场数为 $50 + 25 + 12 + 6 + 3 + 2 + 1 = 99$ 场.

解法 2 要产生一名冠军,需要淘汰冠军外的所有其他选手,也就是要淘汰 99 名选手. 要淘汰一名选手就必须进行一场比赛,反之,每进行一场比赛必淘汰一名选手. 故立即可得比赛场数为 99 场.

解法 1 属常规思维,也是多数解题者采用的方法,计算较多. 同解法 1 相比较,解法 2 就显得非常巧妙,产生这种解法,来之于拓广视野,即"思维移项"的巧用. 常规和习惯,有其形成、存在的合理和必然;同时也可能会成为一种保守势力,禁锢人们的思维. 思路一变天地宽,"思维移项"主张"倒(反)过来试一试",其可贵之处在于突破了常规和习惯思维,它强调考虑事物的新角度,在避开和问题直接"拼打"的同时,以完全出乎意料的方式使问题得到解决. 因而,从解法 2 我们欣赏到了数学解题巧法的一种源头.

I. 发掘史料,吸取汇集于优秀文化遗产中最明智的数学素养

例 18 欧拉恒等式 $\frac{\pi}{6} = 1 + \frac{1}{2^2} + \frac{1}{3^2} + \cdots + \frac{1}{R^2} + \cdots$ 的证明.

欧拉采用大胆、巧妙的类比法是这样推导的:
假设有一个 $2n$ 次代数方程
$$b_0 - b_1 x^2 + b_2^2 x^4 - \cdots + (-1)^n b_n x^{2n} = 0 \quad ⑧$$

式 ⑧ 有 $2n$ 个不同的根 $\pm \beta_1, \pm \beta_2, \cdots, \pm \beta_n$. 如果两个代数方程有相同的根,而且常数项

相等,那么这个方程的其他项的系数也应该分别相等,就有

$$b_0 - b_1 x^2 + b_2 x^4 - \cdots + (-1)^n b_n x^{2n}$$
$$= b_0\left(1 - \frac{x^2}{\beta_1^2}\right)\left(1 - \frac{x^2}{\beta_2^2}\right)\cdots\left(1 - \frac{x^2}{\beta_n^2}\right)$$

比较上式两边 x^2 的系数,就得到

$$b_1 = b_0\left(\frac{1}{\beta_1^2} + \frac{1}{\beta_2^2} + \cdots + \frac{1}{\beta_n^2}\right) \quad ⑨$$

考虑三角方程 $\sin x = 0$,它有无穷多个根:$0, \pm\pi, \pm 2\pi, \cdots$. 将 $\sin x$ 展开为级数后,方程两边同除以 x,就得到

$$1 - \frac{x^2}{3!} + \frac{x^4}{5!} - \frac{x^6}{7!} + \cdots = 0 \quad ⑩$$

显然式⑩的根是:$\pm\pi, \pm 2\pi, \cdots$.

将式⑩与式⑧类比,有

$$\frac{1}{3!} = \frac{1}{\pi^2} + \frac{1}{(2\pi)^2} + \frac{1}{(3\pi)^2} + \cdots$$

即有

$$\frac{\pi^2}{6} = 1 + \frac{1}{2^2} + \frac{1}{3^2} + \cdots + \frac{1}{k^2} + \cdots$$

欧拉对自己的高招曾得意地说:"类比是伟大的引路人". 此时欧拉也明白,这样类比,有失严密,虽然"一元 n 次方程有 n 个根"是成立的,但无"一元无限次方程有无限个根"的定理. 于是,欧拉又继续研究,最终找到求该级数和与其他级数和的严格方法,并发表在他于 1748 年在瑞士洛桑出版的《无穷小分析引论》之中.

欧拉大胆地将有限维向无限逼进而得正确结论的"歪打正着"给我们的欣赏增添了别样的风采:我们不能局限于现成的理论裹足不前,不敢越雷池一步,否则便会错过碰到鼻子尖的真理,丧失做出新发现的时机. 要敢于突破,像欧拉那样;要敢于猜想,像哥德巴赫和费马,做出其后人们以他们姓氏命名的猜想那样. 经验虽然"有限",但很可能是"无限"真理的一部分,追求真理要有这种精神. 当然,光有大胆还不够,因为确定真理要经过严格的逻辑证明. 正是这样,广东的汪宏亮、丁胜锋两位老师又给出了欧拉恒等式的初等证明[①].

先看几条引理:

引理 1 (De Moivre 公式) 设 n 为实数,i 为虚数单位,则有 $\cos(n\theta) + i\sin(n\theta) = (\cos\theta + i\sin\theta)^n$.

引理 2 设 n 为正整数,则有以下恒等式 $\sum_{k=1}^{n} \cot^2 \frac{(2k-1)\pi}{4n} = C_{2n}^2$.

证明 由 De Moivre 公式,有

$$\cos[(2n)\theta] + i\sin[(2n)\theta] = (\cos\theta + i\sin\theta)^{2n} = \sum_{j=0}^{2n+1}(i)^j C_{2n}^j \sin^j\theta \cdot \cos^{2n-j}\theta$$

---

① 汪宏亮,丁胜锋. Euler 恒等式 $\frac{\pi^2}{6} = \sum_{k=1}^{\infty}\frac{1}{k^2}$ 的初等证明[J]. 中学数学研究,2013(5):19.

（Ⅰ）当 $\sin\theta \neq 0$ 时，比较左右两端的虚数部分得到

$$\sin[(2n)\theta] = \sum_{j=0}^{n}(-1)^{j}C_{2n}^{2j}\sin^{2j}\theta\cos^{2n-2j}\theta = \sin^{2n}\theta\sum_{j=0}^{n}(-1)^{j}C_{2n}^{2j}(\cot^{2}\theta)^{n-j} \quad ⑪$$

记多项式

$$f(x) = C_{2n}^{0}x^{n} - C_{2n}^{2}x^{n-1} + C_{2n}^{4}x^{n-2} + \cdots + (-1)^{n}C_{2n}^{2n}x^{n-n} \quad ⑫$$

（Ⅱ）当 $\sin\theta \neq 0$ 时，可以将式⑪重新表示为

$$\frac{\sin(2n)\theta}{\sin^{2n}\theta} = f(\cot^{2}\theta) \quad ⑬$$

由式⑫可知，$f(x)$ 是 n 次多项式，在复数域内 $f(x)$ 有且仅有 n 个根（包括可能的重根）。由式⑬可知，如果 $\theta \in \left(0, \frac{\pi}{2}\right)$ 满足 $\cos(2n\theta) = 0$，那么 $\cot^{2}\theta$ 为 $f(x)$ 的根，所以 $f(x)$ 的全部根为 $\cot^{2}\frac{\pi}{4n}$，$\cot^{2}\frac{3\pi}{4n}$，$\cot^{2}\frac{5\pi}{4n}$，$\cdots$，$\cot^{2}\frac{(2n-1)\pi}{4n}$，在式⑫中应用韦达定理得到

$$\sum_{k=1}^{n}\cot^{2}\frac{(2k-1)\pi}{4n} = C_{2n}^{2}.$$

引理 3 设 $\theta \in \left(0, \frac{\pi}{2}\right)$，则 $\cot\theta < \theta^{-1} < \csc\theta$。

证明 如图 1-3，取一个半径为 R 的圆，θ 为锐角（取弧度）。由图形可知，扇形 OAB 的面积介于 $\triangle OAB$ 的面积和 $\triangle OAD$ 的面积之间，即有 $\frac{1}{2}R^{2}\sin\theta < \frac{1}{2}R^{2}\theta < \frac{1}{2}R^{2}\tan\theta$。

下面证明 Euler 恒等式：

由引理 3 可得，当 $\theta \in \left(0, \frac{\pi}{2}\right)$ 时，有

$$\cot^{2}\theta < \frac{1}{\theta} < 1 + \cot^{2}\theta \quad ⑭$$

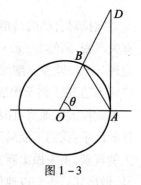

图 1-3

取定正整数 n，在式⑭中令 $\theta = \frac{(2k-1)\pi}{4n}$，其中 $k = 1, 2, \cdots, n$，则有

$$\cot^{2}\frac{(2k-1)\pi}{4n} < \frac{16n^{2}}{\pi^{2}} \cdot \frac{1}{(2k-1)^{2}} < 1 + \cot^{2}\frac{(2k-1)\pi}{4n} \quad ⑮$$

在式⑮中对 k 从 1 到 n 求和，得到

$$\sum_{k=1}^{n}\cot^{2}\frac{(2k-1)\pi}{4n} < \frac{16n^{2}}{\pi^{2}}\sum_{k=1}^{n}\frac{1}{(2k-1)^{2}} < n + \sum_{k=1}^{n}\cot^{2}\frac{(2k-1)\pi}{4n} \quad ⑯$$

应用引理 2，可由式⑯左右两端的求和式计算出来，从而得到 $C_{2n}^{2} < \frac{16n^{2}}{\pi^{2}}\sum_{k=1}^{n}\frac{1}{(2k-1)^{2}} < n + C_{2n}^{2}$，整理后得到

$$\frac{(2n-1)\pi^{2}}{16n} < \sum_{k=1}^{n}\frac{1}{(2k-1)^{2}} < \frac{\pi^{2}}{8} \quad ⑰$$

当 $n \to \infty$ 时，式⑰左右的极限都是 $\frac{\pi^{2}}{8}$，由两边夹原理，有

$$\sum_{k=1}^{\infty}\frac{1}{(2k-1)^2}=\frac{\pi^2}{8} \qquad ⑱$$

记 $\sigma=\sum_{k=1}^{\infty}\frac{1}{k^2}$,显然

$$\sum_{k=1}^{\infty}\frac{1}{k^2}=\sum_{k=1}^{\infty}\frac{1}{(2k-1)^2}+\sum_{k=1}^{\infty}\frac{1}{(2k)^2} \qquad ⑲$$

由⑱⑲两式得到 $\sigma=\frac{\pi^2}{8}+\frac{\sigma}{4}$,即得到 $\sigma=\frac{\pi^2}{6}$.

J. 解决问题,善用呈现于亮丽风景之中最夺目的数学模型

例19 一个命题的应用.

命题 设 $a_i,b_i,c_i>0,i=1,2,3$,则

$$(a_1^3+a_2^3+a_3^3)(b_1^3+b_2^3+b_3^3)(c_1^3+c_2^3+c_3^3)\geqslant(a_1b_1c_1+a_2b_2c_2+a_3b_3c_3)^3 \qquad (*)$$

当且仅当 $\frac{a_1}{b_1}=\frac{a_2}{b_2}=\frac{a_3}{b_3},\frac{b_1}{c_1}=\frac{b_2}{c_2}=\frac{b_3}{c_3}$ 时等号成立.

证明 设

$$M_1=a_1^3+a_2^3+a_3^3,M_2=b_1^3+b_2^3+b_3^3,M_3=c_1^3+c_2^3+c_3^3$$

则由三元均值不等式

$$a+b+c\geqslant 3\sqrt[3]{abc}\quad(a,b,c>0)$$

当且仅当 $a=b=c$ 时等号成立. 有

$$3=\frac{M_1}{M_1}+\frac{M_2}{M_2}+\frac{M_3}{M_3}$$

$$=\frac{a_1^3+a_2^3+a_3^3}{M_1}+\frac{b_1^3+b_2^3+b_3^3}{M_2}+\frac{c_1^3+c_2^3+c_3^3}{M_3}$$

$$=\left(\frac{a_1^3}{M_1}+\frac{b_1^3}{M_2}+\frac{c_1^3}{M_3}\right)+\left(\frac{a_2^3}{M_1}+\frac{b_2^3}{M_2}+\frac{c_2^3}{M_3}\right)+\left(\frac{a_3^3}{M_1}+\frac{b_3^3}{M_2}+\frac{c_3^3}{M_3}\right)$$

$$\geqslant\frac{3a_1b_1c_1}{\sqrt[3]{M_1M_2M_3}}+\frac{3a_2b_2c_2}{\sqrt[3]{M_1M_2M_3}}+\frac{3a_3b_3c_3}{\sqrt[3]{M_1M_2M_3}}$$

即

$$\sqrt[3]{M_1M_2M_3}\geqslant a_1b_1c_1+a_2b_2c_2+a_3b_3c_3$$

两边3次方即为

$$(a_1^3+a_2^3+a_3^3)(b_1^3+b_2^3+b_3^3)(c_1^3+c_2^3+c_3^3)\geqslant(a_1b_1c_1+a_2b_2c_2+a_3b_3c_3)^3$$

当且仅当

$$\frac{a_1^3}{M_1}=\frac{b_1^3}{M_2}=\frac{c_1^3}{M_3},\frac{a_2^3}{M_1}=\frac{b_2^3}{M_2}=\frac{c_2^3}{M_3},\frac{a_3^3}{M_1}=\frac{b_3^3}{M_2}=\frac{c_3^3}{M_3}$$

即 $\frac{a_1}{b_1}=\frac{a_2}{b_2}=\frac{a_3}{b_3},\frac{b_1}{c_1}=\frac{b_2}{c_2}=\frac{b_3}{c_3}$ 时等号成立.

上述命题中的不等式是一个非常漂亮的不等式模型,我们也可以用矩阵的语言来叙述:

构作矩阵

$$A = \begin{bmatrix} a_1^3 & b_1^3 & c_1^3 \\ a_2^3 & b_2^3 & c_2^3 \\ a_3^3 & b_3^3 & c_3^3 \end{bmatrix}_{3 \times 3}$$

对于 3×3 正实数矩阵,它的列和的几何平均值不小于其行的几何平均值之和. 此即为上述命题的矩阵语言陈述.

其实,3×3 正实数矩阵可以推广到 $n \times m$ 非负实数矩阵中去,有"$n \times m$ 非负实数矩阵的 m 列和的几何平均值不小于其 n 行的几何平均值之和",这即为著名的"卡尔松不等式". (这可参见本套书中的《数学应用展观》中矩阵的应用部分,也可参见由哈尔滨工业大学出版社出版的作者的另一著作《从 Cramer 法则谈起——矩阵论漫谈》.)

作为以上不等式模型的重要应用,下面我们来用它解决三类条件最值问题.[①]

问题 1 设 $l, m, n, p, q, r, x, y, z \in \mathbf{R}_+$(其中,$l, m, n, p, q, r$ 为常数,以下不再注明)且 $\dfrac{l}{x} + \dfrac{m}{y} + \dfrac{n}{z} = 1$,求 $px^2 + qy^2 + rz^2$ 的最小值.

解 因为 $\dfrac{l}{x} + \dfrac{m}{y} + \dfrac{n}{z} = 1$,所以应用不等式(∗)可得

$$px^2 + qy^2 + rz^2$$
$$= \left(\frac{l}{x} + \frac{m}{y} + \frac{n}{z}\right)\left(\frac{l}{x} + \frac{m}{y} + \frac{n}{z}\right)(px^2 + qy^2 + rz^2)$$
$$\geq \left(\sqrt[3]{\frac{l}{x}} \cdot \sqrt[3]{\frac{l}{x}} \cdot \sqrt[3]{px^2} + \sqrt[3]{\frac{m}{y}} \cdot \sqrt[3]{\frac{m}{y}} \cdot \sqrt[3]{qy^2} + \sqrt[3]{\frac{n}{z}} \cdot \sqrt[3]{\frac{n}{z}} \cdot \sqrt[3]{rz^2}\right)^3$$
$$= \left(\sqrt[3]{l^2 p} + \sqrt[3]{m^2 q} + \sqrt[3]{n^2 r}\right)^3$$

当且仅当

$$\frac{\sqrt[3]{\dfrac{l}{x}}}{\sqrt[3]{\dfrac{l}{x}}} = \frac{\sqrt[3]{\dfrac{m}{y}}}{\sqrt[3]{\dfrac{m}{y}}} = \frac{\sqrt[3]{\dfrac{n}{z}}}{\sqrt[3]{\dfrac{n}{z}}}, \frac{\sqrt[3]{\dfrac{l}{x}}}{\sqrt[3]{px^2}} = \frac{\sqrt[3]{\dfrac{m}{y}}}{\sqrt[3]{qy^2}} = \frac{\sqrt[3]{\dfrac{n}{z}}}{\sqrt[3]{rz^2}}$$

且 $\dfrac{l}{x} + \dfrac{m}{y} + \dfrac{n}{z} = 1$,即

$$mpx^3 = lqy^3,\ nqy^3 = mrz^3,\ \frac{l}{x} + \frac{m}{y} + \frac{n}{z} = 1$$

时,上式中等号成立. 由此可解得

$$x = \sqrt[3]{l}\left(\sqrt[3]{l^2} + \sqrt[3]{\frac{qm^2}{p}} + \sqrt[3]{\frac{rn^2}{p}}\right)$$
$$y = \sqrt[3]{m}\left(\sqrt[3]{m^2} + \sqrt[3]{\frac{rn^2}{q}} + \sqrt[3]{\frac{pl^2}{q}}\right)$$

[①] 姜坤崇. 一个不等式与三类条件最值问题[J]. 数学通讯, 2013(8): 37–40.

$$z = \sqrt[3]{n}\left(\sqrt[3]{n^2} + \sqrt[3]{\frac{pl^2}{r}} + \sqrt[3]{\frac{qm^2}{r}}\right)$$

所以当且仅当

$$x = \sqrt[3]{l}\left(\sqrt[3]{l^2} + \sqrt[3]{\frac{qm^2}{p}} + \sqrt[3]{\frac{rn^2}{p}}\right)$$

$$y = \sqrt[3]{m}\left(\sqrt[3]{m^2} + \sqrt[3]{\frac{rn^2}{q}} + \sqrt[3]{\frac{pl^2}{q}}\right)$$

$$z = \sqrt[3]{n}\left(\sqrt[3]{n^2} + \sqrt[3]{\frac{pl^2}{r}} + \sqrt[3]{\frac{qm^2}{r}}\right)$$

时,$px^2 + qy^2 + rz^2$ 取得最小值 $(\sqrt[3]{l^2 p} + \sqrt[3]{m^2 q} + \sqrt[3]{n^2 r})^3$.

在问题 1 中,分别以 $\frac{1}{x},\frac{1}{y},\frac{1}{z}$ 代 x,y,z,则可得:

问题 1′ 设 $l,m,n,p,q,r,x,y,z \in \mathbf{R}_+$,且 $lx + my + nz = 1$,求 $\frac{p}{x^2} + \frac{q}{y^2} + \frac{r}{z^2}$ 的最小值.

解 当且仅当

$$x = \frac{1}{\sqrt[3]{l}\left(\sqrt[3]{l^2} + \sqrt[3]{\frac{qm^2}{p}} + \sqrt[3]{\frac{rn^2}{p}}\right)}$$

$$y = \frac{1}{\sqrt[3]{m}\left(\sqrt[3]{m^2} + \sqrt[3]{\frac{rn^2}{q}} + \sqrt[3]{\frac{pl^2}{q}}\right)}$$

$$z = \frac{1}{\sqrt[3]{n}\left(\sqrt[3]{n^2} + \sqrt[3]{\frac{pl^2}{r}} + \sqrt[3]{\frac{qm^2}{r}}\right)}$$

时,$\frac{p}{x^2} + \frac{q}{y^2} + \frac{r}{z^2}$ 取得最小值 $(\sqrt[3]{l^2 p} + \sqrt[3]{m^2 q} + \sqrt[3]{n^2 r})^3$.

在问题 1 中,分别以 $\sqrt{x},\sqrt{y},\sqrt{z}$ 代 x,y,z,则可得:

问题 1″ 设 $l,m,n,p,q,r,x,y,z \in \mathbf{R}_+$,且 $\frac{l}{\sqrt{x}} + \frac{m}{\sqrt{y}} + \frac{n}{\sqrt{z}} = 1$,$px + qy + rz$ 的最小值.

解 当且仅当

$$x = \sqrt[3]{l^2}\left(\sqrt[3]{l^2} + \sqrt[3]{\frac{qm^2}{p}} + \sqrt[3]{\frac{rn^2}{p}}\right)^2$$

$$y = \sqrt[3]{m^2}\left(\sqrt[3]{m^2} + \sqrt[3]{\frac{rn^2}{q}} + \sqrt[3]{\frac{pl^2}{q}}\right)^2$$

$$z = \sqrt[3]{n^2}\left(\sqrt[3]{n^2} + \sqrt[3]{\frac{pl^2}{r}} + \sqrt[3]{\frac{qm^2}{r}}\right)^2$$

时,$px + qy + rz$ 取得最小值 $(\sqrt[3]{l^2 p} + \sqrt[3]{m^2 q} + \sqrt[3]{n^2 r})^3$.

问题 2 设 $l,m,n,p,q,r,x,y,z \in \mathbf{R}_+$，且 $lx^2 + my^2 + nz^2 = 1$，求 $\dfrac{p}{x} + \dfrac{q}{y} + \dfrac{r}{z}$ 的最小值.

解 因为 $lx^2 + my^2 + nz^2 = 1$，所以应用不等式（*）可得

$$\left(\frac{p}{x} + \frac{q}{y} + \frac{r}{z}\right)^2$$

$$= (lx^2 + my^2 + nz^2)\left(\frac{p}{x} + \frac{q}{y} + \frac{r}{z}\right)\left(\frac{p}{x} + \frac{q}{y} + \frac{r}{z}\right)$$

$$\geqslant \left(\sqrt[3]{lx^2} \cdot \sqrt[3]{\frac{p}{x}} \cdot \sqrt[3]{\frac{p}{x}} + \sqrt[3]{my^2} \cdot \sqrt[3]{\frac{q}{y}} \cdot \sqrt[3]{\frac{q}{y}} + \sqrt[3]{nz^2} \cdot \sqrt[3]{\frac{r}{z}} \cdot \sqrt[3]{\frac{r}{z}}\right)^3$$

$$= (\sqrt[3]{lp^2} + \sqrt[3]{mq^2} + \sqrt[3]{nr^2})^3$$

当且仅当

$$\frac{\sqrt[3]{lx^2}}{\sqrt[3]{\frac{p}{x}}} = \frac{\sqrt[3]{my^2}}{\sqrt[3]{\frac{q}{y}}} = \frac{\sqrt[3]{nz^2}}{\sqrt[3]{\frac{r}{z}}}, \quad \frac{\sqrt[3]{\frac{p}{x}}}{\sqrt[3]{\frac{p}{x}}} = \frac{\sqrt[3]{\frac{q}{y}}}{\sqrt[3]{\frac{q}{y}}} = \frac{\sqrt[3]{\frac{r}{z}}}{\sqrt[3]{\frac{r}{z}}}$$

且 $lx^2 + my^2 + nz^2 = 1$，即 $lqx^3 = mpy^3, mry^3 = nqz^3$ 且 $lx^2 + my^2 + nz^2 = 1$ 时，上式中等号成立，由此可解得

$$x = \frac{1}{\sqrt{\sqrt[3]{l^2}\left(\sqrt[3]{l} + \sqrt[3]{\frac{mq^2}{p^2}} + \sqrt[3]{\frac{nr^2}{p^2}}\right)}}$$

$$y = \frac{1}{\sqrt{\sqrt[3]{m^2}\left(\sqrt[3]{m} + \sqrt[3]{\frac{nr^2}{q^2}} + \sqrt[3]{\frac{lp^2}{q^2}}\right)}}$$

$$z = \frac{1}{\sqrt{\sqrt[3]{n^2}\left(\sqrt[3]{n} + \sqrt[3]{\frac{lp^2}{r^2}} + \sqrt[3]{\frac{mq^2}{r^2}}\right)}}$$

因此,当且仅当

$$x = \frac{1}{\sqrt{\sqrt[3]{l^2}\left(\sqrt[3]{l} + \sqrt[3]{\frac{mq^2}{p^2}} + \sqrt[3]{\frac{nr^2}{p^2}}\right)}}$$

$$y = \frac{1}{\sqrt{\sqrt[3]{m^2}\left(\sqrt[3]{m} + \sqrt[3]{\frac{nr^2}{q^2}} + \sqrt[3]{\frac{lp^2}{q^2}}\right)}}$$

$$z = \frac{1}{\sqrt{\sqrt[3]{n^2}\left(\sqrt[3]{n} + \sqrt[3]{\frac{lp^2}{r^2}} + \sqrt[3]{\frac{mq^2}{r^2}}\right)}}$$

时,$\dfrac{p}{x} + \dfrac{q}{y} + \dfrac{r}{z}$ 取得最小值 $\sqrt{(\sqrt[3]{lp^2} + \sqrt[3]{mq^2} + \sqrt[3]{nr^2})^3}$.

在问题 2 中,分别以 $\dfrac{1}{x},\dfrac{1}{y},\dfrac{1}{z}$ 代 x,y,z 则可得:

问题 2′ 设 $l,m,n,p,q,r,x,y,z \in \mathbf{R}_+$,且 $\dfrac{l}{x^2}+\dfrac{m}{y^2}+\dfrac{n}{z^2}=1$,求 $px+qy+rz$ 的最小值.

解 当且仅当

$$x=\sqrt{\sqrt[3]{l^2}\left(\sqrt[3]{l}+\sqrt[3]{\dfrac{mq^2}{p^2}}+\sqrt[3]{\dfrac{nr^2}{p^2}}\right)}$$

$$y=\sqrt{\sqrt[3]{m^2}\left(\sqrt[3]{m}+\sqrt[3]{\dfrac{nr^2}{q^2}}+\sqrt[3]{\dfrac{lp^2}{q^2}}\right)}$$

$$z=\sqrt{\sqrt[3]{n^2}\left(\sqrt[3]{n}+\sqrt[3]{\dfrac{lp^2}{r^2}}+\sqrt[3]{\dfrac{mq^2}{r^2}}\right)}$$

时,$px+qy+rz$ 取得最小值 $\sqrt{(\sqrt[3]{lp^2}+\sqrt[3]{mq^2}+\sqrt[3]{nr^2})^3}$.

在问题 2 中,分别以 $\sqrt{x},\sqrt{y},\sqrt{z}$ 代 x,y,z,则可得:

问题 2″ 设 $l,m,n,p,q,r,x,y,z \in \mathbf{R}_+$,且 $lx+my+nz=1$,求 $\dfrac{p}{\sqrt{x}}+\dfrac{q}{\sqrt{y}}+\dfrac{r}{\sqrt{z}}$ 的最小值.

解 当且仅当

$$x=\dfrac{1}{\sqrt[3]{l^2}\left(\sqrt[3]{l}+\sqrt[3]{\dfrac{mq^2}{p^2}}+\sqrt[3]{\dfrac{nr^2}{p^2}}\right)}$$

$$y=\dfrac{1}{\sqrt[3]{m^2}\left(\sqrt[3]{m}+\sqrt[3]{\dfrac{nr^2}{q^2}}+\sqrt[3]{\dfrac{lp^2}{q^2}}\right)}$$

$$z=\dfrac{1}{\sqrt[3]{n^2}\left(\sqrt[3]{n}+\sqrt[3]{\dfrac{lp^2}{r^2}}+\sqrt[3]{\dfrac{mq^2}{r^2}}\right)}$$

时,$\dfrac{p}{\sqrt{x}}+\dfrac{q}{\sqrt{y}}+\dfrac{r}{\sqrt{z}}$ 取得最小值 $\sqrt{(\sqrt[3]{lp^2}+\sqrt[3]{mq^2}+\sqrt[3]{nr^2})^3}$.

问题 3 设 $l,m,n,p,q,r,x,y,z \in \mathbf{R}_+$,且 $lx^3+my^3+nz^3=1$,求 $px+qy+rz$ 的最大值.

解 因为 $lx^3+my^3+nz^3=1$,所以由不等式($*$)得

$$(px+qy+rz)^3$$

$$=\left(\sqrt[3]{p\sqrt{\dfrac{p}{l}}}\cdot\sqrt[3]{p\sqrt{\dfrac{p}{l}}}\cdot\sqrt[3]{lx^3}+\sqrt[3]{q\sqrt{\dfrac{q}{m}}}\cdot\sqrt[3]{q\sqrt{\dfrac{q}{m}}}\cdot\sqrt[3]{my^3}+\right.$$

$$\left.\sqrt[3]{r\sqrt{\dfrac{r}{n}}}\cdot\sqrt[3]{r\sqrt{\dfrac{r}{n}}}\cdot\sqrt[3]{nz^3}\right)^3$$

$$\leq\left(p\sqrt{\dfrac{p}{l}}+q\sqrt{\dfrac{q}{m}}+r\sqrt{\dfrac{r}{n}}\right)\left(p\sqrt{\dfrac{p}{l}}+q\sqrt{\dfrac{q}{m}}+r\sqrt{\dfrac{r}{n}}\right)(lx^3+my^3+nz^3)$$

$$= \left(p\sqrt{\frac{p}{l}} + q\sqrt{\frac{q}{m}} + r\sqrt{\frac{r}{n}} \right)^2$$

当且仅当

$$\frac{\sqrt[3]{p\sqrt{\frac{p}{l}}}}{\sqrt[3]{p\sqrt{\frac{p}{l}}}} = \frac{\sqrt[3]{q\sqrt{\frac{q}{m}}}}{\sqrt[3]{q\sqrt{\frac{q}{m}}}} = \frac{\sqrt[3]{r\sqrt{\frac{r}{n}}}}{\sqrt[3]{r\sqrt{\frac{r}{n}}}}, \frac{\sqrt[3]{p\sqrt{\frac{p}{l}}}}{\sqrt[3]{lx^3}} = \frac{\sqrt[3]{q\sqrt{\frac{q}{m}}}}{\sqrt[3]{my^3}} = \frac{\sqrt[3]{r\sqrt{\frac{r}{n}}}}{\sqrt[3]{nz^3}}$$

且 $lx^3 + my^3 + nz^3 = 1$.

即 $ql\sqrt{\frac{q}{m}}x^3 = pm\sqrt{\frac{p}{l}}y^3$, $rm\sqrt{\frac{r}{n}}y^3 = qn\sqrt{\frac{q}{m}}z^3$, $lx^3 + my^3 + nz^3 = 1$ 时,上式中等号成立,由此可解得

$$x = \frac{1}{\sqrt{\frac{l}{p}} \cdot \sqrt[3]{p\sqrt{\frac{p}{l}} + q\sqrt{\frac{q}{m}} + r\sqrt{\frac{r}{n}}}}$$

$$y = \frac{1}{\sqrt{\frac{m}{q}} \cdot \sqrt[3]{p\sqrt{\frac{p}{l}} + q\sqrt{\frac{q}{m}} + r\sqrt{\frac{r}{n}}}}$$

$$z = \frac{1}{\sqrt{\frac{n}{r}} \cdot \sqrt[3]{p\sqrt{\frac{p}{l}} + q\sqrt{\frac{q}{m}} + r\sqrt{\frac{r}{n}}}}$$

所以,当且仅当

$$x = \frac{1}{\sqrt{\frac{l}{p}} \cdot \sqrt[3]{p\sqrt{\frac{p}{l}} + q\sqrt{\frac{q}{m}} + r\sqrt{\frac{r}{n}}}}$$

$$y = \frac{1}{\sqrt{\frac{m}{q}} \cdot \sqrt[3]{p\sqrt{\frac{p}{l}} + q\sqrt{\frac{q}{m}} + r\sqrt{\frac{r}{n}}}}$$

$$z = \frac{1}{\sqrt{\frac{n}{r}} \cdot \sqrt[3]{p\sqrt{\frac{p}{l}} + q\sqrt{\frac{q}{m}} + r\sqrt{\frac{r}{n}}}}$$

时,$px + qy + rz$ 取得最大值 $\sqrt[3]{\left(p\sqrt{\frac{p}{l}} + q\sqrt{\frac{q}{m}} + r\sqrt{\frac{r}{n}} \right)^2}$.

在问题 3 中,分别以 $\frac{1}{x}, \frac{1}{y}, \frac{1}{z}$ 代 x, y, z,则可得:

问题 3′ 设 $l, m, n, p, q, r, x, y, z \in \mathbf{R}_+$,且 $\frac{l}{x^3} + \frac{m}{y^3} + \frac{n}{z^3} = 1$,求 $\frac{p}{x} + \frac{q}{y} + \frac{r}{z}$ 的最大值.

解 当且仅当

$$x = \sqrt{\frac{l}{p}} \cdot \sqrt[3]{p\sqrt{\frac{p}{l}} + q\sqrt{\frac{q}{m}} + r\sqrt{\frac{r}{n}}}$$

$$y = \sqrt{\frac{m}{q}} \cdot \sqrt[3]{p\sqrt{\frac{p}{l}} + q\sqrt{\frac{q}{m}} + r\sqrt{\frac{r}{n}}}$$

$$z = \sqrt{\frac{n}{r}} \cdot \sqrt[3]{p\sqrt{\frac{p}{l}} + q\sqrt{\frac{q}{m}} + r\sqrt{\frac{r}{n}}}$$

时, $\dfrac{p}{x} + \dfrac{q}{y} + \dfrac{r}{z}$ 取得最大值 $\sqrt[3]{\left(p\sqrt{\dfrac{p}{l}} + q\sqrt{\dfrac{q}{m}} + r\sqrt{\dfrac{r}{n}}\right)^2}$.

在问题 3 中，分别以 $\sqrt[3]{x}, \sqrt[3]{y}, \sqrt[3]{z}$ 代 x, y, z，则可得：

问题 3″ 设 $l, m, n, p, q, r, x, y, z \in \mathbf{R}_+$，且 $lx + my + nz = 1$，求 $p\sqrt[3]{x} + q\sqrt[3]{y} + r\sqrt[3]{z}$ 的最大值.

解 当且仅当

$$x = \frac{1}{\dfrac{l}{p}\sqrt{\dfrac{l}{p}}\left(p\sqrt{\dfrac{p}{l}} + q\sqrt{\dfrac{q}{m}} + r\sqrt{\dfrac{r}{n}}\right)}$$

$$y = \frac{1}{\dfrac{m}{q}\sqrt{\dfrac{m}{q}}\left(p\sqrt{\dfrac{p}{l}} + q\sqrt{\dfrac{q}{m}} + r\sqrt{\dfrac{r}{n}}\right)}$$

$$z = \frac{1}{\dfrac{n}{r}\sqrt{\dfrac{n}{r}}\left(p\sqrt{\dfrac{p}{l}} + q\sqrt{\dfrac{q}{m}} + r\sqrt{\dfrac{r}{n}}\right)}$$

时, $p\sqrt[3]{x} + q\sqrt[3]{y} + r\sqrt[3]{z}$ 取得最大值 $\sqrt[3]{\left(p\sqrt{\dfrac{p}{l}} + q\sqrt{\dfrac{q}{m}} + r\sqrt{\dfrac{r}{n}}\right)^2}$.

综上，数学中的一些著名不等式（也包括公式）其实是一些典型的数学模型，数学模型及应用是数学中亮丽的风景，这亮丽的风景是震撼于数学模型的深刻，这也让我们欣赏到了数学的"善".

K. 关注创新，挖掘蕴涵于数学材料中最原生态的数学发现

例 20 既证明又发现不等式的级数方法.

当我们关注到一些特殊的结论，诸如无穷等比数列的求和公式时，它美妙的内涵启发我们可用于其他情境.

在证明与发现不等式的问题中，当我们关注到可用极限法证得的如下结论：

（Ⅰ）若 $-1 < a < 1$，则有

$$\sum_{n=1}^{\infty} a^n = a + a^2 + a^3 + \cdots = \frac{a}{1-a} \qquad ⑳$$

（Ⅱ）若 $0 < a < 1$，则有

$$\sum_{n=1}^{\infty} na^n = a + 2a^2 + 3a^3 + \cdots = \frac{a}{(1-a)^2} \qquad ㉑$$

（Ⅲ）广义幂平均不等式：若 $a_i > 0 (i = 1, 2, \cdots, n)$，$m, n \in \mathbf{N}_+$，则有

$$\sum_{n=1}^{\infty} \frac{a_1^n + a_2^n + \cdots + a_m^n}{m} \geq \sum_{n=1}^{\infty} \left(\frac{a_1 + a_2 + \cdots + a_m}{m}\right)^n \qquad ㉒$$

将给我们带来极大的方便,请看下面的例子:

(1)证明不等式[①]

问题4 设实数 $a_1, a_2, \cdots, a_n \in [0,1)$,且 $a_1 + a_2 + \cdots + a_n = A$,则有

$$\frac{a_1}{1-a_1} + \frac{a_2}{1-a_2} + \cdots + \frac{a_n}{1-a_n} \geq \frac{nA}{n-A} \quad (\text{H. S. Shapiro 不等式})$$

证明 由式⑳和㉒,可得

$$\frac{a_1}{1-a_1} + \frac{a_2}{1-a_2} + \cdots + \frac{a_n}{1-a_n}$$

$$= \sum_{m=1}^{\infty} a_1^m + \sum_{m=1}^{\infty} a_2^m + \cdots + \sum_{m=1}^{\infty} a_n^m$$

$$= n \sum_{m=1}^{\infty} \frac{a_1^m + a_2^m + \cdots + a_n^m}{n}$$

$$\geq n \sum_{m=1}^{\infty} \left(\frac{a_1 + a_2 + \cdots + a_n}{n}\right)^m$$

$$= n \sum_{m=1}^{\infty} \left(\frac{A}{n}\right)^m$$

$$= n \cdot \frac{\frac{A}{n}}{1 - \frac{A}{n}} = \frac{nA}{n-A}$$

所以,$\frac{a_1}{1-a_1} + \frac{a_2}{1-a_2} + \cdots + \frac{a_n}{1-a_n} \geq \frac{nA}{n-A}$ 成立.

问题5 已知 $a, b, c \in \mathbf{R}_+$,若 $t \geq 1$,则有

$$\frac{a^t}{b+c} + \frac{b^t}{c+a} + \frac{c^t}{a+b} \geq \frac{3^{2-t}}{2}(a+b+c)^{t-1}$$

证明 注意到所证不等式两边的次数是齐次的,不失一般性,假设 $a+b+c=1$,则不等式变成 $\frac{a^t}{1-a} + \frac{b^t}{1-b} + \frac{c^t}{1-c} \geq \frac{3^{2-t}}{2}$.

由式⑳和㉒,可得

$$\frac{a^t}{1-a} + \frac{b^t}{1-b} + \frac{c^t}{1-c}$$

$$= a^{t-1} \cdot \frac{a}{1-a} + b^{t-1} \cdot \frac{b}{1-b} + c^{t-1} \cdot \frac{c}{1-c}$$

$$= a^{t-1} \sum_{n=1}^{\infty} a^n + b^{t-1} \sum_{n=1}^{\infty} b^n + c^{t-1} \sum_{n=1}^{\infty} c^n$$

$$= \sum_{n=1}^{\infty} a^{n+t-1} + \sum_{n=1}^{\infty} b^{n+t-1} + \sum_{n=1}^{\infty} c^{n+t-1}$$

[①] 秦庆雄,范花妹.证明和发现不等式的级数方法[J].数学通讯,2013(12):36-38.

$$= 3 \sum_{n=1}^{\infty} \frac{a^{n+t-1} + b^{n+t-1} + c^{n+t-1}}{3}$$

$$\geqslant 3 \sum_{n=1}^{\infty} \left(\frac{a+b+c}{3} \right)^{n+t-1}$$

$$= 3 \sum_{n=1}^{\infty} \frac{1}{3^{n+t-1}}$$

$$= \frac{3}{3^{t-1}} \sum_{n=1}^{\infty} \left(\frac{1}{3} \right)^n$$

$$= \frac{3}{3^{t-1}} \times \frac{\frac{1}{3}}{1-\frac{1}{3}} = \frac{3^{2-t}}{2}$$

即 $\dfrac{a^t}{1-a} + \dfrac{b^t}{1-b} + \dfrac{c^t}{1-c} \geqslant \dfrac{3^{2-t}}{2}$ 成立,所以,不等式

$$\frac{a^t}{1-a} + \frac{b^t}{1-b} + \frac{c^t}{1-c} \geqslant \frac{3^{2-t}}{2}(a+b+c)^{t-1}$$

成立.

问题 6 设实数 $a_1, a_2, \cdots, a_n \in [0,1)$,且 $a_1 + a_2 + \cdots + a_n = A, \alpha \geqslant 1$,则有

$$\frac{a_1^\alpha}{1-a_1} + \frac{a_2^\alpha}{1-a_2} + \cdots + \frac{a_n^\alpha}{1-a_n} \geqslant \frac{n^{2-\alpha}A^\alpha}{n-A} \quad (\text{H. S. Shapiro 不等式的推广})$$

证明 由式⑳和㉒,可得

$$\frac{a_1^\alpha}{1-a_1} + \frac{a_2^\alpha}{1-a_2} + \cdots + \frac{a_n^\alpha}{1-a_n}$$

$$= a_1^{\alpha-1} \cdot \frac{a_1}{1-a_1} + a_2^{\alpha-1} \cdot \frac{a_2}{1-a_2} + \cdots + a_n^{\alpha-1} \cdot \frac{a_n}{1-a_n}$$

$$= a_1^{\alpha-1} \sum_{m=1}^{\infty} a_1^m + a_2^{\alpha-1} \sum_{m=1}^{\infty} a_2^m + \cdots + a_n^{\alpha-1} \sum_{m=1}^{\infty} a_n^m$$

$$= \sum_{m=1}^{\infty} a_1^{\alpha+m-1} + \sum_{m=1}^{\infty} a_2^{\alpha+m-1} + \cdots + \sum_{m=1}^{\infty} a_n^{\alpha+m-1}$$

$$= n \sum_{m=1}^{\infty} \frac{a_1^{\alpha+m-1} + a_2^{\alpha+m-1} + \cdots + a_n^{\alpha+m-1}}{n}$$

$$\geqslant n \sum_{m=1}^{\infty} \left(\frac{a_1 + a_2 + \cdots + a_n}{n} \right)^{\alpha+m-1}$$

$$= n \sum_{m=1}^{\infty} \left(\frac{A}{n} \right)^{\alpha+m-1}$$

$$= n \cdot \left(\frac{A}{n} \right)^{\alpha-1} \sum_{m=1}^{\infty} \left(\frac{A}{n} \right)^m$$

$$= n \cdot \left(\frac{A}{n} \right)^{\alpha-1} \cdot \frac{\frac{A}{n}}{1-\frac{A}{n}} = \frac{n^{2-\alpha}A^\alpha}{n-A}$$

所以，$\dfrac{a_1^{\alpha}}{1-a_1}+\dfrac{a_2^{\alpha}}{1-a_2}+\cdots+\dfrac{a_n^{\alpha}}{1-a_n} \geq \dfrac{n^{2-\alpha}A^{\alpha}}{n-A}$ 成立.

问题 7 设实数 $a_1, a_2, \cdots, a_n \in (0,1)$，且 $a_1^2+a_2^2+\cdots+a_n^2=A$，则有

$$\left(\dfrac{a_1}{1-a_1^2}\right)^2+\left(\dfrac{a_2}{1-a_2^2}\right)^2+\cdots+\left(\dfrac{a_n}{1-a_n^2}\right)^2 \geq \dfrac{n^2 A}{(n-A)^2}$$

证明 由式㉑和㉒，可得

$$\left(\dfrac{a_1}{1-a_1^2}\right)^2+\left(\dfrac{a_2}{1-a_2^2}\right)^2+\cdots+\left(\dfrac{a_n}{1-a_n^2}\right)^2$$

$$=\dfrac{a_1^2}{(1-a_1^2)^2}+\dfrac{a_2^2}{(1-a_2^2)^2}+\cdots+\dfrac{a_n^2}{(1-a_n^2)^2}$$

$$=\sum_{m=1}^{\infty}m(a_1^2)^m+\sum_{m=1}^{\infty}m(a_2^2)^m+\cdots+\sum_{m=1}^{\infty}m(a_n^2)^m$$

$$=\sum_{m=1}^{\infty}ma_1^{2m}+\sum_{m=1}^{\infty}ma_2^{2m}+\cdots+\sum_{m=1}^{\infty}ma_n^{2m}$$

$$=n\sum_{m=1}^{\infty}m\cdot\dfrac{a_1^{2m}+a_2^{2m}+\cdots+a_n^{2m}}{n}$$

$$\geq n\sum_{m=1}^{\infty}m\cdot\left(\dfrac{a_1^2+a_2^2+\cdots+a_n^2}{n}\right)^m$$

$$=n\sum_{m=1}^{\infty}m\cdot\left(\dfrac{A}{n}\right)^m$$

$$=n\cdot\dfrac{\dfrac{A}{n}}{\left(1-\dfrac{A}{n}\right)^2}=\dfrac{n^2 A}{(n-A)^2}$$

所以，$\left(\dfrac{a_1}{1-a_1^2}\right)^2+\left(\dfrac{a_2}{1-a_2^2}\right)^2+\cdots+\left(\dfrac{a_n}{1-a_n^2}\right)^2 \geq \dfrac{n^2 A}{(n-A)^2}$ 成立.

(2) 发现不等式

（Ⅰ）Schur 不等式的特殊情形：设 $x, y, z \geq 0$，则有

$$x^3+y^3+z^3+3xyz \geq x^2 y+y^2 z+z^2 x+xy^2+yz^2+zx^2 \qquad ㉓$$

对不等式㉓作变换：$x \to x^n, y \to y^n, z \to z^n, n \in \mathbf{N}_+$，可得如下不等式

$(x^3)^n+(y^3)^n+(z^3)^n+3(xyz)^n \geq (x^2 y)^n+(y^2 z)^n+(z^2 x)^n+(xy^2)^n+(yz^2)^n+(zx^2)^n$

将 $n=1,2,3,\cdots$ 所得的不等式两边分别相加，得

$$\sum_{n=1}^{\infty}(x^3)^n+\sum_{n=1}^{\infty}(y^3)^n+\sum_{n=1}^{\infty}(z^3)^n+3\sum_{n=1}^{\infty}(xyz)^n$$

$$\geq \sum_{n=1}^{\infty}(x^2 y)^n+\sum_{n=1}^{\infty}(y^2 z)+\sum_{n=1}^{\infty}(z^2 x)^n+\sum_{n=1}^{\infty}(xy^2)^n+\sum_{n=1}^{\infty}(yz^2)^n+\sum_{n=1}^{\infty}(zx^2)^n$$

我们考虑 $x, y, z \in [0,1)$，利用式⑳，就得到以下有趣的不等式

$$\dfrac{x^3}{1-x^3}+\dfrac{y^3}{1-y^3}+\dfrac{z^3}{1-z^3}+\dfrac{3xyz}{1-xyz} \geq \dfrac{x^2 y}{1-x^2 y}+\dfrac{y^2 z}{1-y^2 z}+\dfrac{z^2 x}{1-z^2 x}+\dfrac{xy^2}{1-xy^2}+\dfrac{yz^2}{1-yz^2}+\dfrac{zx^2}{1-zx^2}$$

利用部分分式化简,得:

问题8 若 $x,y,z \in [0,1)$,则有

$$\frac{1}{1-x^3} + \frac{1}{1-y^3} + \frac{1}{1-z^3} + \frac{3}{1-xyz} \geq \frac{1}{1-x^2y} + \frac{1}{1-y^2z} + \frac{1}{1-z^2x} + \frac{1}{1-xy^2} + \frac{1}{1-yz^2} + \frac{1}{1-zx^2}$$

(Ⅱ)嵌入不等式:对 $\triangle ABC$ 和 $x,y,z \in \mathbf{R}$,均有

$$x^2 + y^2 + z^2 \geq 2yz\cos A + 2xz\cos B + 2xy\cos C \quad \text{㉔}$$

对不等式㉔作变换: $x \to x^n, y \to y^n, z \to z^n, n \in \mathbf{N}_+$,可得如下不等式

$$(x^2)^n + (y^2)^n + (z^2)^n \geq 2\cos A(yz)^n + 2\cos B(zx)^n + 2\cos C(xy)^n \quad \text{㉕}$$

将 $n=1,2,3,\cdots$ 所得的不等式两边分别相加,得

$$\sum_{n=1}^{\infty}(x^2)^n + \sum_{n=1}^{\infty}(y^2)^n + \sum_{n=1}^{\infty}(z^2)^n$$

$$\geq 2\cos A\sum_{n=1}^{\infty}(yz)^n + 2\cos B\sum_{n=1}^{\infty}(zx)^n + 2\cos C\sum_{n=1}^{\infty}(xy)^n$$

我们考虑 $x,y,z \in (-1,1)$,利用式⑳,就得到以下有趣的不等式:

问题9 对 $\triangle ABC$ 和 $x,y,z \in (-1,1)$,均有

$$\frac{x^2}{1-x^2} + \frac{y^2}{1-y^2} + \frac{z^2}{1-z^2} \geq 2\left(\frac{yz}{1-yz}\cdot\cos A + \frac{zx}{1-zx}\cdot\cos B + \frac{xy}{1-xy}\cdot\cos C\right)$$

此外,如果在式㉕两边同乘以 n,得

$$n(x^2)^n + n(y^2)^n + n(z^2)^n \geq 2\cos A \cdot n(yz)^n + 2\cos B \cdot n(zx)^n + 2\cos C \cdot n(xy)^n$$

将 $n=1,2,3,\cdots$ 所得的不等式两边分别相加,得

$$\sum_{n=1}^{\infty}n(x^2)^n + \sum_{n=1}^{\infty}n(y^2)^n + \sum_{n=1}^{\infty}n(z^2)^n$$

$$\geq 2\cos A\sum_{n=1}^{\infty}n(yz)^n + 2\cos B\sum_{n=1}^{\infty}n(zx)^n + 2\cos C\sum_{n=1}^{\infty}n(xy)^n$$

我们考虑 $x,y,z \in (-1,1)$,利用式㉑,就得到以下有趣的不等式:

问题10 对 $\triangle ABC$ 和 $x,y,z \in (-1,1)$,均有

$$\frac{x^2}{(1-x^2)^2} + \frac{y^2}{(1-y^2)^2} + \frac{z^2}{(1-z^2)^2} \geq 2\left[\frac{yz}{(1-yz)^2}\cdot\cos A + \frac{zx}{(1-zx)^2}\cdot\cos B + \frac{xy}{(1-xy)^2}\cdot\cos C\right]$$

(Ⅲ)Hölder 不等式:设 $a,b \geq 0, p,q > 1$,且 $\frac{1}{p} + \frac{1}{q} = 1$,则有

$$\frac{a^p}{p} + \frac{b^q}{q} \geq ab \quad \text{㉖}$$

对不等式㉖作变换: $a \to a^n, b \to b^n, n \in \mathbf{N}_+$,可得

$$\frac{(a^p)^n}{p} + \frac{(b^q)^n}{q} \geq (ab)^n \quad \text{㉗}$$

将 $n=1,2,3,\cdots$ 所得的不等式两边分别相加,得

$$\sum_{n=1}^{\infty} \frac{(a^p)^n}{p} + \sum_{n=1}^{\infty} \frac{(b^q)^n}{q} \geq \sum_{n=1}^{\infty} (ab)^n$$

即

$$\frac{1}{p} \sum_{n=1}^{\infty} (a^p)^n + \frac{1}{q} \sum_{n=1}^{\infty} (b^q)^n \geq \sum_{n=1}^{\infty} (ab)^n$$

我们考虑 $a,b \in (0,1)$,利用式⑳,就得到以下有趣的不等式

$$\frac{1}{p} \cdot \frac{a^p}{1-a^p} + \frac{1}{q} \cdot \frac{b^q}{1-b^q} \geq \frac{ab}{1-ab}$$

化简,得:

问题 11 设 $a,b \in (0,1)$,$p,q > 1$,且 $\frac{1}{p} + \frac{1}{q} = 1$,则有

$$\frac{1}{p(1-a^p)} + \frac{1}{q(1-b^q)} \geq \frac{1}{1-ab}$$

此外,如果在式㉗两边同乘以 n,得

$$n \cdot \frac{(a^p)^n}{p} + n \cdot \frac{(b^q)^n}{q} \geq n \cdot (ab)^n$$

即

$$\frac{1}{p} \cdot n(a^p)^n + \frac{1}{q} \cdot n(b^q)^n \geq n \cdot (ab)^n \qquad ㉘$$

将 $n=1,2,3,\cdots$ 所得的不等式两边分别相加,得

$$\sum_{n=1}^{\infty} \frac{1}{p} \cdot n(a^p)^n + \sum_{n=1}^{\infty} \frac{1}{q} \cdot n(b^q)^n \geq \sum_{n=1}^{\infty} n \cdot (ab)^n$$

即

$$\frac{1}{p} \cdot \sum_{n=1}^{\infty} n(a^p)^n + \frac{1}{q} \cdot \sum_{n=1}^{\infty} n(b^q)^n \geq \sum_{n=1}^{\infty} n \cdot (ab)^n$$

我们考虑 $a,b \in (0,1)$,利用式㉑,就得到以下有趣的不等式:

问题 12 设 $a,b \in (0,1)$,$p,q > 1$,且 $\frac{1}{p} + \frac{1}{q} = 1$,则有

$$\frac{1}{p} \cdot \frac{a^p}{(1-a^p)^2} + \frac{1}{q} \cdot \frac{b^q}{(1-b^q)^2} \geq \frac{ab}{(1-ab)^2}$$

L. 加强阅读,激发隐藏于人文意境中最盎然的数学情趣

下面,我们来介绍加强阅读的问题,阅读包括数学阅读和其他阅读. 这里,我们仅关注数学阅读.

文字、符号、图形(图表)语言的交相辉映使数学问题的表述十分精准又格外精美,独辟蹊径地破解三类语言之间的联系而精彩解答数学问题便彰显学习者的灵活思维与深刻思想. 所以,数学阅读理解能力也就成了学习者解决数学问题的基本能力,将数学问题的文字语言与图像、符号语言联系得快和准,解题就快;联系得准和好,解法就优.

例 21 某地规划道路建设,在方案设计图中,圆点表示城市,两点之间的连线表示两城

市间可铺设道路,连线上的数据表示两个城市间铺设道路的费用,要求从任一城市都能到达其余各城市,并且铺设道路的总费用最小.例如:在三个城市道路设计中,若城市间可铺设道路的路线图如图1-4,则最优设计方案如图1-5,此时铺设道路的最小总费用为10.

图1-4   图1-5

现给出该地区可铺设道路的线路图如图1-6,则铺设道路的最小总费用为_____.

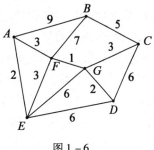

图1-6

解析 求解此题,需仔细阅读题意,并且需关注到:

(Ⅰ)两个关键词:"任"一城市都能到达其余"各"城市.

(Ⅱ)"总"费用最小.题干"例如……图1-5"是解决图1-6问题的"关键".

求解思路如下:

第一步:首先从费用最小的两个城市开始,联结 F, G,费用为1;

第二步:由 F, G 分别向外拓展,联通 GD,则联通三个城市 F, G, D 的费用为 $1+2=3$;

第三步:在第二步的基础上,再联通 GC,则联通四个城市 F, G, D, C 的费用为 $1+2+3=6$;

第四步:在第三步的基础上,再联通 CB,则联通五个城市 F, G, D, C, B 的费用为 $1+2+3+5=11$;

第五步:在第四步的基础上,再联通 FA(或 FE),则联通六个城市 A(或 E), F, G, D, C, B 的费用为 $3+1+2+3+5=14$;

第六步:在第五步的基础上,再联通 EA(或 AE),则联通七个城市 A, E, F, G, D, C, B 的总费用为 $2+3+1+2+3+5=16$;

故铺设道路的最小总费用为16.

这个问题需要学习者在"认真读懂题意、准确理解题意"的基础上,带着"约定规则"(题意)选择最小费用的两个城市开始,逐步往外扩展,从而得到最佳(费用最少)的设计方案,求出最小总费用.整个思维过程是学习者在日常学习过程中形成的优秀思维品质的一种展现,功到自然成、花儿自然开.不需要什么高深的知识和方法,甚至小学生、初中生都可以很开心地解答此题.此题背景与我们生活联系紧密,分析和解决这样的问题对我们很有实际意义,这自然也就激发了一种情怀,一种对数学喜爱的情怀.数学阅读材料大多数是一种数学与现实生活、现实工农业生产密切结合的问题.这从中又使我们欣赏到了数学的"善".

1.4 数学欣赏的意义

1.4.1 数学欣赏承载着完成数学教育功能的使命

在数学教育或数学教学中,数学欣赏的含义就变得更为丰富了. 由于我们所谈论的数学欣赏对象包含了数学的真、善、美这三个层面,因此在数学教育的过程中,数学欣赏是伴随着一个立体的数学教学空间而展开的. 在数学教育中,对数学之真的欣赏包含了对数学科学性、真理性和学科知识特征的认同;对数学之善的欣赏是对数学价值(尤其是外部价值)的一种肯定;而对数学之美的欣赏是对数学的一种美感的认同和由此带来的智力愉悦. 在数学教育中,对数学真、善、美的欣赏是相互联系,不可分割的. 但在具体的数学知识和内容上,三者所占的比例和分量可能会有所不同,其教育功能也会随之有所变化. 相对看来,数学的真、善、美是一个相互联系的欣赏整体,而从数学教育的功能看,真、善、美依次构成了一个阶梯:数学的"真"处于最基本的位置,而数学的功用性在第二个位置,数学的艺术性则处于第三的位置. 在数学教学中强调数学的真,是一种初级的数学教育形式. 固然,没有数学的真,数学的善与美就无从谈起. 但仅仅强调数学的真,则无法展开数学教育的深广画卷. 只有把对数学的善和美的欣赏作为数学教育的有机构成,才可以称得上是一种具有立体感的数学素质教育. 此外,对数学欣赏的主体而言,在数学教育中,欣赏者不再是孤立的个体,而是变成了具有主体间性的个体与群体的有机结合. 当数学的欣赏变成了一种主体间性的共同活动,教育和教学的深层本质才会被充分地揭示并展现. 综上,在数学教育中提倡数学欣赏,承载着完成数学教育功能的使命.[①]

提倡数学欣赏,在数学教育中具有重要的现实意义. 数学教育的现实是不乐观的,许多学生害怕数学、恐惧数学、讨厌数学,因此,如果时下多数学生说,我们不是多么讨厌数学(言外之意,也不是多么喜欢数学),这已经是"烧高香"的事情了,更勿遑论喜欢甚至欣赏了. 在应试教育中,当数学教师在课堂上说,你看这个数学公式或这个图形多么美,多么有吸引力时,有些学生却自叹道,我怎么欣赏不了啊,一点美好的感觉都没有呀? 这就是长期以来应试教育所制造出来的教育现实. 因此,从当下数学教育的现实看,我们要做的并不是立即进入欣赏数学的境界,而是要从逐步消除那些学生的厌学情绪、恐惧心理入手,进而,慢慢培养他们的数学情趣,让他们逐步喜欢数学,学会欣赏数学,进而让他们学好数学.

1.4.2 数学欣赏有着普遍的教育价值

数学教育实践表明:学生通过感悟与欣赏数学的真善美,不仅可以崇尚数学的理性精神,欣赏数学的人文意境,体会数学的美学意义,提升数学素养,而且还可培养学生求真务实的科学态度、锲而不舍的钻研精神;慈善为怀、善待社会与他人的豁达胸襟;以及高尚的审美情操,等等. 数学欣赏有着普遍的教育价值.

第一,欣赏数学的"真",崇尚数学的理性精神,培养学生追求真理、严谨务实、实事求

[①] 黄秦安,刘达卓,聂晓颖. 论数学欣赏的"含义""对象"与"功能"——数学教育中的数学欣赏问题[J]. 数学教育学报,2013(1):8-12.

是、言必有据的科学态度[①].

爱因斯坦说过:"为什么数学比其他一切学科更受到特殊的尊重?理由之一是数学命题的绝对可靠性和无可争辩性.至于其他各个学科的命题,则在某种程度上都是可争辩的,经常处于会被发现的事实推翻的危险之中."

数学的"真",源于数学所推崇的逻辑演绎方法.数学中每一个概念的形成,每一个定理、公式的得出都经过严密的逻辑推理,崇尚公理化的演绎方法是数学学科的重要特点.因此,教师可以充分利用数学的科学性和严谨性,培养学生崇尚科学,尊重知识以及严谨务实的治学态度.

比如,通过一些数学命题的真假判断及证明,可以培养学生清晰的表达、有条理的思考习惯,养成实事求是、言必有据的理性思维品质以及独立思考、勇于创新、坚韧不拔、顽强拼搏的优良个性.

数学的"真"还体现在数学发展的历史上.

数学发展的历史源远流长,内涵丰富.数学知识的形成过程与人类认识自然的历史一样的漫长、一样的艰难与曲折,是伴随着人类社会的生活与生产活动而自然产生、发展与成熟的.数学史不仅真实地再现了数学学科发生、发展的坎坷经历,而且生动地展现了隐藏在内涵深刻、形式完美的知识背后许多学者、数学家们为了真理辛勤耕耘、前赴后继甚至不惜牺牲生命的可歌可泣的真实故事.如果在课堂中适当地穿插数学史,不仅可以缓解理性知识给学生带来的枯燥乏味感,提高学生学习的兴趣,而且能让学生感受数学家严谨的科学态度、锲而不舍的钻研精神以及为科学献身的大无畏精神.例如,公元前5世纪,古希腊数学家希帕索斯发现了无理数$\sqrt{2}$,引起毕达哥拉斯学派的恐慌,他们企图迫使希帕索斯改变观点,最终年轻的希帕索斯为了坚持自己的发现而被反对派抛尸大海;古希腊伟大的数学家和物理学家亚里士多德为了他所酷爱的图形研究而惨遭罗马士兵杀害;我国著名数学家陈景润顽强拼搏,忍受着病痛与政治迫害的双重折磨,最终在攀登"哥德巴赫猜想"的征途上遥遥领先,为祖国赢得了极大的国际声誉……可见,在数学发展的历史中,充满了艰难险阻,需要数学家们的胆识、勇气和毅力,甚至以生命为代价.

一部数学发展史,是人类追求真理,求实、创新的生动写照.因此,结合具体的教学内容,适当穿插数学史,介绍古今中外数学家生平事迹及崇高思想,可以激励学生勤奋学习,追求进步,培养责任意识,树立为中华之崛起而努力学习的崇高理想和为科学献身的远大志向.

第二,欣赏数学的"善",体会数学的应用价值,激发学生为建设祖国而努力学习数学的热情,立志成为积善成德、有利于社会的人.

什么是"善"?培根说:"我认为善的定义就是有利于人类""利人的品德我认为就是善,在性格中具有这种天然倾向的人,就是仁者.这是人类的一切精神和道德品格中最伟大的一种……如果人不具有这种品格,他就成为一种自私的、比禽兽好不了多少的东西."

华罗庚教授说过:"哪里有'形',哪里有'量',哪里就有数学.宇宙之大,粒子之微,火箭之速,化工之巧,地球之变,生物之谜,日用之繁,无处不用数学."数学知识推动社会科技与文明的发展,以其独特的方式为人类文明的发展服务,这就是数学"善"的表现.

[①] 李锋.浅谈数学教育中"真""善""美"的渗透[J].福建中学数学,2012(6):36-38.

可以毫不夸张地说,现在数学已渗透到社会的各个领域,一切高新技术都可归结为数学技术,现代化就是数学化.

例如,自然科学中的力学、热学、电磁学、化学等,都需要数学的表述;天文学中航天技术的发展,人造卫星的上天等,都需要高深的数学知识;经济学研究领域,少不了数学方面的知识,等等;即使在社会科学领域,如语言学、心理学、考古学等方面,数学也是大显身手.可见,数学不仅为自然科学的发展提供了语言基础与推理基础,也为社会科学提供了理性思维的方法,数学推动了社会科技与文明的发展.

上面是从大的方面看数学的"善",实际上,即使是我们身边也有许多用得着数学的地方.例如,例9所介绍的一个发生在实际生活中的事情:一位电工发现在地下控制10层以上房间空调的温度不准,经分析得知空调使用三相电,而联结地下室和空调器的三根导线的长度不同,因而电阻也不同.显然用万用电表无法测量这样长导线的电阻,聪明的电工想到了数学:把三根导线(电阻分别为 x,y,z)在高楼上两两相连,然后在地下室分别测出两根导线的电阻,从而很容易得出三根导线的电阻.

这个例子给了我们不小的震撼,电工的可贵之处是在看不见数学的地方,创造性地使用数学思维,通过构造数学模型,巧妙解决生活中的实际问题.倘若学习者能够利用自己的数学知识为社会谋福利,为他人解决工作上、生活上的点滴事情,积德行善,岂不是我们教育的莫大成就!

第三,欣赏数学的"美",体会数学的美学意义,培养学生高尚的审美情操.

数学是一门思维性、逻辑性很强的学科,表面上似乎很枯燥乏味,但只要我们运用数学的头脑,努力探索,就不难体味到数学事实上蕴含着一种深邃的美、理性的美.古希腊哲学家亚里士多德指出:"虽然数学没有明显地提到善和美,但善和美也不能和数学完全分离.因为美的主要形式就是秩序、匀称和确定性,这些正是数学所研究的原则."

人类对数学"美"的探讨历史悠久.

古希腊早期的数学家、哲学家和思想家毕达哥拉斯及其学派,最早提出美在于事物各部分的秩序和比例,并且把这种原则应用于音乐、建筑、雕塑、绘画等艺术.沿用至今的"黄金数",即0.618就是他们发现的.

在中世纪,黄金数被作为美的信条统治着当时欧洲的建筑和艺术.美神维纳斯亭亭玉立,美妙绝伦,多少人为之倾倒!其重要原因就是体型结构比例完全符合黄金分割比.建于辽道宗清宁二年(公元1056年)的我国华北古建筑四宝之一的应州塔,虽历经沧桑,仍安然耸立,实为建筑史上的奇观.它也是拥有优美的几何结构,而这又是与坚固实用相统一的.

数学美不仅客观存在,在自然物质世界处处有它的痕迹;而且,在数学本身和其教学上,也能感受到美的存在.比如圆锥曲线这部分内容,处处都有"美"的痕迹,其中"平面截圆锥"体现圆锥曲线的光滑美、动态美、统一与和谐美;圆锥曲线的定义具有统一美与数学语言美;圆锥曲线的方程蕴涵简捷美;圆锥曲线与物理学中的关系——物体运动速度分别为第一、第二或第三宇宙速度时,其轨道即为相应的圆锥曲线,以及曲线在生活中的应用等,体现了圆锥曲线与生活的自然和谐、浑然天成之美,等等.教师若能精心设置适当的问题情境,引导学生亲身体验、用心感悟蕴涵其中的数学美,可以培养学生强烈的审美意识,提高审美能力.

1.4.3 数学欣赏有助于学习者从一个新的视角认识和理解数学内容

数学欣赏隐含着一种数学潜能,这种潜能让人产生兴趣,使人的思维活跃起来,活跃的数学思维之花让学习者从新的视角认识和处理数学问题.

例 22 求所有的实数 x,使得 $x = \sqrt{x - \dfrac{1}{x}} + \sqrt{1 - \dfrac{1}{x}}$.

解析 这是一个很有特色的等式,可以用不同的眼光看待它,欣赏它,于是我们可用多种形式展示其解法:[①]

(1)变形的眼光

解法 1 由 $\begin{cases} x - \dfrac{1}{x} \geq 0 \\ 1 - \dfrac{1}{x} \geq 0 \end{cases} \Rightarrow x \geq 1.$

又
$$x = \sqrt{x - \dfrac{1}{x}} + \sqrt{1 - \dfrac{1}{x}} \qquad ①$$

故有
$$\dfrac{1}{x} = \dfrac{\sqrt{x - \dfrac{1}{x}} - \sqrt{1 - \dfrac{1}{x}}}{x - 1}$$

即
$$\dfrac{x - 1}{x} = \sqrt{x - \dfrac{1}{x}} - \sqrt{1 - \dfrac{1}{x}} \qquad ②$$

① + ②,得 $x + \dfrac{x - 1}{x} = 2\sqrt{x - \dfrac{1}{x}}.$

两边平方并化简,得 $x^4 - 2x^3 - x^2 + 2x + 1 = 0$,即
$$(x^2 - x - 1)^2 = 0$$
$$\Rightarrow x^2 - x - 1 = 0 \Rightarrow x = \dfrac{1 + \sqrt{5}}{2} \quad (\text{舍去负根})$$

解法 2 显然 $x > 0$,两边平方,得
$$x^2 = \left(x - \dfrac{1}{x}\right) + \left(1 - \dfrac{1}{x}\right) + 2\sqrt{\left(x - \dfrac{1}{x}\right)\left(1 - \dfrac{1}{x}\right)}$$

移项,通分,整理得
$$x^3 - x^2 - x + 2 = 2\sqrt{x^3 - x^2 - x + 1}$$

即
$$(\sqrt{x^3 - x^2 - x + 1} - 1)^2 = 0 \Rightarrow x^2 - x - 1 = 0$$

余下的与解法 1 相同.

解法 3 显然 $x \geq 1$,方程两边同乘以 2,移项配方,有

[①] 陈铭金.异曲同工共奏数学思维之美——一道加拿大数学奥林匹克试题的多解赏析[J].中学数学教学,2012(4):37-38.

$$0 = 2x - 2\sqrt{x - \frac{1}{x}} - 2\sqrt{1 - \frac{1}{x}} \Rightarrow \left(\sqrt{x - \frac{1}{x}} - 1\right)^2 + \left(\sqrt{1 - \frac{1}{x}} - \frac{1}{\sqrt{x}}\right)^2 = 0$$

由非负数的性质,得 $\begin{cases} \sqrt{x - \frac{1}{x}} = 1 \\ \sqrt{x - 1} = \frac{1}{\sqrt{x}} \end{cases}$.

平方后有 $x^2 - x - 1 = 0$,余下的与解法 1 相同.

解法 4 $x = \sqrt{x - \frac{1}{x}} + \sqrt{1 - \frac{1}{x}} \Rightarrow \sqrt{x - \frac{1}{x}} = x - \sqrt{1 - \frac{1}{x}}$.

平方整理,得 $x(x-1) - 2\sqrt{x(x-1)} + 1 = 0$,即 $(\sqrt{x(x-1)} - 1)^2 = 0$.

平方,移项,再平方,余下的与解法 3 相同.

(2) 构造的眼光

解法 5 设

$$y = \sqrt{x - \frac{1}{x}} + \sqrt{1 - \frac{1}{x}}$$ ③

则有 $xy = x - 1$,即 $y = \frac{x-1}{x} = 1 - \frac{1}{x}$.

另有 $x + y = 2\sqrt{x - \frac{1}{x}}$,于是,有

$$\left(\sqrt{x - \frac{1}{x}} - 1\right)^2 = 0 \Rightarrow x - \frac{1}{x} = 1 \Rightarrow x^2 - x - 1 = 0$$

余下的与解法 1 相同.

解法 6 设 $u = \sqrt{x - \frac{1}{x}}, v = \sqrt{1 - \frac{1}{x}}$,则

$$\begin{cases} u + v = x \\ u^2 - v^2 = x - 1 \end{cases} \Rightarrow u - v = 1 - \frac{1}{x}$$

所以

$$2u = x - \frac{1}{x} + 1 = u^2 + 1 \Rightarrow (u-1)^2 = 0 \Rightarrow u = 1$$

从而 $\sqrt{x - \frac{1}{x}} = 1$,余下的与解法 5 相同.

解法 7 由条件可知 $x > 1$,故原方程可化为 $\sqrt{x^2 - 1} + \sqrt{x - 1} = x\sqrt{x}$.

构造 $\triangle ABC$,使 $AB = x$,如图 1-7,$AC = \sqrt{x}$,BC 边上的高 $AH = 1$,于是

$$BH = \sqrt{x^2 - 1}, HC = \sqrt{x - 1}$$

$$S_{\triangle ABC} = \frac{1}{2}(\sqrt{x^2 - 1} + \sqrt{x - 1}) \cdot 1$$

$$= \frac{1}{2}x\sqrt{x}$$

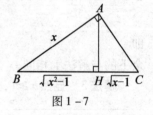

图 1-7

又 $$S_{\triangle ABC} = \frac{1}{2}x \cdot \sqrt{x}\sin\angle BAC$$

则 $\sin\angle BAC = 1$,即 $\angle BAC = 90°$.

在 Rt$\triangle ABC$ 中,由勾股定理得 $AB^2 + AC^2 = BC^2$,即
$$x^3 = x + x^2$$
$$x^2 - x - 1 = 0$$

余下的与解法 1 相同.

解法 8 如图 1-8,构造直径 $AC = 1$ 的圆内接四边形 $ABCD$,使
$$AB = \sqrt{1 - \frac{1}{x^2}}, BC = \sqrt{\frac{1}{x^2}}, CD = \sqrt{\frac{1}{x}}, DA = \sqrt{1 - \frac{1}{x}}$$

显然 $BD \leqslant AC = 1$,由托勒密定理得
$$AD \cdot BC + AB \cdot CD = AC \cdot BD \leqslant AC^2 = 1$$

即有 $\sqrt{1 - \frac{1}{x^2}} \cdot \sqrt{\frac{1}{x}} + \sqrt{\frac{1}{x^2}} \cdot \sqrt{1 - \frac{1}{x}} \leqslant 1$.

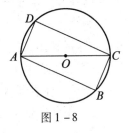

图 1-8

当且仅当 $BD = 1$ 时,等号成立,于是有
$$1^2 = AB^2 + AD^2 = 1 - \frac{1}{x^2} + 1 - \frac{1}{x}$$

化简得 $x^2 - x - 1 = 0$,余下的与解法 1 相同.

综上,我们运用两种眼光获得了 8 种不同的解法,令人回味!

数学是一个有机的整体,它的各个部分之间存在着亲缘关系. 我们在学习每一部分时,要注意横向联系,把亲缘关系结成一张网,就可覆盖全部内容,使之融会贯通,这里所说的横向联系,可以用一题多解来完成. 这里的一道看似平淡无奇的解方程问题,却因深层次、多角度的透视而获得了众多貌似难以想到却又自然得来的解法,为数学思维的锻炼提供了一个绝佳的平台! 其中,有常规思路的大胆尝试(两边平方法),有相近解法的自然喷发(配方法),有常用方法的故伎重演(换元法、部分换元法、对偶换元法),有构造图形的"神来之笔"(构造直角三角形、圆),大有殊途同归,异曲同工,共奏数学欣赏之曲之意!

例 23 设 $a,b,m,n \in \mathbf{R}$,且 $a^2 + b^2 = 5, ma + nb = 5$,则 $\sqrt{m^2 + n^2}$ 的最小值为 _____.

解析 此题所给条件有特色,若能调动所学知识,从不同的视角进行赏析,就能探索出多种解法.[①]

(1)换元的视角

分析 根据题设结构,可利用三角换元.

解法 1 由 $a^2 + b^2 = 5$,设 $a = \sqrt{5}\sin\theta, b = \sqrt{5}\cos\theta$,则 $ma + nb = m\sqrt{5}\sin\theta + n\sqrt{5}\cos\theta = \sqrt{5}\sqrt{m^2 + n^2}\sin(\theta + \varphi) = 5$,所以 $\sqrt{m^2 + n^2}\sin(\theta + \varphi) = \sqrt{5} \leqslant \sqrt{m^2 + n^2}$,所以 $\sqrt{m^2 + n^2}$ 的最小值为 $\sqrt{5}$.

(2)不等式的视角

分析 注意到,若 a,b,c,d 都是实数,则 $(a^2 + b^2) \cdot (m^2 + n^2) \geqslant (ma + nb)^2$,当且仅当

---

① 黄清波. 2014 年高考陕西卷理科第 15 题解法赏析[J]. 中学数学研究,2014(10):32-33.

$an = bm$ 时,等号成立. 可利用此不等式及其取等号的条件.

解法 2 (二维柯西不等式)由柯西不等式,有 $(a^2+b^2) \cdot (m^2+n^2) \geq (ma+nb)^2$,所以 $5 \cdot (m^2+n^2) \geq 25$,得 $\sqrt{m^2+n^2} \geq \sqrt{5}$,当且仅当 $\dfrac{a}{m} = \dfrac{b}{n}$ 时,等式成立. 故 $\sqrt{m^2+n^2}$ 的最小值为 $\sqrt{5}$.

分析 若能利用基本不等式 $a^2+b^2 \geq 2ab$,当且仅当 $a=b$ 时等号成立,并利用此不等式及其取等号的条件可求解原问题.

解法 3 (基本不等式)$a^2+b^2+m^2+n^2 \geq 2am+2bn$,当 $a=m, b=n$ 时,等式成立. 所以,$5+m^2+n^2 \geq 10$,得 $\sqrt{m^2+n^2} \geq \sqrt{5}$,故 $\sqrt{m^2+n^2}$ 的最小值为 $\sqrt{5}$.

(3)向量的视角

分析 注意到,$s \cdot t = |s| \cdot |t| \cdot \cos\langle s, t\rangle \leq |s| \cdot |t|$,当且仅当 s 与 t 同向时,等号成立. 可利用此向量不等式及其取等号的条件.

解法 4 (向量法)设 $s=(a,b), t=(m,n)$,由 $s \cdot t = |s| \cdot |t| \cdot \cos\langle s, t\rangle$ 且 $s \cdot t = ma+nb, |s| = \sqrt{a^2+b^2}, |t| = \sqrt{m^2+n^2}$,得 $5 = \sqrt{5} \cdot \sqrt{m^2+n^2} \cos\langle s, t\rangle$,即 $\sqrt{m^2+n^2} \cos\langle s, t\rangle = \sqrt{5} \leq \sqrt{m^2+n^2}$,当且仅当 s 与 t 共线且同向时,等式成立. 所以,$\sqrt{m^2+n^2}$ 的最小值为 $\sqrt{5}$.

(4)方程的视角

分析 根据题设条件,可以构造关于 t 的一元二次方程.

解法 5 (方程的思想)由于 $(at-m)^2+(bt-n)^2 = (a^2+b^2)t^2 - 2(am+bn)t + (m^2+n^2) = 5t^2 - 10t + (m^2+n^2) \geq 0$ 恒成立,所以 $\Delta = (-10)^2 - 4 \times 5(m^2+n^2) \leq 0$,得 $(m^2+n^2) \geq 5$,即 $\sqrt{m^2+n^2} \geq \sqrt{5}$. 故 $\sqrt{m^2+n^2}$ 的最小值为 $\sqrt{5}$.

(5)几何的视角

分析 注意到题设条件,联想到圆的方程,可设圆:$x^2+y^2=R^2$ 与直线:$Ax+By+C=0$ 有公共点,又设公共点 $P=(x_0,y_0)$,则圆心到直线的距离 $d = \dfrac{|C|}{\sqrt{A^2+B^2}} = \dfrac{|Ax_0+By_0|}{\sqrt{A^2+B^2}} \leq R = \sqrt{x_0^2+y_0^2}$.

解法 6 (几何法)把 a,b 当成变量,圆 $a^2+b^2=5$ 与直线 $ma+nb-5=0$ 有公共点,则圆心到直线的距离 $d = \dfrac{|-5|}{\sqrt{m^2+n^2}} \leq \sqrt{5}$,得 $\sqrt{m^2+n^2} \geq \sqrt{5}$,当且仅当直线与圆相切,等式成立,故 $\sqrt{m^2+n^2}$ 的最小值为 $\sqrt{5}$.

综上对题设条件从各种视角赏析获得了 6 种解法. 如果我们赏析这些解法,又可发现,这些解法之间似乎存在着关联.

首先,配方法与判别式的联系:一元二次方程 $ax^2+bx+c=0$ 有解等价于判别式 $\Delta = b^2-4ac \geq 0$ 的原因是 $\left(x+\dfrac{b}{2a}\right)^2 = \dfrac{b^2-4ac}{4a}$;其次,基本不等式不也是由配方法得到的吗?由 $(a-b)^2 \geq 0$ 得 $a^2+b^2 \geq 2ab$;第三,二维柯西不等式的证明与基本不等式 $a^2+b^2 \geq 2ab$ 有关:若 a,b,c,d 都是实数,则 $(a^2+b^2)(c^2+d^2) = a^2c^2+a^2d^2+b^2c^2+b^2d^2 \geq a^2c^2+2abcd+b^2d^2 = (ac+bd)^2$. 当且仅当 $ad=bc$ 时,等号成立;第四,二维柯西不等式可由平面向量不等式

$m \cdot n \leq |m| \cdot |n|$ 得出;第五,二维柯西不等式也可用几何方法证明,若圆:$x^2 + y^2 = R^2$ 与直线:$ax + by + c = 0$ 有公共点,设公共点 $P = (x_0, y_0)$,则圆心到直线的距离 $d = \dfrac{|c|}{\sqrt{a^2 + b^2}} = \dfrac{|ax_0 + by_0|}{\sqrt{a^2 + b^2}} \leq R = \sqrt{x_0^2 + y_0^2}$,即 $(a^2 + b^2) \cdot (x_0^2 + y_0^2) \geq (ax_0 + by_0)^2$,得证.

我们赏析了几种方法的联系,一脉同根,组成一个方法链,充分显示了知识间的有机联系和横向贯通!有了这样的认识,我们的方法不再孤立,使用时可以相互启发,相互借鉴.

1.4.4 数学欣赏是实践数学文化教育的示范性亮点

自新课标实施以来,一种清新的理念试图吹开一直笼罩在数学教学头上的沉闷的阴霾.比如,数学的应用性、生活化以及数学文化的观念被抬到了一个较高的位置.这些都是对数学的善与美(而非仅仅是真)层面的考量,其课程价值之深远是不可估量的.[①]因为在实际教学中,数学教师和数学工作者大多都有感触,即使到了本科层次,仍有不少学生错误地、根深蒂固地坚信,数学内容是没有实际用处的一门学科.如果有学生认为数学没有什么用,那对数学的善的欣赏又从何谈起呢?而事实上,数学的真、善、美是相互关联,相互衬托,相互依存的.新课标实施以前的数学教学理念以知识为主线,相对忽视了对数学的善与美的强调,致使数学的文化形象残缺不全,这种状态在新课标实施之后开始逐渐改变.数学的丰满形象应该是真善美的有机统一.作为数学教师,应该让数学成为学生文化素质的有机组成部分.数学教师要把数学课堂变成一种数学文化的课堂.数学教师要改变对数学的工具主义理解,让数学知识在文化层面上加以体现.

在数学教育中倡导"数学的欣赏",是实践数学文化教育目标的一个微型化,是一个具有示范性的亮点,也是洞开数学文化课程建设和数学文化教学实践的一个窗口.把数学的欣赏归结到数学文化素养这一大概念中,也就是包含数学美育但又超越了数学美育的范畴.但正如前面所阐明的,数学欣赏并不全是指数学的美,还有数学的真和善,还有数学文化本身的欣赏等.比如数学的理性精神、数学的人文精神、数学的精确性、逻辑性和合情推理以及数学的有效性等.但无论如何,数学欣赏是跑不出数学文化素养范围的.所以,在数学教育理论或数学教学实践中,"数学欣赏"不能孤立地、片面地去提倡,而是应该与数学知识、技能、能力、思维、方法和文化一起,与整体的数学教与学的全过程浑然天成.大家知道,数学中有了解、理解、掌握、深刻理解、熟练掌握等不同的学习层次.那么,欣赏在数学学习中究竟应该占据一个什么位置呢?初步的感觉是,真正的欣赏是在基本的理解和掌握的基础上才会产生的.欣赏可以在数学学习的任何层次上开展.而不同层次数学学习上的欣赏可能有很大的不同.从各个层面上,而不仅仅是在较高的层面上去理解数学欣赏,就可以把数学欣赏分散于数学教学活动的各个环节,使得数学学习更易于被学生所喜爱,增加学生学习数学的刺激点和兴奋点.千里之行,始于足下.消除厌倦和积极欣赏也可以相伴相行.如果能多一点欣赏和喜爱,就可以减少一丝畏惧和厌倦.

---

① 黄秦安,刘达卓,聂晓颖.论数学欣赏的"含义""对象"与"功能"——数学教育中的数学欣赏问题[J].数学教育学报,2013(1):8-12.

第二章 欣赏数学的"真"

数学在人类社会的历史演化中发挥着巨大的作用,数学是人类思维的智慧结晶,是人类文化和文明的思想瑰宝.数学理论的形成过程,就是人类对科学真理不断探索和追求的过程.人类对数学本质的认识随着数学的发展与时俱进.数学作为人类心灵最崇高和独特的作品,永恒矗立在人类理性发展的巅峰.

在前面,我们已谈道:所谓数学的"真",就是数学的真理属性,全部数学知识都是以数学的真理性为依归的.如果称数学为数学科学的话,则真理属性就是数学科学属性:理性精神、两重特性、特定内涵(不变量与不变性、理解无限、独特方法等)等.

2.1 欣赏数学的"真",震撼于数学之理性精神

我们在本套书中的《数学精神巡礼》中谈道数学理性精神的主要特性:证明与公理化、抽象与应用性等.

数学证明是数学精神的显著标志.数学通过"为什么要证明"和"怎样来证明"以体现数学的"真".

爱因斯坦说过:"为什么数学比其他一切学科受到特殊的尊重?理由之一是数学命题的绝对可靠性和无可争辩性.至于其他各个学科的命题则在某种程度上都是可争辩的,经常处于会被新发现的事实推翻的危险之中."[①]

数学的"真",是和数学所使用的逻辑演绎方法密切相关的.严密性是数学的特点.数学教学中重视逻辑推理,崇尚公理化的演绎方法是每一个数学教育工作者的共识.问题的关键在于,既要讲推理,更要讲道理.[②]

2.1.1 欣赏数学的"真",崇尚理性需要证明

如何使得学习者能够体会到数学演绎的"真"?许多人认为,数学学好了,题目会做了,思维自然就严密了.数学的"真",也就在其中了,用不到什么特别的"数学欣赏".其实不然,形式化表达的数学,犹如曲折表达的诗词,其背后掩蔽着的思想方法和文化底蕴,需要我们有意识地启发、点拨、解释,才能使学习者有所领悟.

例如,有意识地将古希腊的数学理性和日常思维进行对比分析,会使学习者感到震撼.[③]

例 1 "对顶角相等"的证明.

---

① 爱因斯坦文集[M].北京:商务印书馆,1976.
② 萧树铁,等.高等数学改革研究报告(非数学类)[M].北京:高等教育出版社,2000.
③ 张奠宙,柴俊.欣赏数学的真善美[J].中学数学教学参考,2010(1-2):3-7.

欣赏点:这样明显的命题为什么要证明?

这是平面几何开头中的一个定理.定理本身非常直观,无人质疑.如果就事论事地解说一番,或者时髦地让学习者"量一量""拼一拼"那样地活动一下,都不能使学习者获得数学之"真"的欣赏.

事实上,我们的主题不是"对顶角相等"的知识本身及其如何证明,关键点是要问:"这样明显的命题要不要证明?"中国古代数学没有这样的命题.古希腊数学家提出这样的定理,认为需要证明,而且使用"等量减等量其差相等"的公理加以证明.两相对照,才知道自己的浅薄,古希腊理性精神的伟大.

在数学中,数学证明是一种特殊形式的推理,数学推理则以逻辑思维为主.在数学中,只有经过逻辑推理论证的,才能成为定理(真理),即使是看到的,听到的,重复试验过千百次,都不能认为是可靠的定理(真理).

从"显然正确因而不必证明"到"崇尚理性需要证明",是一次思想上的飞跃,可以说震撼了许多学习者们的"灵魂",可是,现行的教材没有这样写,课堂上教师也没有这样教.数学"欣赏"的这一缺失,当知我们努力之所在了.

2.1.2 欣赏数学的"真",领悟公理化思想,学会理性思维

公理化通常是指由一些真实的命题来确定另一命题真实性的思维形式.传统几何是从少量几条公理出发,经过论证推理,得到一系列定理和性质,而建立起来的演绎体系.

公理化思想是数学中一种极为重要的数学思想.下面,先从公理化思想产生广泛影响的经历来看看.

数学的公理思想产生广泛影响经历了一个过程,数学自身的公理化程度和水平也经历了不同的发展阶段.我国学者徐利治认为,公理化经历了这样三个阶段,首先是实质(或实体性)公理化时期,如欧几里得几何的出现,它基本上是对已有的不证自明的事实的高度概括,有明显依赖经验或感性直观的特征.牛顿力学亦建立了公理系统,即他的三大定律,这也具有实质公理化特征.

伴随非欧几何的出现而出现了一个形式公理化时期.此时,公理的起点进一步被形式化、符号化.沿着这种思想,希尔伯特把欧氏几何也改造得更加形式化.他甚至指出,几何公理中的点、线、面这样一些术语只具有形式的意义,它们也可被改说为"桌子、椅子、啤酒杯".

实际上,以希尔伯特为代表的数学家在进一步推动公理化的过程中,加强了数学基础研究,使公理化也进入了一个新的时期,这就是第三个阶段,即元数学时期.此时,概念成了符号,命题成了公式,推理成了公式的变形,形式系统成为研究对象.数学成为更抽象、更形式化的系统了.此时期也称为纯形式公理化时期.

元数学,是纯形式公理方法,对于数学的更深入研究是必要的.但对于普通学生来说,从中学到大学本科,实质公理方法就已足够了,也是必要的.

其所以是必要的,这是由公理化本身的优点所决定.公理化不仅使数学本身的内在统一性、和谐性得到充分的揭示,而且有利于人们更清晰地从微观到宏观看到数学世界;公理

化也不仅是使人更易认识世界,而且为数学发现与创造提供必要的启示和工具;同时还对人自身逻辑思维的发展起极为积极的推动作用,使数学教育不只具有知识传授的意义;公理方法在一定范围内也使思维经济有效.[①]

现在我们看一下算术公理,它由以下五条组成:

Ⅰ.1 属于非空集 **N**(1 只是一个符号);

Ⅱ.**N** 的每个元素 a 有后继数 a';

Ⅲ.1 不是任何元素的后继数;

Ⅳ.若 $a' = b'$,则 $a = b$(即两元素之后继数相等时,两元素自身也相等);

Ⅴ.设 $M \subset \mathbf{N}$,若 1 属于 M,又若当 a 属于 M 时,a' 亦必属于 M,则 $M = \mathbf{N}$.

这 5 条公理中涉及的基本(亦即原始)概念仅有 1、后继数("集合""属于"是从集合论那里来的基本概念).也可以说,整个算术的逻辑起点也就只这样两个术语以及 5 个基本命题,其余的全部算术概念和命题都建立这样一个简单的基础上.这充分体现了公理方法的高度概括性.

综上,领悟了公理化思想,可以帮助我们理解到这样一点:公理化有利于这些学科的科学化.

例 2 圆内接四边形的对角互补的证明.

欣赏点:运用了公理化思想来进行推理.

"圆内接四边形的两对角和为 180°"(即"两对角互补").这是一个命题.如果这一命题成立,那么,你就不必再企图作出一个非矩形的内接平行四边形了;也不必再企图作出一个非正方形的内接菱形了.然而,这个命题是否成立必须由已有的(已被证明是成立的)命题来证明.

假定圆内接四边形为 $ABCD$,所需证明的是 $\angle A + \angle C = \angle B + \angle D = 180°$.只要证明 $\angle A + \angle C = 180°$ 就够了.把 A, B, C, D 四顶点都与圆心 O 联结起来,AO, BO, CO, DO 都是半径(请有兴趣的读者自己绘图).$\angle BAD$ 是一圆周角,对应的圆心角是 $\angle BOC + \angle COD$;$\angle DCB$ 也是一圆周角,对应的圆心角是 $\angle DOA + \angle AOB$,但是

$$\angle DOA + \angle AOB + \angle BOC + \angle COD = 360°$$

如果能证明"圆周角是其对应的圆心角的一半",则正好可以得到 $\angle BAD + \angle DCB$(即 $\angle A + \angle C$)等于 180°.

那么,圆周角是不是其对应的圆心角的一半呢?如果是,又需加以证明.我们来证明 $\angle BAD$ 是其对应的圆心角 $\angle BOD$ 的一半.将 AO 延长交圆周于点 E,显然,$\angle BOD = \angle BOE + \angle EOD$.$\angle BOE$ 是 $\angle AOB$ 的外角,"三角形一外角等于相邻两内角之和",所以

$$\angle BOE = \angle BAO + \angle OAB$$

但 $\triangle BAO$ 是一等腰三角形,然而"等腰三角形两底角相等",故 $\angle BAO = \angle OAB$,由此即知 $\angle BAO = \frac{1}{2} \angle BOE$,从而得知 $\angle BAD = \frac{1}{2} \angle BOD$.

[①] 张楚廷.数学文化[M].北京:高等教育出版社,2000:124 - 127.

现在,又须加以证明的是"等腰三角形两底角相等"以及"三角形的一外角等于相邻两内角之和". 仅以后一命题为例,它是建立在"三角形三内角之和为180°"这一命题基础上的.

然而,"三角形三内角之和为180°"又须加以证明,此时,已容易明白,这一命题与平行公理是等价的. 至此,我们"穷追到底",到了原始命题(公理).

现在我们从公理出发整理一下上面命题的演绎顺序发展过程:

平行公理;

三角形三内角和为180°;

等腰三角形两底角相等;

圆周角等于对应圆心角的一半;

圆内接四边形两对角互补.

实际上还不难看到,我们在上述推理的过程中还须用到适合于一切科学的公设(区别于公理一词,但与公理同义):"等量加等量,其和相等";"等量减等量,其差相等";"与同一件东西相等的一些东西彼此相等";"彼此重合的东西全等". 总之,这种论证是"到了底"的,因而能使人确信不疑. 这也是数学十分有力量、有权威的重要原因.

同时也使我们看到,其逻辑线索是如此清晰,如此严谨,这种"穷根究底"的思想或风格正是哲学的思想或风格,由此我们也可看到为什么数学与哲学特别靠近,由此亦可多少看到数学如何在体现人的精神.

逻辑起点包括两方面,一是概念的起点,一是命题的起点;前者是定义新概念的出发点,后者是进行推理、获得新命题的出发点. 数学在这两方面都率先、完美(相对完美)地解决了,这也正是其他许多学科(包括自然科学、社会科学、人文科学的某些学科)仿效它的缘由.

由公理出发进行推理的基本形式是运用三段式论证. 数学推理自然也如此. 仍以"等腰三角形两底角相等"为例看看是如何运用的.

因为问题很简单,我们也不绘出图来,同时要想绘个图来,读者也容易. 在 $\triangle ABC$ 中,若 $AB = AC$,那么 $\angle ABC = \angle ACB$. 下面是证明:

作 $AD \perp BC, AD$ 交 BC 于 D.

因为凡直角皆相等(大前提),又 $\angle ADB$ 和 $\angle ADC$ 皆为直角(小前提),所以 $\angle ADB = \angle ADC$(结论).

因为有两边对应相等的两直角三角形必全等(大前提),又在 $\triangle ADB$ 和 $\triangle ADC$ 中 $AB = AC, AD = AD$(小前提),所以 $\triangle ADB \cong \triangle ADC$(结论). 因为凡全等三角形的对应角相等(大前提),又 $\triangle ADB \cong \triangle ADC$(小前提),所以 $\angle ABD = \angle ACD$ 即 $\angle ABC = \angle ACB$(结论).

就是这样三个三段式完成了整个的证明.

综上,公理化思想就是从一组公理出发,以逻辑推理为工具,把某范围系统内的真命题推演出来,从而使系统成为演绎体系的一种本质认识.

公理化思想,对数学的发展起到了巨大作用. 如在对公理化方法逻辑特征的研究中,产生了许多新的数学分支理论:非欧几何是对欧氏几何公理系统第五公设的"审查"而独立产生的;由于公理系统协调性的研究,希尔伯特等数学家和逻辑学家创立了《元数学或证明论》;由于对形式系统与其相适应的模型之间关系的研究,使抽象代数与数理逻辑相结合产生了一个新的边缘学科——《模型论》;由于对非标准模型的研究产生了非标准分析,等等.

由于 20 世纪初公理集合论的出现,不仅避免了康托朴素集合论中的悖论,而且使一些长期以来尚未解决的"老大难"问题得到了解决,有的虽未彻底解决,但已取得了很大的进步. 最突出的例子就是 20 世纪 60 年代柯恩对连续统假设及选择公理所获得的重要结果.

又由于现代公理化方法与现代数理逻辑结成"伴侣",从而对数学向综合化、机械化方向的发展起到了推动作用.

公理化思想的"整理"作用及其使理论构建逻辑演绎体系的功能,有助于培养学习者的逻辑思维能力. 中学数学中的几何体系就是按照公理化方法的思想编排的,这使中学几何成为大家公认为最有利于培养逻辑思维能力的科目. 苏联数学教育家斯托利亚尔曾指出:"在学校中普遍能够实现的,只是有实际内容的公理体系". 现在的几何教材正是这样做的:通过直观描述引入点、直线和平面等基本概念,学习者能够认可的性质如"经过两点有一条直线,并且只有一条直线""所有联结两点的线中,线段最短""经过直线外一点,有且只有一条直线与这条直线平行"等作为公理,其他概念、性质和定理则采用推理或直观相结合的方法演绎出来,即在学习者可接受的情况下,充分体现公理化方法思想. 这样,以充分培养学习者的逻辑思维能力和逻辑推理能力.

对公理化思想的重视,在我国古代是非常欠缺的,因而影响了这个东方文明古国的数学发展.

重要的几何命题是世界各国都有的. 比如,中国很早就发现了勾股定理,古希腊称之为毕达哥拉斯定理. 中国为了说明勾股定理的正确,也讲"为什么",使用了"出入相补"原理,用拼接的方法加以证明. 但是,中国的古代数学,多半以"官方文书"的形式出现,目的是为了丈量田亩、分配劳力、计算税收、运输粮食等国家管理的实用目标. 虽然中国古代社会也说理,却没有古希腊那样的"自由学术辩论",唯理论没有形成大的风气. 因此,中国古代没有用公理方法进行学术探讨的传统. 文化上的差异,导致了数学上的分别.

对于古希腊用公理化体系表达科学真理的方法,后人称它为"理性思维"的一种最高形式. 这一点,中国传统文化中比较薄弱和欠缺,我们应当实行"拿来主义",认真加以学习和体会,努力提高我们的思维能力. 数学是体现理性思维最好的载体. 所以,我们学习数学,不仅要记住定义和定理,更重要的是能学会这种理性思维的方法.

正是对数学理性精神的欣赏与震撼,使得徐光启发出《几何原本》"以当百家之用"的呐喊. 徐光启在《刻几何原本序》中所说,对于几何学提供的知识,我们有四不必:"不必疑,不必揣,不必试,不必改";有四不可得:"欲脱之不得,欲驳之不得,欲减之不得,欲前后倒之不得"等颇为震撼. 徐光启作为首先接触这一严密逻辑体系的中国人,他敏感地觉察到这种定理体系的叙述和中国古代数学著作的本质区别. 他认为,几何是理性的思维,几何问题由"四望无路"到"蹊径历然""自首迄尾,悉皆显明文字".

以下,我们以瞬时速度来看数学理性思维之"真".

例 3 "飞矢不动"与"瞬时速度".

欣赏点:"辩证精密思维的典范,微积分思维的理性特征".

微分学的精髓在于认识函数的局部.如何透过微积分教材的形式化陈述,真正领略微积分的思考本质,是微积分教学的一项重要任务.[①]

把直觉的瞬时速度,化为可以言传的瞬时速度,需要克服"飞矢不动"的芝诺悖论.古希腊哲学家芝诺问他的学生:

"一支射出的箭是动的还是不动的?"

"那还用说,当然是动的."

"那么,在这一瞬间里,这支箭是动的,还是不动的?"

"不动的,老师."

"这一瞬间是不动的,那么其他瞬间呢?"

"也是不动的,老师."

"所以,射出去的箭是不动的."

中国战国时代"名辩"思潮中的思想巨子惠施(约前370—前310年)提出"飞鸟之景,未尝动也",这句话的意思是说天空中飞着的鸟实际上是不动的,和芝诺的观点如出一辙.

孤立地仅就一个时刻而言,物体确实没有动.但是物体运动有其前因后果,于是就很自然地先求该时刻附近的平均速度,然后令时间间隔趋向于0,以平均速度取极限作为瞬时速度.可以意会的直觉,终于能够言传.微积分教学把原始的思考显示出来,就会让学习者知道导数并非是天上掉下来的"林妹妹".一点的附近,平均速度,极限,这一连串的思考,揭开了瞬时速度的神秘面纱.

以上的论断告诉我们,考察函数不能孤立地一点一点考察,而要联系其周围环境.这个就是微积分的核心思想之一:考察"局部".微积分的"真",通过局部的精密分析显示出来,使人觉得"妙不可言".

常言道,"聚沙成塔,集腋成裘",那是简单的堆砌.其实,科学地看待事物,其单元并非一个个孤立的点,而是一个有内涵的局部.人体由细胞构成,物体由分子构成,社会由乡镇构成,所以费孝通的"江村调查",解剖一个乡村以观察整体,竟成为中国社会学的经典之作.同样,社会由更小的局部——家庭构成,所以,我们的户口以家庭为单位.

古语说"近朱者赤,近墨者黑".看人,要问他(她)的身世、家庭、社会关系,孤立地考察一个人是不行的.

函数也是一样,孤立地只看一点的数值不行,还要和周围点上的函数值联系起来看.微积分就是突破了初等数学"就事论事",孤立地考察一点,不及周围的静态思考,转而用动态地考察"局部"的思考方法,终于创造了科学的黄金时代.

局部是一个模糊的名词,没有说多大,就像一个人的成长,大的局部可以是社会变动、乡土文化、学校影响;小的可以是某老师、某熟人,再小些仅限父母家庭,各人的环境是不同的.最后我们把环境中的各种影响汇集起来研究某人的特征.同样,微积分方法就是考察函数在一点的周围,然后用极限方法确定函数在该点的性态.

[①] 张奠宙,柴俊.欣赏数学的真善美[J].中学数学教学参考,2010(1-2):3-7.

微积分阐述的"局部"思维,是精密的思维过程,体现了数学的"真".

从这里可以看出.数学思维最显著的特点,是充分说理的,是讲究逻辑的,是精确的,可靠的.经过数学思维,所得出的结论,是真实可靠的真理(定理).其次,数学思维还包含有一些重要的品质,例如深刻性、灵活性、独创性、批判性、敏捷性等(可参见本套书中的《数学精神巡礼》中的7.3节).

例4 一道选择题的再认识.

欣赏点:通过对问题的再认识,产生新的见解,得到新的收获,培养数学思维的优良品质.

题目[①] 已知双曲线 $C:x^2-y^2=t(t>0)$ 的右焦点为 F,过点 F 作直线交双曲线于 P,Q 两点,弦 PQ 的垂直平分线交 x 轴于点 R,则 $\dfrac{|FR|}{|PQ|}=$ (   ).

A. $\dfrac{\sqrt{2}}{4}$ B. $\dfrac{1}{2}$ C. $\dfrac{\sqrt{2}}{2}$ D. 1

解析 设 $t=2$,直线 PQ 的斜率 $k=2$. 由

$$\begin{cases} x^2-y^2=2 \\ y=2(x-2) \end{cases}$$

可得

$$3x^2-16x+18=0$$

因此

$$x_1+x_2=\frac{16}{3}, x_1x_2=6$$

从而

$$|PQ|=\sqrt{1+k^2}|x_1-x_2|=\frac{10\sqrt{2}}{3}$$

又由

$$y_1+y_2=2(x_1+x_2)-8=\frac{8}{3}$$

可知弦 PQ 的中点为 $M\left(\dfrac{8}{3},\dfrac{4}{3}\right)$,因而中垂线 RM 的方程为

$$y-\frac{4}{3}=-\frac{1}{2}\left(x-\frac{8}{3}\right)$$

令 $y=0$,则 $x_R=\dfrac{16}{3}$,因此 $|FR|=\dfrac{10}{3}$,$\dfrac{|FR|}{|PQ|}=\dfrac{\sqrt{2}}{2}$.

故选 C.

此法计算量偏大,结果又耐人寻味,双曲线的离心率为 $\sqrt{2}$,而结果是 $\dfrac{\sqrt{2}}{2}$?于是,引发了

---

① 刘美良,姜国标.对一道解析几何选择题的探究[J].中学教研(数学)2008(5):5-7.

我们的思考:难道结果和双曲线的离心率有关?如果有关,那么椭圆和抛物线等圆锥曲线是否存在一般的结论?好奇心驱使我们迫切想得到答案,于是就有了下面的探究.

将问题推广,探求问题的一般结论:

问题 1 对于一般的等轴双曲线 $x^2 - y^2 = t(t>0)$,结论又如何?

仿照上述特值法的处理,容易得到定值 $\dfrac{\sqrt{2}}{2}$.

问题 2 对于一般的双曲线 $\dfrac{x^2}{a^2} - \dfrac{y^2}{b^2} = 1$,结论又如何?

于是,就有了:

探究 1 已知双曲线 $C: \dfrac{x^2}{a^2} - \dfrac{y^2}{b^2} = 1(a>0, b>0)$ 的右焦点 F,过点 F 作直线交双曲线于 P, Q 两点,弦 PQ 的垂直平分线交 x 轴于点 R,则 $\dfrac{|FR|}{|PQ|} = $ _____.

解 设 PQ 的中点为 $M, P(x_1, y_1), Q(x_2, y_2)$,直线 PQ 的斜率为 k,则

$$\begin{cases} \dfrac{x^2}{a^2} - \dfrac{y^2}{b^2} = 1 \\ y = k(x-c) \end{cases}$$

可得

$$(b^2 - a^2k^2)x^2 + 2a^2ck^2 x - a^2(b^2 + c^2k^2) = 0$$

因此

$$x_1 + x_2 = \dfrac{2a^2k^2 c}{a^2k^2 - b^2}, \quad x_1 x_2 = \dfrac{a^2(k^2c^2 + b^2)}{a^2k^2 - b^2}$$

从而

$$|PQ| = e(x_1 + x_2) - 2a = \dfrac{2ab^2(1 + k^2)}{a^2k^2 - b^2}$$

又

$$y_1 + y_2 = k(x_1 + x_2) - 2kc = \dfrac{2b^2 ck}{a^2k^2 - b^2}$$

可得中点为 $M\left(\dfrac{a^2k^2c}{a^2k^2 - b^2}, \dfrac{b^2ck}{a^2k^2 - b^2}\right)$,中垂线 RM 的方程为

$$y - \dfrac{b^2 ck}{a^2k^2 - b^2} = -\dfrac{1}{k}\left(x - \dfrac{k^2 a^2 c}{a^2k^2 - b^2}\right)$$

令 $y = 0$,得 $x_R = \dfrac{k^2 c^3}{a^2k^2 - b^2}$,所以

$$|FR| = \dfrac{k^2 c^3}{a^2k^2 - b^2} - c = \dfrac{cb^2(1 + k^2)}{a^2k^2 - b^2}$$

故

$$\dfrac{|FR|}{|PQ|} = \dfrac{e}{2}$$

结论 1 已知双曲线 $C: \dfrac{x^2}{a^2} - \dfrac{y^2}{b^2} = 1 (a>0, b>0)$ 的右焦点为 F, 过点 F 作直线交双曲线于 P, Q 两点, 弦 PQ 的垂直平分线交 x 轴于点 R, 则 $\dfrac{|FR|}{|FQ|}$ 为定值 $\dfrac{e}{2}$.

从双曲线联想到椭圆, 是否也有类似的结论?

探究 2 已知椭圆 $C: \dfrac{x^2}{a^2} + \dfrac{y^2}{b^2} = 1 (a>0, b>0)$ 的右焦点为 F, 过点 F 作直线交椭圆于 P, Q 两点, 弦 PQ 的垂直平分线交 x 轴于点 R, 则 $\dfrac{|FR|}{|PQ|} = $ _____.

因为有上面双曲线的解答实践经历, 所以上述问题的探究, 容易得到如下结论.

结论 2 已知椭圆 $C: \dfrac{x^2}{a^2} + \dfrac{y^2}{b^2} = 1 (a>0, b>0)$ 的右焦点为 F, 过点 F 作直线交椭圆于 P, Q 两点, 弦 PQ 的垂直平分线交 x 轴于点 R, 则 $\dfrac{|FR|}{|PQ|}$ 为定值 $\dfrac{e}{2}$.

探究 3 已知抛物线 $C: y^2 = 2px (p>0)$ 的焦点为 F, 过点 F 作直线交抛物线于 P, Q 两点, 弦 PQ 的垂直平分线交 x 轴于点 R, 则 $\dfrac{|FR|}{|PQ|} = $ _____.

解法 1 如图 2-1, 设 PQ 的中点为 $M, P(x_1, y_1), Q(x_2, y_2)$, 直线 PQ 的斜率为 k. 由

$$\begin{cases} y^2 = 2px \\ y = k\left(x - \dfrac{p}{2}\right) \end{cases}$$

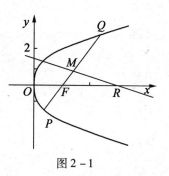

图 2-1

可得

$$k^2 x^2 - p(k^2+2)x + \dfrac{k^2 p^2}{r} = 0$$

因此

$$x_1 + x_2 = \dfrac{p(k^2+2)}{k^2}, \quad x_1 x_2 = \dfrac{p^2}{4}$$

从而

$$\Delta = p^2(k^2+2)^2 - 4k^2 \cdot \dfrac{k^2 p^2}{4} = 4p^2 k^2 + 4p^2$$

所以

$$|PQ| = \sqrt{1+k^2}\,|x_1 - x_2| = \dfrac{2p(1+k^2)}{k^2}$$

又由 $\dfrac{x_1+x_2}{2} = \dfrac{p(k^2+1)}{2k^2}$, 得

$$\dfrac{y_1+y_2}{2} = k\left(\dfrac{x_1+x_2}{2} - \dfrac{p}{2}\right) = \dfrac{p}{k}$$

所以, PQ 的中垂线 RM 的方程为

$$y - \frac{p}{k} = -\frac{1}{k}\left[x - \frac{p(k^2+2)}{2k^2}\right]$$

令 $y=0$,可得 $x_R = p + \frac{p(k^2+2)}{2k^2}$,则

$$|FR| = \left[p + \frac{p(k^2+2)}{2k^2}\right] - \frac{p}{2} = \frac{p(1+k^2)}{k^2}$$

故

$$\frac{|FR|}{|PQ|} = \frac{1}{2} = \frac{e}{2}$$

解法2 设 P,Q 两点的坐标为 $\left(\frac{y_1^2}{2p}, y_1\right), \left(\frac{y_2^2}{2p}, y_2\right)$. 由直线 PQ 过点 F,可得 $y_1 y_2 = -p^2$,从而

$$|PQ| = \sqrt{\left(\frac{y_1^2}{2p} - \frac{y_2^2}{2p}\right) + (y_1 - y_2)^2} = \frac{(y_1 - y_2)^2}{2p}$$

直线 PQ 的斜率为

$$\frac{y_2 - y_1}{\frac{y_2^2}{2p} - \frac{y_1^2}{2p}} = \frac{2p}{y_1 + y_2}$$

因此直线 PQ 的垂直平分线方程为

$$y - \frac{y_1 + y_2}{2} = -\frac{y_1 + y_2}{2p}\left(x - \frac{y_1^2 + y_2^2}{4p}\right)$$

令 $y = 0$,得 $x_R = p + \frac{y_1^2 + y_2^2}{4p}$,则

$$|FR| = \left(p + \frac{y_1^2 + y_2^2}{4p}\right) - \frac{p}{2} = \frac{y_1^2 + y_2^2 + 2p^2}{4p} = \frac{(y_1 - y_2)^2}{4p}$$

故

$$\frac{|FR|}{|PQ|} = \frac{1}{2} = \frac{e}{2}$$

解法3 如图 2-2, PQ 的中点为 M, 过 P,Q,M 分别作 PP',MM',QQ' 垂直于抛物线的准线 $x = -\frac{p}{2}$,联结 $M'F, M'P$. 由抛物线的定义,得

$$|MM'| = \frac{1}{2}(|PP'| + |QQ'|)$$
$$= \frac{1}{2}(|PF| + |QF|)$$
$$= \frac{1}{2}|PQ| = |MP|$$

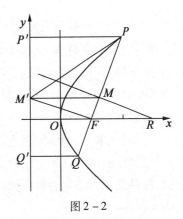

图 2-2

所以

$$\angle M'PM = \angle PM'M = \angle P'PM'$$

又由 $|PP'| = |PF|$，PM' 为 $\triangle PM'P'$ 与 $\triangle PM'F$ 的公共边，可知 $\triangle PM'P \cong \triangle PM'F$，从而 $M'F \perp PQ$．又 $MR \perp PQ$，得 $M'F \ /\!/\ MR$，且 $MM' \ /\!/\ FR$，可知四边形 $FRMM'$ 为平行四边形，所以

$$|FR| = |MM'| = \frac{1}{2}|PQ|$$

容易看出运用抛物线的几何性质来证明，比双曲线、椭圆的代数运算简单多了．

根据以上的探究和证明，获得圆锥曲线的一个有趣的性质，现在归纳一下，用定理的形式写出：

定理　记圆锥曲线 C 的一个焦点为 F，过 F 作直线交曲线 C 于 P,Q 两点，弦 PQ 的垂直平分线交曲线 C 的对称轴（焦点 F 在对称轴上）于点 R，则 $\dfrac{|FR|}{|PQ|} = \dfrac{e}{2}$．

2.2　欣赏数学的"真"，震撼于数学的两重特性

美国著名数学家柯朗（Courant. R）在《数学是什么》中揭示了数学具有两重性的特点．他写道："数学作为人类思维的表达形式，反映了人们积极进取的意志、缜密周详的推理和对完美境界的追求．它的基本要素是逻辑和直觉、分析和推理、一般性和特殊性．虽然不同的流派各自强调数学不同的侧面，然而，正是这些相互对立的侧面之间相互渗透和相互辨析，才构成了数学科学的生命力、实用性和崇高价值．"因此，对数学的两重性，我们应该有一个深入的了解．首先，我们可看看关于数学的界定，最为引人注目的有两个，一个是恩格斯在 19 世纪给出的：数学是研究客观世界数量关系和空间形式的科学．一个是数学的当代界定：数学是关于模式和秩序的科学．前一个直观，后一个抽象，人们对此见仁见智．我们认为，这两个定义的观点是一种继承关系，是数学发展历史积淀的必然结果．前者反映了数学的本源，后者是从数学的抽象过程和抽象结构方面对数学本质特征的阐释，反映了数学发展的当代水平．[①]

2.2.1　欣赏数学的"真"，认识数学是演绎的，也是归纳的

美国的数学教育家波利亚（Pólya. G）曾精辟地指出，"数学有两个侧面，一方面它是欧几里得式的严谨科学，从这个方面看，数学是一门系统的演绎科学．另一方面，创造过程中的数学，却像是一门试验性的归纳科学．"美国数学家冯·诺依曼（Von Neumann. J）认为，数学的本质具有两个侧面，就是数学理论的抽象性、严谨性和形式化与数学发现过程中的直观性，经验性和归纳性．

一般说来，人们认识客观世界的方式有两种，一是由认识个别的、特殊的事物，进而认识一般的事物，这种认识方法称为归纳法．一是由认识一般的事物，过渡到认识特殊、个别的事物，这种认识方法称为演绎法．认识的深化，是在归纳和演绎的交替过程中实现的．归纳把对

---

① 张小平. 漫谈数学的两重性[J]. 数学通报，2012(6)：1-8.

许多事物的特殊属性的认识发展归结为对于一类事物的共同属性的认识. 演绎把从归纳得出的一般结论作为依据,去研究其他个别事物的特性. 因此,归纳是演绎的基础,而演绎是归纳的深化. 从而,数学是演绎的,也是归纳的,这是对数学本质特征的认识.

对于上述关于数学本质特征的看法,我们也可从历史的眼光来分析. 实际上,对数的本质特征的认识是随数学的发展而发展的. 由于数学源于分配物品、计算时间、丈量土地和容积等实践,因而这时的数学对象(作为抽象思维的产物)与客观实在是非常接近的,人们能够很容易地找到数学概念的现实原型,这样,人们自然地认为数学是一种经验科学;随着数学研究的深入,非欧几何、抽象代数和集合论等的产生,特别是现代数学向抽象、多元、高维发展,人们的注意力集中在这些抽象对象上,数学与现实之间的距离越来越远,而且数学证明(作为一种演绎推理)在数学研究中占据了重要地位. 因此,出现了认为数学是人类思维的自由创造物,是研究量的关系的科学,是研究抽象结构的理论,是关于模式的学问,等等观点. 这些认识,既反映了人们对数学理解的深化,也是人们从不同侧面对数学进行认识的结果. 正如有人所说的:"恩格斯的关于数学是研究现实世界的数量关系和空间形式的提法与布尔巴基的结构观点是不矛盾的,前者反映了数学的来源,后者反映了现代数学的水平. 现代数学是一座由一系列抽象结构建成的大厦."①而关于数学是研究模式的学问的说法,则是从数学的抽象过程和抽象水平的角度对数学本质特征的阐释. 另外,从思想根源上来看,人们之所以把数学看成是演绎科学、研究结构的科学,是基于人类对数学推理的必然性、准确性的那种与生俱来的信念,是对人类自身理性的能力、根源和力量的信心的集中体现. 因此人们认为,发展数学理论的这套方法,即从不证自明的公理出发进行演绎推理,是绝对可靠的,也即如果公理是真的,那么由它演绎出来的结论也一定是真的. 通过应用这些看起来清晰、正确、完美的逻辑,数学家们得出的结论显然是毋庸置疑的、无可辩驳的.②

事实上,上述对数学本质特征的认识是从数学的来源、存在方式、抽象水平等方面进行的,并且主要是从数学研究的结果来看数学的本质特征的. 显然,结果(作为一种理论的演绎体系)并不能反映数学的全貌. 组成数学整体的另一个非常重要的方面是数学研究的过程,而且从总体上来说,数学是一个动态的过程,是一个"思维的实验过程",是数学真理的抽象概括过程,逻辑演绎体系则是这个过程的一种自然结果. 在数学研究的过程中,数学对象的丰富、生动且富于变化的一面才得以充分展示. 正如前面所介绍的波利亚的两个论点. 弗赖登塔尔说,"数学是一种相当特殊的活动,"这种观点"是区别于数学作为印在书上和铭记在脑子里的东西." 他认为,数学家或者数学教科书喜欢把数学表示成"一种组织得很好的状态,"也即"数学的形式"是数学家将数学(活动)内容经过自己的组织(活动)而形成的;但对大多数人来说,他们是把数学当成一种工具,他们不能没有数学是因为他们需要应用数学,这就是,对于大众来说,是要通过数学的形式来学习数学的内容,从而学会进行相应的(应用数学的)活动. 这大概就是弗赖登塔尔所说的"数学是在内容和形式的互相影响之中的一种发现和组织的活动"的含义. 菲茨拜因(Efraim Fischbein)说,"数学家的理想是要

---

① H. N. 茹科夫. 数学的哲学问题[J]. 自然科学哲学问题丛刊,1983(3).
② 章建跃,张翼. 对数学本质特征的若干认识[J]. 数学通报,2001(6):3-5.

获得严谨的、条理清楚的、具有逻辑结构的知识实体,这一事实并不排除必须将数学看成是个创造性过程:数学本质上是人类活动,数学是由人类发明的."数学活动由形式的、算法的与直觉的等三个基本成分之间的相互作用构成. 库朗(Courant)和罗宾逊(Robbins)也说,"数学是人类意志的表达,反映积极的意愿、深思熟虑的推理,以及精美而完善的愿望. 它的基本要素是逻辑与直觉、分析与构造、一般性与个别性. 虽然不同的传统可能强调不同的侧面,但只有这些对立势力的相互作用,以及为它们的综合所做的奋斗,才构成数学科学的生命、效用与高度的价值."[1]

上面,这是一些数学家的观点,下面看历史事实:

《几何原本》是数学发展史上的第一座理论丰碑. 欧几里得(Euclid)将原有的数学知识进行梳理提炼,把理论的起点建立在人们的直觉上,找出少数最直观的原始概念和公设、公理,借助人类思维的先进逻辑推理模式,逐条推演出以后的命题,采用演绎法的体系建构了平面几何理论,从而确立了公理化思想,确立了演绎推理的范式. 人们对数学演绎体系的推崇,表达了对科学理论方法的绝对信服. 数学从此步入发展的坦途.[2]

公理体系使得数学具有鲜明的学科特点,清晰的逻辑起点,明确的概念,正确的判断. 是演绎推理使得数学内容条理清晰,基础敦实,结论正确,因而显示出巨大的力量. 演绎可以引导归纳,当演绎推理出现阻碍时,就是向归纳提出问题,促使归纳超越模糊、零散和残缺.

然而,由逻辑演绎构筑起的理论体系制约着思维的自由,因为体系里面多是同语反复,只能环流,不能前进. 这就是欧氏几何理论成为长期制约非欧几何产生的藩篱的重要原因. 由此看出,逻辑演绎的主要功能不是发现新的结论,而是架构基本概念、基本运算和基本命题之间的必然联系,逻辑演绎擅长的是检验这些联系之间的途径是否有效,却难以确定通往正确方向的途径,因为确定通往正确方向的途径是需要做出选择的,而这恰恰是归纳法之所长.

用公理化思想呈现出的数学理论,实际上也不是逻辑演绎的一统天下,其中的原始概念就是归纳的结果. 甚至逻辑推理本身也不能说就完全是演绎的,它的发展路径是需要选择的,这只能靠归纳法来完成. 如果没有归纳法的参与,演绎法将寸步难行. 另外,数学中的公理是不能用演绎法证明的,它是基于数学家的观念归纳出来的. 演绎法所用的形式逻辑也是不能用演绎法证明的,它是基于人类思维经验的积淀和哲学信念的选择,由此看来,演绎法的过程须臾也离不开归纳,更不要说数学里的发现和创造了.

费马大定理是在1637年由法国数学家费马(Pierrede Fermat)提出的一个猜想,在猜想提出以后的三百多年里,一批天才的数学家都在研究它,尽管他们都是演绎推理的大师,也认识到要彻底解决这个难题是需要特殊理论工具的,但是苦于找不到这个工具,或者这个工具当时就没有诞生,所有尝试去证明它的努力都付诸东流. 英国数学家安德鲁·怀尔斯(Andrew J. Wiles)自小就立志要证明费马大定理. 恰恰是他认识到谷山—志村猜想与费马大定理之间的联系是突破这个难题的关键,而且选择了他非常熟悉的有理数域上的椭圆曲线理论作为工具,在1994年攻克了这个数学难题. 他说"那是1986年夏末的一个傍晚,我正

---

[1] [德]Rolf, Biehler 等. 数学教学理论是一门科学[M]. 上海:上海教育出版社,1998:265.
[2] 张小平. 漫谈数学的两重性[J]. 数学通报,2012(6):1-8.

在一个朋友家中饮茶.谈话间他随意告诉我,肯·里贝特已经揭示了谷山—志村猜想与费马大定理之间的联系.我感到极大的震动.我记得那个时刻,那个改变我生命历程的时刻,因为这意味着为了证明费马大定理,我必须做的一切就是证明谷山—志村猜想."由此可见,怀尔斯找到实现他童年梦想的道路首先应该取决于归纳法.

我们在完成对一个数学问题的证明和计算之前,往往是通过归纳推理建立猜想,探究证明的途径和计算的程序,形成较为成熟的思路,而后才用演绎法把它呈现出来.归纳法通过试验、观察和联想,总能得到有别于逻辑的判断,因此,归纳法成为人们探索和发现真理的主要工具.要创造新的数学领域,就要有新的观念,开拓新的领域,创立新的方法,提出新的概念,在这些方面,演绎法都是望尘莫及的,试验、类比、观察、推广、概括、检验等归纳方法却起着不可替代的作用.坐标系的建立,集合论的发现,微积分的确立等几乎所有数学里程碑的矗立,无一不是归纳的结果.如此看来,归纳法是数学理论的助产士,它不仅不会影响数学的严谨性,而且还增强了人们对数学严谨性的信心,使人们对数学的无矛盾性深信不疑.

归纳是演绎的基础,演绎助归纳深华.归纳与演绎是人类认识世界的两个基本方法,他们相互影响,相互补充,相得益彰.

例如,在证明恒等式$(x-1)^2 = x^2 - 2x + 1$,可以将x的三个特殊值代入进行检验,如果等号都成立,就能肯定它是恒等式.这是归纳法.那么为什么只用三个特殊值就能证明这个恒等式呢?这就需要用演绎法证明,因为二次方程最多只有两个根.在这个具体问题上,演绎法支持了归纳法,演绎法证明了归纳法的有效性.

中国古代的数学不可谓不发达,但是却只是停留在归纳的层次上,没有出现像欧几里得《几何原本》那样严密逻辑演绎的著作.历史告诉我们,没有逻辑演绎是可以有数学的,没有归纳法就一定不会有数学.但是没有逻辑演绎不会有成熟的数学.中国古代的数学没有形成理论系统,就是因为中国没有逻辑演绎的传统.在数学发展的历史上,应该说归纳法是居于主导地位的,演绎则居于主体地位,它们共同组成了数学腾飞的双翼.

中学数学作为数学的基础,当然兼具归纳和演绎的特征,我们在数学教学中既要培养学生演绎思维的缜密,又要培养学生观察、归纳、类比、联想、推广、猜想、实验等合情推理的思维习惯,在教证明之前,先教好猜想.在数学教材中,对知识的呈现形式大多都采用演绎的方式.我们的教师在做教学设计时,要根据学生的认知特点,大多情况下,都有必要将数学知识的呈现形式改造成归纳的方式,以利于激发学生的学习兴趣和创新能力.数学教学的功夫要用在研究归纳法的教学上,当然,这样做绝不能以淡化演绎法的教学做交换.

例5 单位分数问题.

欣赏点:归纳是演绎的基础,演绎助归纳深化.

分子是1的分数,我们常称为单位分数,对于单位分数我们有两个基本结论.

结论1 $1 = \dfrac{1}{2} + \dfrac{1}{3} + \dfrac{1}{6}$.

结论2 对于任意正整数n,有$\dfrac{1}{n} = \dfrac{1}{n+1} + \dfrac{1}{n(n+1)}$.

这是单位分数的两个最本质的结论.利用这两个结论我们运用演绎和归纳证明如下

结论:

结论 3 任何一个正整数的倒数可以写成任意多个不同的非零自然数的倒数之和(即结论 2 的推广).

证明 注意到 $1 = \frac{1}{2} + \frac{1}{3} + \frac{1}{6}$(这是证明本题的关键,即运用结论 1)及 $\frac{1}{n} = \frac{1}{n+1} + \frac{1}{n(n+1)}$(即运用结论 2),有

$$\frac{1}{n} = \frac{1}{n}\left(1 + \frac{1}{2} + \frac{1}{6}\right) = \frac{1}{2n} + \frac{1}{3n} + \frac{1}{6n}(3 \text{ 项之和})$$

$$= \frac{1}{2n} + \frac{1}{3n} + \frac{1}{6n}\left(1 + \frac{1}{2} + \frac{1}{6}\right)$$

$$= \frac{1}{2n} + \frac{1}{3n} + \frac{1}{12n} + \frac{1}{18n} + \frac{1}{36}(5 \text{ 项之和})$$

$$= \cdots \text{(任意奇数项之和)} \qquad ①$$

$$\frac{1}{n} = \frac{1}{n+1} + \frac{1}{n(n+1)}(2 \text{ 项之和})$$

$$= \frac{1}{n+1} + \frac{1}{n(n+1)}\left(1 + \frac{1}{2} + \frac{1}{6}\right)$$

$$= \frac{1}{n+1} + \frac{1}{2n(n+1)} + \frac{1}{3n(n+1)} + \frac{1}{6n(n+1)}(4 \text{ 项之和})$$

$$= \cdots \text{(任意奇数项之和)} \qquad ②$$

由式①②我们便证得了结论成立.

注意到结论 2,即为 $\frac{1}{n} = \frac{n+1}{n(n+1)} = \frac{1}{n+1} + \frac{1}{n(n+1)}$.

于是当 k 是 n 的约数时,有:

结论 4 对于任意正整数 n,若 k 是 n 的约数,则

$$\frac{1}{n} = \frac{k+1}{n(k+1)} = \frac{k}{n(k+1)} + \frac{1}{n(k+1)} = \frac{1}{\frac{n}{k}(k+1)} + \frac{1}{n(k+1)}$$

于是结论 4 可看作结论 2 的推广,结论 2 可看作结论 4 的特例. 有了上述结论,我们便可讨论如下问题了.

问题 1 从 $\frac{1}{2}, \frac{1}{3}, \frac{1}{4}, \cdots, \frac{1}{50}$ 共 49 个单位分数中,找出七个分数,要求它们的和为 1.

如果从 49 个单位分数中,漫无目标地去找出七个分数,要求它们的和恰好为 1,这是很困难的,几乎不可能. 即使我们想到:七个分数的和为 1,平均每个分数的值为 $\frac{1}{7}$,因此必有一些分数的值大于 $\frac{1}{7}$,另一些分数的值小于 $\frac{1}{7}$,这样仍很难找出解答. 于是我们要改变寻求解答的方法,进行逆向思考:从"挑出"七个分数其和为 1,改为把 1"拆成"七个分数.

比如我们想到

$$1 = \frac{1}{2} + \frac{1}{2} = \frac{1}{2} + \frac{1}{4} + \frac{1}{4} = \frac{1}{2} + \frac{1}{4} + \frac{1}{8} + \frac{1}{8} \qquad ③$$

也就是说 1 可以表示为四个单位分数的和,进一步我们把这四个分数中的三个分别各拆成两个(满足题目要求的)单位分数,就得到了本题的一个解答. 考虑到单位分数的分母至少有 2 个因数,如 4 就有 1,2,4 共三个因数,现在任取其中两个(或两个以上)因数的和,即运用结论 4,有

$$\frac{1}{4} = \frac{1+2}{4(1+2)} = \frac{1}{6} + \frac{1}{12}$$

又

$$\frac{1}{4} = \frac{1+4}{4(1+4)} = \frac{1}{5} + \frac{1}{20} \qquad ④$$

让我们通过类似的方法得出

$$\frac{1}{2} = \frac{1}{3} + \frac{1}{6} \quad (结论 2 或结论 4 中 k=1) \qquad ⑤$$

$$\frac{1}{8} = \frac{1}{10} + \frac{1}{40} = \frac{1}{12} + \frac{1}{24} \quad (结论 4 中 k=4,2) \qquad ⑥$$

像这样把一个单位分数拆成两个不同(满足题目要求的)单位分数,除了式④⑤⑥之外,单位分数的分母还可以是 3,5,6,9,10,12,14,15,16,18,20. 如

$$\frac{1}{6} = \frac{1}{7} + \frac{1}{42} = \frac{1}{8} + \frac{1}{24} = \frac{1}{9} + \frac{1}{18} = \frac{1}{10} + \frac{1}{15}$$

$$\frac{1}{12} = \frac{1}{16} + \frac{1}{48} = \frac{1}{18} + \frac{1}{36} = \frac{1}{21} + \frac{1}{28} = \frac{1}{20} + \frac{1}{30}$$

$$\frac{1}{20} = \frac{1}{36} + \frac{1}{45}$$

等.

把式④⑤⑥中的结果代入③,进行适当搭配就可得到解答

$$1 = \frac{1}{2} + \frac{1}{5} + \frac{1}{10} + \frac{1}{12} + \frac{1}{20} + \frac{1}{24} + \frac{1}{40}$$

$$1 = \frac{1}{3} + \frac{1}{5} + \frac{1}{6} + \frac{1}{8} + \frac{1}{10} + \frac{1}{20} + \frac{1}{40}$$

$$1 = \frac{1}{3} + \frac{1}{5} + \frac{1}{6} + \frac{1}{8} + \frac{1}{12} + \frac{1}{20} + \frac{1}{24}$$

$$1 = \frac{1}{3} + \frac{1}{4} + \frac{1}{6} + \frac{1}{10} + \frac{1}{12} + \frac{1}{24} + \frac{1}{40}$$

上述"单位分数的分子与分母同乘以分母的若干个因数的和"的方法,在运用时要有灵活性,如 $\frac{1}{3}$ 不仅可通过分子与分母同乘以 $(1+3)$ 拆成 $\frac{1}{4} + \frac{1}{12}$,特别要注意存在着以下直接(不通过二分拆)三分拆

$$\frac{1}{3} = \frac{10}{30} = \frac{6+3+1}{30} = \frac{1}{5} + \frac{1}{10} + \frac{1}{30}$$

类似地,还有

$$\frac{1}{3} = \frac{1}{5} + \frac{1}{9} + \frac{1}{45}$$

$$\frac{1}{4} = \frac{1}{7} + \frac{1}{14} + \frac{1}{28}$$

$$\frac{1}{5} = \frac{1}{8} + \frac{1}{20} + \frac{1}{40} = \frac{1}{9} + \frac{1}{15} + \frac{1}{45} = \frac{1}{12} + \frac{1}{15} + \frac{1}{20}$$

$$\frac{1}{6} = \frac{1}{11} + \frac{1}{22} + \frac{1}{33}$$

$$\frac{1}{7} = \frac{1}{15} + \frac{1}{21} + \frac{1}{35} = \frac{1}{12} + \frac{1}{28} + \frac{1}{42}$$

$$\frac{1}{8} = \frac{1}{15} + \frac{1}{20} + \frac{1}{30}$$

至于平均分拆(分母相同),如

$$\frac{1}{4} = \frac{1}{8} + \frac{1}{8} = \frac{1}{12} + \frac{1}{12} + \frac{1}{12}$$

只是上述方法的特例. 但是在运用时也要注意灵活性,如

$$\frac{1}{2} = \frac{5}{10} = \frac{1}{5} + \frac{1}{5} + \frac{1}{10}$$

现在我们运用上述各种策略,通过各种不同角度的分拆,经分类穷举,共得到解答 197 个. 现在我们又考虑这样一个扩展问题:

问题 2[①] 从 $\frac{1}{2}, \frac{1}{3}, \frac{1}{4}, \cdots, \frac{1}{50}$ 共 49 个单位分数中,找出 n 个分数,要求它们的和为 1. 计算结果如下表 2 - 1 所示:

表 2 - 1

所取单位分数的个数 n	解答个数 y
$n = 3$	1
$n = 4$	6
$n = 5$	23
$n = 6$	76
$n = 7$	197
$n = 8$	432
$n = 9$	854

由结论 2,还可得到如下结论:

反复运用结论 2,可以将分数单位 $\frac{1}{n}$ 分拆成 $2,3,\cdots,m$ 个不同分数单位的和. 即:

---

① 孙联荣,戴再平.单位分数问题——例谈"有限混沌型"数学开放题教学的研究[J].数学通报,2007(12):24 - 25.

结论 5 $\dfrac{1}{n} = \dfrac{1}{n+1} + \dfrac{1}{(n+1)^2} + \cdots + \dfrac{1}{(n+1)^k} + \dfrac{1}{n(n+1)^k}$（$k$ 为不小于 2 的整数）.

又注意到结论 4，考虑 n^2 的约数，则有：

结论 6 若 $n^2 = a \cdot b$（$a \neq b$，a,b 为正整数），则对于任意正整数 n，有 $\dfrac{1}{n} = \dfrac{1}{n+a} + \dfrac{1}{n+b}$.

若将 n 分解质因数：$n = p_1^{r_1} p_2^{r_2} \cdots p_m^{r_m}$（$p_1, p_2, \cdots, p_m$ 为质数），于是 $n^2 = p_1^{2r_1} p_2^{2r_2} \cdots p_m^{2r_m}$，$n^2$ 的正约数共 $T = (2r_1+1)(2r_2+1) \cdots (2r_m+1)$ 个，除 n 外，n^2 的正约数成对出现，乘积为 n^2 的正约数共 $(T-1) \div 2$ 对，则对应分拆结果 $Q = (T-1) \div 2$ 个.

由于 n^2 的正约数是有限的，所以给定 n 时，通过这种方法，可以找出把一个分数单位表示成对应的两个分数单位之和的所有形式，还能避免重复计算. 例如 $6^2 = 2^2 \times 3^2$，正约数有 $(2+1)(2+1) = 9$ 个，则把 $\dfrac{1}{6}$ 分成两个不等的分数单位和的形式单位对应有 $(9-1) \div 2 = 4$ 种形式. 分别是：$6^2 = 36 = 1 \times 36 = 2 \times 18 = 3 \times 12 = 4 \times 9$. 于是

$$\dfrac{1}{6} = \dfrac{1}{6+1} + \dfrac{1}{6+36} = \dfrac{1}{7} + \dfrac{1}{42}$$

$$\dfrac{1}{6} = \dfrac{1}{6+2} + \dfrac{1}{6+18} = \dfrac{1}{8} + \dfrac{1}{24}$$

$$\dfrac{1}{6} = \dfrac{1}{6+3} + \dfrac{1}{6+12} = \dfrac{1}{9} + \dfrac{1}{18}$$

$$\dfrac{1}{6} = \dfrac{1}{6+4} + \dfrac{1}{6+9} = \dfrac{1}{10} + \dfrac{1}{15}$$

若 d 是 n^2 的正约数且 $d \neq n$，由约数法可得分数单位 $\dfrac{1}{n}$ 的如下分拆.

结论 7 若 d 是 n^2 的正约数且 $d \neq n$，则 $\dfrac{1}{n} = \dfrac{1}{n+d} + \dfrac{d}{n(n+d)} = \dfrac{1}{n+d} + \dfrac{1}{\dfrac{n^2}{d}+n}$.

这是结论 2 的一个改进形式，其中 $d = 1$ 时即为结论 2.

将上述结论运用到问题 1、问题 2 的处理中也将带来方便.

综上可欣赏到了演绎与归纳的密切关系.

例 6 一组不等式命题.

欣赏点：演绎、归纳，升华认知.

设 a, b, c 为非负实数，由 $(b-c)^2 \geq 0$，有 $-(b-c)^2 \leq 0$. 亦有

$$a^2 - (b^2 - c^2) \leq a^2$$

从而 $a^2 \geq a^2 - (b-c)^2 = (a+b-c)(a-b+c) = (a+b-c)(c+a-b)$

同理，$b^2 \geq (a+b-c)(b+c-a)$，$c^2 \geq (b+c-a)(c+a-b)$.

上面三式相乘，两边开平方，即得如下的命题：

命题 1 设 a, b, c 为非负实数，则

$$abc \geq (a+b-c)(c+a-b)(b+c-a) \qquad ⑦$$

其中等号当且仅当 $a = b = c$ 时取得.

此时,将式⑦的右边展开,并注意两个数的平均值不等式,有
$$3abc + a^3 + b^3 + c^3 \geq (a^2b + b^2a) + (b^2c + c^2b) + (a^2c + c^2a)$$
$$\geq 2(a^{\frac{3}{2}}b^{\frac{3}{2}} + b^{\frac{3}{2}}c^{\frac{3}{2}} + c^{\frac{3}{2}}a^{\frac{3}{2}}) \qquad ⑧$$

由三个数的均值不等式,有
$$1 + 2(abc)^{\frac{3}{2}} = 1 + (abc)^{\frac{3}{2}} + (abc)^{\frac{3}{2}} \geq 3\sqrt[3]{(abc)^{\frac{3}{2}}(abc)^{\frac{3}{2}}} = 3abc$$

结合式⑧,有
$$1 + 2(abc)^{\frac{3}{2}} + a^3 + b^3 + c^3 \geq 2(a^{\frac{3}{2}}b^{\frac{3}{2}} + b^{\frac{3}{2}}c^{\frac{3}{2}} + c^{\frac{3}{2}}a^{\frac{3}{2}})$$

对上式作置换$(a^{\frac{3}{2}}, b^{\frac{3}{2}}, c^{\frac{3}{2}}) \to (a,b,c)$得
$$a^2 + b^2 + c^2 + 2abc + 1 \geq 2(ab + bc + ca)$$

上式两边同加上$a^2 + b^2 + c^2$后再除以2,后又加上$\frac{9}{2}$得
$$abc + a^2 + b^2 + c^2 + 5 \geq \frac{1}{2}(a+b+c)^2 + \frac{9}{2} \qquad ⑨$$

注意到两个数的均值不等式,有
$$\frac{1}{2}(a+b+c)^2 + \frac{9}{2} \geq 3(a+b+c) \qquad ⑩$$

于是,由式⑨⑩,有下述命题:

命题2 设a,b,c为非负实数,则
$$abc + a^2 + b^2 + c^2 + 5 \geq 3(a+b+c) \qquad ⑪$$
其中等号当且仅当$a = b = c$时取得.

又若注意到三个数的均值不等式,有
$$a + b + c \geq 3\sqrt[3]{abc}, \quad ab + bc + ca \geq 3\sqrt[3]{a^2b^2c^2}$$

上述两个不等式相乘,有$(a+b+c)(ab+bc+ca) \geq 9abc$.

设$a + b + c = s$,则
$$\frac{9}{s}abc \leq ab + bc + ca \qquad ⑫$$

又由式⑦,即
$$abc \geq (a+b-c)(c+a-b)(b+c-a)$$
$$= (s-2c)(s-2b)(s-2a)$$
$$= s^3 - 2s^2(a+b+c) + 4s(ab+bc+ca) - 8abc$$

从而
$$ab + bc + ca \leq \frac{9}{4s}abc + \frac{s^2}{4} \qquad ⑬$$

由式⑫⑬,又有下述命题:

命题3 设a,b,c为非负实数,且$a+b+c = s(s>0)$,则
$$\frac{9}{s}abc \leq ab + bc + ca \leq \frac{9}{4s}abc + \frac{s^2}{4} \qquad ⑭$$

又若令 $a^3+b^3+c^3=P, abc=Q, a^2b+ab^2+b^2c+bc^2+a^2c+ac^2=R$,则由式⑦有:

命题 4 设 P,Q,R 如上所设,则
$$2P \geq P+3Q \geq R \geq 6Q \qquad ⑮$$

其中等号当且仅当 $a=b=c$ 时取得.

上面,我们由命题 1 演绎、归纳出了命题 2 至命题 4,这 3 个命题在处理某些不等式问题时给我们带来了方便.

利用命题 2 可简捷处理下述问题:

(1°) 设 $a,b,c \in \mathbf{R}_+$,且 $a^2+b^2+c^2+abc=4$. 证明: $a+b+c \leq 3$.

(2°) 设 $x,y,z \in \mathbf{R}_+$,且 $\dfrac{1}{x^2+1}+\dfrac{1}{y^2+1}+\dfrac{1}{z^2+1}=2$. 证明: $xy+yz+zx \leq \dfrac{3}{2}$.

(3°) 设 $x,y,z \geq 1$,且 $\dfrac{1}{x}+\dfrac{1}{y}+\dfrac{1}{z}=2$. 证明: $\sqrt{x+y+z} \geq \sqrt{x-1}+\sqrt{y-1}+\sqrt{z-1}$.

(4°) 设 $a,b,c>0$,求证: $(a^2+2)(b^2+2)(c^2+2) \geq 9(ab+bc+ca)$.

(5°) 设 $a,b,c \geq 1$,且 $abc+2a^2+2b^2+2c^2+ca-cb-4a+4b-c=2$,求 $a+b+c$ 的最大值.

利用命题 3 可简捷处理下述问题:

(6°) 设 $x,y,z \geq 0$,且 $x+y+z=1$,求证: $0 \leq xy+yz+zx-2xyz \leq \dfrac{7}{27}$.

(7°) 设 a,b,c 为 △ABC 的边长,且 $a+b+c=3$,求 $S(a,b,c)=a^2+b^2+c^2+\dfrac{4}{3}abc$ 的最小值.

(8°) 设 $a,b,c>0$,且 $a+b+c=1$,求证: $(1+a)(1+b)(1+c) \geq 8(1-a)(1-b)(1-c)$.

利用命题 4 可简捷处理下述问题:

(9°) 对于正实数 a,b,c 满足 $a+b+c=3$,则 $2(a^3+b^3+c^3)+3abc \geq 9$.

(10°) 设 a,b,c 为 △ABC 的边长,且 $a+b+c=3$,则 $5(a^2+b^2+c^2)+18abc \geq \dfrac{7}{8}$.

(11°) 设 a,b,c 为正实数,且 $a+b+c=2$,求证: $\dfrac{1-a}{a} \cdot \dfrac{1-b}{b}+\dfrac{1-b}{b} \cdot \dfrac{1-c}{c}+\dfrac{1-c}{c} \cdot \dfrac{1-a}{a} \geq \dfrac{3}{4}$.

综上,通过对命题 1 的演绎与归纳,使我们的认知得到了升华.

2.2.2 欣赏数学的"真",认识数学的真理观与可误观

数学作为一门逻辑严密的科学,虽然都认为它是数学家心智自由的创造物,但是还没有任何一位严肃的自然科学家提出,数学的真理性必须经过实践的检验后,才能应用于其他科学领域. 这不仅仅是因为数学植根于客观世界,深刻揭示了客观世界的必然规律,极大地推动了科学技术的进步. 还因为数学理论是建立在逻辑的基础之上,根据逻辑规则进行演绎推理,形成了抽象的形式. 逻辑是人类公认的对客观世界进行思维的正确方法和理论,数学中

所反映的抽象结构、秩序和变化,是客观世界里最基本的概念和最本质的关系. 所以,数学的本质具备了客观性和真理性.

但是,数学自身并没有孤芳自赏,数学从来不忌讳自身的瑕疵. 数学精神具有科学精神的自律性及数学思维品质的批判性,(参见本套书中的《数学精神巡礼》),即数学也要运用反思,因而数学具有可误性.

非欧几何的创立,是从对欧氏几何公理体系的反思而引起的. 数学之所以被人视为真理,是以两点为支柱的:一是公理本身的真理性,二是逻辑规则的有效性. 非欧几何的创立,使人们看到了欧氏几何公理体系的脆弱. 这使人们进一步提出疑问:除了平行公理之外,欧氏几何中的其他公理有没有问题呢? 进一步,除了几何之外,其他的数学分支——算术、代数、微积分,等等,它们的基础是牢固的吗? 谁能保证,整个数学大厦没有隐患,它不会像"千年虫"那样一旦发作,使全世界的计算机网络陷入瘫痪,或者带来不堪设想的灾难,不会使依靠它建立起来的物理体系不受池鱼之殃? 这就迫使数学家们不得不注意对几何基础乃至整个数学基础的研究,从而促进了公理化思想方法的完善和发展.[①]

欧氏几何是物理空间的几何,是关于空间的真理,这一观念在人们心目中虽然已经根深蒂固,但是"青山遮不住,毕竟东流去",非欧几何及其隐含的关于几何真理的内容逐渐被人们接受,并且对欧氏几何公理体系的不足进行修补. 几何的真理(作为现实世界普适性的真理)如此,整个数学的真理性又如何呢?

至于整个数学的真理,高斯有一个观点,真理存在于算术中. 因为算术的真实性对我们的心智来说是明显的,像 1 + 1 = 2 这样明显的事实是毋庸置疑的. 真理既存在于算术中,当然也存在于它的后续学科代数、微积分等等之中. 其实,事情远不会这么简单.

正当罗巴契夫斯基于 1840 年发表了他的用德文写的专著《平行理论的几何研究》在全世界引起震动的时候,1843 年,英国数学家哈密尔顿发明了四元数,又一次在数学界引起了震动.

哈密尔顿从 1828 年开始研究四元数. 四元数是实数、复数这个数系的发展,又将实数与复数作为特殊情形包含于其中的一种数,也称为超复数.

哈密尔顿花了 15 年的时间研究四元数.

四元数诞生了,但它是数学中的一个"怪胎". 它是一个确确实实的有许多实际用途的代数,它竟然不具备所有实数和复数都具备的基本性质,即乘法的交换律 $ab = ba$. 它不仅不具备乘法的可交换性(即在四元数的运算中,a 与 b 的乘积不等于 b 与 a 的乘积),而且还有所谓"零因子". 什么叫零因子呢? 我们知道,在实数或复数中,如果 a 和 b 两个数都不等于零,那么它们的乘积必不等于零. 但是,四元数不是这样,如果 a 和 b 两个都不为 0,但它们的积 ab 却可以为 0. 后来,数学家们又在数学中引进了矩阵、向量空间等多种代数,其中有许多都是不满足交换律或者有零因子的.

新代数的出现,使人们对算术和代数中的真理也提出了质疑.

假如你的学生或孩子在做算术题时,这样来进行分数加法:

---

① 欧阳维诚. 数学:科学与人文的共同基因[M]. 长沙:湖南师范大学出版社,2000:74 – 81.

$$\frac{2}{3}+\frac{3}{5}=\frac{5}{8}.$$

你一定会毫不犹豫地告诉他,他这样做错了.正确的做法应该是:

$$\frac{2}{3}+\frac{3}{5}=\frac{19}{15}.$$

但是如果你的朋友是一位推销员,他借助电话推销他的商品,他在上午打了 3 个电话,做成了 2 笔交易,成功率是 $\frac{2}{3}$;下午又打了 5 个电话,做成了 3 笔交易,成功率是 $\frac{3}{5}$.那么,他这一天总的成功率是多少呢?如果他按你教孩子的方法计算:$\frac{2}{3}+\frac{3}{5}=\frac{19}{15}$,行吗?肯定不行.任何一个推销员都不能使成功率大于 1.不过,如果按你孩子的算法,即分子加分子,分母加分母:$\frac{2}{3}+\frac{3}{5}=\frac{5}{8}$,倒得到了正确的结果.因为他这一天共打了 8 次电话,做成了 5 笔交易,成功率的确是 $\frac{5}{8}$.

你大概也是一个足球迷吧.完全类似的,如果在一场足球赛中,红队在上半场射门 10 次,射中 2 球,下半场射门 9 次,射入 1 球,那么红队射门的平均命中率是多少呢?也必须用孩子的加法来计算(即分子加分子,分母加分母):

$$\frac{2}{10}+\frac{1}{9}=\frac{3}{19}.$$

由此可见,在许多实际问题中,要用到不同的分数加法.

还有,一般地说 $\frac{2}{10}=\frac{1}{5}$.但是在我们计算红队射门的平均命中率时,即按 $\frac{2}{10}+\frac{1}{9}=\frac{3}{19}$ 计算时,是不可以把 $\frac{2}{10}$ 换成 $\frac{1}{5}$ 的,事实上 $\frac{1}{5}+\frac{1}{9}=\frac{2}{14}$,$\frac{2}{14}$ 比 $\frac{3}{19}$ 要小.

这告诉我们,还有与我们从前在小学就学过的算术不同的运算,这就是说,还存在别的实用的算术,事实上也确实存在着许多其他算术.

对算术的真理性最严重的打击来自亥姆霍兹(Helmholtz,1821—1894).他是一位物理学家、数学家和医生,他在《算与量》一书中提出了许多令自以为是的数学家们感到难堪的物理现象.1+1=2 并不是普遍适用的真理,只有被加的事物是不能消失、混合或分割的情况下才能适用.例如,往一支试管里先放一粒米,再放一粒米,试管里确实会有两粒米.但如果往试管里先加一滴水,再加一滴水,一滴水加一滴水在试管中并不能得到两滴水.正如数学家勒贝格(Lebesgue,1875—1941)所调侃的那样:你把一头饥饿的狮子和一只兔子关进同一个笼子里,最后笼子里绝不会还有两只动物.

亥姆霍兹举出许多例子说明简单地应用算术可能会导出荒谬的结果.如果将两份体积相等的水混合,一份的温度为 40℃,另一份为 50℃,你并不能得到 90℃的水.一个频率为 100 Hz 的音与一个频率为 200 Hz 的音叠加,得到的合成音仍然是 100 Hz,而不是 300 Hz.两个分别为 R_1 和 R_2 的电阻并联,得到的总电阻不是 R_1+R_2 而是 $\frac{R_1 R_2}{R_1+R_2}$.在化学中,如果将 2

体积的氢和 1 体积的氧混合,反应后得到的不是 3 体积气体而是 2 体积的水蒸气;1 体积氮气和 3 体积氢气作用生成 2 体积氨气;100 mL 酒精与 100 mL 水混合大约能得到 150 mL 的酒精溶液而不是 200 mL;3 茶匙水加上 1 茶匙盐也不是 4 茶匙混合物,等等. 由此可以看出,算术不能正确反映按体积混合气体的结果. 同样,算术也不能正确反映按体积混合液体的结果.

以上所述的种种情况,都说明一个问题:普通的算术并不是对所有的物理现象都能适合的真理体系,只有经验才能告诉我们普通算术对哪些物理现象适用,对哪些物理现象不能适用.

这是一个多么令人沮丧的结论:数学中不存在现实世界上普遍适用的真理. 算术和几何的公理是受经验启发得到的,因而以这些公理为基础而建立起来的数学的适用性是有限的,它们在何处能适用只能由经验来决定. 古希腊人试图从几条不证自明的真理出发和仅仅使用演绎的证明方法来保证数学的真理性是把事情看得太简单了.

"数学不是真理"就像一场地震,动摇了所有知识领域中真理大厦的基石. 重灾户物理自不必说,对于人文学科的政治、伦理、宗教等领域,即使还有办法找到自己的真理,但是数学的强有力的支持没有了. 拔出萝卜带出泥,正是非欧几何与四元数这两个数学的重大成果带出了隐藏在数学中的家丑. 想当年,拉普拉斯曾经意气风发地宣称,他能用微分方程算出宇宙的一切. 事到如今,他的微分方程不但未能算出宇宙的一切,甚至微分方程的本身也未必是可靠的. "昔日英雄,而今安在哉."

数学一向被认为是逻辑最严密的科学,但是回顾一下它成长的轨迹,就会发现它是不合逻辑地发展过来的,真是往事不堪回首.

毕达哥拉斯学派认为数是万物的本原,数产生万物,数的规律统治万物,他们通过数的抽象研究去论证他们的"和谐的宇宙系统"的世界观. 当他们发现并证明了勾股定理之后,本来这一发现是毕达哥拉斯学派的一大成就,也是数学上的一次飞跃,因为这一事实不能从观察和经验得出,只能通过抽象思考和逻辑推理而得出. 但是根据这一定理,当一个直角三角形两条直角边的长都是 1 时,其斜边的边长就是 $\sqrt{2}$,却使毕达哥拉斯学派陷入了两难的境地. $\sqrt{2}$ 是什么东西呢? 按照他们的"万物皆数"的信条,$\sqrt{2}$ 既然是一个直角三角形的斜边之长,它就应该是一个数. 另一方面,他们所说的数是指整数和分数,他们找不到这样的整数或分数,使它等于 $\sqrt{2}$,所以 $\sqrt{2}$ 又不应该是数. 怎么办呢? 这就产生了历史上所谓数学基础的第一次危机.

第一次数学危机是怎样解决的呢? 希腊人为了维护他们的先哲们"万物皆数"的信仰,拒绝承认 $\sqrt{2}$ 是数,而称它为几何量,把量和数加以割裂,认为数是离散的,几何是连续的,是不可公度的. 于是希腊学者发展了包括不可公度在内的比例量来克服这个困难. 这项成果被欧几里得收集在《几何原本》的第五卷和第十卷中. 比例论似乎能使希腊人进一步发现无理数,并由此建立研究连续变化的算术理论——实数理论. 然而,由于他们受哲学上的偏见所禁锢,始终没有做到这一点. 求助于几何的办法很容易被人们理解,当 1 和 $\sqrt{2}$ 都被当作是长度,也就是线段时,它们之间就没有什么区别了.

由于无理数的发现导致了对连续量的研究,而当时的算术理论中没有连续量,这就必然以几何量的连续性这种直观概念为依据. 由于几何量不能完全由自然数与自然数的比来表示,而反过来,任何数却可由几何量来表示,从而使自然数在人们心目中的地位动摇了,希腊人开始转向偏爱几何学,导致了几何学的巨大进步,诞生了欧几里得的《几何原本》,同时,也使除了整数理论以外的数学向几何学转换. 从欧几里得以后,数学的这两个分支被严格地区分开,几何成为所有"严格"数学的基础,这种状况持续到 17 世纪.

但是,由于实际工作的需要,无论是对物理科学或工程技术来说,几何图形远远没有数字结果那么有用. 例如要修建一幢楼房,必须事先知道所用到的长度、面积以及体积的定量的测量值,而且这些定量的数据必须在建造前知道,还要对它们是否吻合进行必要的运算. 按几何量的定义去定量运算是不切实际的,也许把 $\sqrt{2}+\sqrt{3}$ 解释为两线段之和,把 $\sqrt{2}\times\sqrt{3}$ 解释为一个矩形的面积在逻辑上还能令人满意,但是 $(\sqrt{2})^7$ 表示什么呢? 面积乎? 体积乎? 看来都不行. 于是,有些数学家为了工程的需要,不管 $\sqrt{2}$ 和 $\sqrt{3}$ 的意义是什么,就直接按照算术的法则对它们进行运算,如 $\sqrt{2}\times\sqrt{3}=\sqrt{6}$. 同时,在古代数学的另一发祥地中国、印度、埃及和古巴比伦,他们的算术和代数是偏重于实用的. 他们毫无顾虑地使用诸如 $\pi,\sqrt{2},\sqrt{3}$ 这一类无理数,并且理所当然地把它们当作数按算术的方法进行运算而很少考虑它们的逻辑基础. 这些数学知识传到希腊,也被希腊人所接受. 例如亚历山大里亚的埃及工程师海伦(Heron,约公元 1 世纪)在他的《测量》一书中给出了一个求三角形面积的公式

$$\Delta = \sqrt{s(s-a)(s-b)(s-c)}$$

这里的 a,b,c 表示三角形的三边之长,s 是周长的一半,Δ 是面积. 这个公式在今天的中学课本中都有介绍. 这个特殊的公式在当时是很了不起的,因为这个公式给出的量常常是无理数,按照希腊人的观点,无理数只能表示几何量,那么根号下 4 个几何量相乘就没有任何几何意义,而海伦却没有这一顾虑,他把 $\sqrt{2},\sqrt{3}$ 之类的数代入公式按算术的方法照算不误. 总之,当时的希腊人虽然不承认无理数是数,但却在纯科学和应用科学中,如物理、历法、航海、地学中随意使用无理数并按算术的运算法则进行运算.

5 世纪至 12 世纪是印度数学发展的全盛时期. 他们引进了负数,把负数和 0 都当作数,并按照算术的法则对负数进行四则运算.

中世纪晚期和文艺复兴时期,欧洲人的数学知识大抵来自两个方面:一个是从大翻译运动中得到的古希腊人的几何知识,一个是从阿拉伯人那里学来的东方的算术和代数知识. 他们一开始就面临着如何对待这两种数学的进退维谷的困境. 一方面,他们认为,真正意义上的数学应该是像希腊人的几何学那样的演绎科学;另一方面,他们又不能不重视从一开始就不注意逻辑基础而发展起来的算术和代数在解决实际问题时的方便性和有效性.

16 世纪和 17 世纪初,人们还不认为代数是一门需要自身的逻辑基础的数学分支,而只把它当作分析几何问题的一种方法. 数学家卡丹有一本代数学著作的书,名叫《重要的艺术》,数学家韦达也有一本书名为《分析艺术引论》的代数著作,他们当年使用"艺术"这个词,与今天的含义是相同的. 慢慢地,由于负数、无理数和复数在"盲目"的运算中并没有发现什么逻辑矛盾,而且用代数运算的结果与用观察实验所得的结果吻合得非常好,他们都找

到了合理的物理解释和几何意义. 人们关心的是它的应用和效果,实际的需要战胜了逻辑上的顾虑. 就好像一个商人在得心应手、左右逢源地经营着自己的生意,他只关心是否取得最大的财源,而把法律和道德的准则抛到了一边. 到了17世纪末,数和代数开始从几何中分离出来,走上了独立发展的道路,而且得到了迅速的发展. 这时,人们才开始注意到它的逻辑基础.

牛顿的微积分发现无疑是一件划时代的事件. 然而,第二次数学危机就发生在微积分身上,所以带来的震动不亚于第一次数学危机.

牛顿的微积分使用的是流数法,x 的流数记为 $\dot{x}$(它相当于今日微积分教科书上的改变量 Δx). 下面,我们按照流数法来计算一下 x^n 的微分

$$\frac{(x+\dot{x})^n - x^n}{\dot{x}} = \frac{nx^{n-1}\dot{x} + \frac{n(n-1)}{2}x^{n-2}\dot{x}^2 + \cdots + \dot{x}^n}{\dot{x}}$$

$$= nx^{n-1} + \frac{n(n-1)}{2}x^{n-2}\dot{x} + \cdots + \dot{x}^{n-1}$$

$$= nx^{n-1}$$

这样算起来也很简单,很快就得到了 x^n 的导数(或微商)nx^{n-1}. 这种算法不仅简单,而且有效. 所以受到数学家特别是物理学家的欢迎.

但是上述算法中也存在着逻辑上的漏洞. 例如,上面那个式子中有3个等号,第二个等号成立的必要条件是 $\dot{x} \neq 0$,然而,第三个等号成立的条件必须是 $\dot{x} = 0$. 怎样解释这一点呢? 解释不清楚,这就是微积分之初的一个悖论,并称之为贝克莱悖论. 因为大主教兼哲学家的贝克莱也看出了这一漏洞并特别地攻击了微积分,他称这个时而为0、时而不为0的无穷小量为"鬼魂". 他说,你们那些相信这种"鬼魂"的数学家们,有什么理由怀疑上帝的存在呢?

稚嫩的数学(或处在稚嫩时期的数学)常常招致来自哲学、宗教及世袭观念的非难乃至嘲笑,有时是不理解,有时是拒绝去理解,也有时是数学自身确实还有问题,例如牛顿时期的微积分,它在实践中是那样的有效和强有力,然而,在理论上又是那样的容易看出其破绽.

17世纪牛顿建立了微积分之后,虽然发生了悖论,但像第一次数学危机那样,这次危机出现后,也没有能阻止微积分的继续前进,从17到19世纪的跨越两个世纪的漫长日子里,一方面是微积分广泛地运用于非数学领域,尤其是物理学、力学、天文学,另一方面与微积分有关的,以它为基础的许多新兴数学分支涌现出来. 这种前进的步伐表明,似乎人们全然没有顾及那个悖论一样. 18世纪依然是在微积分基础上繁荣发展的世纪,其间还出现了像欧拉那样高产的大数学家.

然而,微积分在逻辑上存在的问题毕竟是数学家的一个心病. 总得想法解决这个问题. 19世纪,这个问题终于解决了,微积分的逻辑基础建立起来了. 这主要得益于严格的极限理论(康托、柯西等人所建立).

有了极限,前面用流数法计算的那个式子,可以改写为以下式子

$$\lim_{\Delta x \to 0} \frac{(x+\Delta x)^n - x^n}{\Delta x} = \lim_{\Delta x \to 0} \frac{nx^{n-1} \cdot \Delta x + \frac{n(n-1)}{2}x^{n-1} \cdot \Delta x^2 + \cdots + \Delta x^n}{\Delta x}$$

$$= \lim_{\Delta x \to 0}\left(nx^{n-1} + \frac{n(n-1)}{2}x^{n-1}\Delta x + \cdots + \Delta x^{n-1}\right)$$
$$= nx^{n-1}$$

这一串式子中就没有矛盾了.

这里,关于符号"$\lim\limits_{\Delta x \to 0}$"的严格叙述确实不是很容易把握的. 这个概念与"$\lim\limits_{\Delta x \to 0}$"的严格叙述在性质上是一样的. 最基本的是"$\lim\limits_{\Delta x \to 0}a_n = 0$",亦即无穷小量 a_n 的叙述,这就是贝克莱所说的那个"鬼魂".

由于实数理论的完整建立是依赖于极限概念的,所以,第一次数学危机和第二次数学危机几乎同时在19世纪消除. 新的理论体系有了更大的包容量,原有的悖论在新的体系下可以圆满地予以清除.

20世纪初期,巍然屹立的数学大厦的基础又陆续发现了裂缝,最著名的就是罗素(Russell)悖论. 于是,数学家们开始关注和审视数学基础的问题.

德国数学家康托在19世纪下半叶创立了集合论,初期曾经遭到一些数学家的诘难. 但是也有一些数学家们发现,从自然数和康托集合论出发,可能建立起数学理论的大厦. 在1900年的国际数学家大会上,法国数学家庞加莱(Jules Henri Poincaré)就宣称:"借助集合论概念,我们可以建造整个数学大厦. 今天,我们可以说绝对的逻辑严密性已经达到了". 德国数学家希尔伯特(David Hilbert)一直坚信"人类理性提出的问题,人类的理性一定能够回答"的理念,他在大会上提出了二十三个数学问题,其中第二个就是关于确立数学体系的协调性,即无矛盾性. 然而,仅仅过了三年,英国数学家罗素就在集合论里发现了漏洞,提出了罗素悖论.

所有集合可以分为两类:第一类的集合以其自身为元素,即 $P = \{A | A \in A\}$;第二类的集合不以自身为元素,即 $Q = \{A | A \notin A\}$. 显然 $P \cap Q = \varnothing$. 那么,集合 Q 作为元素,应该属于 P 呢? 还是属于 Q 呢?

若 $Q \in P$,那么根据第一类集合的定义,必有 $Q \in Q$,引出矛盾. 若 $Q \in Q$,根据第二类集合的定义,$Q \notin Q$,还是矛盾.

罗素悖论被通俗地称为理发师悖论. 某个城市里有一位理发师,他为且仅为城市里所有不给自己刮脸的人刮脸. 那么,他能不能给他自己刮脸呢? 如果他不给自己刮脸,他就属于"不给自己刮脸的人",他就要给自己刮脸. 如果他给自己刮脸呢,他又属于"给自己刮脸的人",他就不该给自己刮脸.

罗素悖论所涉及的只是集合论中最基本的概念和关系,简捷明了,却使集合论产生了悖论,这极大地震动了数学界.

这时,希尔伯特经过思考,提出了一个元数学方案,希望能构造一个有关自然数的有限公理系统,从若干公理出发,用逻辑演绎的方法,经过有限步骤将系统形式化,以克服悖论给数学带来的危机,一劳永逸地消除对数学基础以及数学推理方法真理性的怀疑. 继而建立起实数和分析的协调性方案,最后构建整个形式主义的数学体系.

这样就要求,数学理论系统要满足独立性,还要满足完备性和协调性. 独立性是指系统里的公理之间不能互相推出;完备性是指在系统里,一个命题一定是可以证明或者证伪的;

协调性是指系统里不能存在矛盾.

希尔伯特的想法鼓舞了奥地利数学家哥德尔(K. Gödel).哥德尔1930年获得博士学位之后,为了取得在大学的授课资格,必须要做一个数学研究课题,他就选择了研究希尔伯特的这个问题.他开始完全是沿着希尔伯特制定的方案路线,首先考虑建立自然数公理系统的协调性,然后再建立实数公理系统的协调性.然而,历史却开了一个玩笑,哥德尔得到的结论完全出乎意外.他在1931年1月发表了《论〈数学原理〉及有关系统中的形式不可判定命题(Ⅰ)》一文,向世人宣告了两个令人惊奇的定理,一举粉碎了希尔伯特的美丽构想,证明了自然数公理系统的协调性不能用有限步骤证明.

哥德尔第一不完备定理 任何包含了自然数的数学形式系统,如果是协调的,就是不完备的.

即在一个没有矛盾的数学系统里面必定存在不可判定真假的命题.数学真理原来并不总是可以证明的.希尔伯特希望建立完备性数学系统的愿望落空了.

哥德尔第二不完备定理 任何包含了自然数的数学形式系统,如果是协调的,其协调性在这个系统内是不可证明的.

即一个数学系统里的无矛盾性不能用它自身的理论来证明.希尔伯特希望建立协调性数学系统的愿望也落空了.

这两个定理实际上表明,希尔伯特要构建的数学公理系统要么是不完备的,要么是不协调的.它明白无误地向我们昭示了数学演绎推理方法的局限性.法国数学家外尔(Hermann Weyl)由此发出了幽默的感叹:"上帝是存在的,因为数学无疑是协调的;魔鬼也是存在的,因为我们不能证明这种协调性."

数学能够发现和正视自身的局限性,这恰恰表明了数学已经发展到了非常成熟的阶段.不过,要说明的是,不能证明自然数公理系统的协调性,并不是说这个系统就不是协调的,在一个更大的系统里就能证明它.事实上,它就被德国数学家根茨(G. Gentaen)在1936年使用蕴涵着非演绎逻辑的超限归纳法所证明.只是根茨用以证明自然数公理系统协调性的系统,却又不能在它自身的系统里得到证明.

建立一个协调性的数学公理系统,是数学家们的美好愿望.策梅洛1904年发表的论文给出了选择公理(也称为策梅洛公理),他在1908年建立了第一个集合论公理系统,给出了外延、空集合、并集合、幂集合、分离、无穷与选择等公理,A. A. 弗伦克尔和A. T. 斯科朗又做了改进,增加了替换公理,冯·诺伊曼进一步提出了正则公理,后经策梅洛的总结构成了著名的集合论公理系统ZF,形成了公理集合论的主要基础.

1924年,波兰数学家巴拿赫和塔斯基运用选择公理证明了一个分球怪论:将一个三维实心球分成有限部分,然后通过旋转和平移重新组合,可以得到两个体积和原来相同的球.

如此违反常识的数学结论无疑增加了人们对选择公理的排斥.人们希望用ZF系统里的其他公理证明选择公理是错的,从而把选择公理排除出去.可是,1940年哥德尔却出人意料地证明,ZF系统里的其他公理和选择公理并不矛盾,是彼此相容的.

承认选择公理,就会出现分球怪论.而不承认选择公理,情况会更糟糕,平均每年会出现一个怪定理,例如:连续函数会变得不连续,一个空间会有两个维数,不可测集变成了可测集,等等. 一向被誉为完美无缺的数学大厦竟存在着如此明显的矛盾. 由此不难知道,人类思维之谜仅靠数学体系自身的逻辑是无法自圆其说的.

恰恰是数学家们指出,数学的理论体系并不就是绝对真理. 真理是不惧怕批评和质疑的,任何拒绝批评和质疑的理论都是伪善的. 数学竟然可以在一片莺歌燕舞的氛围里,高举起自我批判的大旗,审视自身的缺陷,一旦发现了悖论,并不回避,立刻公布. 这该是一种何等宽阔的理论胸襟和高贵的理论品质啊!

由于数学自己都在质疑自己的逻辑基础,在数学教学实践中,我们就完全没有必要拘泥于数学教学形态的逻辑严密性,尤其是现在数学教材的编写,已经淡化了逻辑线索,每个教学模块之间的逻辑联系也是疏散的. 在教学设计中,不要刻意渲染数学教学形态的逻辑严密性,重点要放在体现数学思维的教育价值上,关注情感态度价值观方面的教学,提高学生的数学素养并不取决于数学逻辑的严密性. 数学教学的真谛是要体现出让学生经历感受、体验和思考的过程,通过自己的观察、实验、归纳、类比、概括等活动,建立起对数学的理解力,经历"数学化"和"再创造"的数学思维过程,从根本上掌握数学的计算和证明方法.

2.2.3 欣赏数学的"真",认识数学是发现的,也是发明的

发现与发明,是我们在日常生活中、在科学技术研究中谈论得比较多的话题.

发现与发明不论是对生活本身的意义而言,还是对科学的价值而言,都是十分诱人的概念. 发现新的可口果实的原始人的喜悦,不会和我们发现金星上可能存有大量固态水的喜悦相差太远;发现陌生人群中间有相识的人而使得某种紧张情绪缓解,与奥地利遗传学家孟德尔(Gregor Johann Mendel,1822—1884)发现豌豆生长规律而引起遗传学的进步具有相似的意义. 而任何技巧的哪怕很细小的变化和改进,只要是关乎人类和外部世界的认识与实践关系之解决的,都会在人类历史上以或隐或显的形式占有一席之地. 将石块打磨成锋利的切割工具是一种进步,将石灰石和黏土等按照一定比例磨细混合,烧制出水泥,更是一种进步. 总之,人类的历史就是一系列发现和发明的历史.

科学发现是人类在解决与外部自然的理论关系过程中所取得的认识上的成就,是人类通过科学探究活动而对未知事物或规律的揭示,是对客观世界本身业已存在的事物和现象新的接触和理解.

凡科学发现,都有这样一些特征:首先,发现是以一定的理论为指导而实现的,发现只有和一定的理论相联系才能称其为发现. 千百万年来,新事物新现象无穷无尽,但所谓发现毕竟是有限的数量,并且,某种事物、现象或者规律一经发现,就不可能再成为新的发现的基本内容;在同样的事物上谋求新的发现,必须从全新的角度、全新的层面入手才有可能.

其次,发现的对象是客观的、业已存在的事实,被发现的事物应该没有受到人类自身的干预. 特别是,发现的对象的客观性决定了发现不能以人们的好恶为转移. 科学发展史上,有很多很多的发现,这些科学发现主要包括事实的发现和理论的提出两种类型. 天文学上的哈雷彗星、物理学领域的镭,等等属于重大的事实发现,在人们认识它们之前,它们已经客观存在了千万年;原子结构理论、遗传基因分子的双螺旋结构,等等属于重大的理论发现.

科学发现是一切科学活动的直接目标,重要事实或理论的发现也是科学进步的主要标

志. 这两种类型的发现又是互相联系、互相促进的. 例如,19 世纪末以来,电子、X 射线、放射性等发现促成了原子结构和原子核理论的建立,而后者又推动了各种基本粒子的发现,为粒子物理学的诞生做好了准备. 重大的科学发现,特别是重大理论的提出,往往构成某一学科甚至整个科学的革命.

　　科学理论的发现是创造思维的结果,它往往求助于直觉、想象力的作用,这就必然要涉及科学家的文化素养、心理结构甚至性格特征等复杂的个人因素,有时还具有很大的偶然性. 但这并不意味着科学发现毫无规律可循. 科学史上有大量所谓"同时发现"的记载,说明任何发现,归根结底都是一定社会文化背景中的社会实践和科学自身需要的产物,特别是事实的发现,往往直接受到社会生产水平和仪器装置制造技术的制约. 因此,科学发现在科学发展过程中是必然的、合乎规律的. 它具有自己的"逻辑",有人还明确地称之为科学发现的逻辑.

　　而科学发明通常有这样两种理解:有时是指创造新的事物或方法,也叫作"科学创造",它是一种指贯穿于整个科学探究过程的创新活动,如:设计新的观察和试验,建立新的科学模型,提出新的概念、假说和研制新的产品,等等;有时,人们也将通过这种创造活动而获得的成果叫作发明. 可见,发明既是某种活动,又是该活动的结果. 发明是有人的创造能力贯穿其中的认识和实践的统一. 可以简单地将科学发明定义为:"是运用自然规律或科学原理提出一项新的创造性的技术方案".

　　人类真正的科学发现和科学发明,少不了一定的科学认识这一思想基础,也少不了人类的创新、创造能力;特别是对于科学发明而言,少了创新、创造能力,是根本不可能的. 人类的这种创新、创造能力是在历史的实践中形成和发展的.

　　科学创造是一个复杂的思维过程,它最能充分地体现出人的主观能动作用. 新思想、新方案的突然出现,即所谓直觉或灵感的来到,实际上是思维过程的飞跃,这种飞跃表面上看来似乎是在无意识状态下发生的,但实际上却是过去的思维过程的一种特殊的积蓄,而且常常由于某种偶然的类比、联想所提供的信息作为触发剂,造成原来逻辑思维的中断,使头脑中原有信息得到一种新的加工和改组,从而导致一种新颖的见解. 新思想的出现会使人在心理上有豁然开朗之感,使认识获得新的起点. 然而新思想一般是朦胧的、不清晰的,为了判断这种直觉性的思想是否正确,认识必须沿着一种新的思路重新进入逻辑思维的轨道,并且进行实验的验证. 历史的事实表明,直觉虽然可导致重大的发明创造,但也常常导致种种没有根据的或不合乎实际的、因而被淘汰的想法. 从已有的研究中可以看出,创造性活动并非是无意识的和非理性的,它很可能是一种综合逻辑和非逻辑的各种思维形式的最集中、最积极、最活跃的活动.

　　发现与发明,既有本质的区别又有紧密的联系. 上面说过,"发明是运用自然规律或科学原理提出一项新的创造性的技术方案",那么,一项新的发现将有助于新的发明,或者说许多的发明产生于发现.

　　综上,简言之,发现是指人们揭示出了客观事物原来就存在的规律. 所谓发明是指人们创造出了客观上原来不存在的事物. 在数学发展史上,理性地去揭示蕴藏的数学规律可以称之为发现. 独辟蹊径地去创造一种数学模式可以称之为发明. 我们自然要考虑这样一个问题,数学中的概念、命题、公式、计算法则和证明方法以及各种数学理论体系,是发现的还是发明的?

这个问题是不容易回答的. 宇宙即使没有出现人类,世界上仍然存在着数学,勾股定理和费马大定理仍然成立,只是没有外显的表达形式而已. 数学的存在是不以人的意识为转移的,数学好像只能被发现. 另一方面,如果没有人类的思维活动,世界上就不会有现在这样的数学形态. 尤其是现代数学的一些前沿学科,并不是建立在对客观世界的直接概括和抽象上,比如,非欧几何和群论,都是先提出一些最基本的概念和公理,然后用逻辑演绎的方法推导出理论体系. 假如公理增减一条或者更改一条,理论体系就会面目全非. 这样看来,数学又好像是被发明的. 还有一种现象,原来发明的数学形式,最后却变成了发现的数学形式,比如,黎曼几何原属于非欧几何的一个分支,后来被爱因斯坦用于广义相对论的研究,黎曼几何立刻就有了对应的客观模型,原来现代物理规律里就蕴藏着这个数学理论.

实际上,数学既可以来自于对客观世界的概括和抽象,也可以来自于人类思维的心智创造. 从数学发展史来看,人们对数学的认识是与时俱进的. 数学源于分配物品、丈量土地和计算面积、容积等生产生活实践,这个过程中产生的数学概念和数学研究的对象自然被认为是发现的. 实际上,在 19 世纪以前,人们普遍认为数学凸显的是经验科学的特征,数学与客观世界之间的联系千丝万缕. 19 世纪中叶以后,随着非欧几何、抽象代数和集合论等数学学科的产生,数学向抽象、多元和高维发展,数学与客观世界之间的联系渐行渐远,显露出了演绎科学的特征. 尤其是法国布尔巴基学派将其发挥到了登峰造极的地步. 1939 年,他们在法国巴黎出版了一套《数学原理》,这是一部关于现代数学博大精深的著作. 这部著作将数学看成是关于结构的科学,数学的各个分支都是建立在代数结构、序结构和拓扑结构三种母结构之上的,不借助于任何直观,从集合论出发,行文逻辑严密,为数学建构起了清新的公理化的体系. 这时,演绎推理的数学占据了数学研究的制高点,人们对数学的认识更加深入,它研究的是量的关系和抽象的结构,是关于模式的科学. 数学是发明的观点露出了端倪,出现在了灯火阑珊处. 数学被认为是人类思维的自由创造物.

这样看来,数学的初期被认为是直接反映了客观世界中的数量关系和空间形式,是被发现的. 古希腊数学家阿基米德(Archimedes)认为,数学关系的客观存在与人类能否解释它们无关. 柏拉图主义认为,数学研究的对象都是客观存在的,数学家提出的概念不是创造,只是对客观存在的描述. 而现代数学则被认为是人类纯思维的产物,是被发明的. 当代数学直觉主义学派就特别强调,数学结构是人类主观创造的. 他们的领袖克罗内克(Kronecker)认为,除了自然数是上帝创造出来的之外,数学中的一切都是人类心灵的创造物.

其实,数学作为一个统一体,初期的数学和当代的数学只有层次上的不同,作为反映关系结构的模式是没有本质区别的. 圆周率和对数肯定是被发现的,但是,发现圆周率和对数的过程不能不说是一个发明的过程.

实际上,数学作为人类诞生以来经验的积累,它的不同分支的理论都是从具有实际背景中经过抽象而形成的. 纯心智的产物也具有形式上的客观性,数学理论的主要特征是创造性思维的产物,理论体系一旦形成,不仅是形式上的一种客观存在,在内容上的客观性也是不容否认的. 在数学创立过程中,发明与发现是水乳交融,不分彼此的. 数学理论的阐释和形式化过程,偏重于发明. 揭示数学理论蕴涵的客观性及其关系,则偏重于发现.

微积分是由牛顿(Newton)和莱布尼兹(Leibniz)共同创立的. 微积分的基本原理是客观存在的一种关系结构,不会是任何一位数学家精巧的有意设计. 因此,可以说是他们发现了微积分. 但是牛顿和莱布尼兹创立微积分的方式又是不同的,他们分别从运动学的瞬时速度和曲线的斜率引入了微积分. 在创立过程中,他们还引进了不同的运算符号和语言体系,这明显又带有发明的意味. 是不是也可以这样说,数学的本质规律是人们的一种发现,数学的表达方式是人们的一种发明. 发现的过程是发明,发明的结果是发现. 数学中的许多结论是发现的,而许多结论的证明是发明的.

数学教学是对每个学生个体的教学,要让每个个体在学习数学的过程中,有意启发他们重复人类创立数学理论的过程,掌握数学知识体系的途径不外乎发现和发明,不要偏废. 让学生发现数学,老师只凭灌输不是好办法,要让他们有一个亲身体验发现的过程. 更为重要的是让学生去发明数学,对每个模块的教学,能否尝试让学生去架构这个局部的数学体系,包括研究从何入手,研究怎样深入,用什么样的语言表达,等等,都可以让学生去体验一下.

例7 传统立体几何教材中的一道例题.

欣赏点:发现是认识上的成就,发明是思维上的创新.

在传统的中学《立体几何》教材中,有如下一道例题:

命题5 已知两条异面直线 a,b 所成的角为 θ,它的公垂线 AA' 的长度为 d,在直线 a,b 上分别取点 E,F,设 $A'E = m, AF = n, EF = l$,则

$$l = \sqrt{d^2 + m^2 + n^2 \mp 2mn\cos\theta} \quad \text{⑯}$$

其中"+"号取得是点 F(或 E)在点 A(或 A')的另一侧.

课本中的例题是教材编写者们经过反复筛选的典型问题. 当我们去深入研究它时,就会有一些新的发现,发现由此可得如下一系列命题:

命题6 已知两条共面直线 a,b 所成角为 θ,它们的公垂线段 AA' 的长度为 d,在直线 a,b 上分别取点 E,F,设 $A'E = m, FA = n, EF = l$.

(I)若 $d = 0, \theta = 0$,则

$$l = |m + n| \quad \text{⑰}$$

此时,a 与 b 重合,式⑰为直线上两点间距离公式.

(II)若 $d = 0, \theta \neq 0$,则

$$l = \sqrt{m^2 + n^2 \pm 2mn \cdot \cos\theta} \quad \text{⑱}$$

此时,a 与 b 相交,式⑱为两相交直线上两点间距离公式. 亦为三角形余弦定理.

(III)若 $d \neq 0, \theta = 0$,则

$$l = \sqrt{d^2 + (m \mp n)^2} \quad \text{⑲}$$

此时,a 与 b 平行,式⑲为两平行直线上两点间距离公式,即直角梯形中非直角腰长公式.

命题7 已知两异面直线 a,b 所成角为 θ,它们的公垂线段 AA' 的长度为 d,在直线 a,b 上分别取点 E,F,设 $A'E = m, AF = n, EF = l$.

（Ⅰ）若 $d \neq 0, \theta = \dfrac{\pi}{2}$，则

$$l = \sqrt{d^2 + m^2 + n^2} \qquad ⑳$$

此时 l 为以 d, m, n 为三度的长方体对角线长；

（Ⅱ）若 $m = 0, n = 0$，则 $l = d$.

此时说明分别在两异面直线上的两点间的距离中以其公垂线段的长为最小.

又由公式⑯有

$$\cos\theta = \left|\dfrac{d^2 + m^2 + n^2 - l^2}{2mn}\right|$$

$$= \left|\dfrac{(m^2 + d^2) + (n^2 + d^2) - (l^2 + d^2)}{2mn}\right|$$

$$= \left|\dfrac{(AE^2 + A'F^2) + (EF^2 + AA'^2)}{2A'E \cdot AF}\right|$$

因而有如下命题：

命题 8 若两条异面直线 a, b 所成角为 θ，A', E 是 a 上两点，A, F 是 b 上两点，且 $AA' = d, A'E = m, AF = n, EF = l, AE = p, A'F = q$，则

$$\cos\theta = \left|\dfrac{(p^2 + q^2) - (l^2 + d^2)}{2m \cdot n}\right| \qquad ㉑$$

此命题的证明，作四面体 $A'AFE$ 的外接平行六面体，运用平行四边形性质而证（略）.

命题 9 若两异面直线 a, b 所成角为 θ，它们的公垂直线段 AA' 的长度为 d. 在 a, b 上分别取点 E, F，设 $\angle A'EF = \alpha (\alpha \neq 90°), \angle AFE = \beta (\beta \neq 90°), EF = l$，则

$$l^2\sin^2\theta = d^2\sin^2\theta + l^2\cos^2\alpha + l^2\cos^2\beta \pm 2l^2\cos\alpha \cdot \cos\beta \cdot \cos\theta \qquad ㉒$$

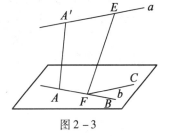

图 2 - 3

证明 如图 2-3，过 F 作 $FC \parallel a$，则在凸三面角中，可证棱 EF 与它所对的面 BFC 所成的角 φ 满足

$$\sin\varphi = \sqrt{\dfrac{\sin^2\angle CFB - \cos^2\angle EFC - \cos^2\angle EFB \pm 2\cos\angle EFC \cdot \cos\angle EFB \cdot \cos\angle CFB}{\sin\angle CFB}}$$

而 E 到面 CFB 的距离就是 a 与 b 的距离 d，$\angle CFB$ 或 $\pi - \angle CFB$ 就是异面直线 a, b 所形成的角 θ，$\angle EFC = \angle A'EF = \alpha, \angle EFB = \pi - \beta$. 从而由 $d = l \cdot \sin\varphi$ 即有 $l^2\sin^2\theta = d2\sin^2 + l^2\cos^2\alpha + l^2\cos^2\beta \pm 2l^2\cos\alpha \cdot \cos\beta \cdot \cos\theta$，其中 "＋" 的取得同公式⑯的说明.

在此，顺便指出：式㉒中若 $\cos\theta = -\cos\alpha\cos\beta$，则式㉒为

$$d = \dfrac{l}{\sqrt{1 + \cot^2\alpha + \cot^2\beta}} \qquad ㉓$$

命题 10 若两异面直线 a, b 所成角为 θ，A', E 是 a 上两点，A, F 是 b 上两点，且 $\angle EA'A = \alpha, \angle A'AF = \beta$，二面角 $E - AA' - F = \gamma$，则

$$\cos\theta = \cos\gamma \cdot \sin\alpha \cdot \sin\beta - \cos\alpha \cdot \cos\beta \qquad ㉔$$

证明 当 α,β 均不为 $\frac{\pi}{2}$（至少有一个为 $\frac{\pi}{2}$ 时显然成立）时，如图 2-4，过 A 作 $a'//a$，在 a',b 上分别取点 B,C，使 $AB=AC=1$，作 $BB'\perp AA'$ 于 B'，$CC'\perp AA'$ 于 C'，则 BB' 与 CC' 所成的角就是二面角的大小 γ，且 $CC' = \sin(180°-\alpha) = \sin\alpha$，$AC' = -\cos\alpha$，$BB' = \sin\beta$，$AB' = \cos\beta$，$B'C' = |-\cos\alpha - \cos\beta|$. 连 BC，则由前面的余弦定理或公式⑰，$BC^2 = 2 - 2\cos\theta$. 由公式⑯，又有

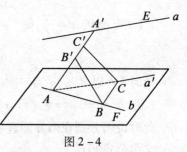

图 2-4

$$BC^2 = B'C'^2 + B'B^2 + C'C^2 - 2B'B \cdot C'C \cdot \cos\gamma$$
$$= 2 + 2\cos\alpha \cdot \cos\beta - 2\sin\alpha \cdot \sin\beta \cdot \cos\gamma$$

故

$$\cos\theta = \cos\gamma \cdot \sin\alpha \cdot \sin\beta - \cos\alpha \cdot \cos\beta$$

例 8 一道平面解析几何问题的求解.

欣赏点：发现的过程是发明，发明的结果是发现.

题目 已知点 $A(0,2)$，$B(0,-2)$，点 P 在圆 $(x-3)^2 + (y-4)^2 = 1$ 上，求 $|PA|^2 + |PB|^2$ 的最大值.

本题可从代数层次、几何层次、向量与导数层次导致发现思维.

若从代数层次而言，可从方程、函数、三角、复数等方面发现.

考虑到本题是与圆的方程有关的问题，可发现运用方程的方法作为思维的起点.

解法 1 由 $(x-3)^2 + (y-4)^2 = 1$ 得 $x^2 + y^2 = 6x + 8x - 24$，又设 $|PA|^2 + |PB|^2 = t$，则

$$t = x^2 + (y-2)^2 + x^2 + (y+2)^2 = 12x + 16y - 40$$

所以

$$12x + 16y - 40 - t = 0$$

由

$$\begin{cases} (x-3)^2 + (y-4)^2 = 1 \\ 12x + 16y - 40 - t = 0 \end{cases}$$

消去 y 得到关于 x 的二次方程

$$400x^2 - 24(40+t)x + t^2 - 48t + 2\,624 = 0$$

由 $\Delta \geq 0$，并化简得

$$t^2 - 120t + 3\,200 \leq 0$$

解得 $40 \leq t \leq 80$. 因此，$|PA|^2 + |PB|^2$ 的最大值为 80.

联想到圆的参数方程，可发现运用三角方法解.

解法 2 设 $P(x,y)$ 是已知圆上任意一点，由于圆的参数方程为

$$\begin{cases} x = 3 + \cos\theta \\ y = 4 + \sin\theta \end{cases}$$

则

$$|PA|^2 + |PB|^2 = x^2 + (y-2)^2 + x^2 + (y+2)^2 = 12x + 16y - 40$$
$$= 4(3\cos\theta + 4\sin\theta) + 60 = 20\sin(\theta + \varphi) + 60$$
$$\leq 80 \quad \left(\text{其中}\varphi = \arcsin\frac{3}{5}\right)$$

联想到复数的几何意义和三角形式,可发现用复数方法解.

解法 3 由于已知圆的复数方程式为 $|z - (3+4i)| = 1$,即
$$z - (3+4i) = \cos\theta + i\sin\theta$$

所以
$$z - 2i = (\sin\theta + 3) + i(\sin\theta + 2), z + 2i = (\cos\theta + 3) + i(\sin\theta + 6)$$

则
$$|PA|^2 + |PB|^2 = |z - 2i|^2 + |z + 2i|^2$$
$$= (\cos\theta + 3)^2 + (\sin\theta + 2)^2 + (\sin\theta + 3)^2 + (\sin\theta + 6)^2$$
$$= 60 + (12\cos\theta + 16\sin\theta)$$
$$= 60 + 20\sin(\theta + \varphi)$$
$$\leq 80 \quad \left(\text{其中}\tan\varphi = \frac{3}{4}\right)$$

考虑到曲线方程可转化或分割成函数,这时可发现用函数方法求解,在求解过程中往往要用到数形结合.

解法 4 设 $P(x,y)$ 是已知圆上任意一点,则
$$|PA|^2 + |PB|^2 = x^2 + (y-2)^2 + x^2 + (y+2)^2$$
$$= 12x + 16y - 40$$
$$= \pm 16\sqrt{1-(x-3)^2} + 12x + 24$$
$$= 16\left[\pm\sqrt{1-(x-3)^2} - \frac{3}{4}(3-x)\right] + 60$$

在同一坐标系中分别作出 $y_1 = \pm\sqrt{1-(x-3)^2}, y_2 = \frac{3}{4}(3-x)$ 的图像,即图 2-5 中的圆 $(x-3)^2 + y^2 = 1$ 和直线 l,再作与 l 平行的圆的两条切线 l_1 和 l_2,则对同一个 x, y_1 与 y_2 的差的最大值为直线 l_1 与 l 的截距之差,可求得为 $\frac{5}{4}$. 因此 $|PA|^2 + |PB|^2$ 的最大值为 $16 \times \frac{5}{4} + 60 = 80$.

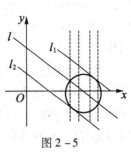

图 2-5

从几何层次而言,可分别从解析几何和平面几何方面来发现.

若从解析几何方面考虑,本题可发现用点到直线的距离公式来解.

解法 5 根据解法 1 可知, $12x + 16y - 40 - t = 0$,所以点 P 既在圆 $(x-3)^2 + (y-4)^2 = 1$ 上,又在直线 $12x + 16y - 40 - t = 0$ 上,由圆与直线的位置关系可得
$$\frac{|12 \times 3 + 16 \times 4 - 40 - t|}{\sqrt{12^2 + 16^2}} \leq 1$$

解得 $40 \leq t \leq 80$.

因此,$|PA|^2 + |PB|^2$ 的最大值为 80.

圆和直线是平面几何研究的对象,本题可发现运用平面几何方法解.

解法 6 如图 2-6,在圆 C 上任取一点 P,联结 AP,BP,OP,则由三角形中线长可得
$$|PA|^2 + |PB|^2 = 2|OA|^2 + 2|OP|^2 = 8 + 2|OP|^2$$
显然 $|OP|$ 的最大值为 $5+1=6$,因此,$|PA|^2 + |PB|^2$ 的最大值为 80.

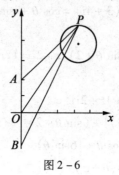

图 2-6

2.2.4 欣赏数学的"真",认识数学是抽象的,也是直观的

数学源自于客观世界,当它确定了原始概念和公理,就按照逻辑的法则去推理和演绎. 理论体系形成后,它蜕蛹化蝶,不露一丝客观世界的痕迹,因此,数学成为运用逻辑演绎方式探究客观规律的唯一学科,形式化使得数学凸显出抽象性的特点,数学也因此成为研究一般抽象模式的理论.

数学是研究事物的量和形的科学. 事物如果具有相同的量和形,就可以用数学方法将其抽象成同一个模式去研究. 数学概念正是从众多事物的共同属性中抽象出来的,因而数学必然是抽象的. 随着数学概念的不断扩充和产生,还要继续对这些数学对象进行简化、整理和概括,进一步地进行抽象. 数学的抽象过程,就是远离纷繁粗糙的客观世界和具体经验的过程. 抽象往往使人们意想不到数学的客观情景,更难让人去体验或者感知数学的理论结构.①

数学抽象包括:数量与数量关系的抽象,图形与图形关系的抽象. 通过抽象得到数学的基本概念:研究对象的定义,刻画对象之间关系的术语和运算方法. 这是从感性具体上升到理性具体的思维过程,只是第一次抽象. 在此基础可以凭借想象和类比进行第二次抽象,其特点是符号化,得到那些并非直接来源于现实的数学概念和运算方法.

数量与数量关系的抽象. 数学把数量抽象成数;数量关系的本质是多与少,抽象到数学内部就是数的大小. 由大小关系派生出自然数的加法. 数的四则运算,都是基于加法的. 数学还有一种运算,就是极限运算,这涉及数学的第二次抽象,微积分的运算基础是极限,为了合理解释极限,1821 年柯西给出了 $\varepsilon - \delta$ 语言,开始了现代数学的特征:研究对象的符号化,证明过程的形式化,逻辑推理的公理化. 数学的第二次抽象就是为这些特征服务的.

---

① 张小平.漫谈数学的两重性[J].数学通报,2012(6):1-8.

图形与图形关系的抽象,欧几里得最初抽象出点、线、面这些几何学的研究对象是有物理属性的,随着几何学研究的深入,特别是非欧几何学的出现,人们需要重新审视传统的欧几里得几何学. 1898 年希尔伯特给出了符号化的定义,基于 5 组公理,实现了几何研究的公理体系. 这些公理体系的建立,完成了数学的第二次抽象. 至少在形式上,数学的研究脱离了现实,正如希尔伯特所说:无论称它们为点、线、面,还是称它们为桌子、椅子、啤酒瓶,最终得到的结论都是一样的.

另一方面,数学既然源自于客观世界,最初的基本概念还是比较直观的. 随着这些概念的进一步抽象,与客观世界的关系可能不再清晰,但是,也不可能不显露出直观的特质. 数学的直观就是概念和证明过程未经充分地概括和逻辑推理就外显的数学本质. 既然数学直观必然趋向于抽象,那么数学抽象中就一定蕴涵着直观. 直观是抽象的基础,抽象是直观的升华. 数学一定是直观和抽象的统一体.

非欧几何的理论全然是按照《几何原本》的逻辑结构建立的,它的抽象性大大超出人们的想象,呈现出的"直观"又完全是对欧氏空间直观的颠覆,这在当时可以说是一种另类的抽象. 为此,非欧几何的创立者们经历了炼狱般的煎熬. 高斯惧怕倘若发表论文,一世英名将毁于一旦. 鲍耶和罗巴切夫斯基的论文发表后,遭到了数学界的一致唾弃. 然而,1868 年,意大利数学家贝尔特拉米(Beltrami,Eugenio)发表了论文《论非欧几何学的解释》,在欧氏几何空间建立了非欧几何的直观模型,在非欧几何的发展史上立起了一座丰碑,从直观的层面令人信服地消除了人们对非欧几何的理论非难.

复数概念的引入,是因为数学逻辑上的需求,被引入后的近两个半世纪中一直给人以虚无缥缈的感觉,直至挪威的数学家维塞尔(Caspar Wessel)和德国数学家高斯等人相继对它做出了几何解释与代数解释后,把它与平面向量或坐标平面里的坐标 (a,b) 对应,才帮助人们直观地理解了它的意义,在物理学上得到了实际应用,复数被数学理论所决定,并随着数学理论的发展而发展,避免了当时人类整个文化情境对个人心理上的影响.

人们对数学做出判断和猜想离不开直观,数学问题的解决也离不开直观. 数学的直观总是被抽象的缁衣所掩饰,揭示隐秘于幽深处的抽象关系,更多的是需要凭借经验、观察、类比和联想,实质上就是对数学直观的领悟,这是一种思维活动,我们称它为直觉思维. 这种思维高度简化,发散跳跃,认知结构开放,能直接清晰地识记和洞察到数学对象及其结构和关系. 灵感和顿悟是它的表现形式,它是基于对数学对象的整体把握,是长期积累后瞬间产生的思维火花,思维过程不拘泥于细枝末节,不因循守旧.

在数学中,模式是对客观对象与关系的抽象,客观对象与关系是模式的本质. 抽象重于演绎,直观重于发现和分析. 数学经过形式化而趋于冷峻的抽象之美,又通过直观化而返璞归真,直观可以引领数学的研究方向,可以决定数学理论的形式和架构. 对数学概念,直观可以呈现其形象的状态. 对数学证明,直观可以提供证明的思路和技巧. 直观性直接推动了数学的发展. 在古希腊数学的毕达哥拉斯(Pythagoras)时代,数学直观里浸透了万物皆数的哲学理念. 非欧几何产生以前,数学直观里浸透着欧氏公理是先验不变真理的观念. 抽象的数学中带有理论和哲学色彩,数学直观带有经验、思想和感情因素.

数学作为一门思维的科学,抽象的概念,晦涩的语句时常令人费解. 烦琐的计算,冗长的推理让人望而生畏.天才的数学家都是凭借直观性进行数学思维的,他能敏锐地洞察数学直观里的本质.数学教育家更需要依赖直观性进行数学教学,数学概念和证明经过抽象后,极大地增大了学生理解的难度.数学教学的过程首先就是将抽象的数学形态还原成直观的教育形态,将数学直观清晰地呈现给学生,数学教学的魅力就在于将直观和逻辑严密性巧妙地融为一体.

数学中的抽象是用语言表达的,这就要求我们的教师运用语言的艺术,将抽象问题直观化,繁杂问题简单化,做到深入浅出,让学习者理解和接受.数学学习的语言通常有书面语言、符号语言和生活语言,我们应善于利用这些语言间的相互转换关系,降低数学的抽象形式对学习者的消极影响.

例9 杨辉三角中的奇数与偶数.

欣赏点:直观是抽象的基础,抽象是直观的升华.

把杨辉三角中的奇数换成1,偶数换成0,便可以得到以下的"0-1三角",如图2-7.

```
第0行                    1
第1行                   1 1
第2行                  1 0 1
第3行                 1 1 1 1
第4行                1 0 0 0 1
第5行               1 1 0 0 1 1
第6行              1 0 1 0 1 0 1
第7行             1 1 1 1 1 1 1 1
第8行            1 0 0 0 0 0 0 0 1
第9行           1 1 0 0 0 0 0 0 1 1
第10行         1 0 1 0 0 0 0 0 1 0 1
第11行        1 1 1 1 0 0 0 0 1 1 1 1
 ...            ...    ...    ...
```
图2-7

观察上述"0-1三角",我们可得如下命题:

命题11 杨辉三角中任何一行中1的个数均为偶数个.

证明 考察第 n 行中的1的个数,设 $n = \sum_{i=0}^{k-1} 2^{r_i}, 0 \leq r_0 < r_1 < \cdots < r_{k-1}, k \in \mathbf{N}^*$,对于 $i = 0, 1, 2, \cdots, k = 1$,有

$$(1+x)^{2^{r_i}} = [(1+x)^2]^{2^{r_i-1}} = (1+2x+x^2)^{2^{r_i-1}} \equiv (1+x^2)^{2^{r_i-1}} \equiv \cdots \equiv (1+x^{2^{r_i}}) \pmod{2}$$

那么

$$(1+x)^n = (1+x)^{\sum_{i=0}^{k-1} 2^{r_i}} = \prod_{i=0}^{k-1}(1+x)^{2^{r_i}} \equiv \prod_{i=0}^{k-1}(1+x^{2^{r_i}}) \pmod{2}$$

这样将 $(1+x)^n$ 的展开式中除去系数为偶数的项后为 $\prod_{i=0}^{k-1}(1+x^{2^{r_i}})$,而 $\prod_{i=0}^{k-1}(1+x^{2^{r_i}})$ 的展开式恰有 $2^k (k \in \mathbf{N}^*)$ 项,每一项的系数均为1.

故杨辉三角中任何一行中1的个数均为偶数个.

命题 12 若 n 的二进制的表示中有 $k(k \in \mathbf{N}^*)$ 个 1,则杨辉三角中第 n 行中 1 的个数是 2^k 个.

证明 若 n 的二进制的表示中有 $k(k \in \mathbf{N}^*)$ 个 1,则可设 $n = \sum_{i=0}^{k-1} 2^{r_i}, 0 \leq r_0 < r_1 < \cdots < r_{k-1}, k \in \mathbf{N}^*$.

由命题 11 的证明可知,第 n 行中奇数的个数为 $2^k(k \in \mathbf{N}^*)$ 项,即此行中 1 的个数是 2^k 个.

命题 13 杨辉三角中第 $2^n - 1$ 行中 1 的个数是 2^n 个.

事实上,$2^n - 1$ 的二进制表示中有 n 个 1,由命题 12 可知,此行中 1 的个数是 2^n 个.

命题 14 杨辉三角中第 n 次全行的数都为 1 的是第 $2^n - 1$ 行.

证法 1① 我们先给出如下 3 个引理:

引理 1 设 $n = \sum_{i=0}^{\infty} a_i \cdot 2^i, a_i \in \{0,1\}, k = \sum_{i=0}^{\infty} b_i \cdot 2^i, b_i \in \{0,1\}$,则 C_n^k 与 $\prod_{i=0}^{\infty} \mathrm{C}_{a_i}^{b_i}$ 同奇偶. (规定 $\mathrm{C}_0^1 = 0, \mathrm{C}_0^0 = 1$)

证明 对于 $i = 0, 1, 2, \cdots$ 有

$$(1+x)^{2^i} = [(1+x)^2]^{2^{i-1}} = (1 + 2x + x^2)^{2^{i-1}} \equiv (1 + x^2)^{2^{i-1}} \equiv \cdots \equiv (1 + x^{2^i}) \pmod{2}$$

则

$$(1+x)^n = (1+x)^{\sum_{i=0}^{\infty} a_i \cdot 2^i} = \prod_{i=0}^{\infty} [(1+x)^{2^i}]^{a_i} \equiv \prod_{i=0}^{\infty} [(1+x)^{2^i}] \pmod{2}$$

由于 $k = \sum_{i=0}^{\infty} b_i \cdot 2^i$,则 $\prod_{i=0}^{\infty} [(1+x)^{2^i}]^{a_i}$ 的展开式中 x^k 的系数为 $\prod_{i=0}^{\infty} \mathrm{C}_{a_i}^{b_i}$,而 $(1+x)^n$ 的展开式中 x^k 的系数为 C_n^k,这样,C_n^k 与 $\prod_{i=0}^{\infty} \mathrm{C}_{a_i}^{b_i}$ 同奇偶.

引理 1 证毕.

引理 2 设 $n = \sum_{n=0}^{\infty} a_i \cdot 2^i, a_i \in \{0,1\}, k = \sum_{i=0}^{\infty} b_i \cdot 2^i, b_i \in \{0,1\}$,则 C_n^k 为奇数的充要条件是对于任意的 $i = 0, 1, 2, \cdots$,均有 $a_i \geq b_i$.

事实上,由于 $a_i, b_i \in \{0,1\}$,且 $\mathrm{C}_0^1 = 0, \mathrm{C}_0^0 = 1, \mathrm{C}_1^0 = 1, \mathrm{C}_1^1 = 1$,那么 $\mathrm{C}_{a_i}^{b_i}$ 为奇数的充要条件是 $a_i \geq b_i$. 由引理 1 知

C_n^k 为奇数 $\Leftrightarrow \prod_{i=0}^{\infty} \mathrm{C}_{a_i}^{b_i}$ 为奇数

$\Leftrightarrow$ 对任意的 $i = 0, 1, 2, \cdots$,均有 $\mathrm{C}_{a_i}^{b_i}$ 为奇数

$\Leftrightarrow$ 对于任意的 $i = 0, 1, 2, \cdots$,均有 $a_i \geq b_i$

引理 2 证毕.

引理 3 设 $n = \sum_{i=1}^{\infty} a_i \cdot 2^i, a_i \in \{0,1\}, k = \sum_{i=0}^{\infty} b_i \cdot 2^i, b_i \in \{0,1\}$,则对于 $k = 0, 1, 2, \cdots, n, \mathrm{C}_n^k$ 均为奇数的充要条件是对于任意的 $i = 0, 1, 2, \cdots$,均有 $a_i = 1$.

证明(反证法) 假设在 n 的二进制表示中,存在某个 i_0 使得 $a_{i_0} = 0$,则取 $k =$

---

① 沈虎跃,金国林. 杨辉三角中的奇偶分布[J]. 中学数学月刊,2008(3):28 - 29.

$(1\overbrace{00\cdots0}^{i_0})_2$,这样,$b_{i_0} > a_{i_0}$,与引理 2 矛盾.

由引理 2 知对于任意的 $i = 0, 1, 2, \cdots$ 均有 $a_i = 1$.

引理 3 证毕.

回到命题 14,由引理 3 及 $2^n - 1$ 是第 n 个在二进制表示中全为 1 的数知,杨辉三角中第 n 次全行的数都为 1 的是第 $2^n - 1$ 行.

证法 2[①] 观察杨辉三角可以发现:从第一行起,当第 $n(n \in \mathbf{N}^*)$ 次出现全行为 1 时的行数为 d_n,1 的个数为 $d_n + 1$,则第 $n+1$ 行共有 $d_n + 2$ 个数,其中有 2 个 1(在首尾两端)和 d_n 个 0,以后每行比前一行正中间的 0 的个数少一个.

所以 $d_{n+1} = d_n + (d_n + 1)$,且 $d_1 = 1$(可用数学归纳法证明(略)).

所以 $d_{n+1} + 1 = 2(d_n + 1)$,即数列 $\{d_n + 1\}$ 是以 2 为首项,2 为公比的等比数列.则 $d_n = 2^n - 1 (n \in \mathbf{N}^*)$.

命题 15[②] 杨辉三角中,从第 1 行起,设第 $n(n \in \mathbf{N}^*)$ 次出现全行为奇数时,所有的偶数的个数为 b_n,所有的奇数的个数为 c_n,则 $b_n = 2^{2n-1} + 2^{n-1} - 3^n, c_n = 3^{n-1}, n \in \mathbf{N}^*$.

证明 进一步观察杨辉三角,可以看到:

第 2 次出现全行为 1 时,0 的个数为 $b_2 = 1$;

第 3 次出现全行为 1 时,0 的个数为 $b_3 = 3b_2 + \frac{1}{2} \cdot 2^2(2^2 - 1) = 9$;

第 4 次出现全行为 1 时,0 的个数为 $b_4 = 3b_3 + \frac{1}{2} \cdot 2^3(2^3 - 1) = 55$;

……

设第 $n(n \in \mathbf{N}^*)$ 次出现全行为 1 时,0 的个数为 b_n,则 $b_n = 3b_{n-1} + \frac{1}{2} \cdot 2^{n-1}(2^{n-1} - 1)$(可用数学归纳法证明(略)).

所以
$$\frac{b_n}{2^{n-2}} = \frac{3}{2} \cdot \frac{b_{n-1}}{2^{n-3}} + 2^{n-1} - 1$$

令 $t_n = \frac{b_n}{2^{n-2}}$,则

$$t_n = \frac{3}{2} t_{n-1} + (2^{n-1} - 1)$$

由 $b_2 = 1$,知 $t_2 = 1$.

下面用迭代法求通项 t_n,然后求 b_n.

因为 $t_n = \frac{3}{2} t_{n-1} + (2^{n-1} - 1), n \in \mathbf{N}^*$ 且 $n \geq 3$,所以

$$t_3 = \frac{3}{2} t_2 + (2^2 - 1) = \frac{3}{2} + (2^2 - 1)$$

---

①② 王先东. 杨辉三角形中的奇数与偶数[J]. 数学通报, 2009(5):62-63.

$$t_4 = \frac{3}{2}t_3 + (2^3 - 1) = \left(\frac{3}{2}\right)^2 + \left(\frac{3}{2} \cdot 2^2 + 2^3\right) - \left(\frac{3}{2} + 1\right)$$

$$t_5 = \frac{3}{2}t_4 + (2^4 - 1) = \left(\frac{3}{2}\right)^2 + \left[\left(\frac{3}{2}\right)^2 \cdot 2^2 + \frac{3}{2} \cdot 2^3 + 2^4\right] - \left[\left(\frac{3}{2}\right)^2 + \frac{3}{2} + 1\right]$$

$$\vdots$$

$$t_n = \frac{3}{2}t_{n-1} + (2^{n-1} - 1)$$

$$= \left(\frac{3}{2}\right)^{n-2} + \left[\left(\frac{3}{2}\right)^{n-3} \cdot 2^2 + \frac{3}{2}^{n-4} \cdot 2^3 + \cdots + \frac{3}{2} \cdot 2^{n-2} + 2^{n-1}\right] -$$

$$\left[\left(\frac{3}{2}\right)^{n-3} + \left(\frac{3}{2}\right)^{n-4} + \cdots + \frac{3}{2} + 1\right]$$

$$= \left(\frac{3}{2}\right)^{n-2} + \frac{2^{n-1}\left[1 - \left(\frac{3}{4}\right)^{n-2}\right]}{1 - \frac{3}{4}} - \frac{1 - \left(\frac{3}{2}\right)^{n-2}}{1 - \frac{3}{2}}$$

$$= \left(\frac{3}{2}\right)^{n-2} + 2^{n+1}\left[1 - \left(\frac{3}{4}\right)^{n-2}\right] + \frac{1}{2}\left[1 - \left(\frac{3}{2}\right)^{n-2}\right]$$

而 $t_n = \frac{b_n}{2^{n-2}}$,故

$$\frac{b_n}{2^{n-2}} = \left(\frac{3}{2}\right)^{n-2} + 2^{n+1}\left[1 - \left(\frac{3}{4}\right)^{n-2}\right] + \frac{1}{2}\left[1 - \left(\frac{3}{2}\right)^{n-2}\right]$$

得 $b_n = 2^{2n-1} + 2^{n-1} - 3^n, n \in \mathbf{N}^*$,且 $n \geqslant 2$.

注 另法求 t_n:(1)对于 $t_n = \frac{3}{2}t_{n-1} + (2^{n-1} - 1)$,$t_2 = 1$,有

$$t_{n+1} - t_n = \frac{3}{2}(t_n - t_{n-1}) + 2^{n-1}$$

即

$$t_{n+1} - t_n - 2^{n+1} = \frac{3}{2}(t_n - t_{n-1} - 2^n)$$

且

$$t_3 - t_2 - 2^3 = \frac{9}{2}$$

故

$$t_{n+1} - t_n - 2^{n+1} = \frac{9}{2} \cdot \left(\frac{3}{2}\right)^{n-2}$$

于是

$$t_3 - t_2 - 2^3 = \frac{9}{2}$$

$$t_4 - t_3 - 2^4 = \frac{9}{2} \cdot \frac{3}{2}$$

$$\vdots$$

$$t_n - t_{n-1} - 2^n = \frac{9}{2} \cdot \left(\frac{3}{2}\right)^{n-3}$$

将以上 $n-2$ 个式子相加,得到

$$t_n - t_2 - (2^3 + 2^4 + \cdots + 2^n) = \frac{9}{2}\left[1 + \frac{3}{2} + \left(\frac{3}{2}\right)^2 + \cdots + \left(\frac{3}{2}\right)^{n-3}\right]$$

所以

$$t_n = 2^{n-2} + 2 - \left(\frac{3}{2}\right)^{n-2}$$

又 $t_n = \frac{b_n}{2^{n-2}}$,故

$$b_n = 2^{2n-1} + 2^{n-1} - 3^n \quad (n \in \mathbf{N}^* \text{ 且 } n \geqslant 2)$$

(2)可将 0-1 三角补上第 0 行 -1 后,再观察发现,从第 1 行起:

第 2 次出现全行为 1 时,1 的个数(包含第 0 行的 1,下同)为 $c_2 = 9$;

第 3 次出现全行为 1 时,1 的个数为 $c_3 = 3c_2 = 27$;

第 4 次出现全行为 1 时,1 的个数为 $c_4 = 3c_3 = 81$;

……

第 n 次出现全行为 1 时,1 的个数为 $c_n = 3c_{n-1} = 3^n$(可用数学归纳法证明,本文从略).

当第 n 次出现全行为 l 时,由上面可知该行 1 的个数为 2^n 个,故 0 和 1 的个数共为

$$1 + 2 + 3 + 4 + \cdots + (2^n - 1) + 2^n = \frac{(1 + 2^n)}{2} \cdot 2^n = 2^{2n-1} + 2^{n-1}$$

设第 $n(n \in \mathbf{N}^*)$ 次出现全行为 1 时,0 的个数为 b_n,则

$$b_n = 2^{2n-1} + 2^{n-1} - 3^n \quad (n \in \mathbf{N}^* \text{ 且 } n \geqslant 2)$$

2.3 欣赏数学的"真",震撼于数学的特殊属性

2.3.1 欣赏数学的"真",看到数学中的"变"与"不变"

我们可以从"变"与"不变"的角度来看看数学知识的扩展①.

1. 代数发展中的"变"与"不变"

代数发展中,总是由变的部分——量、数、式、运算、集合的研究,发现不变的部分——数、式、运算、集合反映了数学的发展过程,数学的不断抽象化过程.

数数的过程."自然数"的意义有漫长的历史,几乎是世界各地数学史的起点. 当人们开始从"两棵树、两只飞鸟",发现共同不变的部分——数字"2",从量的部分——"棵和只""提取"出来,事实上,这种"提取"的前提,是人们认识到数数活动的数学本质——一对应和"序"关系,"结绳"计数的时候,由变的部分——量,"提取"不变的部分——数关系,标志人类数学史迈出的重要的第一步.

---

① 孙旭花,黄毅英,林智中. 变式的角度,数学的眼光[J]. 数学教学,2007(10):13-16.

由算术到代数. 随后,人们用字母 a 表示任意变化的数,由变的部分——数,"提取"不变的部分——式,标志人类由算术到代数的飞跃,用字母代数是人类数学史中又一巨大进步.

由代数到近世代数. 无论算术还是代数,运算的不变性,由变的部分——数和式,"提取"不变的部分——运算,并研究保持运算不变性的条件,导致近世代数群、环、域的研究. 进一步,由变的部分——运算,"提取"不变的部分——集合性质,是数学史中又一里程碑.

概括来说,由数数的过程,发展到算术,再由算术到代数,代数到近世代数,实际上就是对数量关系认识,不断地"多次抽象",不断地深入的过程,量→数→式→集合的认识,抽象度越来越高,越来越掌握"变中的不变"的数学规律,"变"中发现"不变"元素,本质上,这就是连续地透过"不变"部分研究,不断地发展数学的眼光,实际上培养数学"集合"的"抽象化"眼光. 另一方面,量→数→式→集合的认识,学习连续地以"不变"性质应对"万变"集合的"公理化"眼光.

进而,数系拓展中,也重复了这样的理念.

2. 数的概念扩展中的"变"与"不变"

在数系发展过程中,"变"与"不变"的矛盾,贯穿数系发展的始终,"变"与"不变"扮演了重要的角色. 例如,自然数系为了保证减运算不变,即自然数 a 比 b 大时,可以进行 a 减去 b 的运算,于是引进了负数,自然数系扩充为整数系,保证了减运算的封闭性.

进一步,整数系为了保证除运算不变,即整数 a 是 b 倍数时,可以进行 a 除以 b 的运算,当整数 a 不是 b 倍数时,也可以进行 a 除以 b 的运算,于是引进了分数,整数系扩充为有理数系,保证了除运算的封闭性.

有理数为了保证开方运算不变,即 a 是 b 幂时,进行开方的运算,而当 a 不是 b 幂时,不可以进行开方的运算,于是引进了无理数,保证了开方运算不变,有理数系扩充为实数系.

负实数为了保证开方运算不变,即 a 是 b 正幂时,进行开方的运算,而当 a 不是 b 正幂时,不可以进行开方的运算,于是引进了虚数,实数系扩充为复数系. 如下(图2-8)所示:

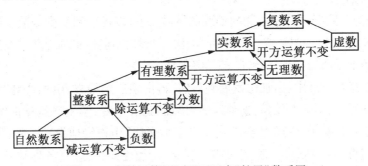

图 2-8 保持运算"不变"而逐步"扩展"数系图

概括来说,数系扩展中,由自然数系,发展到整数系,由整数系到有理数系,由有理数系到实数系,由实数系到复数系,实际上就是,"多次"连续地突出"运算"不变,对数系不断扩展,越来越掌握"运算的不变"的数学规律,"数系扩展"中发现"不变运算"特征,本质上,这就是强调"多次抽象化"来发展数学的"抽象化"眼光,透过"不变"部分的研究,发展数学的

"公理化"眼光,实际上培养数学"数系扩展"的"抽象化和公理化"眼光.

然而,运算扩展中,也重复了这样的理念.

3. 数学运算扩展中的"变"与"不变"

加法是最基本的运算,由人们生活的需要而自然产生的,如果相加的数相同,我们把相同的数连续相加的简便运算,特别取名为乘法. 从变式的角度,乘法在本质上只是一个特别的加法,加的性质不变,是加法的一种特殊变化,与此完全类似,同一个数相乘若干次,求其结果的一种运算方法,也特别取名为乘方. 乘方在本质上只是一个特别的乘法,乘的性质不变,乘方也只是乘法的一种特殊变化. 由加法到乘法到乘方,加的性质是不变的,变的是加的"水平"越来越高,抽象"水平"越来越高.

$$\boxed{加法} \longrightarrow \boxed{乘法} \longrightarrow \boxed{乘方}$$

即用符号表示为

$$a + b = c; a \times b = c; a^b = c$$

在自然数范围内,被减数连续减去相同的减数,直至不能再减,我们把求所减次数的简便运算,取名为除法. 除法在本质上只是一个特别的减法,减的性质不变,是减法的一种特殊变化. 与此类似,如果被除数用同一个数连续相除 n 次,商为1,余数为零,那么这个数称为被除数的 n 次方根,求 n 次方根的运算取名为开 n 次方. 开方在本质上只是一个特别的除法,除的性质不变,开方也只是除法的一种特殊变化. 由减法到除法到开方,减的性质不变,变的是减的"水平"越来越高.

$$\boxed{减法} \longrightarrow \boxed{除法} \longrightarrow \boxed{开方}$$

若已知 a 和 b 求 c,叫加法,反之,已知 a 和 c,求 b,叫减法. 减法和加法的本质,都是由"和"为中心不变的性质,变的部分是:合并与分解互逆的过程,合并与分解的统一,保证了加法在整数环的封闭性,依此类推,乘法的逆运算——除法和乘方的逆运算——求对数. 由此我们看到六种运算,都有"加法"的"根",运算不过是反复施行同一运算的正、逆运算的组织化、系统化的重复.

另外,"加法"逐步合并,系统化的不变的性质,又可以推广到复变函数空间,向量的"加法",矩阵的"加法",数理逻辑空间的逻辑"加法",计算机运算的"加法","加法"的性质,组织化、系统化的不变与变性统一特征,却始终保持"不变".

概括来说,运算扩展中,由加法发展到乘法,再由乘法到乘方,由加法到减法,由减法到除法,由除法到开方,实际上就是,连续地突出"加"运算不变,学生对运算扩展的认识,就是越来越掌握"加法运算的不变"的数学规律,"各个运算"中连续地发现"不变"的特征,实际上培养数学"运算"的"抽象化"眼光,而以"不变"的加法运算,应对各种乘、乘方;减、除、开方运算;以及向量的"加法",矩阵的"加法",数理逻辑空间的逻辑"加法",计算机运算的"加法",实际上培养数学"加运算"的"公理化"眼光. 运算的学习,本质上就是"多次"透过"加不变"部分运算研究,连续地发展,培养数学"运算"的"抽象化和公理化"眼光.

4. 数学概念形成中的"变"与"不变"

概念内涵是概念本质不变的属性,而概念的适用范围,称之为外延. 数学学习从概念的外延范围,概括适合概念的不变的部分——内涵部分,是数学学习的重要内容.我们随便抽取数学概念分析如下:例如,圆上的各点变化,而圆心、半径不变;直线上的各点变化,而斜率不变,图形对称,位置变化,形状不变;方程概念是未知数变化,而等式不变,全等图形概念位置变化,而形状与大小不变.

表2-2 从变式的角度解析数学概念

数学概念	变的部分	不变的部分
圆	圆上的各点	圆心、半径
直线	直线上的各点	斜率
对称	位置	形状
自然数	数量	运算、运算律
代数式	字母的数值	表达式
方程	未知数	等式
全等	位置	形状与大小

概括来说,数学概念的学习中,通过变部分的表面特征,去发现不变部分的结构特征.实际上就是保证"概念"本质属性不变,外延逐步扩展的认识,越来越掌握"不变属性"的数学规律,本质上,变式的角度就是透过"内涵不变"部分研究,发展"抽象化""概括化"的眼光,成就数学的眼力,实际上培养数学"概念"的"抽象化和公理化"眼光.

5. 数学定理、性质拓展中的"变"与"不变"

以初中代数为例,初中代数内容可以简单地概括为,研究一元一次、一元二次方程以及一元一次、一元二次函数的性质,而全部的一元一次和一元二次方程,都可以看为一元一次和一元二次函数图像和坐标 x 轴的交点,而一元一次和一元二次函数的性质,可以统一总结为直线和抛物线(即一次曲线与二次曲线)的性质.而二次曲线又可分为双曲线和抛物线、圆、椭圆,它们的性质可以不变地表示曲率 e 变化的二次曲线."变"中研究"不变"的数学结构,成了代数性质学习的基本规律.

几何性质学习也同样.直线与圆的关系讨论可分为距离大于零、等于零或小于零的条件,来研究相离、相切、相交的性质,其教学目的培养学生在距离变化中看到不变的性质.直线与直线的关系,圆与圆的关系,都是重复地培养学生,在距离变化中,看到不变的性质本质之能力.

有趣的是,许多几何证明似乎就是培养"变中发现不变的"数学眼光.例如,三角形外角平分线定理和内角平分线定理,其表述和证明完全一致不变,圆周角的性质证明,无论角的顶点在圆周上、圆心、在圆周内,都和角的顶点在圆周上的证明一致不变.几何作图无论二等分一个角,或过直线外一点,作直线的垂线作图方法都是不变.

概括来说,数学定理、性质的学习中,通过变的条件特征,去发现不变的结构特征,实际上就是保证"性质"不变,条件逐步扩展的认识,越来越掌握"不变性质"的数学规律,"各个变化的性质"中发现"不变属性",某种意义上,数学定理,性质的学习本质上就是透过"不变性质"来研究"条件变化",最终来发展数学的眼光,实际上培养数学定理、性质的"抽象化和公理化"眼光.

日本数学家米山国藏更为深刻地指出(1986),无论在数学公式、定理证明中还是在公式、定理的研究中,改变条件的值,研究新的关系这种变换的方法和思想,在数学中到处都表现出来,到处都是用得着,是极为重要的方法和思想.

2.3.2 欣赏数学的"真",认识数学中的"不变量"与"不变性"

世间万物都在不断地运动之中. 变化是绝对的,静止是相对的,在变化的世界中寻求不变量和不变性,是人类的追求,是世界美丽之所在,科学魅力之所本.

数学研究数量变化和几何图形的性质和形的运动变化,更研究其中的不变因素.

1. 代数运算中的不变量与不变性

(1)等号——"不同运算下的数值不变性"

我们对不变量的认识是从等号开始的,等号的作用有两个,一是联结左右两边的式子,二是能够使左右两边相等. 数的运算可以多种多样,但是某些规律能够保持数值不变.[1][2]

加法交换律 $a + b = b + a$;

加法结合律 $a + (b + c) = (a + b) + c$;

乘法交换律 $a \times b = b \times a$;

乘法结合律 $a \times (b \times c) = (a \times b) \times c$;

分配律 $a \times (b + c) = a \times b + a \times c$.

这些运算律都表明在千变万化的运算过程中呈现的不变性质,我们要认识这些不变性. 如加法交换律 $a + b = b + a$,两个数 a,b 的位置发生了变化,但它们的和却不变,所以这就叫加法交换律. 同样也有乘法交换律 $a \times b = b \times a$. 数的交换律、结合律、分配律是描述数值不变性的基本法则. 其中,分配律尤为重要,被誉为相当于从石器时代进化到铁器时代的标志. 这一切,都源于"不同运算下的数值不变性".

(2)代数式的恒等变换

从数的运算到式的运算,同样有不变性. 因式分解、配方、合并同类项都是代数式的恒等变换. 恒等变换是数学的基本功之一. 无论恒等变换如何改变数学式,但总是彼此处处相等,不会改变. 这里同样有交换、结合、分配的运算律. 更进一步,出现了"合并同类项""配方""因式分解"等代数恒等式运算. 代数式的两端可以面貌完全不同,但是彼此恒等. 例如:平方差公式

$$x^2 - 1 = (x + 1) \cdot (x - 1)$$

左边的二次式变换成两个一次式的乘积. 又如一元二次式的配方式

$$ax^2 + bx + c = a\left(x + \frac{b}{2a}\right)^2 + \left(c - \frac{b^2}{4a}\right)$$

左右两端看上去不一致,但是彼此恒等.

---

[1] 王继光. 数学"不变量与不变性"欣赏[J]. 数学教学,2010(10):33-36.

[2] 章敏. 万变不离其宗——欣赏数学中的不变量与不变性质[J]. 数学教学,2011(4):9-10.

同样,不等式也有变换下不变性.如根据$(a-b)^2 \geq 0$,可以变换为$a^2+b^2 \geq 2ab$;这两个不等式是完全等价的,其性质没有改变.由于利用这种不变性,我们进一步可以得到基本不等式$\frac{x+y}{2} \geq \sqrt{xy}(x \geq 0, y \geq 0)$即算术平均数大于几何平均数等不等式,依然保持了某种不变性.

变换的是等式的形式,不变的是变量之间的关系.

(3)同解变换:方程变形根不变

等式的两个性质:等式两边同加上(或减去)一个数或式,所得结果仍是等式;等式两边同乘以或除以一个非零数,所得结果仍是等式.这种情形,虽然等式的内涵变了,数值不同了,但"等式"经过这样的变化依然是等式,显示了"相等"的不变性.

我们就此很容易联想到解方程的过程,就是将等式不断变形,使得方程的根保持不变.例如,一元一次方程,就是通过合并同类项、移项、两边同乘一个数、同除一个不为零的数等方法,把方程变形为$ax=b$的形状,在这个过程中,x的值没有改变.这种变形是守恒的:保持等式不变,从而x的值不变,最后得到方程的解,即x的值.

方程学中有韦达定理,表明无论一元代数方程的系数怎样变化,根与系数的内在联系是不变的.

(4)三角恒等变换中的不变性

在三角函数中,sin,cos,tan,cot 等都是跟角度有关的一些不同比值,因此,一般情况下相同的角度的 sin,cos,tan,cot 却有不同的比值.

在相同的角度的前提下,四个三角函数值一般也不相同,但是在这些不同的比值中能找到一些不变的东西,(图略)在 Rt$\triangle ABC$中,有 $\sin A=\frac{a}{c}, \cos A=\frac{b}{c}, \tan A=\frac{a}{b}, \cot A=\frac{b}{a}$.

所以有 $\sin^2 A+\cos^2 A=1, \sin A=\cos A \cdot \tan A, \tan A \cdot \cot A=1$ 三个不变的等式.

不同角度的四个三角函数值一般也是不同的,但只要满足一定的条件,还是能发现一些不变的性质.若$A+B=90°$,则$\sin A=\cos B, \tan A=\cot B$,在变化过程中加上一定的条件,寻求不变性,也是数学寻求不变量与不变性的一种有效的方法.

2. 数学定理中的不变量与不变性

数学上比较深刻的结果,通常称为定理.所有的定理都是在满足条件的无数变化中,找到了不变性质.可以说,数学定理是叙述了一些数学现象是在怎样的条件下如何"万变不离其宗"的.例如:

● 勾股定理.一切直角三角形,不论它的大小形态如何不同,但是两个直角边的平方和,一定等于斜边的平方.保持了某种不变性质.

● 三角形内角和不变.不同的三角形,彼此不必全等,也不必相似,三个角的度数可以各不相同,但是它们的和却是一个定值180°.

● 二次方程求根公式.无论$a(a \neq 0), b, c$的数值如何变化,方程$ax^2+bx+c=0$都有一个相同的求根公式,服从于相同的判别式,并有相同的根与系数关系:韦达定理.

● 三角形面积不变性.不同形状的三角形面积一般是不同的,但两个三角形如果满足同底等高、等底同高、等底等高,那么它们的面积相等.三角形的形状发生了变化,底和高也随之变化,但不变的是它们的面积.

3. 图形运动下的不变量与不变性

图形经过刚体运动是不变的,称为全等.在刚体运动下,线段的长度不变,角度不变,形状不变,因而面积不变.这样,计算面积时使用出入相补原理等其他割补的原理也就顺理成章了.图形被割下来,搬过来搬过去,补上去,都是基于刚体运动不变性的原理.假如,割下来的三角形是冰做的,在搬动时融化了,割补法还能有效吗?

几何图形变换分别为反射、平移、旋转、相似变换,这四种变换中都存在一些不变量与不变性.图形经过反射变换后,原图形的位置发生了变化(两边对称),但是形状不发生变化.就是利用反射变换的位置变化,而形状不变的性质,形成了很多有意思的轴对称图形.

图形经过平移变换后,原图形的位置发生的改变,但形状、大小、方向都不变.

图形经过旋转变换后,原图形的方向虽然发生了改变,但原图形的形状、大小都不变,而且原图形的每一条边都转过相同的角度.

图形的大小、方向虽然发生了改变,但图形的形状不变,也就是两个相似变换后的图形是相似的.同理,相似形在相似变换下,对应边的比值不变,角度不变,面积的比值也不变.

4. 函数关系中的不变规律

这里,让我们来分析"函数"概念中的变与不变.函数研究的是变量之间的依赖关系,自然要谈变化.但是只说变,而不找到一定的规律,就没有什么价值了.细细想来,不同的函数纵然千变万化,但在变化之中总有一些保留的"不变性"、"规律性",将之提炼出来,那就是性质.比如某些变化会随着一个量的变化而有增有减、有快有慢,有时达到最大值、有时处于最小值,有些变化会有规律,或重复出现,或对称出现……这些现象反映到函数中,就成了单调性、最值、周期性、奇偶性等性质.我们研究一个函数无非就是研究它的性质,或是利用它的某些性质得出另外一些结论,知道了函数性质也就把握了函数变化的规律,掌握函数的知识,领悟函数的思想.

5. 平面解析几何中的不变量与不变性

对于一般的二次曲线 $Ax^2 + 2Bxy + Cy^2 + 2Dx + 2Ey + F = 0$,在坐标轴的平移和旋转过程中,$A+C$,$\begin{vmatrix} A & B \\ B & C \end{vmatrix}$,$\begin{vmatrix} A & B & D \\ B & C & E \\ D & E & F \end{vmatrix}$ 的值保持不变,这些都是不变量.

在圆、椭圆、抛物线、双曲线的标准方程中,不管其系数怎样变化,但它们的离心率的取值范围是不变的,等等.

例 10 定值问题.

欣赏点:动中窥静,变中求不变.

所谓定值问题,是指在一定的条件下所构成的几何问题中,当某些几何元素按一定的规律在确定的范围内变化时,与它相关的某些几何元素或几何元素的代数量(如点、线段、角、线段的和、积、差、商等)保持不变.

问题 已知一等腰直角三角形的两直角边 $AB=AC=1$,P 是斜边 BC 上的一动点,过 P

作 $PE \perp AB$ 于 E,$PF \perp AC$ 于 F,如图 2-9,则 $PE+PF=1$.

点 P 是斜边 BC 上的一动点,随着点 P 的变化,PE 和 PF 的值一直是变化的,但是它们的和却是不变的.

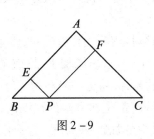

图 2-9

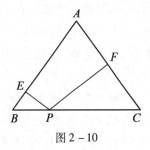

图 2-10

若把等腰直角三角形换成等腰三角形,又该如何?

变式 1 若把问题 1 中的等腰直角三角形改为等腰三角形,且两腰 $AB=AC=5$,底边 $BC=6$,过 P 作 $PE \perp AB$ 于 E,$PF \perp AC$ 于 F,如图 2-10,则 $PE+PF$ 还是定值吗?

回答是肯定的,最终可以得到 $PE+PF$ 的值为 $\dfrac{24}{5}$. 经过分析可以得到这样的结论:等腰三角形底边上的任意一点到两腰的距离之和等于腰上高.

本题涉及三个变化:等腰三角形的形状,底边上的动点,动点到两腰的距离. 但不变的是这两个距离之和,它们的和为定值——腰上高.

上面两题中的动点都是在一定线段或直线上运动,让点在一个区域内运动,同样存在着定值. 请看下一题:

变式 2 已知 P 为边长为 a 的等边三角形 ABC 内任意一动点,P 到三边的距离分别为 h_1,h_2,h_3,如图 2-11,则 P 到三边的距离之和为定值?

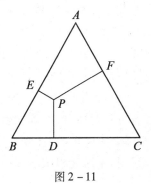

图 2-11

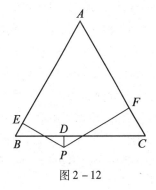

图 2-12

研究完了 P 在三角形内部运动的情况,如果降低对点 P 的约束,让这个好动的点 P 动到三角形外部去,则就变成了下面的问题.

变式 3 已知 P 为边长为 a 的等边三角形 ABC 外任意一点,P 到三边的距离分别为 h_1,h_2,h_3,如图 2-12,则 P 到三边的距离之间有何关系?

通过观察、分析、动中窥静,变化之中求不变,从而明确图形之间的内在联系,找到不变量或不变关系,找到解题的途径.

2.3.3 欣赏数学的"真",理解数学中的"有限"与"无限"

有限与无限是数学学习中要理解的一对概念,这对概念在我们日常生活中也常遇到.

有人说,有限常使人觉得实在,无限可使人感到迷惘,也有人说无限风光在险峰. 有数学家也说,数学是关于无限的科学.

任何事物,在其运动、变化、发展的历史上,经历的时间是有限的,占据的空间是有限的,它所具有的质量也是有限的. 这个有限反映到人的头脑中,经过思维加工,构成了数学上的有限,产生了界限的概念. 这个界限同时又成为被超越的目标,目标一经超越,又产生新的界限. 这就是使人感到实在的原因. 在数学学习的初级阶段,都是在有限的范围内进行的. 例如,小学一年级先学习 20 以内的加减法,然后是 100 以内的加减法. 当然,这有限范围马上就会被突破,因为数学是关于无限的科学.

无限,是一个普通名词,又是一个数学名词. 人们可以心想无限,口说无限,各门学科也会提到无限,但只有数学,才正面研究无限,运用无限,给无限以明确的界说. 关于无限的数学,是人类智慧的结晶.

1. 数学是关于无限的科学

数学中,无限的表现形式有三:其一,量的无限多;其二,无穷;其三,无限逼近.

伟大的数学家希尔伯特曾明确提出:"数学是关于无穷的科学."三次数学危机都与无穷相关,可以说,数学的发展就是数学家与无穷拼搏的画卷.

数学,从一开始就正面进攻无限:自然数是无限的,$1,2,\cdots,n,\cdots$永远数不尽. 现在流行说我有"n 个"东西,意思是很多. 至于究竟是多少,并没有限制.

从小学开始,就接触以无限为特征的数学概念. 首先是无限循环小数:$1/3 = 0.333\,3\cdots$;无限不循环小数:圆周率 $\pi = 3.141\,592\,6\cdots$,数位一个接一个永远不会完结. 接着是平行(小学里要计算平行四边形的面积). 那么什么是平行呢? 教科书上写着:"两条直线,如果无限延长永远不相交,称为彼此平行."何谓"无限延长"? 无限,是做不到的,也无法检验的. 它只能是依靠人的直觉想象而完成的数学思维活动. 奇怪的是,这种事涉"无限"的平行概念,学生接受起来却并不困难. 您听说过因为不懂"无限延长"而数学不及格的学生吗?

这种继续不断、没完没了的过程,数学上称之为"潜在的无限",它永远是现在进行时,每一步都是有限的,却永远不会结束. 人脑具有很强的思维的能动性,人人都能够凭直觉把握这种"潜无限". 老师不必讲,自己就能体会到. 中国古代有"一尺之棰,日取其半,万世不竭"的说法,刘徽用内接多边形采用"割圆术"求圆面积,都是利用潜无限阐述规律性认识的著名事例.①

数学所研究的另一种无限是"实无限",即实实在在的无限. 几何学中的曲线,由无限多个点组成. 说到全体"自然数""所有真分数",区间 $[a,b]$ 中所有实数,等等,我们面对的是一个真实的"无限集". 因此,即便是在初等数学里,实无限已经是研究的对象,只不过没有挑明罢了.

---

① 张奠宙. 话说"无限"[J]. 数学通报,2006(10):1-3.

许多数学上的困难,其实是由实无限所引起的,尽管函数的定义域可以是有限集(恰如一张表格).但是数学上主要研究无限集上的函数.无限数列是全体自然数集上的函数.一般地,一个函数 $y=f(x)$,其定义域 $M=\{x|a\leq x\leq b\}$ 是一个无限集合,$f(x)$ 实际上由无限多组的对应关系 $(x,f(x))$ 所构成,这是实实在在的"无限"对象.处理这样的"实无限"内容,自然很不容易.

比如,对于函数的单调性,画出图像解释函数的单调性很容易明白.但用文字写的定义,对定义域中任意的 $x_1<x_2$,都有 $f(x_1)<f(x_2)$,学生往往觉得难以把握,不知道为什么要这样啰唆.实际上,落笔一画就是无限多个"点"啊!单调性学习上的困难来自"无限"的背景.正是因为有无限多对 $(x,f(x))$,我们无法按照增加(减少)的方向一个个地排列起来(有限情形可以做到),所以才不得不在表述上使用"任意的"这样的逻辑量词.

一个具体的数,不管有多么大,如 $10^{10\,000}$ 是我们认为的大数了,但不能说它是无限大.当我们说自然数 n 趋于无限大时,实际上是数学家们设想了一个无限大 ∞,用 $n\to\infty$ 描述自然数无限制地增大的过程而已,无限大是一个纯理性的抽象物."满园春色关不住,一枝红杏出墙来",就是对无限大量的形象描绘.

一个具体的数,不管有多么小,不能认为是无限小.当实数 x 趋于无限小时,用 $x\to 0$ 来描述无限制地减少的过程,无限小也是一个纯理性的抽象物.对无限小的理解,引发了第二次数学危机.最终由著名数学家柯西将极限引入微积分,并用它来定义导数概念,才解决了第二次数学危机.柯西的观点是不把无限小看作一个固定的极小的数,而是一个趋于 0 的变量.

牛顿和莱布尼兹发明微积分,是人类研究无限的伟大胜利,数学家不是被动地对无理数这样的无限背景进行解释,而是主动出击开始正面处理"无限过程",终于通过对"无限"的研究得到大自然数量变化的规律.微积分的创立和发展,为 17 和 18 世纪的科学创新提供了锐利的工具.人类的理性思维达到了一个新高度.

2. 认识有限与无限的区别与联系

从有限发展到无限,是认识上的一次重大飞跃,这种质的差异,表现在有限量之间的对无限量不再保持,有限的整体一定大大局部,而无限的整体可能与其局部相等.

例如,偶数与自然数,虽然偶数是自然的一部分,但偶数与自然数是同样多的.说明同样多我们不能采用算术中有限量中的方法,只能用一一对应的方法进行比较.

请看:

0　1　2　3　…
↓　↓　↓　↓　…
0　2　4　6　…

从上面可以发现,每一个自然数都对应一个偶数,中间并没有"间隔",因此偶数与自然数同样多.

偶数是自然数的一部分,但谁也不多一个,也不少一个!如果一个集合里元素的个数是有限的,则称这个集合是有限集.如果一个集合里元素的个数是无限的,则称这个集合为无限集.显然,偶数集与自然数集都是无限集.有理数集与无理数集也都是无限集.在无限集中,部分可能等于整体,这是无限的本质.

无限求和. 先看一个例子:求 $1-1+1-1+\cdots$. 有下面的计算结果
$$1-1+1-1+\cdots$$
$$=(1-1)+(1-1)+\cdots$$
$$=0$$
$$1-1+1-1+\cdots$$
$$=1-(1-1)-(1-1)-\cdots$$
$$=1$$

还可以得到结果是 $\frac{1}{2}$. 由等式
$$\frac{1}{1-x}=1+x+x^2+\cdots \quad (|x|<1)$$
两边同时令 $x\to -1$ 就得到了
$$\frac{1}{2}=1-1+1-1+\cdots$$

为什么会有这么多不同的结果? 哪个结果是正确的?

$1-1+1-1+\cdots$ 有无穷多项,求它的和不能按照有限多项求和的方法,如加法的交换律与结合律不一定适应. 前面两种方法是用了结合律,得到了 0 与 1 的结果,第三种方法是用了级数的展开式,得到了 $\frac{1}{2}$. 这三种方法都是错误的,答案也是不对的. 其实,$1-1+1-1+\cdots$ 是没有确定的具体数的.

无穷多项的和,有时是没有确定的具体的数. 如果有的话,一般是采用极限的方法求和. 如
$$0.\dot{9}=\frac{9}{10}+\frac{9}{10^2}+\frac{9}{10^3}+\cdots$$
$$=\lim_{n\to\infty}\frac{\frac{9}{10}\left[1-\left(\frac{1}{10}\right)^n\right]}{1-\frac{1}{10}}$$
$$=\lim_{n\to\infty}\left[1-\left(\frac{1}{10}\right)^n\right]=1$$

同样地,我们可以求出 $0.\dot{3}=\frac{1}{3}$.

这说明数学中极限概念是对量变过程的无限性的恰当的描述,也说明通过无限可以进一步认识有限.

著名的"借马分马"问题,可以用无穷求和的方法解决.

传说古代印度有一位老人,临终前留下遗嘱,要把 19 头马分给 3 个儿子. 老大分总数的 $\frac{1}{2}$,老二分总数的 $\frac{1}{4}$,老三分总数的 $\frac{1}{5}$. 但不能宰杀马,只能整头分,老人死后,三兄弟为分马

一事而绞尽脑汁,无计可"分".邻居牵来一头马,总数是20头了,老大分10头,老二分5头,老三分4头,最后还剩下一头,邻居又牵回去了,终于解决了分马难题.

我们从另外一个角度思考,按照遗嘱,老大可得$\frac{19}{2}$头,老二可得$\frac{19}{4}$头,老三可得$\frac{19}{5}$头.显然,还没有分完,剩下$19-\frac{19}{2}-\frac{19}{4}-\frac{19}{5}=\frac{19}{20}$头.

对剩下的$\frac{19}{20}$头马,又按遗嘱分下去,老大可得$\frac{1}{2}\times\frac{19}{2}$头,老二可得$\frac{1}{4}\times\frac{19}{4}$头,老三可得$\frac{1}{5}\times\frac{19}{5}$头.计算一下便知仍然没有分完,又按遗嘱方式分下去,这样无限地分下去,三兄弟分得的马数分别构成了3个无穷递缩等比数列.设老大分得S_1头,老二分得S_2头,老三分得S_3头,则有

$$S_1=\frac{19}{2}+\frac{1}{2}\times\frac{19}{20}+\frac{1}{2}\times\frac{19}{20^2}+\cdots$$

$$=\frac{\frac{19}{2}}{1-\frac{1}{20}}=10$$

$$S_2=\frac{19}{4}+\frac{1}{4}\times\frac{19}{20}+\frac{1}{4}\times\frac{19}{20^2}+\cdots$$

$$=\frac{\frac{19}{4}}{1-\frac{1}{20}}=5$$

$$S_3=\frac{19}{5}+\frac{1}{5}\times\frac{19}{20}+\frac{1}{5}\times\frac{19}{20^2}+\cdots$$

$$=\frac{\frac{19}{5}}{1-\frac{1}{20}}=4$$

无限风光在险峰.一个个无限集就像一座座山峰,我们认识它,也就像登上了山峰一样.[①]

进入到无限,你可以看到在有限世界里看不到的许多现象.例如,正整数集的元素个数是a,但是

$$a+a+a+\cdots+a+\cdots=a$$

亦即$a^2=a$,这个式子在正整数领域只对$a=1$或0成立,可是,当$a=1$时,$a+a+\cdots+a+\cdots\neq1$.正是利用这一性质,我们知道了代数数集元素也是a个及其他许多性质.

但是,$2^a>a$,而且$2^a=c$. 2^a这个符号是2^n这个符号的沿用,2^n表示由n个元素的集合

[①] 张楚廷.数学文化[M].北京:高等教育出版社,2000:28-32.

的一切子集为元素的集类(仍是集)的元素个数,2^a 则表示由 a 个元素的集合的一切子集为元素的集类的元素个数. 所以,也很好理解 $c = 2^a > a$.

对于无限和,我们也将能看到一些异样的风光. 看看下面的这个无限和(代数和)

$$l = 1 - \frac{1}{2} + \frac{1}{3} - \frac{1}{4} + \frac{1}{5} - \frac{1}{6} + \frac{1}{7} - \frac{1}{8} + \frac{1}{9} - \frac{1}{10} + \cdots$$

两边同乘以 2,则

$$2l = 2 - 1 + \frac{2}{3} - \frac{1}{2} + \frac{2}{5} - \frac{1}{3} + \frac{2}{7} - \frac{1}{4} + \frac{2}{9} - \frac{1}{5} + \cdots$$

将右边同分母的项合并,且仍按分母大小顺序排列

$$2l = 1 - \frac{1}{2} + \frac{1}{3} - \frac{1}{4} + \frac{1}{5} - \frac{1}{6} + \cdots$$

此时,右边又等于 l,于是,我们看到了

$$2l = l$$

这样,l 就必须等于 0. 然而

$$1 - \frac{1}{2}, \frac{1}{3} - \frac{1}{4}, \frac{1}{5} - \frac{1}{6}, \frac{1}{7} - \frac{1}{8}, \cdots$$

都是大于 0 的,所以 $l > 0$. 怎么会出现 $l = 0$ 这样令人奇怪的现象呢?

现在,微积分的知识很容易告诉我们:$l = \ln 2$,即 2 以 e 为底的对数值:$\ln 2 = 0.6931\cdots$ 在和 $1 - \frac{1}{2} + \frac{1}{3} - \frac{1}{4} + \frac{1}{5} - \cdots$ 中的每一项都是有理数,而其和却成了无理数 $\ln 2$(其无理性可以证实),且是用对数来表示的. 有理数的无限和可能不有理了!

对数是 15 世纪就出现了的,等式

$$\ln 2 = 1 - \frac{1}{2} + \frac{1}{3} - \frac{1}{4} + \cdots$$

则是 17 世纪才知道的. 对数的发明者无论如何在二百年前没有想到,对数竟有如此之大的作用,它与其他一些数竟有如此广泛的联系.

我们已经知道,当 $x \to \infty$ 时 $\frac{x}{\pi(x)}$ 与 $\ln x$ 之比是趋向于 1 的,这一结果深刻地揭示了素数存在的数量性质. 这个式子说明,当 n 充分大时,不超过 n 的素数个数 $\pi(n)$ 当然比 n 少,可是,n 与 $\pi(n)$ 之比 $\frac{n}{\pi(n)}$ 却和 $\ln n$ "差不多"(即同一级无穷大). 这里,我们也看到,素数个数的问题竟然也是由对数来刻画的.

再看看以下级数(称其为调和级数)

$$1 + \frac{1}{2} + \frac{1}{3} + \frac{1}{4} + \cdots + \frac{1}{n} + \cdots$$

似乎所加进去的项,其值越来越小,但是,减小的速度并不快,而且可以断言,会越加越大,以致无穷大,因为

$$\frac{1}{3} + \frac{1}{4} > \frac{1}{2}$$

$$\frac{1}{5}+\frac{1}{5}+\frac{1}{7}+\frac{1}{8}>\frac{1}{2}$$

$$\frac{1}{9}+\frac{1}{10}+\cdots+\frac{1}{16}>\frac{1}{2}$$

$$\frac{1}{17}+\frac{1}{18}+\cdots+\frac{1}{32}>\frac{1}{2}$$

这样就有无穷多个大于 $\frac{1}{2}$ 的"片段"了.

$$1+\frac{1}{3}+\frac{1}{5}+\frac{1}{7}+\frac{1}{9}+\cdots$$

也是无穷大的,数学术语称这个级数是发散的,因为

$$\frac{1}{5}+\frac{1}{7}+\frac{1}{9}>\frac{1}{3}$$

$$\frac{1}{11}+\frac{1}{13}+\frac{1}{15}+\cdots+\frac{1}{27}>\frac{1}{3}$$

$$\frac{1}{29}+\frac{1}{31}+\cdots+\frac{1}{33}+\cdots+\frac{1}{81}>\frac{1}{3}$$

$$\vdots$$

这样就有无穷多个大于 $\frac{1}{3}$ 的"片段"了.

调和级数是发散的,用极限的语言说就是:它的部分和是趋向无穷大的,用式子表示便是

$$1+\frac{1}{2}+\frac{1}{3}+\cdots+\frac{1}{n}\to\infty \quad (n\to\infty)$$

可是,从 $1+\frac{1}{2}+\cdots+\frac{1}{n}$ 这一和式之值减去 $\ln n$ 之后情况就发生了根本变化,当 $n\to\infty$ 时,其差不趋于无穷大了,而具有有限极限了,即

$$c=\lim_{n\to\infty}\left[\left(1+\frac{1}{2}+\cdots+\frac{1}{n}\right)-\ln n\right]$$

是一常数,$c=0.5772156649\cdots$. 这是一个神奇的数,其性质我们还不太清楚.

$1+\frac{1}{2}+\cdots+\frac{1}{n}$ 与 $\ln n$ 都是趋于无穷大的,可是它们的差不趋于无穷大了,而且当 n 充分大的时候,两者之差与 $c=0.57721\cdots$ 差不多了. 例如,当 $n=1\,000$ 时

$$1+\frac{1}{2}+\frac{1}{3}+\cdots+\frac{1}{1\,000}=7.485470\cdots$$

$$\ln 1\,000=6.907755\cdots$$

$7.485470\cdots-6.907755\cdots=0.577715\cdots$,即,当 $n=1\,000$ 时,两者之差已不过万分之五了!

奇妙之处又是对数能描绘一些难以被描绘的数学事实,对数在无限中成了美丽的花朵.

在积分里,我们还可看到这类现象,当初等函数的原函数可由初等的有限形式表达时,

对数函数又充当一个主要角色,这是基于下面的式子

$$\int \frac{1}{x} dx = \ln x + C$$

这一切都是对数的创造人未曾想到的,当初的人们注意到如下两个数列之间的关系

n	0	1	2	3	4	5	6	7	8	9
2^n	1	2	4	8	16	32	64	128	256	512

人们发现,下排的数是比上排的数要大得多的,但下排较大的两个数相乘可以通过上排的两个数相加得到,即两数积可通过两数和得到,例如,下排的 4 与 8 相乘,可以从上排相应的两个数 2 与 3 相加得 5,然后在上排的 5 之下即得 4 与 8 之积;又例如,下排的 8 与 32 相乘,在上排相应的两数是 3 与 5,3 + 5 = 8,然后在上排的 8 之下可找到 8 与 32 的积;求 16 × 32 之积,则只需求 4 + 5 等于 9,而 9 所对应的是 512,于是得到 16 × 32 = 512.

这样的途径使大数变小数,使求积变成求和,便大大简化了计算,节约了计算量.

上面的计算过程,按照我们现在的符号表示,则是,欲求 $x \cdot y$,先求 $\ln(x,y)$,而

$$\ln(x \cdot y) = \ln x + \ln y$$

把 $\ln x$ 与 $\ln y$ 求出(已有表可查出)后相加(即求和),然后求反对数(亦有表可查),即得积 $x \cdot y$. 这就是一个把求积转换为求和,再回过去求得积的过程.

经过了两百多年之后,人们陆续发现了对数在研究无限之中的各种作用.

多少年来,大家常听到"把有限的生命投入到无限的为人民服务之中去"的话,这反映的是一种人文精神. 为他人服务是无止境的,也正是因为意识到生命的有限,才深切地感受到一种理想的无限,并通过有限生命能量的充分发挥去靠近或把握那个无限. 在现实生活中,人们直感到的几乎全是有限的对象,而能够靠近或把握无限且把握得越多,则生活越充实,意味越深长,越富于理想的色彩.

数学中更普遍地涉及有限与无限的关系,它并不是上面那种精神的移植. 数学更严密地研究着有限与无限的关系,大大提高了人类认识无限的能力. 而人们在这一研究中欣喜的心情,尤其是在获得了对于似乎难以捉摸的无限世界的越来越多、越来越深刻的认识的时候所表现的惊叹和欣喜,也充分代表了人的精神的重要方面.

3. 直面无限,把握无限

获得把握无限的能力和技巧,这是人类的智慧.

(1)通过反证法来把握无限也有效

有限是表达无限的基本手段,数学上许许多多联系无限的问题都是用有限来说明、论证的.

质数有无限多个,就是这样证明的:

假设质数有 n 个,即 $p_i(i = 1, 2, \cdots, n)$,那么构造

$$M = p_1 p_2 \cdots p_n + 1$$

则 M 必是奇数(因为 $p_i(i = 1, 2, \cdots, n)$ 中有一个是 2,则 $p_1 p_2 \cdots p_n$ 是偶数).

若 M 是质数,那么与假设矛盾(又多了一个质数).

如果 M 不是质数,则必定是合数,那么分解质因数时,必定有不同于 $p_i(i=1,2,\cdots,n)$ 的质数,这又多了一个质数,与假设矛盾.

因此,质数有无限多个.

质数的个数有无限多个,从表面上看,似乎无从下手,但通过反证法,从有限入手,构造 M,分析 M 的性质,便得到了结论.

有限与无限是一对矛盾,我们要善于从有限中认识无限,由有限跃向无限.

(2)数学归纳法是从有限过渡到无限的证明方法

例如,设 n 为自然数,则 $1+2+3+\cdots+n=\dfrac{n(n+1)}{2}$,对一切自然数 n 都成立,这里就涉及无限多个自然数. 但是,我们不能一一地都列举出来,就依靠上面的等式来说明求和的规律,同时,要证明上述等式成立,也不能靠列举法(因为不可能全部列举出来),只能用数学归纳法来帮忙.

数学归纳法的含义是:

假定一个命题 P 与正整数 k 有关,于是可将 P 写为 $P(k)$,如果 $P(k)$ 满足条件:

(Ⅰ)$P(1)$ 是真的(即 P 对 $k=1$ 是真的);

(Ⅱ)若 $P(n)$ 是真的,则 $P(n+1)$ 也是真的,那么,$P(k)$ 对所有正整数都是真的.

数学归纳法为什么是有效的呢?为什么有条件(Ⅰ)与(Ⅱ)就能表明命题 P 对所有正整数都能成立呢?事实上,我们先证明:若记使命题 $P(k)$ 成立的正整数构成的集为 M,那么,M 必是正整数集 $\mathbf{N}_+$ 的一个子集:$M \subset \mathbf{N}_+$.

证明了(Ⅰ),就证明了 $1 \in M$;证明了(Ⅱ),就是证明了若 $n \in M$,则必有 $n+1 \in M$. 而根据前面的归纳原理(即算术公理),这就表明 M 即正整数全体,M 并非 $\mathbf{N}_+$ 的真子集,即表明 $M = \mathbf{N}_+$,亦即对一切正整数 k,$P(k)$ 是成立的.

(3)用"任意"应对"无限"或"无穷"

面对无限多个对象,无论我们怎么努力,总是有限的,如何跨越"有限"到达"无限"的彼岸?数学家创造了"任意的"这个逻辑量词. 对"任意的"对象进行处理,以实现一个也不少的"无限"目标. 这种用"任意"来应对"无穷"的数学方法,具有独创性,是中学数学应对"无限"的主旋律.[①]

案例1 A,B 是两个无限集合,要证明 $A \subseteq B$. 根据定义,需要逐一验证 A 中的每一个元素都属于 B. 但是,因为 A 中的元素有无限多个,一个一个地举例验证,没完没了,也不可行. 为了跨越"无限"的障碍,于是就一般性地"任取"一个元素 $x \in A$,若能证明 $x \in B$ 就行了.

案例2 学生理解函数概念的困难,其实是由"无限"引起的. 一般地,一个函数 $y=f(x)$,其定义域 $M=\{x \mid a \leq x \leq b\}$ 是一个无限集合,因此,建立在定义域 M 上的具体对应也就有无限多组. 如何描述这"无限"多组对应呢?一般性地,"任取"一组对应 $(x,f(x))$ 作为代表,这样,函数 $y=f(x)$ 的概念就容易理解了.

用"任意"应对"无限",是对无限个对象进行的一种逻辑论证,以整体中的任意一个对

---

① 蒋亮. 直面"无限",彰显数学教学品位[J]. 中学数学教学参考,2014(4):5-7.

象具有某种性质为论据,推理出全体对象都具备某种性质为论题,是命题逻辑中的形式证明方法. 这种推理具有保真性和有效性,它是中学数学中处理"无限"的最基本、最质朴的数学思想. 这种思想方法,在后续的学习中将会进一步深化. 如极限定义中的 $\forall - \exists$ 形式,微积分严格化中的 $\varepsilon - \delta$ 语言.

用"任意"应对"无限",是数学理性思维的一种表现. 把握无限多个对象的共性,选定其中的一个代表——"任意",通过对这个代表的研判,收到遍及全体——"无限"的效果. 这种富有哲理性的数学思维,在中学数学中出现,可谓"别有用心".

(4) 借"传递"到达"永远"

面对与正自然数有关的一组数学对象,对其中的有限个对象进行运作是徒劳的,因为自然数是无限的,永远也数不完. 如何挣脱"无限"的桎梏?数学家通过"传递"这一行为动词,以初始对象为基点,借助相邻两者之间的辗转递送,以到达"不尽长江滚滚来"的"永远".

案例3 数列作为定义在自然数集上的一种特殊函数,常借用"传递"的方法来实现后面的"永远".

等差(等比)数列是一个无穷数列. 在通常的教学中,我们总是通过观察几个特例,然后就归纳得出其定义,这种刻意回避"无穷"的做法不可取. 如何定义这个无穷数列呢?逐一说明,只能解决前面的有限项,怎样应对后面的"无穷"呢?人们利用了"相等"的"传递性"($a=b, b=c \Rightarrow a=c$),这样我们只需说明相邻两项之间的等量关系(传递性)$a_{n+1} - a_n = d \left(\dfrac{a_{n+1}}{a_n} = q \right)$,再结合首项 a_1(递推基础),就能定义数列后面的"无穷"了.

案例4 函数单调性是函数最重要的性质之一,贯穿于中小学课程的始终. 但是,对于函数单调性的形式化定义,学生深感困惑,并产生思维障碍,觉得是天上掉下来的"林妹妹". 为什么要"任意两个"啊?突兀得很. 究其原因,还是如何跨越"无限"的问题.

函数 $y = f(x)$ 在区间 (a,b) 上单调递增,指的是函数值随着自变量 x 的增大而"永远"的增大. 如何数学化地描述函数的这一性质?考虑到区间 (a,b) 是一个无限集,我们先用"任意"应对"无限",在区间 (a,b) 内任取一组无穷数列 $\{x_n\}$,这样,函数单调递增的定义就可以转化为:当 $x_1 < x_2 < \cdots < x_n < \cdots$ 时,均有 $f(x_1) < f(x_2) < \cdots < f(x_n) < \cdots$ 成立. 又因为"不等"具有"传递"性($a>b, b>c \Rightarrow a>b>c$),故上述不等式链的"无限"又可以转化为"有限",以任取 $x_1, x_2 \in (a,b)$,当 $x_1 < x_2$ 时,有 $f(x_1) < f(x_2)$,来保证函数值随着自变量 x 的不断增大而"永远"的增大.

前面谈到的数学归纳法是用来证明与自然数相关的命题的,其证明格式中的第 2 步,就是寻求相邻两个命题之间是否具有"真"或"假"的传递性. 若具备传递条件,再结合第 1 步的奠基(递推基础),就能升华为这无限多个命题均为真的证明结论,数学归纳法是借"传递"到达"永远"的最典型的证明案例.

借"传递"到达"永远"的数学方法,基于皮亚诺(Peano)的自然数归纳公理,这种通过相邻两项的传递性来到达"永远"的数学思想在我国自古有之,老子的《道德经》说得明白:"道生一,一生二,二生三,三生万物."好一个"生"字,绝对比皮亚诺自然数公理的"后继"两字来得更加形象生动,你能说这不是中国版的自然数公理吗?

借"传递"到达"永远"的数学方法,是归纳和演绎两种数学思维的集中体现.首先,方法得保证相邻两项之间能够进行"传递",这种按形式逻辑的方法推演反映的是演绎法的本质特征;其次,是"传递"沟通了有限与无限之间的桥梁,因为跨越了"无限",也就保证了归纳的"完全性".借"传递"到达"永远",是归纳与演绎的完美结合,也是应对与自然数有关的"无限"问题的首选策略.

(5) 以"有限"承载"无限"

有限建立在无限的基础之上,无限存在于有限的认识之中;有限可以延拓成无限,无限常通过有限来表现.数学中有限与无限的关系体现了哲学中的辩证关系.在中学数学中,"有限"因其富含于无限之中而表现出更加实在的含义,备受中学生的欢迎.将无限转化为有限,以"有限"承载"无限",是解决无限问题的常用思想.

选定少量(有限个)对象作为基底,再用基底统辖整个系统(无限个),这种以"有限"承载"无限"的"基底法"在中学数学中被实实在在地应用到各个分支中.

案例 5 平面向量的基本定理告诉我们:只要选定平面内两个不共线的向量 e_1, e_2,那么对于这个平面内的任意向量 a,都可以唯一表示为 $a = \lambda_1 e_1 + \lambda_2 e_2 (\lambda_1, \lambda_2 \in \mathbf{R})$.这个把平面内方向各异、长短不一的无限多个向量,归依到一组基底 (e_1, e_2) 的转化方法,就是我们所说的以"有限"承载"无限"的"基底法".它是研究几何问题的基本策略,也是向量本质属性的直观体现.适当地选择基底,可彰显向量的"数"之特色和"形"之魅力,使向量的应用有规范的模式和固有的定律.

在中学数学中,向量和坐标系都是沟通代数与几何的桥梁.坐标系依赖于原点的选择;向量的优势在于不需要依赖原点,对于向量来说,平面内的每一点的地位是相等的,因而它比坐标系更普遍、更重要.

宏观地看,欧氏几何是由有限的几何公理和推理规则统辖的一门数学学科;向量空间是由一组基向量和线性运算构建的一个数学系统;解析几何是由坐标系和几个几何概念导出的一支几何分支;还有近世代数中的群、数域等内容,它们都张扬了"基底法"的共同表征.

无限的对立面是有限,倘若我们能够将无限问题转化为其对立面,那么"无限"就可以转化为"有限"了.这种以"有限"承载"无限"的方法——"对立法",是处理无限问题的一种有效的办法.

在中学数学中,常见的"对立法"有前面谈到的反证法和逆否命题法.反证法是通过对结论的"反证假设",通过对否命题的归谬来佐证原命题为真的一种证明方法.逆否命题法是基于逻辑命题中原命题与其逆否命题等价的事实,将无限问题转化为有限问题的.它们的共同点是将难以入手的无限问题转化为其对立面.

在哲学中,无限作为有限的对立物而存在,"对立法"正是利用了无限与有限的对立性,作为一种方法论,哲学为我们认识"无限"提供了有用的探究工具.

把无穷多个对象作为一个整体,使之成为更高一层次的"有限",通过在高一层次里对"有限"的处理,以实现低一层次里研究"无限"的目标.这种以"有限"承载"无限"的处理方法我们称之为"整体法",在中学数学里,"整体法"也是化"无限"为"有限"的常用方法.

案例 6 在实数系中,有理数和无理数分别可表示为无限循环小数和无限不循环小数,且无理数还可表示为无限连分数和无穷乘积,有理数可表示为无穷级数.如圆周率(韦达公式)$\pi = 2 \cdot \dfrac{2}{\sqrt{2}} \cdot \dfrac{2}{\sqrt{2+\sqrt{2}}} \cdot \dfrac{2}{\sqrt{2+\sqrt{2+\sqrt{2}}}} \cdot \cdots$.如果我们把 π 看成右边无穷乘积的整体,那么在实数集中,π 就和其他实数一样,可以进行各种运算了.

在立体几何中,直线、平面可以视为无穷多个点的整体(集合).这样,人们就可以对直线的条数和平面的个数进行统计,也可以对线线、线面与面面的位置关系进行度量和研判.

唯物辩证法认为,一切事物都是由各个局部构成的有机联系的整体,局部离不开整体,全局高于局部,二者相互依赖、相互影响.用"有限"承载"无限"的"整体法"自然地反映了哲学的探索与诉求.(关于有限与无限的探讨还可参见作者所著本套丛书中的《数学眼光透视》中 9.5 节.)

第三章 欣赏数学的"善"

数学知识推动社会科技与文明的发展,以其独特的方式为人类文明的发展服务. 数学知识与数学思想方法是人类认识自然、认识现实世界的中介与工具,是一种高级的认识论与方法系统. 数学是人类智慧的创造活动,它对人的行为观念,精神心灵、品德人格都具有重大影响. 数学的这种功能价值就是数学"善"的体现.

钱学森在对人类知识分类时,认为"数学"应与"哲学"并列. 如果说哲学是社会科学和自然科学在"规律"上的概括,那么数学就是社会科学与自然科学在"数量"上的概括. 数学的这种高度概括性,也就引发了其应用的广泛性,这便是数学"善"的集中表现.

3.1 欣赏数学的"善",震撼于数学认知之深刻

数学家 V. Singh 曾指出:"数学是观察世界的一种方式,这种方式有助于精确地、完全地、经济地并尽可能一般地理解生活的每一个方面."数学家 J. W. A. Young 也说过:"如果没有一些数学知识,那么就是对最简单的自然现象也很难理解什么,而要对自然的奥秘做得更深入的探索,就必须要同时地发展数学."[①]康德也曾说过:"在任何特定的理论中,只有其中包含数学的部分才是真正的科学."

数学与人类文明同样古老,有文明就必须有数学,缺乏数学不可能有科学的今天,不可能有人类的文明.

3.1.1 欣赏数学的"善",认识数学是认识自然的中介

从古希腊至今,人们一直在探索数学与自然的关系. 科学史的大量资料也显示数学的巨大力量和源泉,在人类的创造中最强大的方法就是数学. 数学使得我们对形形色色的自然现象取得确定的认识,数学是人类认识自然现象必不可少的中介. 它"体现了最有效地使现实世界与感性认识世界联系的环节,长期以来,数学处于人类思维的前沿,它保持先进的位置,迄今,它仍是加以百般爱护的人类理性的无价之宝"."数学的事业是一桩伟大的探索,探索宇宙和人类自己最深的奥秘".[②]

公元前 6 世纪古希腊人认为,自然界是被合理安排好了的,一切现象都是按一个精密的不可变的计划进行的. 这个计划就是数学计划,世界是建立在数学原理之上的. 这期间占统治地位的毕达哥拉斯学派认为,数是描述大自然的第一原理,是一种物质,"万物皆数". 他们创立两种学说:(1)自然界是根据数学原则安排的;(2)数比是实质、是基础、是唯一本质,是自然界中序列认识的工具. 这种观点虽然很快就被找出谬误,但它的影响却一直延续到近

---

① 王庆人,译. 数学家谈数学本质[M]. 北京:北京大学出版社,1989:179,194.
② 单墫,李善良. 数学:人类认识自然的中介——数学的价值研究之一[J]. 数学通讯,2002(5):1-3.

代.这是因为他"终究提出了宇宙的本性问题,提出人可以通过对数的研究达到对宇宙的本质的认识".原子论学派也断言,以现实世界的经常性变化为基础的现实性可以用数学语言来表示,数学定律严格预定了在这个世界上正在产生的一切.柏拉图认为,现实世界是建立在数学原则之上的,"现实的、为事物的表面现象所掩盖的,表示事物内部实质的那些东西,就是数学".亚里士多德学派也支持以整个宇宙为基础的数学计划的说法,认为数学的抽象是从物质世界中吸取的.

中世纪欧洲哲学家由于无法解释数学与自然的神奇联系,避免与神学的冲突,便认为用数学原理创造世界的正是上帝.他们在数学中看到了通往认识自然之路,世界的和谐就是数学结构的表现,上帝用严格的数学秩序奠定了世界的基础.正如数学史家克莱茵所评:"16~18世纪,数学家的工作实质就是宗教的寻找,在寻觅数学定律之中举行宗教仪式,揭示神的创造力的光荣与伟大."他们"深信存在着自然界所有现象的数学定律.每一次发现自然定律,都又一次证明上帝的英明".

17世纪,"回归自然"口号提出,欧洲的"科学革命",数学起了重要的作用.分析这以后哲学家的思想,可以对数学与自然的关系有更深入的认识.首先是笛卡儿和伽利略把自然科学与数学有机地结合起来.笛卡儿认为,"只有研究秩序或度量的那些学科才属于数学领域……",相信自然界是以数学原理为基础的."现实世界就是数学定律表现物体在时空中运动的总和,而整个宇宙则是一个以数学定律构成的庞大而协调的机器".因而认为,正是数学方法为人类开辟了一条获得自然规律的道路.伽利略认为,自然科学家在研究自然时应该遵循某个数学模型,"数学符号就是上帝用来书写自然这一伟大著作的统一语言,不了解这些文字就不可能懂得自然的统一语言,只有用数学概念和公式所表达的物理世界性质才可认识……".

其后是牛顿、莱布尼兹等科学家的进一步扩展.牛顿"努力使自然现象服从于数学规律",以其著作《自然科学的数学原理》向人类显示出一个新的世界秩序——宇宙的运动可用几条数学定律描述,使古希腊的理念得到确切的证实,摆脱了毕达哥拉斯学派的数学神秘主义.莱布尼兹认为现实世界与数学世界是协调的,这种科学哲学观奠定了他的宇宙基础的数学原理说的基础.

总之,"笛卡儿、伽利略、牛顿、莱布尼兹及其他现代数学的奠基人始终信仰的实质就是:自然界内部固有着某个隐藏的和谐,它以简单数学定律的形式在我们的意识中反映出来.由于这一和谐性,结合数学分析的观察能预言自然现象".

随着科学与数学的进一步发展,数学的推演与实际观测的吻合,人们从信仰宗教,转到信仰自然,坚信自然规律就是数学规律,一切注意力都集中在探索宇宙的数学规律上.数学家魏尔的思想"在自然界中存在着其内部固有的隐藏着的协调,它反映在我头脑中的形式为简单的数学定律",更是明确指出了自然与数学的密切关系.巴雷特甚至断言:"整个数学的历史证明数学理性与自然之间存在着相互联系."因此,数学仿佛是一种人与自然,人们的内在世界与周围外部世界之间的媒介物.

对近现代科学的重大成就稍做分析就会发现,它们几乎全是数学的成就,甚至完全依赖于数学.首先,电磁场理论就是最好的例证.它在理论物理中的重要地位是众所周知的,然而它几乎是纯数学理论.近代物理的精神就是数学理论.爱因斯坦认为这种变化是"从牛顿时代以来物理所经受的最深刻、最富有成效的变化".其次,原子结构观点对于物理学具有非常重要的意义,对化学和生物的研究也有极大的促进作用.然而,原子模型却是数学模型."数学充满混乱的地方展示和建立了秩序".第三,今天的微电子技术,信息网络技术更是由数学编织而成.

综上所述,数学已成为人类认识自然、认识现实世界的中介与工具,是一种高级的认识论与方法论系统.在人类探索宇宙的规律(这种规律更多的是用数学进行表述的)的过程中,数学这种独特的性质促进了人类智能的发展、品德的完善、人格的健全,同时促进了人类思维的不断创造.这种对人类智能的记录、传递与创造的作用,使得数学成为人类文化的重要组成部分.

数学的这种中介作用也激励我们不停地探索自然的真谛,探索数学中隐藏的巨大力量和源泉.

3.1.2 欣赏数学的"善",理解数学的消耗量是科技含量的标志

数学家 A. N. Rao 曾说过:"一个国家的科学进步可以用它消耗的数学度量."

在数学与其他科学的关系方面,培根曾说数学是"通向科学大门的钥匙";伽利略说"自然界的伟大的书是用数学语言写成的".物理定律,以及科学的许多最基本的原理,全是用数学公式表示的,引力的思想早已有之,但只有当牛顿用精确的数学公式表达时,才成为科学中最重要、最著名的万有引力定律.另一位物理大师爱因斯坦认为,"理论物理学家越来越不得不服从于纯数学的形式的支配";他还认定理论物理的"创造性原则寓于数学之中".他自己的工作证实了这一思想,正是黎曼几何为广义相对论提供了数学框架.科学大师们的工作和思想,引导到如下的信念:"我们生活在受精确的数学定律制约的宇宙之中",正是这种制约使得世界成为可认识的.世界可知是唯物认识论中的最重要的原理.随着科学的数学化进程,由于相互渗透而导致许多新问题和古老难题的解决,其成绩往往出乎意外而使人惊异.例如,对素数的研究,以往认为很少有实用价值,却不料它在密码学中受到重用.密码学认为,千位以上的整数的素因子分解,几十年内在计算上不可能实现,但荷兰数学家得到了一个当前最好的因子分解算法,这严重地冲击了上述想法和密码的安全性.又如泛函分析中的无穷维 Von Neumann 代数,解决了拓扑学中三维空间中打结理论中一些难题,描写孤立波的 KdV 方程用于代数中,解决了 Riemann 提出的一个重要问题.描写随机现象的 Malliavin 演算给出了著名的 Atiyah-Singer 指数定理的新证明,并推广了这一定理.更使人感叹的是物理中的杨振宁—米尔斯规范场与陈省身研究的纤维丛间的紧密联系,二者间的主要术语竟可一一对应.例如,规范形式—主纤维丛、规范势—主纤维丛上的连络、相因子—平行移动、电磁作用—$U(1)$丛上的连络,等等.无怪乎杨振宁说:"我非常惊奇地发现,规范场说是纤维丛的连络,而数学家们在提出纤维丛上的连络时,并未涉及物理世界."

现在世界各国都强调以经济发展为中心,经济学是当今最受关注的学科.

经济学号称"社会科学的女王",这不仅因为它研究的对象客观而明确,而且也因为它的定量化及数学化程度最高.经济学中的一些概念,如市场价格、产量、工资、利润、利息、汇

率、成本、折旧、通货膨胀、税率,等等连家庭妇女通过其切身体会都能理解,对于稍微抽象的概念如,国民收入、人均总产值、供给、需求分配、竞争、垄断乃至均衡、投入产出,经济波动(萧条与复苏)、经济周期等也不难通过理论思维及数学概念得出比较明确的认识. 经济科学不仅要知道以后的发展如何,而且还要制定政策使得经济朝着符合人的意志方向发展,在这方面,不仅需要可靠的经济理论(而不是似是而非、概念模糊、不能通过客观事实检验的经济理论),还需要更强有力的数学工具,特别是最优化理论(包括线性及非线性规划)、对策论、统计数学等. 最后当然也离不开计算机. 从经济学的发展看,每一经济学说发展大体都有四个阶段:①经验描述阶段;②寻求规律阶段;③建立理论阶段;④制定政策阶段. 每一阶段都离不开数学的参与,只不过所用的数学逐步精深罢了. 因而,一个国家的经济发展以及科技的进步,可以用它们消耗的数学来度量.

3.2 欣赏数学的"善",震撼于数学育人价值之独特

数学与自然的特殊关系,使得数学成为人的发展中不可缺的主要内容. 首先,在上节中已揭示,数学不仅给人以应用的数学知识,更为重要的是,数学教给人如何运用数学去看待世界. 去认识自然的方法,通过数学学习使人掌握宇宙发展的普遍规律. 因此,数学对人的世界观的形成具有特殊作用. 其次,数学是一种思维形式,是思维创造的产物,表现着人类的智能本质与特征. 数学活动是智力体操与创造发明的活动,他对人的科学思维与创新意识、创新能力的培养起着重要的作用. 第三,数学与自然的关系,揭示了现实世界的内在不变的规律,揭示了自然的奥秘、事物之间的相互关系,揭示了物体运动发展的动力与源泉,对形成学习者鉴别诚实有信的能力有一定促进作用. 对培养学习者兴趣,培养学习者自信、毅力、批判精神等良好的个性品质方面也极为有益.[①]

3.2.1 欣赏数学的"善",看到数学有利于正确的认知与世界观的形成

数学对于人的认知形成的功用,上节已有说明. 同时我们还看到,数学对象具有双重性,它的理论是思维创造的产物,而非客观世界中的真实存在. 客观世界中不存在数学中的点、线、面、三角形、圆,数学中的概念、命题等都是抽象思维的产物. 然而,就其内容而言,数学对象则又具有明确的客观意义,它是人的思维对于客观现实的正确反映. 这里的现实与感性是相对而言、具有层次的. 在同一公理系统内,数学的真理具有绝对性,而对于不同的公理系统,数学真理又具有相对性. 这些思想对人的认识论、方法论、世界观的形成都是非常有益的.

3.2.2 欣赏数学的"善",认识数学有助于人的思维能力与创造能力的培养

数学是思维创造的结果,也是思维的工具,可以充当思维训练的素材.

---

① 单墫,李善良. 数学:人的发展中不可缺的内容——数学的价值研究之二[J]. 数学通讯,2002(7):1-3.

其一,数学思维是一种抽象逻辑思维,主要表现在两个方面.(1)数学是抽象思维的产物.数学是研究思想事物的抽象科学.尽管数学与现实世界关系密切,但数学内容一经建立,它便脱离现实,它的对象与结果都是思维的创造,运用数学解决问题,也是对现实进行抽象,建立其数学模型的结果.(2)数学具有逻辑的严谨性,结论的可靠性.正如爱因斯坦所言,"为什么数学比其他一切科学受到特殊尊重,一个理由是它的命题是绝对可靠的和无可争辩的",另一个理由是"数学给予精密自然科学以某种程度的可靠性.没有数学,这些科学是达不到这种可靠性的".

其二,数学思维也是形象思维与直觉思维.尽管其他学科(文学、艺术等)也培养学生形象思维能力,但其内容与程度远没有数学丰富与深刻.这是因为数学的形象思维是对现实世界抽象之后的数、形、结构、形式等内容之上的形象加工.这种形象思维与逻辑思维紧密结合、相互补充、相互促进.

因此,数学活动对人的思维训练来说,既是素材,又是过程.

美籍学者项武义说过:"基础数学教育的首要目的,在于开发脑力,提供解析思维的基本训练.而其第二个主要目的才是让学生掌握现代技术工艺上普遍应用的基础数学知识,数学基础当然十分有用、十分重要,但是,认识问题、解决问题的思维训练实在更加有用、更加重要."美国《人人关心数学教育的未来》则认为"中等教育特别缺乏揭示数学的思维方式,而这都是提高公民的理解力所需要的".人们早已认识到数学对人的思维训练是极为有益的.首先,数学是思维的工具,通过数学活动可以提高人的思维能力.其次,数学活动过程是一种再创造、重新发展过程,通过观察、实验、归纳、模拟、猜想、验证等活动,概括抽象出数学概念,提出数学命题;通过建立数学模型,解决实际问题.这一系列活动,对人的思维能力与创造能力进行了全方位培养.

3.2.3 欣赏数学的"善",理解数学有益于人的心灵净化

数学除了在人的智力发展方面的巨大影响外,对人的心灵净化,良好的个性品质形成,乃至身心健康有重要促进作用.

首先,数学有益于人们对诚信的追求.

过去的教育中,数学的德育或者被忽略或者被狭义的爱国主义、民族自尊心替代而流于形式.实际上,"数学在人们品质形成上有不可替代的作用".数学既然是自然的秩序与规则的反映,他有自己的"道",因而有自己的"德".而"诚信"是最大的"道"与"德".

数学推理的严谨性与结论的精确性,促使进行数学活动的人必须严格遵守相应的规则、体系.在同一系统内,数学真理具有绝对性,数学追求的目标几乎是一种清晰可达的信仰.因而,学习与从事数学的活动追求的是一种抽象的"真",一种心灵上的纯真与虔诚,即诚信."首先在工作中,他必须是完全忠实的,这倒不是出于任何优秀的道德品质,而是因为他无法拿着冒牌逍遥法外".

道德是一定社会经济关系的产物,是调整人与人之间、人与社会之间关系的原则和规范的总和.数学的教育价值之一是体现在数学对学生良好道德品质的形成和确立正确的政治态度以及思想观点等方面所起到的积极作用,表现出具有良好的德育功能.

其次，数学有益于人们形成良好的非智力品质，完善心理结构.

智力是人们在认识客观事物的过程中所形成的认识方面的稳定心理特征的综合，它包括观察力、记忆力、想象力、思维力和注意力等多个基本因素. 在数学学习中，智力这些因素是人们进行数学学习所不可缺少的重要条件；而相对于智力因素来说的非智力因素，在人们学习的过程中也起到重要的作用. 非智力因素是相对智力而言的意向活动中的动机、情感、意志、性格等因素的总称.

数学对人们良好智力因素的形成起着重要作用这是众所周知的，但它对人们良好非智力因素的形成也有着重要意义则是易于被忽视的问题. 我们知道，数学是通过严密的逻辑推理来证明对象内部规律的真实性、以精密的数学语言准确对其进行描述的科学. 数学的这一特点，决定了数学学习是一项艰苦复杂、受意识支配的脑力活动，因而学习者在学习数学时难免会遇到这样或那样的困难，意志坚强的学习者会战胜困难获得成功的乐趣；意志薄弱的学习者常常缺乏信心，半途而废. 如果学习者有了正确的动机和良好的情感，就能迎难而上，百折不挠，视学习任务为内部的需要，把解决难题作为一种享受. 因此，通过数学教学过程，我们可以诱发学习者对数学孜孜不倦的追求，使其产生强烈的内驱力；产生对数学持久的兴趣；促使学习者养成脚踏实地、耐心细致、沉着冷静、勇于探索、独立思考、果断机智、思维缜密等优良品格和实事求是、有条不紊、刻苦钻研的工作作风，从而有助于优化学习者的非智力品质，具有良好的心理素质培育功能.

第三，数学有益于唤起人们的民族自尊心和激发责任感.

在数学发展史上，中国对数学科学做出过巨大的贡献，中国数学家们的丰功伟绩是不可磨灭的. 我国是世界文明古国之一，从公元前3世纪到公元16世纪左右，我国在数学领域始终处于领先地位，正如苏联的鲍加尔斯基在他的《数学简史》一书中所指出的那样，在人类文化发展的初期，中国的数学远远领先于巴比伦和埃及. 大约在三千年前中国人就已经知道了自然数的四则运算；从《九章算术》第八卷说明方程以后，在数值代数的领域内中国一直保持了光辉的成就，在明朝后期欧几里得《几何原本》中文译本一部分出版之前，中国的几何早已在独立发展着；三角学的产生也是如此，中国古代天文学很发达，因为要决定恒星的位置很早就有了球面测量的知识，平面测量术在《周髀算经》内已记载着用矩来测量高深远近，等等. 这些材料能够让人们看到我们的国家和民族在数学领域中的巨大成就，从而激发人们的民族的自尊心和自信心，使人们意识到自己这一代有责任继承和发扬民族的光荣传统.

今天，全球数学化的特征越来越明显. 数学作为一种技术已日益成为高科技的支撑，成为推动科学技术发展和增强一个国家综合实力以及国际竞争力的锐利武器. 因此，揭示数学知识、技能和方法等应用的广泛性，可以大大地拓宽人们的知识领域，能让其在掌握数学科学这一有力的工具来解决问题并为现实服务的同时，激发起对数学的兴趣，树立科学的世界观和方法论. 另外，还可以使人们明确数学与社会进步的关系，充分认识到学好数学的重要性，从而使人们焕发出学习数学的热情，树立掌握数学以推动社会进步的学习责任感.

第四，数学有益于良好个性品质的形成.

由于数学是思维创造的产物，数学活动是思维创造活动，学习数学是思维的再创造过程，因而它有益于形成人的许多良好的个性品质. 首先，数学可以激发人的学习欲望，激发其探索自然奥秘的好奇心.数学的实践活动尤其是解决问题,实际是在失败中进行探索,试图找到一条成功的道路.通过尝试、失败、挫折的磨炼,可以增强人的自信心与学习毅力,可以坚定学习者的意志,使学习者不畏错误,勇于探索.

在追求数学目标的过程中,通过对自己的方案进行不断的反思、否定、批判,可以培养学习者的批判能力,培养其正确的科学态度,及独立思考、解决问题的能力.在学习数学过程中通过对自己的动机、自信、成就等不断评价、评估,认识自己的价值,不断对自己的行为进行监控、调整.这些内容对于学习者追求人生目标,实现自我价值等方面也有迁移或示范作用.

良好的个性品质,是人的一种修养.有这种修养的人应当说站得更高了,人的质也更高了.

关于数学的育人价值的讨论,还可参见作者在本套丛书中的《数学精神巡礼》中的有关章节.

3.3 欣赏数学的"善",震撼于数学应用之广泛

3.3.1 欣赏数学的"善",认识数学是一种新兴技术

数学是科学的仆人,是打开科学之门的钥匙.这是说数学是一种技术,是一个工具.数学经过理论的抽象和概括,形成了独特的思想方法,在对人类生产生活实践和科学技术等方面进行定性描述和定量刻画中,数学技术显示出了巨大的威力,有着最为广泛的用途.普及数学知识,利用和发展数学技术,成为当今世界各个科学领域的一个主题.

早在1959年5月,数学大师华罗庚在《大哉数学之为用》的文章中就精辟地提到数学的各种应用:宇宙之大、粒子之微、火箭之速、化工之巧、地球之变、生物之谜、日用之繁等各个方面,无处不有数学的重要贡献.

宇宙空间存在许多有趣的问题,天文科学家利用数学模拟研究太阳和其他恒星的消亡过程.数学模型已经证实,太阳系在相当长的时间内是稳定的,至少在10亿年内不会消亡,太阳消亡的结果,是演化成一颗白矮星.当代最伟大的物理学家霍金(Stephen Hawking)用数学研究宇宙的黑洞现象,也取得了举世瞩目的成就.[①]

海王星是距太阳系最远的行星之一,它是在数学计算的基础上被发现的.1845年,英国数学家亚当斯经过计算,分析了天王星运动轨道没有按照数学规律分布,进而推断这是由于其他行星的引力而产生的,他把这个结果通报给了英国皇家天文台,天文台却将其束之高阁.1846年,法国数学家勒威耶也计算出了同样结果,而且比较精确地计算出了这颗行星的位置,德国天文台的伽勒博士按照他的计算结果,很快就找到了这颗新的行星——海王星.

数学在军事方面大有用武之地,第一次世界大战被称为化学战(弹药),第二次世界大战被称为物理战(原子弹),而海湾战争被称为数学战.1990年的海湾战争中,伊拉克军队点燃了科威特的数百口油井.这早在美军的预料之中,战争之前就让美国的太平洋—赛拉研

---

① 张小平.漫谈数学的两重性[J].数学通报,2012(6):5–6.

咨询公司利用数学方法进行研究.他们为此建立了模拟烟雾流体的数学模型,利用 NS 方程计算后得出结论:油气燃烧的烟雾将导致重大的污染,但是,还不至于对地球的生态和中东的经济系统造成损失.这就促成了美军下定了用武力打击伊拉克的决心.

在研制核武器过程中,美国研制 MZ 导弹的发射试验从原来的 36 次减少为 25 次,可靠性却从 72% 提高到 93%.我国研制原子弹,试验次数仅为西方的 $\frac{1}{10}$,从原子弹到氢弹只用了两年零八个月,重要原因之一就是有许多优秀数学家参加了工作.

诺贝尔奖是不设数学奖的,但是,在诺贝尔奖获得者中有许多是数学家,发明 X 射线计算机层析摄影仪(简称 CT)是二十世纪医学界的奇迹.美国数学家科马克(A. M. Cormark)利用数学中的拉东积分变换解决了计算机断层扫描的核心理论问题,发现了人体不同组织对 X 射线吸收量的数学公式.英国的希斯菲尔德(C. N. Hounsfield)根据这个原理制作出了第一台 CT 机.他们共同获得了 1979 年的诺贝尔医学和生理学奖.

豪普特曼(H. Hauptman)也是一位美国数学家,他和卡尔勒(J. Karle)在从事 X 射线晶体学中的相角问题和矩阵理论的研究中,用统计数学方法分析晶体的衍射数据,经过大量的计算,推导出了衍射线相角的关系式,直接从衍射强度的统计中得到各衍射线相角的信息,建立了利用 X 射线衍射测定晶体结构的数学理论和直接方法,一举解决了困惑了化学家四十多年的难题,他们共同获得了 1985 年的诺贝尔化学奖.

康托洛维奇(Leonid Vitaliyevich Kantorovich)是苏联的著名数学家,他以线性规划理论研究生产中的资源最优配置问题.怎样利用有限的资源取得最大的效益,它可以抽象为一个约束极值问题.康托洛维奇发现可以用 Lagrange 乘子法来处理,从而提出了一个新的经济学概念.他获得了 1975 年的诺贝尔经济学奖.

关于经济学问题,我们在前面关于理解数学的消耗量是科技含量的标志中曾谈到.由于当今的世界各国,都在强调经济的发展,数学在经济发展中所呈现出的新兴技术力量更加突出.在此,我们还想在这里多说几句.

经济活动十分广泛,经济学研究也可被视为经济活动之一.对于一般的经济活动又可以分作很多类,不同的类与数学的关系也有些不同.比如说,金融、财政、税收、……这一类比较直接地运用数学;第一产业、第二产业则直接依靠科技,第三产业更多地依靠科技,而任何科技都离不开数学.广义地说,任何经济活动都离不开数字,因而也离不开数学.经济活动越频繁,越发展,经济规模越大,经济水平越高,越需要数学,越需要数学技术.

"没有数学语言的帮助,具有复杂组织的商业就会延缓发展,甚至停止发展.在管理科学中也同在其他科学中一样,数学成为进步的条件."(A. Battersby 语)[1]"有一件事就要发生,……将有一个数学研究潮流,它从工业界流回研究生院,甚至流回大学课程.数学的许多分支可能会从工业中开始."(H. O. Pollack 语)[2]"越来越多的营业商行正在把精细的数学思想应用于管理、库存和生产问题.工程师们在系统分析领域进行集中的研究,这一领域主要也是关于给定操作的仿真模型的."(S. Karlin 语)[3]

---

[1][2][3][4] 王庆人,译.数学家谈数学本质[M].北京:北京大学出版社,1989:108,66,55,210.

以上的引语中包含两方面的意思,一方面经济活动,无论是商业活动,还是工业活动,都需要数学;另一方面,工业和商业这一类经济活动也促成数学研究.

现在我们要说到经济学.

1971 年,哈佛大学的多伊奇与另外两位同事在美国权威的杂志《Science》上发表了一项研究报告,列举了从 1900 年到 1965 年的 62 项重大社会科学成果;1980 年又补充了 77 项,他们得出的结论是:大部分与数学有关.

经济学作为社会科学之一,它与数学的联系似乎比其他社会科学学科与数学的联系更好理解.

有人甚至说:"很清楚,经济学要成为科学,就必须是一门数学科学.经济学必须是数学的,因为它处理那些可大可小,经历连续变化的数量."(Anonymous 语)

然而,在苏联,运用数学方法研究经济被视为"资产阶级"的庸俗做法,因而受到排斥.在苏联发生的许多方面(不只是经济学、数学方面)排斥科学的现象,倒是很像封建阶级排斥拒绝科学那样.

在苏联的影响下(更有我们自身的原因),中国也曾发生过类似的情况,甚至更严重的情况.这样,大学的经济学系近 30 年不开设数学课程.实际上,整个的经济学作为科学已没有什么地位,更谈不上经济学与数学的联手①.

马克思作为思想家、政治家的同时也堪称伟大的经济学家,他在许多地方运用数学的思想及其表达方式.马克思在给恩格斯的一封信中曾说:"在制定政治经济学原理时,计算的错误大大地阻碍了我,失望之余,只好重新坐下来把代数迅速地温习一遍,算术我一向很差,不过间接地用代数方法,我很快又会正确计算的."马克思、恩格斯都具有极高的数学水平,这对于他们在哲学、经济学上取得巨大成就无疑有重大作用.仅由这一点亦可见,在苏联及 1978 年前的中国离马克思主义有多么远.

经济学系统运用数学方法最早的例子,通常都认为是 17 世纪中叶英国古典政治经济学的创始人配第的著作《政治算术》.实际上,数学与经济学真正紧密联系起来还是始于近代数学已经大量发展起来的 19 世纪中叶.

1838 年,数学家拉普拉斯和泊松的学生古诺(他研究概率论)发表了一本题为《财富理论的数学原理研究》的经济学著作,著作中充斥着数学符号.例如,其中记市场需求为 d,市场价格为 p,需求作为价格的函数记为 $d = f(p)$.

19 世纪中叶之后,勒翁·瓦尔拉斯和杰文斯提出名之为"边际效用理论"的经济学(杰文斯称其为"最后效用").戈森和门格尔也是这一理论的奠基者.戈森的数学极好.后一代的经济学家们发现,这一理论中的"边际"原来就是数学中的"导数"或"偏导数".因此,这一理论的出现意味着微分学和其他高等数学已进入经济学领域.虽然门格尔并不清楚二百年前牛顿、莱布尼茨已建立了微分学.

瓦尔拉斯还于 1874 年前后提出了另一种颇有影响的"一般经济均衡理论".瓦尔拉斯用联立方程组来表达一般均衡理论.但是他的数学论证是不可靠的,后来,严格证明一般均

---

① 张楚廷.数学文化[M].北京:高等教育出版社,2000:364-366.

衡理论的数学工作一直到20世纪才完成.一般经济均衡价格的存在问题是经济学界长期关注但悬而未决的问题.直到1954年,德布罗和另一位美国经济学家阿罗才第一次利用凸集理论、不动点定理等给出了一般经济均衡的严格表述和存在性证明,特别引人注意的是,阿罗乃一位于1951年获得数学博士学位的数学家,德布罗则是由布尔巴基精神(以严谨著称,此乃其精神之一)培养出来的数学家.

1959年美籍法国数学家德布罗发表《价格理论》,对一般经济均衡理论给出了严格的公理化表述,使公理化方法成为现代经济学研究的基本方法.阿罗和德布罗先后获得1972年和1983年的诺贝尔经济学奖.

在英国边际效用学派的第二代中,有两位代表人物,埃奇沃思和马歇尔.埃奇沃思用抽象的数学来刻画边际效用理论,他最重要的经济学著作却叫《数学心理学》.马歇尔是在剑桥学数学的,他成为经济学的"剑桥学派"的宗师,今天的微观经济学著作中那些既直观易懂,又不失数学严谨性的曲线图像多半出自马歇尔之手.著名经济学家,马歇尔的学生凯恩斯是宏观经济学的创始人,是对西方经济政策影响最大的人,而凯恩斯是以数学家的身份开始其学术研究的,1921年,他有一本数学著作《概率论》,是那个时代最重要的概率论著作之一.

由瓦尔拉斯开创的洛桑学派,其第二代的著名代表是帕累托,他是把科学思想、科学方法引进经济理论最多的一个人,而他的科学思想、科学方法说到底首先是数学.描述社会收入不均和"帕累托法则"的是一个幂函数表达式 $N = Ax^{-a}$."数理经济学"这一名称最初也是由帕累托提出的.

美国的边际效用学派是由克拉克奠定的.这个学派的第二代代表中的欧文·费歇尔是耶鲁大学的一位数学教授,他在货币理论方面的研究被凯恩斯视为精神上的祖父.

20世纪最伟大的数学家之一冯·诺伊曼,他与经济学家摩尔根斯长期合作,进行了有关对策论及其在经济学中应用的研究,于1944年写成了最重要的数学经济学巨著:《对策论与经济行为》.这本书一问世就被人认为是20世纪上半叶人类最伟大的科学成就之一.

奥地利边际效用学派最有影响的代表熊彼特对于经济学中使用数学方法,起了比谁都大的作用.他在1932年移居美国之后,对美国的几代经济学家都有重要影响.1937~1941年,他当选为美国经济学会主席.1930年成立了计量经济学会,1932年又开始出版《计量经济学》杂志,这些开创性的工作也与熊彼特的领导是分不开的.

计量经济学是从具体数据出发,用数理统计的方法,建立经济现象的数学模型;数理经济学则是从一些经济假设出发,用抽象数学方法,建立经济机理的数学模型.前者是用归纳法,后者用的则是演绎法.例如,一般经济均衡理论就是数理经济学的机理模型.这两种经济学的界线并非处处都是很明确的.计量经济学真正独立于数理经济学是20世纪20年代开始的.弗瑞希在考尔斯委员会的资助下创办《计量经济学》杂志并任主编长达22年之久.计量经济学反过来推动了数理统计学的发展,成百上千个方程组成的计量经济模型的运用,为数理统计学家提出了许多新课题.数学渗入到经济学,经济学也推动数学前进.

纳什(John Forbes Nash)是美国普林斯顿大学的数学家,他在对"非合作博弈均衡分析和博弈论"的研究中,用数学方法区分了合作对策和非合作对策,提出了非合作对策的所谓

"纳什均衡"的概念,极大地改变了整个经济学的面貌. 他获得了1994年的诺贝尔经济学奖.

下面,我们来看一看有关诺贝尔经济学奖获得者的学科背景的有关材料.①

1969~1989年的21届诺贝尔经济学奖获奖人共27位,其中有6届评了2人,其他每届1人. 这27位之中,美国人占了一半以上(15位),英国人5位,瑞典、挪威各两位,法国、荷兰、苏联各一位.

由于诺贝尔经济学奖强调科学性和分析水平,这使得对经济学中应用数学工具的研究成果处于更有利的地位. 而且,获奖者中事实上大部分都有极好的数学功底,其中,甚至不少人称得上数学家.

首届诺贝尔经济学获得者之一弗瑞希就是计量经济学的创始人之一,他不仅运用数学研究经济,而且他的研究成为经济学推动数学发展的出色例子.

首届得奖者中的另一位丁伯根是一个物理学博士,然而,数理不分家,现代物理学都离不开高水平的数学. 丁伯根把物理和数学的方法带进了经济学,并与弗瑞希一道成为计量经济学的奠基人.

第二届,1970年的获奖者萨缪尔森,他在1937年作为学位论文写出而在1947年才正式出版的成名作《经济分析基础》,是一部用严格的数学理论总结数理经济学的划时代著作. 而且,数学界把萨缪尔森视为一名数学家,邀请他参加应用数学杂志的编委会,并撰写数学论文.

1972年诺贝尔经济学奖得主是两位:希克斯和阿罗. 希克斯的著作《价值与资本》被萨缪尔森称赞为可与古诺、瓦尔拉斯、帕累托、马歇尔的著作媲美的. 阿罗则是数学博士,他创立了新的数理经济学分支:公共选择、社会选择. 社会选择理论中的奠基性定理即"阿罗不可能定理",其实,这完全是一条数学定理(适用于经济学).

1973年的诺贝尔经济学奖为列昂节夫所获得,他的投入产出方法,现在几乎成了经济学常识,其实,投入产出方法不过是一种数学方法.

1975年的得奖者是苏联的康托洛维奇,这使人感到特别意外. 这种意外来自两方面,一方面,康托洛维奇是地道的数学家,中国人十分熟悉他;另一方面,苏联是不允许运用数学方法研究经济学的. 康托洛维奇这位大数学家在纯数学研究领域如实变函数、泛函分析和在应用数学研究领域如线性规划、计算数学等多方面有过开创性贡献. 1938年起,他因对经济问题有兴趣而研究线性规划,这是他后来成为诺贝尔经济学奖获得者的重要原因之一. 但他对经济学的研究是业余的,甚至是地下的研究,直到斯大林去世之后,情况稍有好转,康托洛维奇于1942年写成的《经济资源的最优利用》一书到1959年才得以出版.

与康托洛维奇于1975年同时获得诺贝尔经济学奖的另一位是美籍荷兰经济学家库普曼,他的工作与康托洛维奇非常相似,即他们都是运用数学规划理论来研究资源的最优利用和经济的最优增长.

1976年的得奖者弗里德曼、1978年的得主西蒙、1980年的克莱因、1981年的托平、1982

---

① 张楚廷. 数学文化[M]. 北京:高等教育出版社,2000:367-369.

年的斯蒂格勒、1983年的德布罗、1984年的斯通、1985年的莫迪利阿尼、1987年的索洛、1989年的哈维尔莫等都有极高的数学修养,有的就是数学家兼经济学家.因此,从1969年至1989年这21届诺贝尔经济学奖获得者的情况下,经济学与数学是在一种极高的水平下联系着的.

有人做过一次统计,1972~1976年在《美国经济评论》上发表的各类文章中,没有任何资料而只有数学模型与有关分析的占50.1%,而1977~1981年,这个数字上升到了54.0%.在同一时间内,没有任何数学公式与相应的对资料进行分析的文章,却从21.2%下降到了11.6%.

是不是什么数学问题都可以用上数学方法呢?莱维尔·凯恩斯(梅纳德·凯恩斯的父亲)曾将经济学分为规范经济(涉及道德规范、价值判断)和实证经济学两大类.对于前者数学的用处并不大,被认为可以广泛采用数学方法的是实证经济学,主要涉及的是人与物或物与物的关系的研究.

经济学讨论"最优化"问题,但是不能简单地理解最优.有这一局部的最优与另一局部最优的关系问题,有局部最优与全社会最优的关系问题.冯·诺伊曼在1928年创立对策论的时候已经注意到,对经济学来说,更重要的不是各自的最优,而是相互间的对策.冯·诺伊曼为经济学准备了一系列的新的数学工具,如凸集理论、不动点理论等,形成了在经济学中一系列与微分学很不相同的数学方法.数学上则常将其归入非线性分析范畴.

20世纪60年代以后,由于德布罗把数学的公理化方法引进经济学,为数学在经济学领域开辟了广阔的活动范围,使数学本身也得到益处.经济学不断根据自身的需要向数学提出问题.在这里,出现的是一个被称为商品空间的线性空间框架,在这个空间活动的经济活动者,都由该空间的集合及其上的函数或关系来刻画.生产者由生产集来刻画,消费者由消费集及其上的偏好关系或效用函数来刻画.这里,出现了集值函数,一对一的单值函数被发展成一对多的集值映射.这一概念虽早在数学中就出现过,却未在应用中被重视过.

为了刻画有大量经济活动参与者而个别参与者作用不大的经济,运用了"无原子的测度空间"概念,有人则使用"非标准无限大"的概念.

为了刻画带有不确定性的经济,由于每一步骤都有多种可能出现,以一个出发点为根部,可演变出一个能反映出所有可能的树形图.于是,图论的知识必不可少.

在有无限种不确定情形时,例如,商品的种类就可看作有无穷多种,对应的商品空间也变成无穷维的了.于是,泛函分析成了当然的工具.

为了刻画政策对经济的作用,做出一个最优控制的模型是自然的;为了刻画多层次的经济体中的信息流通,信息论的必要性很明显.

获得过菲尔兹奖(授予40岁以下的数学家的最高国际数学奖)的数学家斯梅尔,在德布罗的鼓动下投入经济学的研究,这使得经济学中的数学发展到一个崭新的阶段.这位以研究动力系统著称的拓扑学家首先致力于把阿罗和德布罗的研究"动力系统化",回到微分方程的形式上来.接着又与德布罗一起把经济学"光滑化",提出了"正则经济学",在这种经济学中,所涉及的函数、映射等都是正则的,从而经典的数学分析工具都能加以运用,微分拓扑、代数拓扑等都能用上了.这使得在经济学领域所使用的数学可与物理学相提并论了.这也说明数学应用于经济学的广度与深度了.

综上所述,如果没有数学的应用,全部现代科学、现代技术都将成为不可能.因而可以说,一切高新技术都可归结为数学新兴技术.显然,这也与数学家们重视数学应用是分不开的,但也有这样的数学家,在口头上有轻视数学应用的说法,但在自己的实际研究中又打了自己的嘴巴.哈代(G. H. Hardy)是英国著名的数学家,他推崇纯粹的数学,认为数学是永恒的艺术,对数学应用的工具性有时却不屑一顾.他尤其认为数论和非欧几何的理论毫无实际用处.但是,哈代也亲眼看到了质能方程在原子弹爆炸中的应用,看到了用数论理论编制的密码控制着导弹的飞行.1908 年,他发表的一篇论文,就解决了群体遗传学中的一个实际问题.20 世纪初,有些生物学家认为,在一个大的随机交配的群体中,某种遗传病在遗传过程中,会使患者越来越多.哈代利用概率理论,证明了在无突变、无选择、无迁移、无遗传漂变的情况下,患者的分布是平稳的,不会随时间的变化而变化.差不多同时,一位德国医生温伯格(W. Weinberg)也得到了同样的结论.后来被称为哈代—温伯格平衡定律.这说明,数学的广泛应用性是不以人的意志转移的.它是数学的一种永存精神.

3.3.2 欣赏数学的"善",理解数学模型之深刻

上一节,我们看到,在经济学的发展中,数学模型起到了极为重要的作用.其实,在上节中讲数学作为新兴技术,就是建立模型运用模型的技术.在当今现代科学技术中,这就是高新技术,这就是数学知识推动着社会科技与文明的发展,以其独特的方式为人类文明的发展服务.这就是数学"善"的表现.不论是用数学方法在科技和生产领域解决实际问题,还是与其他学科相结合形成交叉学科,首要的和关键的一步是建立研究对象的数学模型,并加以计算求解.因此数学应用,主要通过建立数学模型来体现.

数学建模是把现实世界中有待解决或未解决的一类问题,从数学的角度,运用所学的数学知识与技能求得解决的方法.

数学是一门研究关系的学科.数学有三大关系:等价关系、次序关系和量的依赖关系.数学建模的本质是"拉关系",它是联结数学与实际生产生活的桥梁.

数学不是从天上掉下来时,也不是数学家和教材编写者头脑里特有的,数学是从现实生活中抽象出来的.我们要从大千世界中寻觅、捕捉具有数学信息的现实背景.

数学建模的高明之处,在于在看似没有关系的地方构作关系,看似与数学不相干的地方运用数学知识去解决.袁枚曾说:"学如箭镞,才如弓弩,识以领之,方能中鹄",意思是说,有知识,没有能力,就像只有箭,没有弓,射不出去;但是有了箭和弓,还要有见识,找到目标,才能打中.所以,用数学的眼光看待生活中的问题,是我们数学学习在情感、态度、价值观上得以体现的一个重点.

一个人能否自觉地运用数学知识去解决现实生活中的实际问题,感受数学思维的深刻性,就需在看不见数学的地方来构建数学模型处理问题.

例如,打篮球是一项深受人喜爱的运动.究竟如何提高进球率,是每一个篮球运动爱好者梦寐以求的问题.篮球中有一种进球叫"打板",就是将球打在篮板上,利用球的反弹进入篮筐,并且这样的进球率与其他进球方式相比相当高.但是,会有多少篮球爱好者会用数学

的眼光看待它的原因呢？

在忽略一切外界条件(球的变形、风、空气阻力等)的影响下，假定：(1)球在篮板上的反射严格遵照光的反射原理，即反射角等于入射角；(2)在二维空间(俯视)内进行问题的研究；(3)同时假设篮球在空中的飞行轨迹是标准抛物线. 在此基础上，可利用二次函数的性质建立相应的数学模型，最终取得了很好的效果.

利用数学模型处理问题是当今时代的特点. 模型的作用是强大的. 例如，同一个拉普拉斯(Laplace)方程(参见 4.1.2 节)，既可用来表示热平衡态、溶质动态平衡、弹性膜的平衡位置，也可表示静态电磁场、真空中的引力势，等等.

数学模型为何有如此强大的作用呢？这是因为模型中的有关参数有特别的价值. 例如，微分方程 $y' = ey$ 表达的数学模型中 e 的价值.

这个模型是人口增长、碳 14 的衰减、连续复利等的一个共同的数学模型. 常数 e 和它们密切相关，一副和谐的数学情境.

许多学习者对于以 e 为底的对数，叫作自然对数很不理解，不知道 e"自然"在什么地方. 后来，知道指数函数 e^x 的导数依然是 e^x，这才有点"自然"起来. 待到学习微分方程 $\frac{dy}{dx} = ky$ 时，知道人口增长、C^{14} 的衰减，以及连续复利的增长，都源于一个事实，底数越大增加(减少)速度也越大. 人口越多，人口增加速度越快. 特别是连续复利：从以年为单位的简单利息公式 $A(1+a)^t a$ 到复利公式 $A(a+a)^m$ (一年分为 n 期的复利).

然后令 $n \to \infty$，就进一步看出常数 e 的"自然"特性了.

综上，我们既看到了数学模型的深刻，也看到了数学的广泛应用，更欣赏到了数学的"善".

数学的"善"在这里体现为"和谐""合理""自然"，而不是天上掉下来的"林妹妹".

由于同一个数学模型可以用于很多不同的领域，而同一个领域又往往应用了不同的数学理论，很难对数学的这些应用做出良好的分类，因此，下面我们从有关数学学科方面简略地介绍有关应用.

(1)偏微分方程的应用

许多物理现象能用偏微分方程来刻画. 例如，流体流动、电磁场、引力和热学.

由于用一种复杂的偏微分方程可以描述流体流动的涡团. 因此解决了具有这种涡团的流体的基本特征，从而对台风的精确跟踪，通过心脏血液流动的监测，在汽化器中燃料的有效混合，飞行器的飞行，以及射电望远镜通过星系喷射的运动，观察遥远的星系的方式等问题的研究产生极大的影响.

近 20 年里，已经建立起关于心脏、肾、胰脏、耳朵和许多其他器官的计算模型. 这些模型能够用来研究心脏的正常状态和病态，能用来认识悬浮液的流动、血液的凝结、内耳中波的传播、动脉和静脉血液的流动和肺中的气流.

(2)拓扑学

生物化学家近来与数学家合作来研究蛋白质的一种重要成分"脱氧核糖核酸"(DNA)，他们用一种新的实验技术能在电子显微镜下观察到 DNA 的形态，看到 DNA 链有缠绕和纽结,拓扑学家运用纽结理论,使生物学家用一种新的工具对观察到的 DNA 纽结进行分类,并建立了 DNA 的三维数学模型,还运用概率论和组合数学了解 DNA 链中的碱基排序.

(3) 小波分析

小波分析是一种数值分析的最新理论,建立在调和分析的几十年研究基础之上,现在正得到广泛的应用.

与傅里叶分析一样,小波分析也是研究函数的展开,但利用的是"小波"——一个给定均值为零的函数,小波分析比傅里叶分析有更大的稳定性.因此,小波分析作为一种有效的替代方法,在图像处理、声学、编码和石油勘探方面产生了新的进展,与傅里叶分析配合,可用来分析快速变化的短暂信号、声音和声学信号、脑中电流、脉冲水下声音以及监测发电厂,并进行编码的构造和信号与图像的压缩.

(4) 数论

数论是传统的纯数学领域,曾被著名英国数学家 G. 哈代"夸耀"为数学中最纯粹最没用的部分,现在在计算机科学和编码中都要经常地用到,而且对于在自动系统控制,从遥远卫星上进行数字传递,财务记录的保护、有效的计算算法等应用来说,学习数论却成了先决条件.

(5) 相互作用的粒子系统

这是概率论的一个理论领域,处理一些以随机方式随时间发展的粒子的构成.这个系统现在被用到"种群的竞争、物主与寄生物竞争和捕食与被捕食系统"的研究,最近还用来进行森林火灾的研究.

(6) 生物统计学

生物统计学的高级数学技术随着计算机一起被用于流行病学的一些复杂问题的研究.其中一项重要的工作就是建立流行的艾滋病(AIDS)的数学模型.对产生艾滋病的人类免疫缺陷病毒(HIV)的传递进行数据分析,证明 HIV 的传播与大多数流行病的媒介物不同,需要建立计算机数学模型,这个问题过于复杂,现正在寻找简化这个问题的数学方法.

(7) 若干其他的应用

现代大型民航飞机的设计、控制和效率的进展都依赖于在样机制造之前,用先进的数学模型在计算机上模拟完成.

日本从 20 世纪 60 年代起步的并投入巨资研制出来的模拟电子系统,在 1991 年被美国研制出来的数字电子系统所替代.

大范围分析中,关于大范围环流的模型用来分析世界气候变化.

"混沌动力学",这个用拓扑学、微分几何、数论、测度论和遍历理论建立起来的理论被用来解决各种不确定问题.

线性规划的新的内点方法,对电信网络和大规模后勤供应问题产生实际影响.

成机线性规划可用来更好地模拟涉及未来行为和资源可用性的不定分析问题.

关于数学广泛应用的案例还可参见作者这套丛书中《数学应用展现》及《数学建模尝试》两书.

3.3.3 欣赏数学的"善",体验数学丰富了我们的"阳光"生活内涵

在歌曲《甜蜜的事业》中,有一句歌词是,"我们的生活充满阳光",这也是我们现实生活的真实写照.

例1 爱情中的数学.

这里介绍福建永定城关中学童其林老师的研究心得:

爱情和数学似乎不相干,可当你明白了数学的习性和爱情的真谛,就知道爱情中有数学,数学里有爱情,爱情和数学是亲密的伙伴.

爱情有时是常规的计算. 相恋中付出的真情和努力就是不断累计的"加法";一次又一次的争执和伤害就是爱情中令人沮丧的"减法";给爱人一件有意义的礼物,使爱人喜出望外可能就是爱情升华的"乘法";见异思迁、移情别恋就成为熄灭爱情之火的致命"除法".

爱情有时是数字一二三. 据说,卓文君与司马相如婚后不久,司马相如即赴长安做了官,五年不归. 文君十分想念. 有一天,她突然收到丈夫寄来的一封信,自然喜不自禁. 不料拆开一看,只写着"一二三四五六七七八九十百千万"十四个数字. 聪明过人的卓文君立即明白了丈夫的意思:数字"七"出现了两次,由于"七"与"妻"同音,显然司马相如有停妻另娶的意思. 于是,她满含悲愤,写了一首数字诗:"一别之后,二地相悬,说的是三四月,却谁知五六年! 七弦琴无心弹,八行书无可传,九连环从中断,十里长亭望眼欲穿. 百般想,千般念,万般无奈把郎怨. 万语千言道不尽,百无聊赖十凭栏,重九登高看孤雁,八月中秋月圆人不圆. 七月半,烧香秉烛问苍天,六月伏天人人摇扇我心寒,五月榴花如火偏遇阵阵冷雨浇,四月枇杷未黄我欲对镜心欲乱,三月桃花随流水,二月风筝线儿断. 噫! 郎呀郎,巴不得下一世你为女来我为男."你看,这首数字诗写得多好,数字由一到万再由万到一,可谓是百转情肠. 难怪司马相如读后越想越惭愧,终于用驷马高车,把卓文君接到了长安.

爱情有时是曲线. 爱人的心就好比正弦曲线,扑朔迷离. 没有好的数学功底确实很难判别到心灵运动的轨迹,预测到下一个落点. 明明昨天风和日丽,今天就可能泪水滂沱,心痛欲绝,觉得爱情道路艰难,已经山穷水尽,谁知明天就峰回路转,一直上升. 有时,爱情就如一个圆,圆里的人想跳出来,圆外的人想进去,圆里圆外演绎着爱的悲欢离合. 有时爱情就是双曲线. 有个歌手把无望的爱情比作双曲线——悲伤的双曲线,他这样吟唱道:如果我是双曲线/你就是那渐近线/如果我是反比例函数/你就是那坐标轴/虽然我们有缘/能够生在同一个平面/然而我们又无缘/慢慢长路无交点//为何看不见/等式成立有条件/难道正如书上说的/无限接近不能达到//为何看不见/明月也有阴晴圆缺/此事古难全/但愿千里共婵娟.

爱情有时是两条直线,相交之后,便越走越远;也有时一直遥遥相望,平行着,默默牵挂却从没有交汇的地方.

爱情有时是一道很复杂的方程式,在有理数范围内可能无解,可是在实数范围内就有解了;或者是实数范围内无解,可在虚数范围内就可能找到答案;有的求解过程还很复杂,需要认真求证、反复研究才可能得到满意的答案.

爱情有时是函数,付出、关心、信任、奉献、欺骗、虚假是自变量,幸福和痛苦是函数值. 当付出、关心、信任和奉献增大的时候,幸福的函数值也会增大,当不信任、欺骗、虚假增大的时

候,痛苦的函数值也会增大.

爱情有时也是向量. 当方向确定,模的长度不为零的时候,任意平移都不会改变,那就是坚定不移的爱;当向量是零向量,没有坚实基础的时候,爱的方向是任意的,那是水性杨花的爱,不值得赞美.

爱情是美丽的,数学也是美丽的. 数学,如果公正地看,包含的不仅是真理,也是无上的美———种简捷的美,思维的美,对称的美,等等. 而幸福的爱情,从本质上看也是简单的,你爱我,我爱你,就那么简单,那么对称,那么美.

当爱情遇到数学家,犹如蝴蝶遇到蔚蓝的天空,生出许多美丽的故事来. 约翰·纳什是所有诺贝尔经济学奖得主中最不幸的,又是不幸中最万幸的人. 获得8项奥斯卡提名的奥斯卡最佳故事片《美丽心灵》正是根据他的传奇经历改编的. 冯·诺伊曼,现代计算机和博弈论之父,他凭着自己如存储器般的记忆力身临其境般地向未婚妻历数巴黎的风景名胜,最终赢得了她的芳心,还如,陈景润和由昆、谷超豪和胡和生,"加减乘除"演绎数学人生.

当爱情遇到数学天才,犹如美丽遇到快乐,迷茫找到了方向. 法国曾经拍过一部爱情电影,《我爱上的是正切函数》($C'est\ la\ tangente\ que\ je\ préfère$),讲的是一个花季少女同一个盛年男人的故事,说明他们并不是两个没有交集的集合,肯定这两个地球高级生物邂逅而堕入情网的概率不为零……

总之,爱情中有数学,数学里有爱情. 甜蜜的爱情是可以用数学语言祝福的:我的爱,祝你烦恼高阶无穷小,好运连续可求导,理想一定洛必达,每天都有拉格朗日,生活不单调,道路不凹凸,收入导函数大于0,快乐无限多;我的爱,祝你身体健康如常数函数永远不变,微笑如循环小数绵绵不断;我的爱如无界变量任你所取,幸福如发散级数永无极限.

当我们读了童老师的心得之后,有没有某种意识在流淌? 在欣赏童老师用数学情表达爱情的同时,是不是也体验了一下数学的"善"意?

例2 游戏中的数学.

游戏1 扑克牌游戏:

小明背对小亮,让小亮按下列四个步骤操作:

第一步:分发左、中、右三堆牌,每堆牌不少于两张,且各堆牌的张数相同;

第二步:从左边一堆拿出两张,放入中间一堆;

第三步:从右边一堆拿出一张,放入中间一堆;

第四步:左边一堆有几张牌,就从中间一堆拿几张牌放入左边一堆.

这时,小明准确说出了中间一堆牌现有的张数. 你认为中间一堆牌的张数是多少?

赏析 扑克牌游戏并不神奇,其中蕴涵着丰富的数学思想方法和数学知识. 本题可运用"取特殊值法"来解答:设第一步左、中、右三堆牌的张数均为2,则第二步左、中、右三堆牌的张数为0,4,2,第三步左、中、右三堆牌的张为数0,5,1,第四步左、中、右三堆牌的张数仍为0,5,1,即答案为5. 本题还可应用"方程思想"来解答:设第一步左、中、右三堆牌的张数为x,则第二步左、中、右三堆牌的张数为$x-2,x+2,x$,第三步左、中、右三堆牌的张数为$x-2,x+3,x-1$,第四步左、中、右三堆牌的张数为$2(x-2),5,x-1$. 即中间一堆的张数是5.

游戏2 4张扑克牌如图3-1(1)所示放在桌子上,小敏把其中一张旋转180°后得到如

图 3-1(2)所示,那么她所旋转的牌从左数起是第几张?

赏析 玩耍扑克牌时,我们发现扑克牌中的许多图案是成中心对称的.如图 3-1(1)中方块 9 的图案就是中心对称的,但梅花 9、红心 9 和黑桃 9 的图案不是中心对称的,所以把方块 9 旋转 180°后的图案与原来的图案一样,把梅花 9、红心 9 和黑桃 9 旋转 180°后的图案与原来的图案不同.因为图 3-1(1)和图 3-1(2)中的 4 张扑克牌图案完全一样,所以其中一张旋转 180°的扑克牌是方块 9,故答案为第一张.

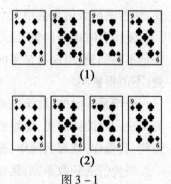

图 3-1

请你留心观察:红心、梅花、黑桃、方块四个花色,从 1~10 的 40 张扑克牌中,有多少张的图案是中心对称的?(答案:红心 3 张、梅花 3 张,黑桃 3 张,方块 9 张,共 18 张)

游戏 3 如图 3-2,如果⊕所在位置的坐标为(-1,-2),㊙所在位置的坐标为(2,-2),那么,㊚所在位置的坐标为多少?

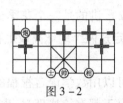

图 3-2

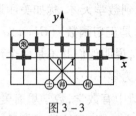

图 3-3

赏析 中国象棋棋盘中蕴含着直角坐标系,根据⊕和㊙所在位置的坐标,可以建立如图 3-3 所示的直角坐标系,所以㊚所在位置的坐标为(-3,1).

游戏 4 国际象棋、中国象棋和围棋号称为世界三大棋种.国际象棋中的"皇后"的威力可比中国象棋中的"车"大得多,"皇后"不仅能控制她所在行与列中的每一个小方格,而且还控制"斜"方向的两条直线上的每一个小方格.图 3-4(1)是一个 4×4 的小方格棋盘,图中的"皇后 Q"能控制图中虚线所经过的每一个小方格.

(1)在如图 3-4(2)的小方格棋盘中有一"皇后 Q",她所在的位置可用"(2,3)"来表示,请说明"皇后 Q"所在位置"(2,3)"的意义,并用这种表示法分别写出棋盘中不能被该"皇后 Q"所控制的四个位置.

(2)如图 3-4(3)也是一个 4×4 的小方格棋盘,请在这个棋盘中放入四个"皇后 Q",使这四个"皇后 Q"之间互相不受对方控制(在图 3-4(3)中的某四个小方格中标出字母 Q)即可.

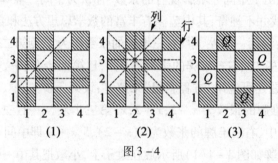

图 3-4

赏析 这是一道几何操作题,该题没有现成的解题套路和模式可供模仿,需要创造性地去思考分析问题:(1)"(2,3)"表示"皇后 Q"在第 2 列第 3 行;棋盘中不能被"皇后 Q"所控制的四个位置分别表示为(1,1),(3,1),(4,2),(4,4);(2)如图 3-4(3)中的四个"皇后 Q"之间互相不受对方控制.

游戏 5 如图 3-5 是跳棋盘.其中格点上的黑色点为棋子,剩余的格点上没有棋子.我们约定跳棋游戏的规则是:把跳棋棋子在棋盘内沿直线隔着棋子对称跳行,跳行一次称为一步,已知点 A 为己方一枚棋子,欲将棋子 A 跳进对方区域(阴影部分的格点),则跳行的最少步数为多少?

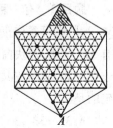

图 3-5

赏析 跳棋是许多同学小时候玩过的游戏,本题主要考察同学们对几何中"对称"的理解,准确理解"沿直线隔着棋子对称跳行"是解题的关键,要使棋子 A 跳进对方区域,有多种跳法,跳行的最少步数为 3,故所求答案为 3 步.

游戏 6 如图 3-6 是一个经过改造的台球桌面的示意图,图中四个角上的阴影部分分别表示四个入球孔.如果一个球按图中所示方向被击出(球可以经过多次反射),那么该球最后将落入的球袋是哪号袋?

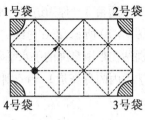

图 3-6

赏析 台球活动也是青少年喜爱的游乐活动.根据物理学中的反射定律:入射角等于反射角,球经过六次反射,其路线如图 3-6 的虚线,最后落入 2 号球袋,故答案为 2 号袋.

游戏 7 一电动玩具的正面是由半径为 10 cm 的小圆盘和半径为 20 cm 的大圆盘依图 3-7 方式联结而成的.小圆盘在大圆盘的圆周上外切滚动一周且不发生滑动(大圆盘不动),回到原来的位置,在这一过程中,判断虚线所示位置的三个圆内,所画的头发、眼睛、嘴巴位置正确的是(不妨动手试一试!)( ).

图 3-7

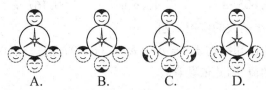

赏析 这是一道图形的观察计算理解题.因为大圆盘半径是小圆盘半径的 2 倍,所以大圆盘周长是小圆盘周长的 2 倍.当小圆盘从正上方滚到正下方时,小圆盘滚动了一周,其图案应该仍然是其"颈部"与大圆相切(如 B 和 C),而正下方左右的两个小圆图案不应该是其"颈部"与大圆相切,所以不能选 C,故选 B.

从上述 7 个游戏可以看到,数学知识与方法的运用不仅增添了游戏的趣味性,而且也让游戏者体验了数学的"善"意.

例 3 体育运动中的数学.

题目 1 如图 3-8,在足球比赛中,甲、乙两名队员互相配合向对

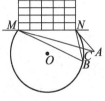

图 3-8

方球门 MN 进攻,当甲带球冲到点 A 时,乙已跟随冲到点 B.从数学角度看,此时甲是自己射门好,还是将球传给乙,让乙射门好?

赏析 踢足球是大家非常喜欢的一种体育活动.在本题的问题中,从数学角度看,因为 $\angle MBN > \angle MAN$,即球门 MN 对球员乙的张角较大,所以将球传给乙,让乙射门较好.

题目 2 有一种足球是由 32 块黑白相间的牛皮缝制而成的.如图 3-9,黑皮可看作正五边形,白皮可看作正六边形,设白皮有 x 块,则黑皮有 $32-x$ 块,每块白皮有六条边,共 $6x$ 条边,因每块白皮有三条边和黑皮连在一起,故黑皮共有 $3x$ 条边.要求出白皮、黑皮的块数,列出的方程正确的是( ).

图 3-9

A. $3x = 32 - x$　　B. $3x = 5(32-x)$　　C. $5x = 3(32-x)$　　D. $6x = 32 - x$

赏析 在本题的问题中,我们可以挖掘出等量关系:黑皮的总边数 = 黑皮的总边数,即 $3x = 5(32-x)$,故选 B.

题目 3 你知道吗?平时我们在跳大绳时,绳甩到最高处的形状可近似地看作抛物线.如图 3-10 所示,正在甩绳的甲、乙两名学生拿绳的手间距为 4 m,距地面均为 1 m,学生丙、丁分别站在距甲拿绳的手水平距离 1 m 和 2.5 m 处,绳子在甩到最高处时刚好通过他们头顶.已知学生丙的身高是 1.5 m,则学生丁的身高为(建立的平面直角坐标系如图 3-10 所示)( ).

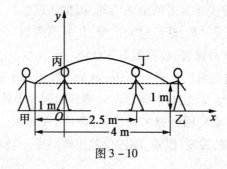

图 3-10

A. 1.5 m　　　B. 1.625 m　　　C. 1.66 m　　　D. 167 m

赏析 这是一道二次函数的应用问题.

这个问题可转化为:已知抛物线 $y = ax^2 + bx + c (a \neq 0)$ 经过三点 $(-1, 1)$,$(0, 1.5)$,$(3, 1)$.当 $x = 1.5$ 时,求 y 的值.因此依题意有

$$\begin{cases} a - b + c = 1 \\ c = 1.5 \\ 9a + 3b + c = 1 \end{cases}$$

解得

$$\begin{cases} a = -1\frac{1}{6} \\ b = \frac{1}{3} \\ c = \frac{3}{2} \end{cases}$$

所以这个抛物线的解析式为

$$y = -\frac{1}{6}x^2 + \frac{1}{3}x + \frac{3}{2}$$

当 $x = 1.5$ 时

$$y = -\frac{1}{6} \times \left(\frac{3}{2}\right)^2 + \frac{1}{3} \times \frac{3}{2} + \frac{3}{2} = \frac{39}{24} = 1.625$$

即学生丁的身高为 1.625 m，故选 B.

体育运动是我们生活的重要组成部分. 在我们的日常生活中，时刻都要遇到类似于体育运动中的数学问题，这使我们享受到了充满数学智慧的"阳光"生活.

第四章 欣赏数学的"美"

马克思曾说过:"社会的进步就是人类对美的追求的结晶."罗素也曾说过:"数学,如果正确地看,不但拥有真理,而且也具有至高的美."

美是自然.数学作为"书写宇宙的文字"(伽利略),反映着自然,数学中当然呈现着美的特征.

数学(特别是现代数学)作为自然科学的基础,工程技术的先导,国民经济的技术,其本身就是美的形状、美的特性.数学的简捷美、和谐美、奇异美让人获得享受,催人启迪.

为什么数学美是那么神奇,那么迷人,那么令人神往,那么使人陶醉?数学美的特征是什么?

概括起来讲,有简捷性、和谐性和奇异性.具体地有:

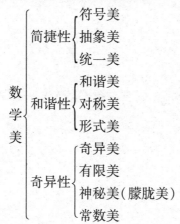

4.1 欣赏数学的"美",震撼于简捷之特征

数学简化了思维过程并使之更可靠.

——弗赖伊(T. C. Fry)

算学中所谓美的问题,是指一个难以解决的问题;而所谓美的解答,则是指对于困难和复杂问题的简单回答.

——狄德罗(Diderot)

真理愈是普适,它就愈加简捷.简捷本身就是一种美,数学之所以用途如此之广,盖因数学的首要特点在于它的简捷.

数学的简捷美表现在内容、方法、形式等方面.简捷呈现于简单、简明等中.

4.1.1 欣赏数学的"美",看到符号的简单性

例1 设 $a_1, a_2, \cdots, a_{n-m}$ 是正实数,$m, n \in \mathbf{N}^*$,$n-m \geq 3$,则

$$(a_1^n - a_1^m + n - m)(a_2^n - a_2^m + n - m) \cdots (a_{n-m}^n - a_{n-m}^m + n - m) \geq (a_1 + a_2 + \cdots a_{n-m})^{n-m}$$

欣赏点:利用符号 $1 = \dfrac{M}{M}$.

证明 当 $a_i > 0 (i = 1, 2, \cdots, n-m)$ 时,有

$$(a_i^n - a_i^m + n - m) - (a_i^{n-m} + n - m - 1)$$
$$= a_i^{n-m}(a_i^m - 1) - (a^{mm} - 1)$$
$$= (a_i^{n-m} - 1)(a_i^m - 1) \geq 0$$

故要证

$$(a_1^n - a_1^m + n - m)(a_2^n - a_2^m + n - m) \cdots (a_{n-m}^n - a_{n-m}^n + n - m)$$
$$\geq (a_1 + a_2 + \cdots a_{n-m})^{n-m}$$

只需要证

$$(a_1^{n-m} + n - m - 1)(a_2^{n-m} + n - m - 1) \cdots (a_{n-m}^{n-m} + n - m - 1)$$
$$\geq (a_1 + a_2 + \cdots + a_{n-m})^{n-m}$$

记 $M_i = a_i^{n-m} + n - m - 1 (i = 1, 2, \cdots, n - m)$,则

$$n - m = \frac{M_1}{M_1} + \frac{M_2}{M_2} + \cdots + \frac{M_{n-m}}{M_{n-m}}$$

$$= \frac{a_1^{n-m} + n - m - 1}{M_1} + \frac{a_2^{n-m} + n - m - 1}{M_2} + \cdots + \frac{a_{n-m}^{n-m} + n - m - 1}{M_{n-m}}$$

$$= \left(\frac{a_1^{n-m}}{M_1} + \frac{1}{M_2} + \cdots + \frac{1}{M_{n-m}} \right) + \left(\frac{1}{M_1} + \frac{a_2^{n-m}}{M_2} + \cdots + \frac{1}{M_{n-m}} \right) + \cdots + \left(\frac{1}{M_1} + \frac{1}{M_2} + \cdots + \frac{a_{n-m}^{n-m}}{M_{n-m}} \right)$$

$$\geq \frac{(n-m)a_1}{\sqrt[n-m]{M_1 M_2 \cdots M_{n-m}}} + \frac{(n-m)a_2}{\sqrt[n-m]{M_1 M_2 \cdots M_{n-m}}} + \cdots + \frac{(n-m)a_{n-m}}{\sqrt[n-m]{M_1 M_2 \cdots M_{n-m}}}$$

$$= \frac{(n-m)(a_1 + a_2 + \cdots + a_{n-m})}{\sqrt[n-m]{M_1 M_2 \cdots M_{n-m}}}$$

即

$$n - m \geq \frac{(n-m)(a_1 + a_2 + \cdots + a_{n-m})}{\sqrt[n-m]{M_1 M_2 \cdots M_{n-m}}}$$

整理得

$$M_1 M_2 \cdots M_{n-m} \geq (a_1 + a_2 + \cdots + a_{n-m})^{n-m}$$

也就是

$$(a_1^n - a_1^m + n - m)(a_2^n - a_2^m + n - m) \cdots (a_{n-m}^n - a_{n-m}^n + n - m)$$
$$\geq (a_1 + a_2 + \cdots a_{n-m})^{n-m}$$

从而原不等式获证.

例2 已知 a, b, c 是正数,求证

$$\frac{a^3}{c(a^2 + bc)} + \frac{b^3}{a(b^2 + ca)} + \frac{c^3}{b(c^2 + ab)} \geq \frac{3}{2}$$

欣赏点:利用符号 $x^2 \geq 0$.

证明 适当恒等变形可得所证不等式等价于

$$\frac{\left(\frac{a}{c}\right)^2}{\frac{a}{c}+\frac{b}{a}}+\frac{\left(\frac{b}{a}\right)^2}{\frac{b}{a}+\frac{c}{b}}+\frac{\left(\frac{c}{b}\right)^2}{\frac{c}{b}+\frac{a}{c}}\geq\frac{3}{2}.$$

令 $x=A-\frac{B}{2}(B>0)$，由 $x^2\geq 0$，有 $\frac{A^2}{B}\geq A-\frac{B}{4}$.

由上式可得

$$\frac{\left(\frac{a}{c}\right)^2}{\frac{a}{c}+\frac{b}{a}}\geq\frac{a}{c}-\frac{\frac{a}{c}+\frac{b}{a}}{4}$$

$$\frac{\left(\frac{b}{a}\right)^2}{\frac{b}{a}+\frac{c}{b}}\geq\frac{b}{a}-\frac{\frac{b}{a}+\frac{c}{b}}{4}$$

$$\frac{\left(\frac{c}{b}\right)^2}{\frac{c}{b}+\frac{a}{c}}\geq\frac{c}{b}-\frac{\frac{c}{b}+\frac{a}{c}}{4}$$

上述三式相加并运用三元均值不等式即可得证.

注 （1）由证明过程，很容易将它推广到一般情况：
若 $a_i\in\mathbf{R}_+(i=1,2,3,\cdots,n)$，则

$$\frac{a_1^3}{a_2(a_1^2+a_2a_n)}+\frac{a_2^3}{a_3(a_2^2+a_3a_1)}+\cdots+\frac{a_{n-1}^3}{a_n(a_{n-1}^2+a_na_{n-2})}+\frac{a_n^3}{a_1(a_n^2+a_1a_{n-1})}\geq\frac{n}{2}$$

（2）有趣的是：对于 $x^2\geq 0$，倘若分别令 $x=a-b$，$x=a-\frac{b}{2}$，$x=\frac{\sqrt{a}}{b}-\frac{1}{\sqrt{a}}$，……还可以得到一系列看似平凡但功能强大的代数不等式 $\frac{a^2}{b}\geq 2a-b$，$\frac{a^2}{b}\geq a-\frac{b}{4}$，$\frac{a}{b^2}\geq\frac{2}{b}-\frac{1}{a}$ 等.

综上所述，正如莱布尼兹所说的："数学符号节省了人们的思维."

符号对于数学的发展来讲是极为重要的，它可使人们摆脱数学自身的抽象与约束，集中精力于主要环节，这在事实上增加了人们的思维能力. 没有符号去表示数及其运算，数学的发展是不可想象的.

数学语言是困难的，但又是永恒的（纽曼（M. H. A. Newman）语）. 数是数学乃至科学的语言，符号则是记录、表达这些语言的文字. 正如没有文字，语言也难以发展一样，几乎每一个数学分支都是靠一种符号语言而生存，数学符号是贯穿于数学全部的支柱.

古代数学的漫长历程、今日数学的飞速发展，17、18 世纪欧洲数学的兴起、我国几千年数学发展进程的缓慢，这些在某种程度上也都归咎于数学符号的运用得当与否. 简练、方便的数学符号对于书写、运算、推理来讲，都是何等重要！反之，没有符号或符号不恰当、不简练，势必影响到数学的推理和演算. 然而，数学符号的产生（发明）、使用和流传（传播）却经

历了一个十分漫长的过程. 这个过程中始终贯穿着人们对于自然、和谐与美的追求.

4.1.2 欣赏数学的"美",看到抽象的简明性

例3 已知 $\triangle ABC$ 的三边 a,b,c 满足 $a^{\frac{5}{3}}+b^{\frac{5}{3}}=c^{\frac{5}{3}}$,求证:$\triangle ABC$ 是钝角三角形.

欣赏点:$\frac{5}{3}\to\alpha$ 时,三角形的形态的变化.

解析 $\triangle ABC$ 是钝角三角形等价于 $a^2+b^2<c^2$,结合已知,即证 $(a^2+b^2)^{\frac{1}{2}}<(a^{\frac{5}{3}}+b^{\frac{5}{3}})^{\frac{3}{5}}$. 于是可以构造函数 $f(x)=(a^x+b^x)^{\frac{1}{x}}$,再巧用导数证明该函数是 $(0,+\infty)$ 上的减函数,所以 $f(2)<f\left(\frac{5}{3}\right)$,即命题得证.

在欣赏之余,我们不禁自问:$\frac{5}{3}$ 是怎么想到的?!为什么偏偏是它,一般地,将特殊的 $\frac{5}{3}$ 改为实数 α,情况又会如何呢?另外,是否有更自然、简单的解题方法呢?

经过变式研究,两位王老师得到如下三个命题.[①]

命题1 若 $\triangle ABC$ 的三边长 a,b,c 满足 $a^\alpha+b^\alpha=c^\alpha$,则 $\alpha>1$ 或 $\alpha<0$.

证明 显然 $\alpha=0$ 不合题意.

假设 $0<\alpha\leqslant 1$,则由已知得 $c^\alpha>a^\alpha$ 且 $c^\alpha>b^\alpha$.

因为 $y=x^\alpha$ 是 $(0,+\infty)$ 上的增函数,所以,$c>a$ 且 $c>b$.

于是 $f(x)=\left(\frac{a}{c}\right)^x+\left(\frac{b}{c}\right)^x$ 是 $(0,+\infty)$ 上的减函数.

所以 $f(1)\leqslant f(\alpha)$,即

$$\frac{a}{c}+\frac{b}{c}\leqslant\left(\frac{a}{c}\right)^\alpha+\left(\frac{b}{c}\right)^\alpha=1$$

亦即 $a+b\leqslant c$.

这与 a,b,c 是 $\triangle ABC$ 的三边长矛盾.

所以 $\alpha>1$ 或 $\alpha<0$.

命题2 若 $\triangle ABC$ 的三边长 a,b,c,满足 $a^\alpha+b^\alpha=c^\alpha(\alpha>1)$,则:

1° 当 $1<\alpha<2$ 时,$\triangle ABC$ 是钝角三角形;

2° 当 $\alpha=2$ 时,$\triangle ABC$ 是直角三角形;

3° 当 $\alpha>2$ 时,$\triangle ABC$ 是锐角三角形.

思路分析 当 $\alpha>1$ 时,由 $a^\alpha+b^\alpha=c^\alpha$ 知,c 是最大边长,所以 $\triangle ABC$ 是钝角三角形、直角三角形还是锐角三角形,完全取决于 $\angle C$ 的大小,而这又与 $\cos C$ 的值密切相关,由余弦定理可知,只需讨论 $a^2+b^2-c^2$ 的值的符号即可. 注意到 $a^2+b^2-c^2<0\Leftrightarrow\left(\frac{a}{c}\right)^2+\left(\frac{b}{c}\right)^2<1$,以及由 $a^\alpha+b^\alpha=c^\alpha$ 得 $\left(\frac{a}{c}\right)^\alpha+\left(\frac{b}{c}\right)^\alpha=1$,所以,比较 $\left(\frac{a}{c}\right)^2+\left(\frac{b}{c}\right)^2$ 与 1 的大小,实际上就是

[①] 王芝平,王坤. 数学解题勿忘自然、简单的原则[J]. 数学通报,2014(1):59.

比较 $\left(\dfrac{a}{c}\right)^2 + \left(\dfrac{b}{c}\right)^2$ 与 $\left(\dfrac{a}{c}\right)^\alpha + \left(\dfrac{b}{c}\right)^\alpha$ 的大小.

证明 因为 $\alpha > 1, a^\alpha + b^\alpha = c^\alpha$，所以 $c > a, c > b$. 构造函数

$$f(x) = \left(\dfrac{a}{c}\right)^x + \left(\dfrac{b}{c}\right)^x$$

易知 $f(x)$ 是 **R** 上的减函数，于是有：

1° 当 $1 < \alpha < 2$ 时

$$\left(\dfrac{a}{c}\right)^2 + \left(\dfrac{b}{c}\right)^2 < \left(\dfrac{a}{c}\right)^\alpha + \left(\dfrac{b}{c}\right)^\alpha = 1$$

所以 $a^2 + b^2 - c^2 < 0$，从而 $\cos C < 0$，所以 C 是钝角.

故 $\triangle ABC$ 是钝角三角形；

2° 当 $\alpha = 2$ 时，显然 $\cos C = 0$，所以 C 是直角.

故 $\triangle ABC$ 是直角三角形；

3° 当 $\alpha > 2$ 时

$$\left(\dfrac{a}{c}\right)^2 + \left(\dfrac{b}{c}\right)^2 > \left(\dfrac{a}{c}\right)^\alpha + \left(\dfrac{b}{c}\right)^\alpha = 1$$

所以 $a^2 + b^2 - c^2 > 0$，从而 $\cos C > 0$，所以 C 是锐角.

故 $\triangle ABC$ 是锐角三角形.

命题 3 若 $\triangle ABC$ 的三边长 a, b, c 满足 $a^\alpha + b^\alpha = c^\alpha (\alpha < 0)$，则 $\triangle ABC$ 既可以是锐角三角形，又可以是直角三角形或钝角三角形.

证明 由 $a^\alpha + b^\alpha = c^\alpha$，可知 $0 < a^\alpha < c^\alpha, 0 < b^\alpha < c^\alpha$，因为 $\alpha < 0$，所以 $a > c, b > c$.

显然，当 $a = b$ 时，$\triangle ABC$ 是锐角三角形.

下面不妨设 $c < b < a$.

由 $a^\alpha + b^\alpha = c^\alpha$，得

$$\left(\dfrac{a}{c}\right)^\alpha + \left(\dfrac{b}{c}\right)^\alpha = 1$$

设 $\dfrac{a}{c} = x, \dfrac{b}{c} = t$，则

$$x^\alpha + t^\alpha = 1 \quad (1 < t < x)$$

首先来判断存在 $\triangle ABC$ 的条件. 因为比较 a 与 $b + c$ 的大小，也就是比较 $\dfrac{a}{c}$ 与 $\dfrac{b}{c} + 1$ 的大小，即比较 x 与 $t + 1$ 的大小，所以构造函数

$$f(x) = x - t - 1$$

即

$$f(x) = x - (1 - x^\alpha)^{\frac{1}{\alpha}} - 1 \quad (x \in (t, +\infty))$$

因为

$$f'(x) = 1 - \dfrac{1}{\alpha}(1 - x^\alpha)^{\frac{1}{\alpha} - 1} \cdot (-\alpha) x^{\alpha - 1}$$

$$= 1 + x^{\alpha - 1} t^{1 - \alpha} > 0 \quad (x \in (t, +\infty))$$

所以 $f(x)$ 在 $(t,+\infty)$ 上是增函数.

因为 $f(t)=-1<0$,而当 $x\to+\infty$ 时,$f(x)\to+\infty$.

所以 $\exists x_1\in(t,+\infty)$,使 $f(x_1)=0$,即 $x_1-t-1=0$.

故当 $x\in(t,x_1)$ 时,$f(x)<0$,即 $x<t+1$,所以 $a<b+c$,此时 $\triangle ABC$ 存在.

而当 $x\in[x_1,+\infty)$ 时,$f(x)\geq 0$,即 $x\geq t+1$,所以 $a\geq b+c$,此时 $\triangle ABC$ 不存在.

现在讨论当 $x\in(t,x_1)$ 时 $\triangle ABC$ 的形状.

注意到 $\cos A<0 \Leftrightarrow a^2>b^2+c^2 \Leftrightarrow \left(\dfrac{a}{c}\right)^2>\left(\dfrac{b}{c}\right)^2+1 \Leftrightarrow x^2>t^2+1$,及 $x^\alpha+t^\alpha=1$,自然构造函数 $g(x)=x^2-t^2-1$,即

$$g(x)=x^2-(1-x^\alpha)^{\frac{2}{\alpha}}-1\quad(x\in(t,x_1))$$

因为

$$g'(x)=2x-\dfrac{2}{\alpha}(1-x^\alpha)^{\frac{2}{\alpha}-1}\cdot(-\alpha)x^{\alpha-1}$$

$$=2x+2x^{\alpha-1}t^{2-\alpha}>0$$

所以 $g(x)$ 在 (t,x_1) 内是增函数.

因为

$$g(t)=-1<0$$
$$g(x_1)=x_1^2-t^2-1$$
$$=x_1^2-(1-x_1)^2-1$$
$$=2x_1-2=2t>0$$

所以 $\exists x_2\in(t,x_1)$,使 $g(x_2)=0$.

于是有:

当 $\dfrac{a}{c}=x\in[t,x_2)$ 时,$g(x)<0$.

即 $a^2<b^2+c^2$,此时 $\triangle ABC$ 为锐角三角形.

当 $\dfrac{a}{c}=x=x_2$ 时,$g(x)=0$.

即 $a^2=b^2+c^2$,此时 $\triangle ABC$ 为直角三角形.

当 $\dfrac{a}{c}=x\in(x_2,x_1)$ 时,$g(x)>0$.

即 $a^2>b^2+c^2$,此时 $\triangle ABC$ 为钝角三角形.

命题得证.

最后,为增加读者对命题 3 的直观感知,我们构造了命题 3 的一个特例,供欣赏:

当 $\alpha=-1$ 时,在 $\triangle ABC$ 中:

若 $a=3,b=2,c=\dfrac{6}{5}$,则 A 为钝角;

若 $a=3,b=\sqrt{8},c=\dfrac{3\sqrt{8}}{3+\sqrt{8}}$,则 A 为锐角;

若 $a=1+\sqrt{4\sqrt{2}+5}, b=1+\sqrt{2}+\sqrt{2\sqrt{2}-1}, c=2$，则 A 为直角.

由上可以看到：在数学的追寻本质研究工作中，抽象分析是一种常用的重要方法，这是基于数学本身的特点——抽象性. 数学中不少新的概念、新的学科、新的分支的产生，是通过"抽象分析"得到的.

当数学工作者的思想变得更抽象时，他会发现越来越难于用物理实验检验他的直觉. 为了证实直觉，就必须更详细地进行证明，更细心地下定义，以及为达到更高水平的精确性而进行更持续的努力，这样做也使数学本身得到了发展.

数学的简捷性在很大的程度上是源自数学的抽象性，换句话说：数学概念正是从众多事物共同属性中抽象出来的，而在对日益扩展的数学知识总体进行简化、廓清和统一化时，抽象更是必不可少的. 这也正如数学家克里斯塔尔（G. Chrystal）所说的："就其本质而言，数学是抽象的；实际上它的抽象比逻辑的抽象更高一阶."

前面，在谈到数学模型时，曾讲到拉普拉斯方程，就是方程

$$\Delta u = \frac{\partial^2 u}{\partial x^2} + \frac{\partial^2 u}{\partial y^2} + \frac{\partial^2 u}{\partial z^2} = 0 \quad （椭圆型偏微分方程）$$

它既可用来表示稳定的热传导过程平衡态、溶质动态平衡、弹性薄膜的平衡，也可表示静态电磁场的位势、真空中的引力势（场）、不可压缩流体的定常运动，等等.

这个方程由于抽象性而成为普适的（当然，方程自身的形式也是很美的. 除了符号美外，它还具形式美：对称、整齐），这显然也是数学本身的一大特点.

抽象是数学的美感中的一个重要部分，还因为数学的抽象可以把人们置于脱开周围事物纷扰的"纯洁"的氛围中，尽管这种氛围有时距离具体经验太遥远.

4.1.3 欣赏数学的"美"，看到统一的简捷性

例4 设 $a, b > 0$，求证

$$\frac{2}{\frac{1}{a}+\frac{1}{b}} \leqslant \sqrt{ab} \leqslant \frac{a+b}{2} \leqslant \sqrt{\frac{a^2+b^2}{2}}$$

其中所有等号当且仅当 $a = b$ 时成立.

欣赏点：统一的简捷证法.

证法1 如图 4-1 所示，以 O 为圆心，作半径为 $a-b(a>b>0)$ 的圆，使 $PM=a, QM=b$，作 MG 切 $\odot O$ 于点 G，作 $OR \perp PQ$ 交 $\odot O$ 于点 R，作 $GH \perp PQ$ 于点 H，从而 $OR = \frac{a-b}{2}, OM = \frac{a+b}{2}, MG = \sqrt{ab}, RM = \sqrt{OR^2 + OM^2} = \sqrt{\frac{a^2+b^2}{2}}$.

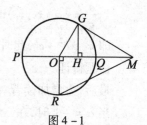

图 4-1

由 $HM < GM < OM < RM$，有

$$\frac{2}{\frac{1}{a}+\frac{1}{b}} < \sqrt{ab} < \frac{a+b}{2} < \sqrt{\frac{a^2+b^2}{2}}$$

显然,当 $a=b$ 时,上述不等式链中的等号均成立.

证法 2 考虑函数 $f(x) = \dfrac{a^{x+1}+b^{x+1}}{a^x+b^x} (a>b>0, x\in \mathbf{R})$.

此时,$f(x) = \dfrac{a^{x+1}+b^{x+1}}{a^x+b^x} = \dfrac{a\left(\dfrac{a}{b}\right)^x+b}{\left(\dfrac{a}{b}\right)^x+1} = a + \dfrac{b-a}{\left(\dfrac{a}{b}\right)^x+1}$.

由于 $\dfrac{a}{b} > 1$,故 $\left(\dfrac{a}{b}\right)^x+1$ 为增函数,$\dfrac{b-a}{\left(\dfrac{a}{b}\right)^x+1}$ 也为增函数.

由上即知 $f(x)$ 在 $\mathbf{R}$ 上为增函数.

又由 $f(-1) < f\left(-\dfrac{1}{2}\right) < f(0) < f(1)$,得

$$\frac{2}{\frac{1}{a}+\frac{1}{b}} < \sqrt{ab} < \frac{a+b}{2} < \sqrt{\frac{a^2+b^2}{2}}$$

显然,当 $a=b$ 时,上述不等式链中的等号均成立.

注 上述不等式链的其他证法还可见作者本套丛书中的《数学眼光透视》的 3.2.1 节,以及《数学应用展现》中的图 2-85,均还有 10 余证法.

在数学中,追求统一是数学的求统精神(参见本套丛书中的《数学精神巡礼》)所致,也是数学具有统一的内涵所致.

世界的统一性在于它的物质性.而宇宙的统一性表现为宇宙的统一美.因而能揭示宇宙统一的理论,即被认为是美的科学理论.毕达哥拉斯认为宇宙统一于"数";德模克里特认为宇宙统一于原子;柏拉图认为宇宙统一于理念世界;中国古人认为宇宙通过阴阳五行,统一于太一;笛卡儿认为宇宙统一于以太……. 这在当时,都被认为是美的理论.

一个基本概念最少的逻辑体系,使它具有可想象的最大统一性——这种科学理论便具有了科学的审美价值,并可以满足人们追求自然界内涵美的欲望.这种对统一的科学美的理论追求,促使一代又一代的科学家从杂乱中寻找条理、从纷繁探求统一(概念及其关系逻辑的统一).

这种统一虽然看上去是人为的,但它却有客观的真实性作为基础,换句话说:美一方面达到逻辑的统一性,另一方面还要达到与现实相符的唯一性.

统一也是数学内涵的一个特征,古往今来人们一直都在探索它,并试图找到统一它们的方法.笛卡儿通过解析几何(即坐标方法)把几何学、代数学、逻辑学统一起来了.高斯从曲率的观点把欧几里得几何、罗巴契夫斯基(Й. Н. Лобачевский)几何和黎曼几何统一起来了.克莱因(C. F. Klein)用变换群的观点统一了 19 世纪发展起来的各种几何学(该理论认为:不同的几何只不过是在相应的变换群下的一种不变量).

拓扑学在分析学、代数学、几何学中的渗透,特别是在微分几何中的渗透,产生了所谓拓扑空间的统一流形.

统一,是数学家们永远追求的目标之一.

数学家们一直力争揭示某些看上去风马牛不相及的事物的内在联系,因为数学化的过程有助于说明许多看上去不同的问题结构中存在着一定的统一性.统一不仅是数学美的重要特征,同时它也是数学本质的一种反映.寻求数学统一也是人们探求数学美的一个方面.

在此,还想指出一点,统一的手段是多样的.一个等式、一个法则、一个定理……往往可以概括许多结论.

例5 圆锥曲线一组性质的统一.

欣赏点:统一是数学内涵的一个特征.

首先看如下一组命题:①

命题4 若 $E(t,0)(t\neq 0)$ 为椭圆(或双曲线)内一点,直线 AB(非 x 轴)过点 $P\left(\dfrac{a^2}{t},0\right)$ 且与椭圆 $\dfrac{x^2}{a^2}+\dfrac{y^2}{b^2}=1(a>b>0)$(或双曲线 $\dfrac{x^2}{a^2}-\dfrac{y^2}{a^2}=1(a>0,b>0)$)交于不同的两点 A,B,则直线 EA,EB 与 x 轴所成的角(锐角)相等.

命题5 若 $E(t,0)$ 为抛物线内一点,直线 AB 过点 $P(-t,0)$,且与抛物线 $y^2=2px(p>0)$ 交于不同的两点 A,B,则直线 EA,EB 与 x 轴所成的角相等.

命题6 直线 AB 过点 $P(t,0)(0<|t|<a)$ 且与椭圆 $\dfrac{x^2}{a^2}+\dfrac{y^2}{b^2}=1(a>b>0)$(或双曲线 $\dfrac{x^2}{a^2}-\dfrac{y^2}{b^2}=1(a>0,b>0)$)交于不同的两点 A,B,点 $E\left(\dfrac{a^2}{t},n\right)$ 是极线 $x=\dfrac{a^2}{t}$ 上的任意一点,则直线 EA,EP,EB 的斜率成等差数列.

命题7 直线 AB 过点 $P(t,0)(t>0)$,且与抛物线 $y^2=2px(p>0)$ 交于不同的两点 A,B,点 $E(-t,n)$ 是极线 $x=-t$ 上任意一点,则直线 EA,EP,EB 的斜率成等差数列.

命题8 直线 AB 过点 $P(0,t)(t\neq 0,t\neq\pm b)$ 且与椭圆 $\dfrac{x^2}{a^2}+\dfrac{y^2}{b^2}=1(a>b>0)$ 交于不同的两点 A,B,点 E 是直线 $y=\dfrac{b^2}{t}$ 上的任意一点,则直线 EA,EP,EB 的斜率的倒数成等差数列.

曾建国老师研究发现,上述性质密切相关,它们都可以看作二次曲线(也包括圆)下述性质的各种特例,可参见图4-2.

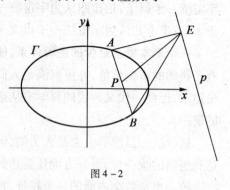

图4-2

性质 在直角坐标平面内,设 P 是不在二次曲线 Γ 上的一点,直线 p 是点 P 的极线,E 是直线 p 上任一点,过点 P 的直线交 Γ 于两点 A,B,设直线 EA,EB,EP 和直线 p 的斜率依次

---

① 曾建国.高观点下圆锥曲线一组性质的统一[J].数学通报,2012,51(8):60-61.

为 k_1, k_2, k_3 和 k_4,则有 $\dfrac{(k_3-k_1)(k_4-k_2)}{(k_4-k_1)(k_3-k_2)} = -1$.

为了证明这个统一的性质,需要用到如下的简单知识.

线束的交比 在直角坐标系中,若直线 a,b,c,d 的斜率依次为 k_1,k_2,k_3,k_4,则四直线的交比为

$$(ab,cd) = (k_1k_2,k_3k_4) = \dfrac{(k_3-k_1)(k_4-k_2)}{(k_4-k_1)(k_3-k_2)}$$

引理 (完全四线形的调和性)通过完全四线形的每个顶点有一个调和线束(四直线的交比等于 -1),其中一对线偶是过此点的两边;另一对线偶,一条是对顶边,另一条是这个顶点与对顶三线形的顶点的连线.

例如,图 4-3 中,有 $E(AB,PH) = -1$ 等.

二次曲线(可与圆的极线比较)极线的作图:如图 4-4, P 为不在二次曲线 Γ 上的点,过点 P 引两条割线依次交 Γ 于四点 E,F,G,H,联结 EH,FG 交于 N,联结 EG,FH 交于 M,则 MN 为点 P 的极线.若 P 为二次曲线 Γ 上的点,过点 P 的切线即为点 P 的极线.

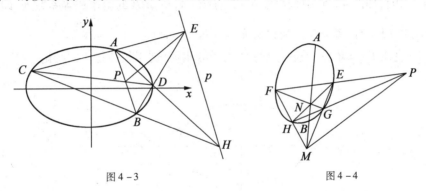

图 4-3   图 4-4

由上面的作图可知, PM 为点 N 的极线, PN 为点 M 的极线, MNP 称为自极三角形.

上述内容,可参见本套丛书中的《数学眼光透视》的 2.7 节.

性质的证明 如图 4-3,设 EA,EB 分别交二次曲线 Γ 于 C,D,可以证明: C,P,D 三点共线.

事实上,假设 CP 交 Γ 于 D',连 BD' 与直线 EAC 交于点 E',根据二次曲线极线的作图可知, E' 在点 P 的极线 p 上,表明 E' 就是 E,则 D' 就是 D,也即 C,P,D 三点共线.

同理可知, AD 与 BC 的交点 H 在 p 上.

根据引理及线束交比的定义知

$$F(AB,PH) = (k_1k_2,k_3k_4) = \dfrac{(k_3-k_1)(k_4-k_2)}{(k_4-k_1)(k_3-k_2)} = -1$$

证毕.

下面说明前面所述诸命题均为性质的特例.

在性质中,若极线 p 垂直于 x 轴,则 $k_4 = \infty$,此时交比为

$$(k_1k_2,k_3,\infty) = (k_1k_2k_3) = \dfrac{k_3-k_1}{k_3-k_2} = -1$$

$((k_1 k_2 k_3)$ 为简比).

即有 $2k_3 = k_1 + k_2$,即直线 EA, EP, EB 的斜率成等差数列. 这就是命题6和命题7.

在性质中,若极线平行于 x 轴,则 $k_4 = 0$,此时交比为 $\frac{(k_3 - k_1)(0 - k_2)}{(0 - k_1)(k_3 - k_2)} = -1$,即有 $\frac{2}{k_3} = \frac{1}{k_1} + \frac{1}{k_2}$,即直线 EA, EP, EB 的斜率的倒数成等差数列. 这就是命题8.

命题4、命题5 分别是命题6、命题7 的特例,这里仅以椭圆的情形加以说明.

根据性质,命题6 中无需限制 $0 < |t| < a$,可改为 $0 < |t| \neq a$ 结论仍成立. 即有:

命题6′ 直线 AB 过点 $P(t, 0)(0 < |t| \neq a)$ 且与椭圆 $\frac{x^2}{a^2} + \frac{y^2}{b^2} = 1(a > b > 0)$ 交于不同的两点 A, B,点 $E\left(\frac{a^2}{t}, n\right)$ 是极线 $x = \frac{a^2}{t}$ 上的任意一点,则直线 EA, EP, EB 的斜率成等差数列.

在命题6′中,当 $|t| > a$ 时,点 $P(t, 0)$ 在椭圆外,极线 $p: x = \frac{a^2}{t}$ 与椭圆相交. 取 E 为极线 p 上特殊点 $\left(\frac{a^2}{t}, 0\right)$,如图4-5,根据命题6′知,直线 EA, EP, EB 的斜率成等差数列. 即有 $2k_3 = k_1 + k_2$. 但此时 EP 的斜率 $k_3 = 0$,所以只有 $k_1 = -k_2$.

这表明,直线 EA, EB 与 x 轴所成的角(锐角)相等. 这正是命题4 的结论.

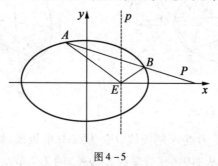

图 4-5

上述性质,内涵丰富,考察其特例,还可以得到许多新命题. 从而也能以此编拟出一些圆锥曲线趣题.

4.2 欣赏数学的"美",震撼于和谐之特征

所谓"数学的和谐"不仅是宇宙的特点,原子的特点,也是生命的特点,人的特点.
——高尔泰(Gortai)

宇宙概念常常在哲学家脑子里被表现为和谐——因为宇宙是和谐的. 庄子、毕达哥拉斯、柏拉图等均把宇宙的和谐比拟为音乐的和谐,比拟为我们听不到的一首诗. 德国天文学家开普勒甚至根据天体运行的规律把宇宙谱成一首诗.

宇宙的和谐美是思维实践地转化为感觉、理性实践地转化为感性的结果. 宇宙的整体,看不见、听不着,但感性动力仍然可以通过知识在宏观尺度上"直观地"把握它.

在数学中,毕达哥拉斯首先提出"美是和谐与比例""世界是严整的宇宙""整个天体就

是和谐与数"。美与和谐是人们追求数学美（如果他们意识到了的话）的准则，也是人们建立数学理论的依据。

"对称"最初源于几何，但对称也是一种和谐美。毕达哥拉斯、柏拉图所认为的宇宙结构最简单的基元——正多面体是对称的；他们喜欢的图案五角星也是对称的；圆是最简单的封闭曲线，也是一种最完美的对称图形；……

形式美也是为数学家们所关注的，无论是毕达哥拉斯学派对于多角数的研究，还是数千年来一直为人们所称奇的"幻方"的制作，都是人们对数学形式美追求的结晶。

4.2.1 欣赏数学的"美"，认识和谐的雅致性

事物对象间相互联系、相互转化，其处于某个统一体中，呈现出一种雅致状态。

美是和谐的，和谐性也是数学美的特征之一。和谐即雅致、严谨或形式结构的无矛盾性。

所谓"数学的和谐"不仅是宇宙的特点，原子的特点，也是生命的特点，人的特点，自然界是和谐的，数学也是。

数学的严谨也自然流露出它的和谐，为了追求严谨，追求和谐，数学家们一直在努力，以消除其中的不和谐东西——比如悖论，它是指一个自相矛盾、对广泛认同的见解的一个反例、一种误解，或看似正确的错误命题及看似错误的正确命题。

和谐使得有关对象建立起联系，和谐地共处于某个环境中。

例6 三角形正弦定理与余弦定理的相互推证。

欣赏点：两定理的相互推论呈现了两定理的和谐相连。

定理1 在 $\triangle ABC$ 中

$$\frac{a}{\sin A} = \frac{b}{\sin B} = \frac{c}{\sin C} \Leftrightarrow a^2 = b^2 + c^2 - 2bc\cos A$$

$$b^2 = c^2 + a^2 - 2ca\cos B$$

$$c^2 = a^2 + b^2 - 2ab\cos C$$

证明 首先，我们由正弦定理推导出余弦定理：

因为 $\sin(A+B) = \sin(\pi - C) = \sin C$

所以 $\sin A\cos B + \cos A\sin B = \sin C$

由射影定理，得

即

$$a\cos B + b\cos A = c$$

$$a\cos B = c - b\cos A \qquad ①$$

由正弦定理，有

$$a\sin B = b\sin A \qquad ②$$

$①^2 + ②^2$，得

$$a^2 = b^2 + c^2 - 2bc\cos A$$

同理可证

$$b^2 = c^2 + a^2 - 2ca\cos B, c^2 = a^2 + b^2 - 2ab\cos C$$

同样,我们可由余弦定理推导出正弦定理:

由余弦定理,得

$$a\cos B = a \cdot \frac{c^2+a^2-b^2}{2ca} = \frac{c^2+a^2-b^2}{2c} \quad ③$$

$$b\cos A = b \cdot \frac{b^2+c^2-a^2}{2bc} = \frac{b^2+c^2-a^2}{2c} \quad ④$$

③^2 - ④^2,右边用平方差公式分解因式,得

$$a^2\cos^2 B - b^2\cos^2 A = \frac{[(c^2+a^2-b^2)+(b^2+c^2-a^2)] \cdot [(c^2+a^2-b^2)-(b^2+c^2-a^2)]}{4c^2}$$

$$= \frac{2c^2 \cdot 2(a^2-b^2)}{4c^2} = a^2 - b^2$$

移项,得

$$a^2(1-\cos^2 B) = b^2(1-\cos^2 A)$$

即

$$a^2\sin^2 B = b^2\sin^2 A$$

所以

$$a\sin B = b\sin A$$

即

$$\frac{a}{\sin A} = \frac{b}{\sin B}$$

同理可证

$$\frac{b}{\sin B} = \frac{c}{\sin C}$$

故

$$\frac{a}{\sin A} = \frac{b}{\sin B} = \frac{c}{\sin C}$$

有意思的是,如果我们把余弦定理 $c^2 + a^2 + b^2 - 2ab\cos C$ 再施加正弦定理,就可得到 $\triangle ABC$ 中一个重要的恒等式: $\sin^2 C = \sin^2 A + \sin^2 B - 2\sin A\sin B\cos C$,我们称之为"混弦定理".连同 $\triangle ABC$ 中的另外两个恒等式: $\tan A + \tan B + \tan C = \tan A\tan B\tan C$($\triangle ABC$ 是非直角三角形)和 $\tan\frac{A}{2}\tan\frac{B}{2} + \tan\frac{B}{2}\tan\frac{C}{2} + \tan\frac{C}{2}\tan\frac{A}{2} = 1$ 一样,它们都揭示了三角形三个内角的三角函数值之间的隐性关系.

例7 等差数列和等比数列的联系.

欣赏点:等差数列和等比数列的和谐统一.

由定义可知,等差数列是前、后项的差值问题,等比数列是前、后项的比值问题,两者只是运算级别上的差别,如果提高或者降低一级运算级别,两者能否互相转化呢?

(Ⅰ)通项公式

等差数列

$$a_n = a_1 + (n-1)d \quad ⑤$$

等比数列
$$b_n = b_1 q^{n-1} \qquad ⑥$$

不妨将式⑥的运算级别降低一级,即式⑥两边取对数,得 $\lg|b_n| = \lg|b_1| + (n-1)\cdot \lg|q|$,这显然是以 $\lg|b_1|$ 为首项,以 $\lg|q|$ 为公差的等差数列 $\{\lg|b_n|\}$ 的通项公式. 反过来,如果令 $a_n = \lg|b_n|, a_1 = \lg|b_1|, d = \lg|q|$,代入式⑤可得 $\lg|b_n| = \lg|b_1| + (n-1)\lg|q| \Rightarrow \lg|b_n| = \lg(|b_1||q|^{n-1}) \Rightarrow b_n = b_1 q^{n-1}$,这样等差数列的通项公式就转化为等比数列的通项公式了.

故
$$\lg|b_n| = \lg|b_1| + (n-1)\lg|q| \xrightleftharpoons[\text{运算降低一级}]{\text{运算提高一级}} b_n = b_1 q^{n-1}$$

(Ⅱ)中项公式
$$2\lg|G| = \lg|a| + \lg|b| \xrightleftharpoons[\text{运算降低一级}]{\text{运算提高一级}} G^2 = ab$$

(Ⅲ)前 n 项之和
$$\lg|b_1| + (\lg|b_1| + \lg|q|) + (\lg|b_1| + 2\lg|q|) + \cdots + [\lg|b_1| + (n-1)\lg|q|]$$
$$\xrightleftharpoons[\text{每项运算降低一级}]{\text{每项运算提高一级}} b_1 + b_1 q + b_1 q^2 + \cdots + b_1 q^{n-1}$$

由此可知,等差数列和等比数列之间存在着和谐的关系,只要改变他们的运算级别,就可以互相转化,得到统一.

既然存在着这样的关系,要知道等比数列的有关性质,我们只要将等差数列的性质中的运算级别作相应的提高一级就可以了.

等差数列的性质:

(1) $a_{n+1} - a_n = d$(常数);

(2) $a_k + a_{n-k+1} = a_1 + a_n$;

(3) 如果 $\{a_n\}$ 是以 d 为公差的等差数列,那么 $\{b_n = a_n + m\}$ 仍是等差数列,且公差仍为 d;

(4) 如果 $\{a_n\}, \{b_n\}, \cdots, \{p_n\}$ 是等差数列,公差分别为 $d_a, d_b, \cdots, d_p$,那么 $\{Q_n = a_n + b_n + \cdots + p_n\}$ 仍是等差数列,且公差为 $d_Q = d_a + d_b + \cdots + d_p$.

等比数列的性质:

(1) $\dfrac{a_{n+1}}{a_n} = q$(常数);

(2) $a_k a_{n-k+1} = a_1 a_n$;

(3) 如果 $\{a_n\}$ 是以 q 为公比的等比数列,那么 $\{b_n = m a_n, m \neq 0\}$ 仍是等比数列,且公比仍为 q;

(4) 如果 $\{a_n\}, \{b_n\}, \cdots, \{p_n\}$ 是等比数列,公比分别为 $q_a, q_b, \cdots, q_p$,那么 $\{Q_n = a_n \cdot b_n \cdot \cdots \cdot p_n\}$ 仍是等比数列,且其公比 $q_Q = q_a \cdot q_b \cdot \cdots \cdot q_p$.

有了这种转化的观点,学习者在掌握等差数列知识后,学习等比数列就感到容易了,并且找到了这两者的统一关系,从而在认识上就有了一个飞跃.

例8 n 级台阶的走法种数问题.

欣赏点:事物是普遍联系的.

n 级台阶的走法种数问题:有 n 级台阶,一个人一次走 1 级台阶或 2 级台阶,那么 n 级台阶共有多少种走法?

这个 n 级台阶的走法种数问题,也称它为楼梯问题.这个问题给我们的第一感觉应该是排列、组合问题,但经过分析,它也为 F 数列问题.假设 n 级台阶有 a_n 种走法,而 a_n 根据第一步的走法可分为两种情况,若第一步迈的是一个台阶则有 a_{n-1} 种走法.若第一步迈的是 2 个台阶则有 a_{n-2} 种走法,那么 $a_n = a_{n-1} + a_{n-2}(n>2)$,易知 $a_1 = 1, a_2 = 2$. 这和 F 数列的通项是一样的,唯一不同的是 F 数列的前两项均为 1,第三项才为 2.

F 数列是斐波那契在 1202 年提出的:假定一对大兔子每月生一对一雌一雄的小兔子,每对在两个月后也逐月生一对一雌一雄的小兔子(刚出生的),问:一年后兔房里有多少对兔子?稍加分析后,便可得出兔子每月的对数的数列,即 F 数列:1,1,2,3,5,8,13,…并且满足递推公式 $b_n = b_{n-1} + b_{n-2}(n>2)$,而此递推公式属于线性递归数列,用其一般的方法求得其通项公式 $b_n = \dfrac{1}{\sqrt{5}}\left[\left(\dfrac{1+\sqrt{5}}{2}\right)^n - \left(\dfrac{1-\sqrt{5}}{2}\right)^n\right]$. 由于楼梯问题的数列是从 F 数列的第二项开始的,从而 $a_n = \dfrac{1}{\sqrt{5}}\left[\left(\dfrac{1+\sqrt{5}}{2}\right)^{n+1} - \left(\dfrac{1-\sqrt{5}}{2}\right)^{n+1}\right]$.

这个题做到这里应该算完满解决了,可是回头想想这个问题真的用排列组合不能解决吗?我们的第一感觉真的出了错吗?再认真分析一下题目.不难发现此问题可抽象化为 1 和 2 两个元素的全排列,因楼梯仅有两种走法,要么走一个台阶,要么走两个台阶,最终把 n 级台阶走完就行了,根据共走了 n 个一次迈 2 个台阶的数,可分步讨论此问题,当 n 为偶数的时候:有 0 个 2 时,有 $C_n^0 = 1$ 种走法;有 1 个 2 时,有 $\dfrac{(n-1)!}{1!(n-2)!} = C_{n-1}^1$ 种走法;有 2 个 2 时,有 $\dfrac{(n-2)!}{2!(n-4)!} = C_{n-2}^2$ 种走法,……,有 t 个 2 时,有 $\dfrac{(n-t)!}{t!(n-2t)!} = C_{n-t}^t$ 种走法,……,有 $\dfrac{n}{2}$ 个 2 时,有 $\dfrac{\left(\dfrac{n}{2}\right)!}{\left(\dfrac{n}{2}\right)!\,0!} = C_{\frac{n}{2}}^{\frac{n}{2}}$ 种走法.

从而 n 为偶数时 $a_n = C_n^0 + C_{n-1}^1 + C_{n-2}^2 + \cdots + C_{n-t}^t + \cdots + C_{\frac{n}{2}}^{\frac{n}{2}}$;同理,$n$ 为奇数时 $a_n = C_n^0 + C_{n-1}^1 + \cdots + C_{n-t}^t + \cdots + C_{\frac{n-1}{2}+1}^{\frac{n-1}{2}}$.

从而应有:n 为偶数时

$$C_n^0 + C_{n-1}^1 + \cdots + C_{n-t}^t + \cdots + C_{\frac{n}{2}}^{\frac{n}{2}} = \dfrac{1}{\sqrt{5}}\left[\left(\dfrac{1+\sqrt{5}}{2}\right)^{n+1} - \left(\dfrac{1-\sqrt{5}}{2}\right)^{n+1}\right] \quad ⑦$$

n 为奇数时

$$a_n = C_n^0 + C_{n-1}^1 + C_{n-2}^2 + \cdots + C_{n-t}^t + \cdots + C_{\frac{n-1}{2}+1}^{\frac{n-1}{2}} = \dfrac{1}{\sqrt{5}}\left[\left(\dfrac{1+\sqrt{5}}{2}\right)^{n+1} - \left(\dfrac{1-\sqrt{5}}{2}\right)^{n+1}\right] \quad ⑧$$

看到组合数时,我们就会想到杨辉三角,下面我们看看上面组合数在杨辉三角中是否有一定的特征:

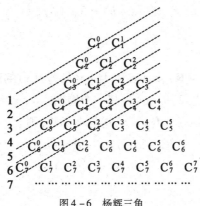

图 4-6 杨辉三角

观察得式⑦左端即为偶数平行线内的组合数之和,式⑧左端为奇数平行线内的组合数之和,这样我们就找到了这样的组合数之和为 $\frac{1}{\sqrt{5}}\left[\left(\frac{1+\sqrt{5}}{2}\right)^{n+1}-\left(\frac{1-\sqrt{5}}{2}\right)^{n+1}\right]$.

楼梯问题暂时思考到这里,也许还可以继续探索下去. 从上面的探索中,验证了哲学中的一句话:"事物是普遍联系着的",而数学作为逻辑性最强的一门学问,联系更是处处可见,时时演义着数学的统一和谐之美.[①]

例 9 抽象函数"三性"相互推导的命题.

欣赏点:对称性、周期性、奇偶性的互相转化.

抽象函数的对称性、周期性、奇偶性中的一个或两个可推出另一个.[②]

(1)由对称性推出奇偶性

定理 2 若定义在 **R** 上的函数 $f(x)$ 的图像关于点 $A(a,0)(a\in R)$ 对称,则 $f(x+a)$ 是奇函数.

证明 把 $y=f(x)$ 的图像和其对称中心 $A(a,0)$ 同时向左平移 a 个单位长度,即得 $y=f(x+a)$ 的图像和其对称中心 $B(0,0)$. 令 $g(x)=f(x+a)$,则 $g(-x)=-g(x)$.

则
$$f(-x+a)=-f(x+a) \qquad ⑨$$

故 $f(x+a)$ 为奇函数.

推论 若定义在 **R** 上的函数 $f(x)$ 的图像关于点 $A(a,0)$ 对称,则 $f(a)=0$.

证明 在式⑨中令 $x=0$,得,$f(a)=-f(a)$,则 $f(a)=0$.

定理 3 若定义在 **R** 上的函数 $f(x)$ 的图像关于直线 $x=b(b\in \mathbf{R})$ 对称,则 $f(x+b)$ 为偶函数.

---

① 牛珍珠. 一道能联系 F 数列、组合数、杨辉三角的题[J]. 数学通报,2009(1):63.
② 王冠中. 抽象函数"对称性""周期性""奇偶性"的互相转化[J]. 中学数学研究,2015(1):30-32.

证明 把 $y=f(x)$ 的图像和其对称轴 $x=b$ 同时向左平移 b 个单位长度, 即得 $y=f(x+b)$ 的图像和其对称轴 $x=0$ (即 y 轴). 令 $g(x)=f(x+b)$, 则 $g(-x)=g(x)$. 故有
$$f(-x+b)=f(x+b)$$
故 $f(x+b)$ 为偶函数.

(2) 由对称性推出周期性

定理 4 已知 $y=f(x)(x\in \mathbf{R}), a,b\in \mathbf{R}$, 且 $a\neq b$, 若 $f(x)$ 的图像关于点 $A(a,0), B(b,0)$ 均对称, 则 $f(x)$ 是周期函数, 且 $2(a-b)$ 为其一个周期.

证明 由定理 2 知, $f(x+a)$ 与 $f(x+b)$ 均为奇函数, 则
$$f(-x+a)=-f(x+a) \qquad ⑩$$
$$f(-x+b)=-f(x+b) \qquad ⑪$$

由式⑩得
$$f(x)=-f(-x+2a) \qquad ⑫$$

由式⑪得
$$f(x)=-f(-x+2b) \qquad ⑬$$

由式⑫⑬得
$$f(-x+2a)=f(-x+2b)$$
即
$$f(x+2a)=f(x+2b)$$

令 $x+2b=t$, 则 $x=t-2b$.

则 $f(t+2a-2b)=f(t)$, 即 $f(x+2a-2b)=f(x)$.

故 $f(x)$ 是周期函数, 且 $2(a-b)$ 为其一个周期.

定理 5 若定义在 $\mathbf{R}$ 上的函数 $f(x)$ 的图像关于直线 $x=a, x=b(a,b\in \mathbf{R},$ 且 $a\neq b)$ 均对称, 则 $f(x)$ 是周期函数, 且 $2(a-b)$ 为其一个周期.

证明 由定理 3 知 $f(x+a), f(x+b)$ 均为偶函数, 则
$$f(-x+a)=f(x+a) \qquad ⑭$$
$$f(-x+b)=f(x+b) \qquad ⑮$$

由式⑭得
$$f(x)=f(2a-x) \qquad ⑯$$

由式⑮得
$$f(x)=f(2b-x) \qquad ⑰$$

由式⑯⑰得
$$f(2a-x)=f(2b-x) \qquad ⑱$$
即
$$f(x+2a)=f(x+2b)$$

令 $2b-x=t$, 则 $x=2b-t$, 代入式⑱得, $f(t+2a-2b)=f(t)$.

故 $f(x)$ 是周期函数, 且 $2(a-b)$ 为其一个周期.

定理 6 若定义在 $\mathbf{R}$ 上的函数 $f(x)$ 的图像关于直线 $x=a$ 和点 $B(b,0)(a\neq b)$ 均对称, 则 $f(x)$ 是周期函数, 且 $4(a-b)$ 为其一个周期.

证明 由定理 3 知, $f(x+a)$ 为偶函数,则
$$f(-x+a) = f(x+a) \qquad ⑲$$
由定理 2 知, $f(x+b)$ 为奇函数,则
$$f(-x+b) = -f(x+b) \qquad ⑳$$
分别由式⑲⑳得
$$f(x) = f(2a-x), f(x) = -f(2b-x)$$
则 $f(2a-x) = -f(2b-x)$,即
$$f(2a+x) = -f(2b+x) \qquad ㉑$$
令 $2b+x = t$,则 $x = t-2b$,代入式㉑得
$$f(t+2a-2b) = -f(t)$$
则 $f(x+4a-4b) = -f(x+2a-2b) = f(x)$.

(3)由奇偶性推出对称性

定理 7 已知 $f(x)$ 是定义在 **R** 上的函数,若 $f(x+a)(x \in \mathbf{R})$ 是奇函数,则 $f(x)$ 的图像关于点 $A(a,0)$ 对称.

证明 由 $f(x+a)$ 是奇函数知 $f(-x+a) = -f(x+a)$,

显然,点 $M(-x+a, f(-x+a))$, $N(x+a, f(x+a))$ 关于点 $A(a,0)$ 对称,则 $f(x)$ 的图像关于点 $A(a,0)$ 对称.

定理 8 已知 $f(x)$ 是定义在 **R** 上的函数,若 $f(x+a)(x \in \mathbf{R})$ 是偶函数,则 $f(x)$ 的图像关于直线 $x = a$ 对称.

证明 由 $f(x+a)$ 是偶函数得 $f(-x+a) = f(x+a)$.

故 $f(x)$ 的图像关于直线 $x = a$ 对称.

(4)由奇偶性推出周期性

定理 9 已知函数 $f(x)$ 的定义域为 **R**, $a,b \in \mathbf{R}$, 且 $a \neq b$, 若 $f(x+a)$ 与 $f(x+b)$ 均为奇函数,则 $f(x)$ 是周期函数,且 $2(a-b)$ 为其一个周期.

证明 由条件知
$$f(-x+a) = -f(x+a) \qquad ㉒$$
$$f(-x+b) = -f(x+b) \qquad ㉓$$
由式㉒得
$$f(x) = -f(-x+2a) \qquad ㉔$$
由式㉓得
$$f(x) = -f(-x+2b) \qquad ㉕$$
由式㉔㉕得
$$f(-x+2a) = f(-x+2b)$$
即 $f(x+2a) = f(x+2b)$.

令 $x+2b = t$,则 $x+2a = t+2a-2b$.

因此 $f(t+2a-2b) = f(t)$.

故 $f(x)$ 是周期函数,且 $2(a-b)$ 为其一个周期.

定理 10 已知函数 $f(x)$ 的定义域为 $\mathbf{R}, a,b \in \mathbf{R}$,且 $a \neq b$,若 $f(x+a)$ 与 $f(x+b)$ 均为偶函数,则 $f(x)$ 是周期函数,且 $2(a-b)$ 是其一个周期.

证明 由 $f(x+a)$ 与 $f(x+b)$ 均为偶函数,得

$$f(-x+a) = f(x+a) \qquad ㉖$$
$$f(-x+b) = f(x+b) \qquad ㉗$$

分别由式㉖㉗得

$$f(x) = f(2a-x) \qquad ㉘$$
$$f(x) = f(2b-x) \qquad ㉙$$

由式㉘㉙得

$$f(2a-x) = f(2b-x) \qquad ㉚$$

即 $f(2a+x) = f(2b+x)$.

令 $2b+x = t$,则 $2a+x = t+2a-2b$.

则 $f(t+2a-2b) = f(t)$,即 $f(x+2a-2b) = f(t)$.

故 $f(x)$ 是周期函数,且 $2(a-b)$ 为其一个周期.

定理 11 已知函数 $f(x)$ 的定义域为 $\mathbf{R}, a,b \in \mathbf{R}$,且 $a \neq b$,若 $f(x+a)$ 是奇函数,$f(x+b)$ 是偶函数,则 $f(x)$ 是周期函数,且 $4(a-b)$ 是其一个周期.

证明 由条件得

$$f(-x+a) = -f(x+a) \qquad ㉛$$
$$f(-x+b) = f(x+b) \qquad ㉜$$

由式㉛㉜得

$$f(x) = -f(-x+2a) \qquad ㉝$$
$$f(x) = f(-x+2b) \qquad ㉞$$

由式㉝㉞得

$$f(-x+2a) = -f(-x+2b)$$

令 $-x+2b = t$,则 $-x = t-2b$,代入上式得

$$f(t+2a-2b) = -f(t)$$

则 $f(x+4a-4b) = f(x)$.

故 $f(x)$ 是周期函数,且 $4(a-b)$ 为其一个周期.

(5)由奇偶性、周期性推出对称性

定理 12 若 $f(x)$ 是定义在 $\mathbf{R}$ 上的奇函数,且 $a(a \neq 0)$ 为 $f(x)$ 的一个周期,则 $f(x)$ 的图像关于点 $A\left(\dfrac{a}{2},0\right)$ 对称.

证明 由 $f(x)$ 为奇函数得

$$f(-x) = -f(x) \qquad ㉟$$

由 a 为 $f(x)$ 的一个周期,得

$$f(x+a) = f(x) \qquad ㊱$$

由式㉟㊱得

$$f(x+a) = -f(-x)$$

故 $f(x)$ 的图像关于点 $A\left(\dfrac{a}{2}, 0\right)$ 对称.

定理 13 若 $f(x)$ 为定义在 $\mathbf{R}$ 上的偶函数, 且 $a(a \neq 0)$ 为 $f(x)$ 的一个周期, 则 $f(x)$ 的图像关于直线 $x = \dfrac{a}{2}$ 对称.

证明 由 $f(x)$ 为偶函数知

$$f(-x) = f(x) \qquad ㊲$$

由 a 为 $f(x)$ 的一个周期得

$$f(x+a) = f(x) \qquad ㊳$$

由式㊲㊳得

$$f(x+a) = f(-x)$$

即

$$f\left(\dfrac{a}{2} + \left(\dfrac{a}{2} + x\right)\right) = f\left(\dfrac{a}{2} - \left(\dfrac{a}{2} + x\right)\right)$$

则

$$f\left(\dfrac{a}{2} + x\right) = f\left(\dfrac{a}{2} - x\right)$$

故 $f(x)$ 的图像关于直线 $x = \dfrac{a}{2}$ 对称.

(6) 由周期性、对称性推出奇偶性

定理 14 若 $a(a \in \mathbf{R}, a \neq 0)$ 为 $f(x)(x \in \mathbf{R})$ 的一个周期, 且 $f(x)$ 的图像关于点 $A\left(\dfrac{b}{2}, 0\right)$ 对称, 则 $f\left(x + \dfrac{a+b}{2}\right)$ 为奇函数.

证明 由条件知

$$f(x+a) = f(x) \qquad ㊴$$
$$f(-x+b) = -f(x) \qquad ㊵$$

由式㊴㊵得

$$f(-x+b) = -f(x+a)$$

令 $-x + b = -t$, 则 $x = t + b$, 代入得

$$f(-t) = -f(a+b+t)$$

则 $f(x)$ 的图像关于点 $A\left(\dfrac{a+b}{2}, 0\right)$ 对称.

由定理 2 知 $f\left(x + \dfrac{a+b}{2}\right)$ 是奇函数.

定理 15 若 $a(a \neq 0)$ 为函数 $f(x)(x \in \mathbf{R})$ 的一个周期, 且 $f(x)$ 的图像关于直线 $x = \dfrac{b}{2}$ 对称, 则 $f\left(x + \dfrac{a+b}{2}\right)$ 是偶函数.

证明 由条件知

$$f(x+a) = f(x) \qquad ㊶$$
$$f(b-x) = f(x) \qquad ㊷$$

由式㊶㊷得 $f(x+a) = f(b-x)$.

则 $f(x)$ 的图像关于直线 $x = \dfrac{a+b}{2}$ 对称.

由定理 2 得 $f\left(x + \dfrac{a+b}{2}\right)$ 是偶函数.

(7) 由对称性、奇偶性推出周期性

定理 16 若定义在 **R** 上的奇函数 $f(x)$ 的图像关于直线 $a(a \in \mathbf{R}, a \neq 0)$ 对称,则 $f(x)$ 是周期函数,且 $4a$ 为其一个周期.

证明 由条件知
$$f(-x) = -f(x) \qquad ㊸$$
$$f(2a+x) = f(-x) \qquad ㊹$$

由式㊸㊹得 $f(x+2a) = -f(x)$,则 $f(x+4a) = f(x)$.

故 $f(x)$ 是周期函数,且 $4a$ 为其一个周期.

定理 17 若定义在 **R** 上的偶函数 $f(x)$ 的图像关于点 $A(a,0)(a \in \mathbf{R}, a \neq 0)$ 对称,则 $f(x)$ 是周期函数,且 $4a$ 为其一个周期.

证明 由条件知
$$f(-x) = f(x) \qquad ㊺$$
$$f(2a-x) = -f(x) \qquad ㊻$$

由式㊺㊻得 $f(2a-x) = -f(-x)$,即 $f(2a+x) = -f(x)$,故 $f(x+4a) = f(x)$.

故 $f(x)$ 是周期函数,且 $4a$ 为其一个周期.

由上,我们欣赏到了抽象函数"三性"的和谐统一.

例 10 数学解题的雅致协调.

欣赏点:寻求数学题设条件与目标的协调.

问题 1 已知 $a+b+c=0$,求证 $ab+bc+ca \leq 0$.

解析 已知的是一个次数为 1 的等式,而要证的是一个二次的不等式,已知和未知在次数上不和谐、不协调. 为此,可以把已知式两边平方,化为二次的形式,展开后即可得证.

问题 2 已知 $a,b > 0$,且 $a+b+ab = 2$,求 $a+b$ 的取值范围.

解析 已知条件 $a+b+ab = 2$ 是一个等式,目标 $a+b$ 是一个代数式,形式结构上不和谐、不协调,为此设 $a+b = t$,通过换元化为统一的等式结构. 又由于条件等式中 $a+b$ 为一次项,ab 为二次项,为寻求次数统一,将 $a+b=t$ 两边平方,接下来用均值不等式后,再转化为关于 t 的不等式即可求解.

问题 3 设 x_1 满足 $2x + 2^x = 5$,x_2 满足 $2x + 2\log_2(x-1) = 5$,求 $x_1 + x_2$ 的值.

解析 由题意有

$$\begin{cases} 2x_1 + 2^{x_1} = 5 & \text{㊼} \\ 2x_2 + 2\log_2(x_2 - 1) = 5 & \text{㊽} \end{cases}$$

从形式结构上看，式㊼㊽都为等式，$x_1 + x_2$ 为代数式，为了协调，可设 $x_1 + x_2 = t$. 又因为式㊼㊽各含有指数和对数，形式不统一，可以考虑将式㊼㊽转化为统一的某个形式（即统一为对数形式或指数形式），不妨将㊼转化为对数形式.

把式㊼化为 $x_1 = \log_2(5 - 2x_1)$，为了向式㊽形式"靠拢"，用 $x_1 = t - x_2$ 代入上式消去 x_1 得

$$t - x_2 = \log_2(5 - 2t + 2x_2) \qquad \text{㊾}$$

然后把式㊽化为

$$\frac{5}{2} - x_2 = \log_2(x_2 - 1) \qquad \text{㊿}$$

比较式㊾㊿，右边形式仍不协调，为此在式㊾的对数式中"提取2"，利用对数运算性质化为 $t - x_2 = \log_2 2 + \log_2\left(x_2 - t + \frac{5}{2}\right)$，即 $t - x_2 = 1 + \log_2\left(x_2 - t + \frac{5}{2}\right)$，为了"去掉"等式右边的1，继续化为

$$(t - 1) - x_2 = \log_2\left[x_2 - \left(t - \frac{1}{2}\right)\right] \qquad \text{㊀}$$

这时式㊿㊀在形式上完全达到了协调，所以比较两式得 $t - 1 = \frac{5}{2}$ 且 $t - \frac{5}{2} = 1$，即 $t = \frac{7}{2}$ 为所求.

问题4 已知数列 $\{a_n\}$ 和 $\{b_n\}$ 满足 $a_1 = b_1$，且对任意 $n \in \mathbf{N}^*$ 都有 $a_n + b_n = 1$，$\dfrac{a_{n+1}}{a_n} = \dfrac{b_n}{1 - a_n^2}$.

(1) 求数列 $\{a_n\}$ 和 $\{b_n\}$ 的通项公式；

(2) 证明 $\dfrac{a_2}{b_2} + \dfrac{a_3}{b_3} + \dfrac{a_4}{b_4} + \cdots + \dfrac{a_{n+1}}{b_{n+1}} < \ln(1 + n) < \dfrac{a_1}{b_1} + \dfrac{a_2}{b_2} + \dfrac{a_3}{b_3} + \cdots + \dfrac{a_n}{b_n}$.

解析 (1) 由条件易得 $a_n = \dfrac{1}{n+1}$，$b_n = 1 - a_n = \dfrac{n}{n+1}$.

对于第(2)小题. 由(1)知，即证 $\dfrac{1}{2} + \dfrac{1}{3} + \dfrac{1}{4} + \cdots + \dfrac{1}{n+1} < \ln(1+n) < 1 + \dfrac{1}{2} + \dfrac{1}{3} + \cdots + \dfrac{1}{n}$，即证两个不等式

$$\ln(1 + n) < 1 + \frac{1}{2} + \frac{1}{3} + \cdots + \frac{1}{n} \qquad \text{㊁}$$

$$\frac{1}{2} + \frac{1}{3} + \frac{1}{4} + \cdots + \frac{1}{n+1} < \ln(1 + n) \qquad \text{㊂}$$

这两个不等式的特点都是左右两边项数不协调、不和谐，为了达到左右都有 n 项的形式，联想到可以利用裂项式 $a_n = (a_n - a_{n-1}) + (a_{n-1} - a_{n-2}) + \cdots + (a_2 - a_1) + a_1$，把 $\ln(1 + n)$ 裂成如下形式：$\ln(1 + n) = [\ln(1 + n) - \ln n] + [\ln n - \ln(n - 1)] + \cdots + [\ln 2 - \ln 1] +$

$\ln 1$. 下面先证不等式㉒,即只需证明 $\ln(1+n) - \ln n < \dfrac{1}{n}$,即证 $\ln \dfrac{1+n}{n} < \dfrac{1}{n}$,即证 $\ln\left(1+\dfrac{1}{n}\right) < \dfrac{1}{n}$. 证明这种不等式,左边是对数形式,右边是分数形式,形式也不和谐协调,直接证明有困难,于是想到令 $\dfrac{1}{n} = x$,构造函数 $f(x) = \ln(1+x) - x(x > 0)$,只需证明 $f(x) = \ln(1+x) - x$ 在 $(0, +\infty)$ 上恒小于 0 即可,利用求导即可得证.

下面证明不等式㉓,同上述的分析,只需证明 $\ln(1+n) - \ln n > \dfrac{1}{n+1}$,即证 $\ln\left(1+\dfrac{1}{n}\right) > \dfrac{\frac{1}{n}}{1+\frac{1}{n}}$,同样想到令 $\dfrac{1}{n} = x$,构造函数 $g(x) = \ln(1+x) - \dfrac{x}{1+x}(x > 0)$,往下用导数证明 $g(x)$ 在 $(0, +\infty)$ 恒大于 0 即可.

4.2.2 欣赏数学的"美",认识对称的普遍性

对称是一个广阔的主题,在艺术和自然两方面都意义重大. 数学则是它的根本.
——外尔(H. Weyl)

对称通常指图形或物体对某个点、直线或平面而言,在大小、形状和排列上具有一一对应关系.

"对称"在艺术、自然界、科学上的例子是屡见不鲜的. 自然界的对称可以从亚原子微粒子的结构到整个宇宙结构的每一尺度上找到.

在文学里有"自对偶",如"上海自来水来自海上",这是一种"回文",倒着念和顺着念,意思都一样. 另一种是"互对偶",如"东边日出西边雨,道是无晴却有晴",如果把"东边"与"西边""无晴"与"有晴"的位置对调一下,成为"西边日出东边雨,道是有晴却无晴",前后意义并没有改变. 数学里也有这种现象. 如,数字"22""121"等是回文数,表面上看这些数平淡无奇,考察它们的结构,不仅是对称的,还是很特殊的对称,自身对称进而有自相似结构. 自相似结构是分形几何最基本的概念之一,它的产生开创了一个研究方向. 分形结构在生物界体现的是"全息胚",例如,病毒利用简单结构自组装成球形对称结构,其中的"简单结构"就是"全息元".

在数学中,对称的概念略有拓广(常把某些具有关联或对立的概念视为对称),这样对称美便成了数学美中的一个重要组成部分,同时也为人们研究数学提供了某些启示.

著名德国数学家、物理学家外尔说:"美和对称紧密相连."因而在数学中,数、式、运算、图形、命题等都有丰富的对称内容.

数学对象如数、式、方程、集合、运算、概念、命题等都是现实对象的模型,对称也体现在这些模型中;对称也是创造数学的一种思想方法,反映人们对美、和谐、平衡匀称的诉求.[1]

---

[1] 刘彦学,徐章韬. 作为数学欣赏的对称[J]. 中学数学,2014(11):51-53.

"共轭"概念也蕴含着"对称性",可以看成对称概念的拓广. 比如:$a+\sqrt{b},a-\sqrt{b}(b\geqslant 0)$ 是一对共轭无理数;$a+bi,a-bi$ 是一对共轭复数,引进共轭复数后有一个漂亮的结果:实系数方程的根成对出现. 而且还可以引申到数域的"对称"——数域的自同构与同构,更一般地,数论中的奇数和偶数(从奇偶性上区分)、质数与合数(从可分解性上区分)、互为相反数的正数与负数也可视为对称关系.

$ax^2+bx+c=0,a\neq 0$ 的两根满足关系:$x_1+x_2=-\dfrac{b}{a},x_1x_2=\dfrac{c}{a}$,是关于 x_1 和 x_2 的对称多项式,$x_1^2+x_2^2,x_1^2x_2+x_1x_2^2$ 等也是. 但 x_1-x_2 不是 x_1+x_2 和 x_1x_2 是初等对称多项式. 凡关于 x_1,x_2 的对称多项式都可以用初等对称式表示. 推而广之,代数基本定理指出,$a_0x^n+a_1x^{n-1}+\cdots+a_n=0,a_0\neq 0$ 有 n 个根,也有韦达定理. 形如 $x_1+x_2+\cdots+x_n,x_1x_2+\cdots+x_1x_n+x_2x_3+\cdots+x_2x_n+\cdots+x_{n-1}x_n$ 的多项式,不论把哪两个根对换一下,也就是不管作怎样的排列,多项式都不变动,这就是对称多项式. 任意对称多项式都可以用初等对称多项式表示. 海伦公式也是以对称多项式的形式出现的:$s=\sqrt{p(p-a)(p-b)(p-c)}$,$p$ 为三角形的半周长. 很多三角公式,如 $\sin(\alpha+\beta)=\sin\alpha\cos\beta+\cos\alpha\sin\beta$,都表现了对称. 过定点 (x_1,x_2,x_3)、方向向量为 $(\cos\alpha,\cos\beta,\cos\gamma)$ 的直线方程常写作:$\dfrac{x-x_1}{\cos\alpha}=\dfrac{x-x_2}{\cos\beta}=\dfrac{x-x_3}{\cos\gamma}$,也是一种对称的表达方式. "="可看作对称的符号,各种类型的方程,如代数方程、三角方程、微分方程等表示其两端所联系的数量,函数及导数等对象所成的组合在数值上是相等的.

"对偶"关系也是一种"对称". 从命题的角度看,原定理与逆定理、否定理与逆否定理等也存在"对称"关系. 从逻辑关系看,充要条件只是两个相关命题在对称意义下的转移和变换. "体积一定的几何体以球的表面积最小"与"表面积一定的几何体以球的体积最大"是对偶命题. 在线性规划中有对偶问题:对于线性规划中的每一个最大值问题,相应地存在一个特定的包含同样数据的最小值问题. 事实上,只有当最小值问题存在有限解时,最大值问题才存在有限解. 在射影几何中,点和直线之间建立了对偶关系,进而有对偶原理:平面几何的定理中,如果把点换成直线,直线换成点,并把诸种关系换成相应的对偶关系,所得到的新命题依然成立. 集合论中的棣莫弗公式就是关于差集的对偶原理,与之同构的逻辑代数的运算中也有相应的对偶原理(0-1律、互补律). 尽管数学概念一次次地扩张,若能掌握这种对称(偶)性,就能从整体上把握数学结构,高屋建瓴,达到和谐、统一.

数学有三种基本结构:序结构、代数结构、拓扑结构. 代数结构对应着"运算关系". 从运算角度看:加与减、乘与除、乘幂与开方、指数与对数、微分与积分、矩阵与逆矩阵等,这些互逆运算都可以看作一种"对称"关系,它们相反而相成. 如牛顿—莱布尼兹公式是微积分的基本公式,是因为它揭示了微分、积分这一对基本矛盾. 微分中有一条定理或公式,积分中也有相应的定理或公式. 反之亦然. 这实际上是一种逆向思考法. 函数与反函数也是一种"对称",它们的图像关于直线 $y=x$ 对称. 运算也是一种对应、映射. 对应可看作广义的对称,笛卡儿建立了方程与几何图形的对应关系,康托建立了实数与数轴的对应关系,推动了数学的发展.

在平面上、空间中,可以考虑关于点的对称、线的对称、面的对称,奇函数的图像关于原点对称;圆关于圆心是中心对称的,关于任意一条直径所在的直线是轴对称的;正方形关于其中心是中心对称的,关于对角线、对边中点的连线是轴对称;球关于球心是中心对称的,关于任意一条直径所在的直线是轴对称的(正如毕达哥拉斯所说:"一切立体图形中最完美的是球形,一切平面图形中最完美的是圆."它们在各个方向上都是对称的);等腰三角形是轴对称的;圆柱、圆锥、旋转曲面、椭球面等这些图形都是轴对称图形;偶函数的图像关于纵轴对称. 杨辉三角是张非常(轴)对称的图表,它的对称性还表现在二项式定理的表达形式上. 平面区域和空间区域的对称常归结为围成这些区域的边界曲线和边界曲面的对称性,但最终归结为构成这些曲线和曲面的点的对称性.

在代数中,平面曲线 L 是用该曲线上点的坐标 x,y 所满足的方程 $f(x,y) = 0$ 表示的. 若对于任意的点 $(x,y) \in L$,必有 $(-x,y) \in L$ 满足 $f(-x,y) = 0$,即 $f(-x,y) = f(x,y)$,则称曲线 L 关于 y 轴对称. 此时也说函数 $f(x,y)$ 关于变量 x 对称,或者说 $f(x,y)$ 是关于变量 x 的偶函数. 用类似的方法,由 $f(x,y) = f(x,-y)$ 及 $f(-x,-y) = f(x,y)$ 说明曲线 L 关于 x 轴及原点的对称性,于是将曲线 $L:f(x,y) = 0$ 的对称性归结为讨论函数 $f(x,y)$ 的对称性.

正多面体关于点、线、面的几何对称性,不仅给我们以美的享受,还体现出"变量"的某种对称性,而后者给我们论证与计算带来极大的方便. 什么是对称呢? 人们常说圆比正方形更对称,正方形比梯形更对称,正六边形比正三角形更对称. 可以这样理解? 具有某种对称性的图形,就是经过某些刚体运动后仍能回到自身的图形. 例如,圆经过绕圆心的任意旋转以及以任何过圆心的直线为镜面的反射都能回到自身,正方形绕其中心旋转 $\frac{\pi}{2},\pi,\frac{3\pi}{2},2\pi$ 或以其对角线和对边中点连线的反射才能回到自身,而梯形就更差了,它只有绕其中心旋转 $2k\pi$ 才能回到自身. 因此,对称是与变换联系在一起的. 一个具有某些关系的集合的对称性是指该集合上具有比较多的对称变换. 显然,对称变换所满足的性质与群中元素的运算非常类似,如果我们抛开元素和运算的具体内容和形式,而注重两者之间的本质关系,就能得到群是对称概念的数学描述,研究群就是为了研究复杂的对称.

例 11 一个特殊的中心对称函数——对勾函数.

欣赏点:对称又和谐的图形与性质以及和双曲线的联系.

(1)定义

对形如 $f(x) = ax + \dfrac{b}{x}(a \neq 0, b \neq 0)$ 的函数,我们统称为对勾函数. 它是正比例函数 $g(x) = ax$ 与反比例函数 $h(x) = \dfrac{b}{x}$ 的和函数.[①]

(2)对勾函数的图像

(Ⅰ)当 a,b 同号时,$f(x) = ax + \dfrac{b}{x}$ 的图像是由直线 $g(x) = ax$ 与双曲线 $h(x) = \dfrac{b}{x}$ 叠加构成,形状酷似双勾. 故称"对勾函数",也称"勾勾函数""海鸥函数".(图 4-7)

---

① 刘瑞美.也谈对勾函数的性质及应用[J].中学数学研究,2014(7):35-37.

(Ⅱ)当 a,b 异号时,$f(x)=ax+\dfrac{b}{x}$ 的图像发生了质的变化. 但是,我们依然可以看作是两个函数复合而成. (图 4-8)

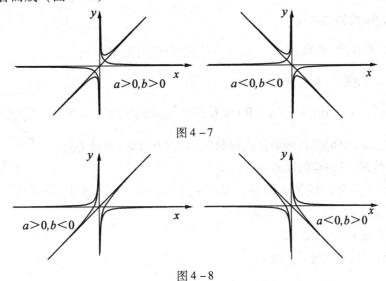

图 4-7

图 4-8

由以上的图 4-7 和图 4-8 可以看出,对勾函数的图像酷似双曲线,因此,也可以认为对勾函数是反比例函数的一种自然延伸,只不过它的焦点和渐进线的位置有所改变罢了. 这种说法实际上是从对勾函数的性质出发,得出的一个普遍的结论. 下面就根据对勾函数与双曲线的关联性来研究其性质.

(3)对勾函数的性质

为了研究方便,我们只研究 a,b 同号中的 $a>0,b>0$ 的情况,当 $a<0,b<0$ 时,根据对称就很容易得出结论.

(Ⅰ)对勾函数的顶点

当 $a>0,b>0$ 时,在对勾函数中利用基本不等式可得:

当 $x>0$ 时,$f(x)=ax+\dfrac{b}{x}\geq 2\sqrt{ab}$(且仅当 $ax=\dfrac{b}{x}$ 时等号成立,即 $x=\sqrt{\dfrac{b}{a}}$ 时取等号).

当 $x<0$ 时,$f(x)=ax+\dfrac{b}{x}\leq -2$(且仅当 $ax=\dfrac{b}{x}$ 时等号成立,即 $x=-\sqrt{\dfrac{b}{a}}$ 时取等号).

因此对勾函数的顶点有两个:即 $A(\sqrt{\dfrac{b}{a}},2\sqrt{ab})$,$B(-\sqrt{\dfrac{b}{a}},-2\sqrt{ab})$

(Ⅱ)对勾函数的定义域、值域

由(Ⅰ)得到了对勾函数的顶点坐标,从而我们也就确定了对勾函数的定义域、值域.

定义域:$\{x|x\neq 0\}$;值域:$\{y|y\geq 2\sqrt{ab}$ 或 $y\leq -2\sqrt{ab}\}$.

(Ⅲ)对勾函数的单调性和奇偶性

由图 4-7 容易看出,函数 $f(x)=ax+\dfrac{b}{x}$ 单调递增区间为 $(-\infty,-\sqrt{\dfrac{b}{a}})$ 和 $(\sqrt{\dfrac{b}{a}},$

$+\infty$);单调递减区间为$\left(-\sqrt{\frac{b}{a}},0\right)$和$\left(0,\sqrt{\frac{b}{a}}\right)$. 对勾函数$f(x)=ax+\frac{b}{x}$在定义域内是奇函数.

（Ⅳ）对勾函数的渐进线

由图像不难看出：函数$f(x)=ax+\frac{b}{x}$的渐近线有两条直线：l_1: $y=ax$, l_2: $x=0$. 如图4-9所示：

另外，函数$f(x)=ax^n+\frac{b}{x^\alpha}(\alpha\in\mathbf{R})$可看成对勾函数的推广.

特别地，当α为偶数时，函数是偶函数；当α为奇数时，函数为奇函数，类似的性质，有兴趣的读者不妨一试.

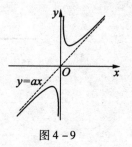

图4-9

例12 设p,q是为实数，α,β是方程$x^2-px+q=0$的两个实根，数列$\{x_n\}$满足$x_1=p$，$x_2=p^2-q$，$x_n=px_{n-1}-qx_{n-2}(n=3,4,\cdots)$.

（Ⅰ）证明：$\alpha+\beta=p,\alpha\beta=q$；

（Ⅱ）求数列$\{x_n\}$的通项公式；

（Ⅲ）若$p=1,q=\frac{1}{4}$，求数列$\{x_n\}$的前n项和S_n.

欣赏点：对偶式的作用.

解析 本题（Ⅰ）可用韦达定理或求根公式直接证出，（Ⅲ）用（Ⅱ）的结论得$x_n=\frac{n+1}{2^n}$后，再用错位相减求出$S_n=3-\frac{n+3}{2^n}$. 下面用构造对偶式方法求$\{x_n\}$的通项.

易见α,β是数列递推关系的特征根，当$\alpha=\beta$时，$x_n=px_{n-1}-qx_{n-2}$可化为$x_n-\alpha x_{n-1}=\alpha(x_{n-1}-\alpha x_{n-2})$，于是由等比数列$\{x_m-\alpha x_{n-1}\}$可得$x_n-\alpha x_{n-1}=\alpha^{n-2}(x_2-\alpha x_1)\Rightarrow\frac{x_n}{\alpha_n}-\frac{x_{n-1}}{\alpha^{n-1}}=\frac{x_2-\alpha x_1}{\alpha^2}\Rightarrow\left\{\frac{x_n}{a_n}\right\}$是等差数列，故$\frac{x_n}{\alpha_n}=\frac{x_1}{\alpha}+(n-1)\cdot\frac{x_2-\alpha x_1}{\alpha^2}$，将$x_1=p,x_2=p^2-q$代入并化简解得$x_n=p\alpha^{n-1}+(n-1)(p^2-\alpha p-q)\alpha^{n-2}$.

当$\alpha\neq\beta$时，构造对偶式，由$x_n=(\alpha+\beta)x_{n-1}-\alpha\beta x_{n-2}$得

$$\begin{cases}x_n-\alpha x_{n-1}=\beta(x_{n-1}-\alpha x_{n-2})\\ x_n-\beta x_{n-1}=\alpha(x_{n-1}-\beta x_{n-2})\end{cases}\Rightarrow\begin{cases}x_n-\alpha x_{n-1}=\beta^{n-2}(x_2-\alpha x_1)\\ x_n-\beta x_{n-1}=\alpha^{n-2}(x_2-\beta x_1)\end{cases}$$

消去x_{n-1}得

$$x_n=\frac{\beta^{n-1}(x_2-\alpha x_1)-\alpha^{n-1}(x_2-\beta x_1)}{\beta-\alpha}$$

再将$x_1=p,x_2=p^2-q$代入得

$$x_n=\frac{1}{\beta-\alpha}[\beta^{n-1}(p^2-2\beta-q)-\alpha^{n-1}(p^2-\beta p-q)]\quad(n\in\mathbf{N}^*)$$

例13 点关于直线对称点的坐标公式

欣赏点:对称的形式与对称的内容.

若点 $P(x_0,y_0)$ 关于直线 $l:Ax+By+C=0(A^2+B^2\neq 0)$ 的对称点记为 $Q(x,y)$,则

$$\begin{cases} x_1=\dfrac{(B^2-A^2)x_0-2ABy_0-2AC}{A^2+B^2} \\ y_1=\dfrac{(A^2-B^2)y_0-2ABx_0-2BC}{A^2+B^2} \end{cases} \quad ⑭$$

或

$$\begin{cases} x_1=x_0-\dfrac{A}{\sqrt{A^2+B^2}}\cdot 2d' \\ y_1=y_0-\dfrac{B}{\sqrt{A^2+B^2}}\cdot 2d' \end{cases} \quad ⑮$$

其中 $d'=\dfrac{Ax_0+By_0+C}{\sqrt{A^2+B^2}}$.

或

$$\overrightarrow{PQ}=\begin{cases} 2d\vec{v}, Ax_0+By_0+C<0 \\ -2d\vec{v}, Ax_0+By_0+C>0 \end{cases} \quad ⑯$$

其中 d 表示点 P 到直线 l 的距离,$\vec{v}$ 为直线 l 的一个单位法向量.

证明　设点 $P(x_0,y_0)$ 关于直线 $l:Ax+By+C=0(A^2+B^2\neq 0)$ 的对称点为 $Q(x_1,y_1)$,设 $\vec{n}$ 是直线 l 的一个法向量. 如图 4-10. 过点 P 作 $PN\perp l$,垂足为点 N,则 $\vec{n}\parallel\overrightarrow{PQ}$,即 $\overrightarrow{PQ}=\lambda\vec{n}$. 此时 $\overrightarrow{PQ}$ 与 $\vec{n}$ 的方向由 λ 来确定,无需单独判定,故关键是如何求出 λ.

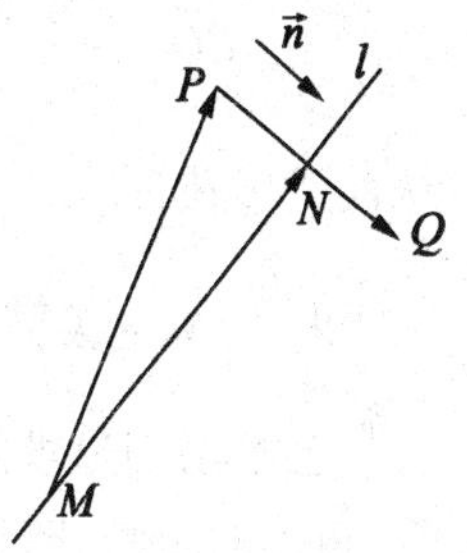

图 4-10

设点 $M(x',y')$ 为直线 l 上任意一点,则

$$\overrightarrow{MN}=\overrightarrow{MP}+\overrightarrow{PN}=\overrightarrow{MP}+\frac{1}{2}\overrightarrow{PQ}=\overrightarrow{MP}+\frac{1}{2}\lambda\vec{n}$$

而 $\vec{n}\perp\overrightarrow{MN}$,所以

$$\vec{n}\cdot\overrightarrow{MN}=\vec{n}\cdot\overrightarrow{MP}+\frac{1}{2}\lambda|\vec{n}|^2=0$$

得

$$\lambda=-\frac{2\vec{n}\cdot\overrightarrow{MP}}{|\vec{n}|^2}$$

所以

$$\overrightarrow{PQ}=\lambda\vec{n}=-\frac{2\vec{n}\cdot\overrightarrow{MP}}{|\vec{n}|^2}\cdot\vec{n} \quad ⑰$$

若取 $\vec{n}=(A,B)$,则

$$\vec{n}\cdot\overrightarrow{MP}=(A,B)\cdot(x_0-x',y_0-y')=Ax_0+By_0-(Ax'+By')$$

而且

$$Ax'+By'+C=0$$

即
$$Ax' + By' = -C$$

故
$$\vec{n} \cdot \overrightarrow{MP} = Ax_0 + By_0 + C$$

由式㊄得
$$\overrightarrow{OQ} - \overrightarrow{OP} = \overrightarrow{PQ} = \left(-\frac{2A(Ax_0 + By_0 + C)}{A^2 + B^2}, -\frac{2B(Ax_0 + By_0 + C)}{A^2 + B^2}\right)$$

(其中 O 为坐标原点),所以
$$(x_1, y_1) = \overrightarrow{OQ} = \overrightarrow{OP} + \overrightarrow{PQ} = \left(x_0 - \frac{2A(Ax_0 + By_0 + C)}{A^2 + B^2}, y_0 - \frac{2B(Ax_0 + By_0 + C)}{A^2 + B^2}\right)$$

故
$$\begin{cases} x_1 = x_0 - \dfrac{2A(Ax_0 + By_0 + C)}{A^2 + B^2} \\ y_1 = y_0 - \dfrac{2B(Ax_0 + By_0 + C)}{A^2 + B^2} \end{cases}$$

从而式㊴获证.

若将式㊄变形为
$$\overrightarrow{PQ} = -\frac{2\,\vec{n} \cdot \overrightarrow{MP}}{|\vec{n}|^2} \cdot \vec{n} = -\frac{2\,\vec{n} \cdot \overrightarrow{MP}}{|\vec{n}|} \cdot \frac{\vec{n}}{|\vec{n}|} = -\frac{2(Ax_0 + By_0 + C)}{\sqrt{A^2 + B^2}}\left(\frac{A}{\sqrt{A^2 + B^2}}, \frac{B}{\sqrt{A^2 + B^2}}\right),$$

从而式㊵获证. 稍加变形不难得到
$$\overrightarrow{PQ} = -\frac{2\,\vec{n} \cdot \overrightarrow{MP}}{|\vec{n}|} \cdot \frac{\vec{n}}{|\vec{n}|} = \pm\frac{2|Ax_0 + By_0 + C|}{\sqrt{A^2 + B^2}}\vec{v} = \begin{cases} 2d\vec{v}, Ax_0 + By_0 + C < 0 \\ -2d\vec{v}, Ax_0 + By_0 + C > 0 \end{cases}$$

从而式㊶获证.

4.2.3 欣赏数学的美,认识形式的美观性

艺术家们追求的美中,形式是特别重要的. 比如艺术家注意到:泰山的雄伟、华山的险峻、黄山的奇特、峨眉山的秀丽、青海的幽深、滇池的开阔、黄河的蜿蜒、长江的浩瀚……,艺术家们渲染它们的美时,常常运用不同的形式.

数学家们也十分注重数学的形式美,尽管有时它们含义更加深邃,比如整齐简练的数学方程、匀称规则的几何图形,都可以看成一种形式美,这是与自然规律的外在表述(形式)有关的一种美. 寻求一种最适合表现自然规律的方法(语言)是对科学理论形式美的追求.

例 14 基本不等式的形式演变.

欣赏点:题"变"题的美妙形式之应用.

我们从基本不等式: $x^2 + y^2 \geq 2xy(x>0, y>0)$ 出发[①]:

(Ⅰ)由 $x^2 + y^2 \geq 2xy$ 两边同时加上 $2xy$ 得 $(x+y)^2 \geq 4xy$,变形得 $\dfrac{x+y}{xy} \geq \dfrac{4}{x+y}$,即

$$\frac{1}{x} + \frac{1}{y} \geq \frac{4}{x+y} \qquad ㊸$$

---

① 冯光文.题"变"题[J].数学通讯,2013(2):62-63.

(Ⅱ) 由 $x^2+y^2 \geqslant 2xy$ 两边同时减去 xy 得 $x^2-xy+y^2 \geqslant xy$，再两边同时除以 x^2y^2 得

$$\frac{x^2-xy+y^2}{x^2y^2} \geqslant \frac{1}{xy} \qquad ⑤⑨$$

注意到 x^2-xy+y^2 其实是立方和公式：$x^3+y^3=(x+y)(x^2-xy+y^2)$ 的一部分，于是对式⑤⑨两边同乘 $x+y$ 得 $\frac{(x+y)(x^2-xy+y^2)}{x^2y^2} \geqslant \frac{x+y}{xy}$，于是有 $\frac{x^3+y^3}{x^2y^2} \geqslant \frac{1}{x}+\frac{1}{y}$，故得：$\frac{y}{x^2}+\frac{x}{y^2} \geqslant \frac{1}{x}+\frac{1}{y}$. 这便是 2005 年罗马尼亚数学奥林匹克试题.

(Ⅲ) 在 $x^2+y^2 \geqslant 2xy(x,y>0)$ 中，令 $x=\sqrt{a}(a>0),y=\sqrt{b}(b>0)$，代入便得：$(\sqrt{a})^2+(\sqrt{b})^2 \geqslant 2\sqrt{a}\sqrt{b}$，即

$$a+b \geqslant 2\sqrt{ab} \quad (a>0,b>0) \qquad ⑥⓪$$

(Ⅳ) 在 $x^2+y^2 \geqslant 2xy(x,y>0)$ 中两边加上 $2xy$ 得 $(x+y)^2 \geqslant 4xy$，变形得 $\frac{xy}{x+y} \leqslant \frac{x+y}{4}$，即 $\frac{2}{\frac{1}{x}+\frac{1}{y}} \leqslant \frac{x+y}{2}$. 另一方面由 $x^2+y^2 \geqslant 2xy$ 得 $4xy \leqslant (x+y)^2$，即 $\frac{4xy}{(x+y)^2} \leqslant 1$，两边同乘 xy 得 $\frac{4x^2y^2}{(x+y)^2} \leqslant xy$，即 $\frac{2xy}{x+y} \leqslant \sqrt{xy}$，从而有 $\frac{2}{\frac{1}{x}+\frac{1}{y}} \leqslant \sqrt{xy}$. 其次由 $x^2+y^2 \geqslant 2xy$ 两边加上 x^2+y^2 得 $2x^2+2y^2 \geqslant x^2+2xy+y^2$，再两边同除 4 得 $\frac{2x^2+2y^2}{4} \geqslant \frac{(x+y)^2}{4}$，再对其两边开方得 $\frac{x+y}{2} \leqslant \sqrt{\frac{x^2+y^2}{2}}$.

由以上式子便可得

$$\frac{1}{\frac{1}{x}+\frac{1}{y}} \leqslant \sqrt{xy} \leqslant \frac{x+y}{2} \leqslant \sqrt{\frac{x^2+y^2}{2}} \qquad ⑥①$$

由(Ⅲ)中演变所得结论，即 $x>0,y>0$，则 $\frac{x}{y^2}+\frac{y}{x^2} \geqslant \frac{1}{x}+\frac{1}{y}$ 进行横向拓展，考虑三个量 $a,b,c>0$，由 $\frac{a}{b^2}+\frac{b}{a^2} \geqslant \frac{1}{a}+\frac{1}{b}$，$\frac{b}{c^2}+\frac{c}{b^2} \geqslant \frac{1}{b}+\frac{1}{c}$，$\frac{c}{a^2}+\frac{a}{c^2} \geqslant \frac{1}{c}+\frac{1}{a}$，将以上三式相加得

$$\frac{a+b}{c^2}+\frac{b+c}{a^2}+\frac{c+a}{b^2} \geqslant 2\left(\frac{1}{a}+\frac{1}{b}+\frac{1}{c}\right)$$

即有：

若 $a,b,c>0$，则

$$\frac{a+b}{c^2}+\frac{b+c}{a^2}+\frac{c+a}{b^2} \geqslant 2\left(\frac{1}{a}+\frac{1}{b}+\frac{1}{c}\right) \qquad ⑥②$$

这便是 2005 年罗马尼亚数学奥林匹克试题.

由(Ⅰ)中演变所得结论：设 $x>0,y>0$，则 $\frac{1}{x}+\frac{1}{y} \geqslant \frac{4}{x+y}$，也进行横向拓展考虑三个量

$a,b,c>0$ 时的情形:

由结论可得: $\dfrac{1}{a}+\dfrac{1}{b}\geq\dfrac{4}{a+b}$, $\dfrac{1}{a}+\dfrac{1}{c}\geq\dfrac{4}{a+c}$, $\dfrac{1}{b}+\dfrac{1}{c}\geq\dfrac{4}{b+c}$.

将以上三个不等式相加,得

$$\dfrac{1}{a}+\dfrac{1}{b}+\dfrac{1}{c}\geq\dfrac{2}{a+b}+\dfrac{2}{b+c}+\dfrac{2}{a+c}$$

便可得变题:

设 $a,b,c>0$,证明

$$\dfrac{1}{a}+\dfrac{1}{b}+\dfrac{1}{c}\geq\dfrac{2}{a+b}+\dfrac{2}{b+c}+\dfrac{2}{a+c}\qquad\text{⑥}$$

在上面的式⑥中加设条件: $a+b+c=2$,将其作换元,令 $a=1-x,b=1-y,c=1-z$,也有 $x+y+z=1$,将其代入式⑥得,设 $x,y,z>0$, $x+y+z=1$,证明: $\dfrac{1}{1-x}+\dfrac{1}{1-y}+\dfrac{1}{1-z}\geq\dfrac{2}{1+z}+\dfrac{2}{1+x}+\dfrac{2}{1+y}$.

此题便是第29届俄罗斯数学奥林匹克试题.

倘若对上面的问题进行纵向拓展,只需把条件 $x+y+z=1$ 中的三个元,拓展为 n 个元,则可得2004年罗马尼亚数学奥林克试题:

设 $n\geq 3$, $x_1,x_2,\cdots,x_n\in(0,1)$,且 $x_1+x_2+\cdots+x_n=1$,求证

$$(n-1)\left(\dfrac{1}{1-x_1}+\dfrac{1}{1-x_2}+\cdots+\dfrac{1}{1-x_n}\right)\geq(n+1)\left(\dfrac{1}{1+x_1}+\dfrac{1}{1+x_2}+\cdots+\dfrac{1}{1+x_n}\right)$$

另外将增设条件 $a+b+c=2$ 代入式⑥中还可得变题:

设 a,b,c 为正数,且 $a+b+c=2$,求证: $\dfrac{1}{a}+\dfrac{1}{b}+\dfrac{1}{c}\geq\dfrac{2}{2-a}+\dfrac{2}{2-b}+\dfrac{2}{2-c}$.

倘若再将29届俄罗斯数学奥林匹克试题中的条件: x,y,z 为正数且 $x+y+z=1$,改为 x,y,z 为正数且 $x+y+z=m(m>0)$ 又可得什么样的结论呢?

又回到(Ⅰ)中变形显然可得

$$\dfrac{1}{x+y}+\dfrac{1}{y+z}\geq\dfrac{4}{x+2y+z}$$

即

$$\dfrac{1}{m-z}+\dfrac{1}{m-x}\geq\dfrac{4}{x+2y+z}=\dfrac{4}{m+y}$$

$$\dfrac{1}{y+z}+\dfrac{1}{x+z}\geq\dfrac{4}{x+y+2z}$$

即

$$\dfrac{1}{m-x}+\dfrac{1}{m-y}\geq\dfrac{4}{m+z}$$

$$\dfrac{1}{x+z}+\dfrac{1}{x+y}\geq\dfrac{4}{2x+y+z}$$

即

$$\dfrac{1}{m-y}+\dfrac{1}{m-z}\geq\dfrac{4}{m+x}$$

将以上的不等式相加可得

$$\frac{1}{m-x}+\frac{1}{m-y}+\frac{1}{m-z}\geq\frac{2}{m+x}+\frac{2}{m+y}+\frac{2}{m+z}$$

综上可得新的变题：

设 x,y,z 为正数且 $x+y+z=m(m>0)$，求证

$$\frac{1}{m-x}+\frac{1}{m-y}+\frac{1}{m-z}\geq\frac{2}{m+x}+\frac{2}{m+y}+\frac{2}{m+z}$$

显然 $m=1$ 时便是 29 届俄罗斯试题．

例 15 圆内接四边形中的两个形式漂亮的结论．

欣赏点：用漂亮的证法证明漂亮形式的结论．

结论 1 四边形 $ABCD$ 内接于圆，$\triangle BCD$，$\triangle ACD$，$\triangle ABD$，$\triangle ABC$ 的内心依次为 I_A，I_B，I_C，I_D，并记 $\odot I_A$，$\odot I_B$，$\odot I_C$，$\odot I_D$ 切四边形 $ABCD$ 对角线的切点分别为 A_1,A_2,A_3,A_4，则（1）四边形 $I_AI_BI_CI_D$ 为矩形；(2) $A_1A_3=A_2A_4$．

证明 （1）分别联结 AI_D,BI_C,AI_C,BI_D，有

$$\angle I_CBI_D=\frac{1}{2}(\angle ABC-\angle ABD)=\frac{1}{2}\angle DBC$$

$$\angle I_CAI_D=\frac{1}{2}(\angle BAD-\angle BAC)=\frac{1}{2}\angle DAC$$

所以 $\angle I_CAI_D=\angle I_CBI_D$

于是 A,B,I_C,I_D 四点共圆．

从而 $\angle I_CI_DB=\pi-\angle BAI_C=\pi-\frac{1}{2}\angle BAD$

同理 $\angle I_AI_DB=\pi-\frac{1}{2}\angle DCB$，所以

$$\angle I_CI_DB+\angle I_AI_DB=2\pi-\frac{1}{2}(\angle BAD+\angle DCB)=\frac{3}{2}\pi$$

从而 $\angle I_CI_DI_A=\frac{\pi}{2}$．

同理可证

$$\angle I_DI_AI_B=\angle I_BI_CI_D=\angle I_AI_BI_C=\frac{\pi}{2}$$

故 $I_AI_BI_CI_D$ 为矩形．

(2) 记 $AB=a,BC=b,CD=c,AD=d,AC=x,BD=y$，则

$$BA_3=\frac{a+x-d}{2}, BA_1=\frac{c+x-b}{2}$$

所以

$$BA_3+BA_1=\frac{(a+c)-(b+d)}{2}+x$$

于是

$$A_1A_3=x-(BA_3+BA_1)=\frac{(b+d)-(a+c)}{2}$$

同理可证 $A_2A_4 = \dfrac{(b+d)-(a+c)}{2}$.

故 $A_1A_3 = A_2A_4$.

结论 2 四边形 $ABCD$ 内接于 $\odot O$，对角线 AC,BD 相交于点 E，$\triangle ABD$，$\triangle BCD$，$\triangle ACD$，$\triangle ABC$ 的内切圆半径分别为 r_1,r_2,r_3,r_4，则 $r_1+r_2=r_3+r_4$.

证明 过 I_B 作 I_CA_3 的延长线的垂线，垂足为 M；过 I_C 作 I_BA_2 的延长线于 N，由结论 1(2) 知 $A_1A_3=A_2A_4$，而 $A_1A_3=I_AM$，$A_2A_4=I_DN$，所以 $I_AM=I_DN$.

由结论 1(1) 知 $I_AI_C=I_BI_D$，故 $\mathrm{Rt}\triangle I_BNI_D\cong\mathrm{Rt}\triangle I_CMI_A$，则 $I_CM=I_BN$，所以 $r_1+r_3=r_2+r_4$.

例 16 特殊曲线的特殊结论.

欣赏点：漂亮形式曲线的漂亮结论形式.

在这里，我们称离心率为 $\dfrac{\sqrt{5}-1}{2}$ 的椭圆为"黄金椭圆"，称离心率为 $\dfrac{\sqrt{5}+1}{2}$ 的双曲线为"黄金双曲线"，黄金椭圆与黄金双曲线有很多奇妙的性质.[①] 我们约定所讨论的椭圆方程均为 $\dfrac{x^2}{a^2}+\dfrac{y^2}{b^2}=1(a>0,b>0)$，双曲线方程均为 $\dfrac{x^2}{a^2}-\dfrac{y^2}{b^2}=1(a>0,b>0)$，它们的焦距为 $2c$，离心率为 e. 为突出两曲线间美妙的关系，我们介绍下述结论：

定理 18 （Ⅰ）椭圆为黄金椭圆的充要条件是 $\dfrac{b^2}{a^2}=\dfrac{\sqrt{5}-1}{2}$；（Ⅱ）双曲线为黄金双曲线的充要条件是 $\dfrac{b^2}{a^2}=\dfrac{\sqrt{5}+1}{2}$.

证明 （Ⅰ）若椭圆为黄金椭圆，则 $\dfrac{c}{a}=\dfrac{\sqrt{5}-1}{2}$，所以

$$\dfrac{b^2}{a^2}=\dfrac{a^2-c^2}{a^2}=1-\dfrac{3-\sqrt{5}}{2}=\dfrac{\sqrt{5}-1}{2}$$

若 $\dfrac{b^2}{a^2}=\dfrac{\sqrt{5}-1}{2}$，则

$$\dfrac{b^2}{a^2}=\dfrac{a^2-c^2}{a^2}=1-e^2=\dfrac{\sqrt{5}-1}{2}$$

解得 $e=\dfrac{\sqrt{5}-1}{2}$，椭圆为黄金椭圆.

（Ⅱ）类似可证，从略.

定理 19 （Ⅰ）椭圆为黄金椭圆的充要条件是 $b^2=ac$；（Ⅱ）双曲线为黄金双曲线的充要条件是 $b^2=ac$.

证明 （Ⅰ）若椭圆为黄金椭圆，则 $c=\dfrac{\sqrt{5}-1}{2}a$，由定理 1 有 $b^2=\dfrac{\sqrt{5}-1}{2}a^2=ac$；若 $b^2=$

[①] 王钦敏. 黄金椭圆与黄金双曲线的对偶性质[J]. 福建中学数学,2012(5):20-21.

ac,则 $a^2 - c^2 = ac$,两边同除以 a^2 得 $e^2 + e - 1 = 0$,因为 $0 < e < 1$,所以 $e = \dfrac{\sqrt{5}-1}{2}$,椭圆为黄金椭圆.

(Ⅱ)类似可证,从略.

定理20 (Ⅰ)过黄金椭圆的右焦点 F_2 作 x 轴的垂线交椭圆于点 B,过点 B 作 x 轴的平行线交 y 轴于点 C,过右顶点 A 作 x 轴的垂线交 CB 于点 D,则四边形 OF_2BC 是正方形,四边形 $OADC$ 是黄金矩形(图 4-11).

(Ⅱ)过双曲线的右焦点 F_2 作 x 轴的垂线交双曲线于点 B,过点 B 作 x 轴的平行线交 y 轴于点 C,过右顶点 A 作 x 轴的垂线交 CB 于点 D,则四边形 OF_2BC 是正方形,四边形 $OADC$ 是黄金矩形(图 4-12).

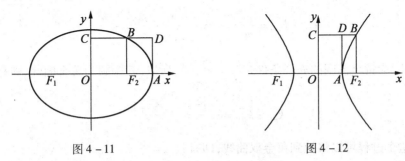

图 4-11　　　　　　　　　图 4-12

证明 (Ⅰ)由定理19得

$$|BF_2| = \dfrac{b^2}{a} = \dfrac{ac}{a} = c = |OF_2|$$

故易知四边形 OF_2BC 为正方形. 又因为 $\dfrac{|OC|}{|OA|} = \dfrac{c}{a} = \dfrac{\sqrt{5}-1}{2}$,故四边形 $OADC$ 是黄金矩形.

(Ⅱ)由定理19得

$$|BF_2| = \dfrac{b^2}{a} = c = |OF_2|$$

故易知四边形 OF_2BC 为正方形.

又因为 $\dfrac{|OA|}{|OC|} = \dfrac{a}{c} = \dfrac{\sqrt{5}-1}{2}$,故四边形 $OADC$ 是黄金矩形.

定理21 (Ⅰ)设黄金椭圆的右顶点、上顶点与左焦点分别为 A,B 与 F_1,则 $\angle ABF_1 = 90°$;(Ⅱ)设黄金双曲线的右顶点、虚轴上端点与左焦点分别为 A,B 与 F_1,则 $\angle ABF_1 = 90°$.

证明 (Ⅰ)如图 4-13,黄金椭圆的右顶点、上顶点与左焦点分别为 $A(a,0),B(0,b)$ 与 $F_1(-c,0)$,由定理19知,向量 $\overrightarrow{BF_1} = (-c,-b)$ 和 $\overrightarrow{BA} = (a,-b)$ 的数量积 $\overrightarrow{BF_1} \cdot \overrightarrow{BA} = (-c,-b) \cdot (a,-b) = -ac + b^2 = 0$,所以 $\angle ABF_1 = 90°$.

(Ⅱ)证明与(Ⅰ)类似,从略.

如图 4-14 所示,过椭圆 $\dfrac{x^2}{a^2} + \dfrac{y^2}{b^2} = 1 (a > b > 0)$ 的中心 O 任作一直径 CD,弦 PQ 与 CD

平行,其中点为 M,联结 OM 得椭圆的另一直径 AB,我们称 AB,CD 为椭圆的一对共轭直径,同时称 PQ 为直径 AB 的一条共轭弦. 易证椭圆的任一条直径必平分其共轭弦.

当共轭直径 AB,CD 的斜率都存在时,设点 M,P 的坐标为 $M(x_0,y_0)$,$P(x_0+m,y_0+n)$,由中点坐标公式知 Q 的坐标为 $Q(x_0-m,y_0-n)$,因为点 P,Q 在椭圆上,所以

$$\begin{cases} \dfrac{(x_0+m)^2}{a^2}+\dfrac{(y_0+n)^2}{b^2}=1 \\ \dfrac{(x_0-m)^2}{a^2}+\dfrac{(y_0-n)^2}{b^2}=1 \end{cases}$$

两式相减可得 $\dfrac{4mx_0}{a^2}+\dfrac{4ny_0}{b^2}=0$,即 $\dfrac{n}{m}=-\dfrac{b^2 x_0}{a^2 y_0}$,由斜率公式可得

$$k_{PQ}\cdot k_{OM}=\dfrac{n}{m}\cdot\dfrac{y_0}{x_0}=-\dfrac{b^2 x_0}{a^2 y_0}\cdot\dfrac{y_0}{x_0}=-\dfrac{b^2}{a^2}.$$

因为椭圆为黄金椭圆的充要条件是 $\dfrac{b^2}{a^2}=\dfrac{\sqrt{5}-1}{2}$,所以,若椭圆为黄金椭圆,则有

$$k_{PQ}\cdot k_{OM}=-\dfrac{b^2}{a^2}=-\dfrac{\sqrt{5}-1}{2}.$$

反之亦然. 这个过程可以移植到黄金双曲线,即有:

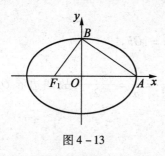

图 4 – 13   图 4 – 14

定理 22 (Ⅰ)若黄金椭圆的一对共轭直径存在斜率,则其斜率之积等于离心率的相反数;(Ⅱ)若黄金双曲线的一对共轭直径存在斜率,则其斜率之积等于离心率.

现在来证明:

定理 23 (Ⅰ)过黄金椭圆上不与顶点重合的任一点 $P(x_0,y_0)$ 的切线斜率为 $-\dfrac{\sqrt{5}-1}{2}\cdot\dfrac{x_0}{y_0}$;

(Ⅱ)过黄金双曲线上不与顶点重合的任一点 $P(x_0,y_0)$ 的切线的斜率为 $\dfrac{\sqrt{5}+1}{2}\cdot\dfrac{x_0}{y_0}$.

证明 (Ⅰ)在等式 $b^2 x^2+a^2 y^2=a^2 b^2$ 两边对 x 求导,得 $2b^2 x+2a^2 yy'=0$,即 $y'=-\dfrac{b^2 x}{a^2 y}$,由定理 1 知过黄金椭圆上不与顶点重合的任一点 $P(x_0,y_0)$ 的切线斜率为 $-\dfrac{\sqrt{5}-1}{2}\cdot\dfrac{x_0}{y_0}$.

(Ⅱ)在等式 $b^2 x^2-a^2 y^2=a^2 b^2$ 两边对 x 求导,得 $2b^2 x-2a^2 yy'=0$,即 $y'=\dfrac{b^2 x}{a^2 y}$. 由定理 18

知,过黄金双曲线上不与顶点重合的任一点 $P(x_0,y_0)$ 的切线的斜率为 $\dfrac{\sqrt{5}+1}{2} \cdot \dfrac{x_0}{y_0}$.

定理 24 （Ⅰ）点 P 是黄金椭圆上不与顶点重合的任一点,点 P 在 x 轴上的射影为点 M,椭圆在点 P 处的法线交 x 轴于点 N,则 $\dfrac{|ON|}{|OM|} = \left(\dfrac{\sqrt{5}-1}{2}\right)^2$；

（Ⅱ）点 P 是黄金双曲线上不与顶点重合的任一点,点 P 在 x 轴上的射影为点 M,双曲线在点 P 处的法线交 x 轴于点 N,则 $\dfrac{|ON|}{|OM|} = \left(\dfrac{\sqrt{5}+1}{2}\right)^2$.

证明 （Ⅰ）如图 4-15 所示,设点 P 的坐标为 $P(x_0,y_0)$. 由定理 23 知,椭圆在点 P 的法线的斜率

$$k = -\dfrac{1}{y'} = \dfrac{a^2 y_0}{b^2 x_0}$$

法线方程为

$$y - y_0 = \dfrac{a^2 y_0}{b^2 x_0}(x - x_0)$$

令 $y = 0$,得

$$|ON| = |x| = \dfrac{a^2 - b^2}{a^2}|x_0|$$

又 $|OM| = |x_0|$,所以

$$\dfrac{|ON|}{|OM|} = \dfrac{a^2 - b^2}{a^2} = \dfrac{c^2}{a^2}$$

又椭圆为黄金椭圆,所以

$$\dfrac{|ON|}{|OM|} = \dfrac{c^2}{a^2} = \left(\dfrac{\sqrt{5}-1}{2}\right)^2$$

（Ⅱ）如图 4-16 所示,设点 P 的坐标为 $P(x_0,y_0)$. 由定理 23 知双曲线在点 P 的法线的斜率 $k = -\dfrac{1}{y'} = -\dfrac{a^2 y_0}{b^2 x_0}$,法线方程为 $y - y_0 = -\dfrac{a^2 y_0}{b^2 x_0}(x - x_0)$. 令 $y = 0$,得 $|ON| = |x| = \dfrac{a^2 - b^2}{a^2} \cdot |x_0|$,又 $|OM| = |x_0|$,所以 $\dfrac{|ON|}{|OM|} = \dfrac{a^2 - b^2}{a^2} = \dfrac{c^2}{a^2}$. 又双曲线为黄金双曲线,所以

$$\dfrac{|ON|}{|OM|} = \dfrac{c^2}{a^2} = \left(\dfrac{\sqrt{5}+1}{2}\right)^2$$

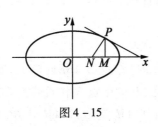

图 4-15

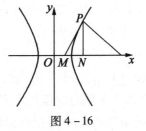

图 4-16

关于黄金曲线（椭圆与双曲线）的优美结论还可参见作者在本套丛书中的《数学眼光透

视》的8.3节,在那里还介绍了亚黄金曲线、白银曲线的奇妙结论的漂亮形式.

例17 共顶点的两个正方形的性质演变.

欣赏点:美观图形的变形.

命题1 以△ABC的边AB,AC为边向形外(或内)作正方形ABEF与ACGH,如图4-17,则过点A及FH的中点的直线必垂直于BC;反之,过点A垂直于BC的直线必经过FH的中点.

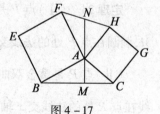

图4-17

证明 如图4-18(1)(2),设FH的中点为N,AN所在的直线与BC交于点M,延长AN至P,使NP=AN,易知AHPF是平行四边形,则PH=AF=AB.

又 $\angle PHA + \angle FAH = 180°, \angle BAC + \angle FAH = 180°$

所以 $\angle PHA = \angle BAC$

又AH=AC,则△HPA≌△ABC.

如图4-18,将△ABC绕点A顺时针旋转90°至△AFC_1,则依题设知,C_1,A,H在一条直线上,且有$FC_1 \perp BC$.

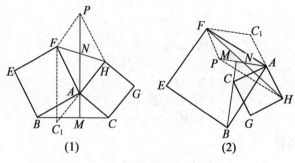

图4-18

因为△HPA≌△ABC,所以

$\angle PAH = \angle BCA = \angle FC_1 A$

则有FA∥FC_1.

因此PA⊥BC,即AM⊥BC.

由于FH的中点是唯一的,过点A垂直于BC的直线也是唯一的,因此,若过点A作BC的垂线必经过FH的中点.命题得证.

为了将正方形变形,我们引入下面的概念:

定义 直线l按逆时针方向旋转到与另一条直线l′平行或重合时,所经过的角(0°~180°)称为从直线l到l′的有向角.

根据定义,命题1可变化为:

命题2 以△ABC的边AB,AC为边向形外(或内)作菱形ABEF与ACGH,如图4-19,且这两个菱形在顶点A处的内角互补,则过点A及FH的中点N作直线交BC于M,则直线AM到BC的有向角等于∠FAB;反之,过点A作直线AM,若直线AM到BC的有向角等于∠FAB,则直线AM必经过FH的中点N.

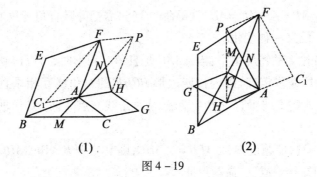

(1)   (2)

图 4-19

证明 如图 4-19,设 AN 所在直线与 BC 交于 M,延长 AN 至 P,使 $NP = AN$. 因 N 是 FH 的中点,易知 $AHPF$ 是平行四边形.

则 $PH = AF = AB$,且 $\angle PHA + \angle FAH = 180°$.

依题设又知
$$\angle FAB + \angle HAC = 180°$$

所以
$$\angle BAC + \angle FAH = 180°$$

则 $\angle PHA = \angle BAC$.

又 $AH = AC$,于是有 $\triangle HPA \cong \triangle ABC$.

设 $\angle FAB = \theta$,将 $\triangle ABC$ 绕点 A 顺时针旋转 θ 角至 $\triangle AFC_1$,则根据有向角的定义知,直线 FC_1 到 BC 的有向角等于 $\angle FAB = \theta$.

由 $\angle FAC_1 + \angle FAH = \angle BAC + \angle FAH = 180°$ 可知 C_1, A, H 在一条直线上.

因为 $\triangle HPA \cong \triangle ABC$,所以 $\angle PAH = \angle BCA = \angle FC_1 A$,则有 $PA \parallel FC_1$.

因此直线 PA(即 AM)到 BC 的有向角也等于 $\angle FAB = \theta$.

由于 FH 的中点是唯一的,根据有向角的定义又知,给定直线 l 到 l' 的有向角也是唯一确定的,因此,若过点 A 作直线 AM,使直线 AM 到 BC 的有向角等于 $\angle FAB = \theta$,则直线 AM 必经过 FH 的中点 N. 命题得证.

很明显,命题 2 中当 $\angle FAB$ 为直角时,就得命题 1. 因此命题 2 是命题 1 的一种变化.

从命题 2 的证明过程可以看出,结论成立的关键是将 $\triangle ABC$ 绕点 A 顺时针旋转 θ 角至 $\triangle AFC_1$ 后,须 $FC_1 \parallel PA$ 成立. 容易看出,这只需 $\triangle HPA$ 与 $\triangle ABC$ 相似就行了. 于是,命题可以进一步变化为:

命题 3 以 $\triangle ABC$ 的边 AB, AC 为对应边向形外(或内)作两个相似的平行四边形 $ABEF, ACGH$($AB:AF = AC:AH$),且这两个平行四边形在公共顶点 A 处的内角互补(图略),过点 A 及 FH 的中点 N 作直线交 BC 于 M,则直线 AM 到 BC 的有向角等于 $\angle FAB$;反之,过点 A 作直线 AM,若直线 AM 到 BC 的有向角等于 $\angle FAB$,则直线 AM 必经过 FH 的中点 N.

用类似于命题 2 的证法,同理可证命题 3,这里从略.

由命题 3 显然可得:

推论 1 以 $\triangle ABC$ 的边 AB, AC 为对应边向形外(或内)作相似的直角三角形 $\triangle ABF$,$\triangle ACH$(A 为直角顶点,且 $AB:AF = AC:AH$,如图 4-20),则过点 A 及 FH 的中点作直线必垂直于 BC;反之,过点 A 垂直于 BC 的直线必经过 FH 的中点.

在推论1中,令 $AB=AF, AC=AH$,就得命题1(只需把等腰直角三角形补成正方形).因此,推论1是命题1的又一种变化.

有趣的是,由推论1的特殊情形:当△ABC是直角三角形时,可以得到下面的著名定理:

推论2 (婆罗摩及多定理)圆内接四边形 BCHF 的对角线互相垂直时,联结 FH 的中点 N 和对角线交点 A 的直线垂直于 BC.反之,从对角线交点 A 向 BC 作垂线,其延长线通过 FH 的中点 N.

证明 如图4-21,依题设知,$\angle AFB = \angle AHC$,则 $Rt\triangle AFB \sim Rt\triangle AHC$,所以有 $AB:AF = AC:AH$.由推论1即知结论成立,命题得证.

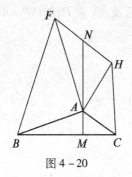
图4-20

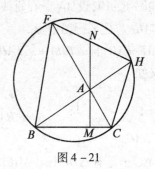
图4-21

4.3 欣赏数学的"美",震撼于奇异之特征

美在于奇特而令人惊异.

——培根(R. Bacon)

在绘画与数学中,美有客观标准.画家讲究结构、线条、造型、肌理,而数学家则讲究真实、正确、新奇、普遍……

——哈尔莫斯(P. R. Halmos)

奇异性是数学美的一个重要特性.奇异性包括两个方面内容:一是奇妙,二是变异.

数学中不少结论巧妙无比,令人赞叹,正是因为这一点数学才有无穷的魅力.

变异是指数学理论拓广或统一性遭到破坏后,产生新方法、新思想、新概念、新理论的起点.变异有悖于人们的想象与期望,因此就更引起人们的关注与好奇.

凡是新的不平常的东西都能在想象中引起一种乐趣,因为这种东西会使人的心灵感到一种愉快的新奇,满足它(心灵)的好奇心,从而得到原来不曾有过的一种观念.

数学中许多新分支的诞生,都是人们对于数学奇异性探讨的结果.在数学发展史上,往往正是数学自身的奇异性的魅力,吸引着数学家向更新、更深的层次探索,弄他个水落石出!

4.3.1 欣赏数学的"美",理解奇异中的真理性

英国哲人培根说过:"没有一个极美的东西不是在匀称中有着某种奇特."他又说:"美在于奇特而令人惊异."

数学中有许多变异现象(有些则是人们没有认清事物本质而做出的错误判断,有些则

是有悖于通常认识的结论),它们往往与人们预期的结果相反.令人失望之余,也给了人们探索它们的动力(这是人类与生俱来的冲动所致)和机遇.

奇异中蕴含着奥妙与魅力,奇异中也隐藏着真理与规律.

让我们来看看数学中的这些奇异,领略一下其中的奥妙——真理性.

下面的两个事实也耐人琢磨,催人寻味:

方程 $3x^2 - y^2 = 2$ 有无数组有理解,但 $x^2 - 3y^2 = 2$ 却没有有理解;

方程 $x^2 + y^2 = 1$ 有无数组有理数,但 $x^2 + y^2 = 3$ 却没有有理解.

上面每句陈述中的两个方程看上去(形式上)相差无几(或者说只差一点点),但结果是"差之毫厘,谬以千里".

欧拉从1730年开始研究自然数表为四角数和问题,13年(1743年)之后仅找到一个公式

$$(a^2 + b^2 + c^2 + d^2)(r^2 + s^2 + t^2 + u^2)$$
$$= (ar + bs + ct + du)^2 + (as - br - cu - dt)^2 +$$
$$(at - bu - cr + ds)^2 + (au + bt - cs - dr)^2$$

这个式子是说:可以表为四个完全平方数之和的两个自然数之积仍可用四个完全平方数之和表示.

上述这个式子真是奇异美妙.

梅森素数是形如 $2^p - 1$ 的素数,其中 p 为素数,记为 M_p. 2 300 多年来,人类仅发现48个梅森素数.第48个梅森素数是美国中央密苏里大学数学教授柯蒂斯·库珀(Curtis Cooper)领导的研究小组于2013年1月25日发现的,即为 $2^{57\,885\,161} - 1$,该素数有17 425 170位,如果用普通字号将它连续打印下来,它的长度可超过65 km!

哥德巴赫猜想、四色定理、角谷猜想("$3x + 1$"猜想)等,看上去都是如此简单,可是解决它们确实不易.

例18 一道多重根式不等式.

欣赏点:奇异中隐藏着规律性.

单壿教授在《趣味数学100题》中呈现了一道重重根号趣题,如下:

趣题 证明:对任意大于1的自然数 n,有

$$\sqrt{2\sqrt{3\sqrt{4\sqrt{2\cdots\sqrt{(n-1)\sqrt{n}}}}}} < 3$$

证明 因为 $(n-1)(n+1) = n^2 - 1 < n^2$

所以

$$\sqrt{(n-1)\sqrt{n}} < \sqrt{(n-1)(n+1)} < n$$
$$\sqrt{(n-2)n} = \sqrt{(n-1-1)(n-1+1)} < n+1$$
$$\vdots$$
$$\sqrt{4 \times 6} < 5$$
$$\sqrt{3 \times 5} < 4$$

$$\sqrt{2\times 4}<3$$

故 $\sqrt{2\sqrt{3\sqrt{4\sqrt{2\cdots\sqrt{(n-1)\sqrt{n}}}}}}<3$ 得证.

匡继昌先生在其著作《常用不等式》第 4 版中将上述不等式推广为:

推广 1 $\sqrt{k\sqrt{(k+1)\cdots\sqrt{n}}}<k+1$,其中 $2\leqslant k\leqslant n-1$.

李明老师从被开方数与根式次方两个角度出发,在其文〈一个多重根式不等式的加强 [J]. 数学空间,2013,(2)〉中又做出如下推广:

推广 2 $\sqrt[m]{a_1\cdot\sqrt[m]{a_2\cdots\sqrt[m]{a_n}}}<\left(a_1+\dfrac{d}{m-1}\right)^{\frac{1}{m-1}}$,其中 $2\leqslant n,m\in\mathbf{N}$,$\{a_n\}$ 是单调递增的正项等差数列且满足公差 $d\geqslant 0$ 和末项 $a_n>1$.

下面继续探究此道有趣多重不等式的其他类似与推广.①

将趣题根号里的符号改变,即演变为一道类似不等式征解题:

类似 1 (《数学通报》2162 号问题,宋庆供题)已知 n 是正整数,求证

$$\sqrt{1+\sqrt{2+\sqrt{3+\sqrt{\cdots n}}}}<3$$

证明 令

$$a_k=\sqrt{k+\sqrt{(k+1)+\sqrt{(k+2)+\sqrt{\cdots\sqrt{n}}}}}\quad(k=1,2,3,\cdots,n)$$

则

$$a_1=\sqrt{1+\sqrt{2+\sqrt{3+\sqrt{\cdots n}}}}\quad(a_k^2=k+a_{k+1})$$

由迭代法

$$\sqrt{1+\sqrt{2+\sqrt{3+\sqrt{\cdots n}}}}=a_1\leqslant\dfrac{1+a_1^2}{2}=\dfrac{2}{2}+\dfrac{a_2}{2}\leqslant\dfrac{2}{2}+\dfrac{1}{2}\times\dfrac{1+a_2^2}{2}$$

$$=\dfrac{2}{2}+\dfrac{3}{4}+\dfrac{a_3}{4}\leqslant\dfrac{2}{2}+\dfrac{3}{4}+\dfrac{1}{4}\times\dfrac{1+a_3^2}{2}$$

$$=\dfrac{2}{2}+\dfrac{3}{4}+\dfrac{4}{8}+\dfrac{a_4}{8}\leqslant\cdots\leqslant\dfrac{2}{2}+\dfrac{3}{4}+\dfrac{4}{8}+\cdots+\dfrac{n}{2^{n-1}}+\dfrac{n+1}{2^n}$$

设 $T_n=\dfrac{2}{2}+\dfrac{3}{4}+\dfrac{4}{8}+\cdots+\dfrac{n}{2^{n-1}}+\dfrac{n+1}{2^n}$ 则

$$\dfrac{1}{2}T_n=\dfrac{2}{4}+\dfrac{3}{8}+\dfrac{4}{16}+\cdots+\dfrac{n}{2^n}+\dfrac{n+1}{2^{n+1}}$$

由错位相减法得

$$\dfrac{1}{2}T_n=1+\dfrac{1}{4}+\dfrac{1}{8}+\cdots+\dfrac{n}{2^n}-\dfrac{n+1}{2^{n+1}}=\dfrac{3}{2}-\dfrac{n+3}{2^{n+1}}$$

所以 $T_n=3-\dfrac{n+3}{2^n}<3$,故原不等式得证.

---

① 刘再平. 从一道多重根式不等式趣题谈起[J]. 中学数学研究,2015(1):封三.

将趣题根号里的符号与被开方数次数同时改变,可以得到一个更强的多重根式不等式:

类似 2 已知 n 为正整数,证明

$$\sqrt{1^2+\sqrt{2^2+\sqrt{3^2+\sqrt{\cdots\sqrt{n^2}}}}}<2$$

类似 2 可推广为:

推广 3 $\sqrt{k^2+\sqrt{(k+1)^2+\sqrt{(k+2)^2+\sqrt{\cdots\sqrt{n^2}}}}}<k+1,k,n\in\mathbf{N}^+$,且 $k\leqslant n$.

证明 用反向归纳法证明如下:

当 $k=n$ 时,显然成立;

假设当 $k=n,n-1,\cdots,m$ 时,上式成立,则只需考虑 $k=m-1$ 时的情况

$$\sqrt{(m-1)^2+\sqrt{m^2+\sqrt{(m+1)^2+\sqrt{\cdots\sqrt{n^2}}}}}<m-1=1=m$$

由假设

$$\sqrt{(m-1)^2+\sqrt{m^2+\sqrt{(m+1)^2+\sqrt{\cdots\sqrt{n^2}}}}}$$

$$<\sqrt{(m-1)^2+m+1}$$

$$=\sqrt{m^2-m+2}\leqslant m,m\geqslant 2$$

所以 $k=m-1$ 时也成立.

综上所述,推广 3 得证.

特别地,当 $k=1$ 时就是类似 2.

将根式的次方改变,再作差可编制出一个稍复杂的多重根式不等式:

类似 3 证明

$$\sqrt{2+\sqrt[3]{3+\cdots+\sqrt[n+1]{n+1}}}-\sqrt{2+\sqrt[3]{3+\cdots+\sqrt[n]{n}}}<\frac{1}{n!},n=2,3,\cdots$$

证明 显然,$n=2$ 时,$\sqrt{2+\sqrt[3]{3}}-\sqrt{2}<\dfrac{1}{2!}$.

当 $n\geqslant 3$ 时,构造数列 $\{a_m\},\{b_m\},\{c_m\}$ 如下

$$a_m=\sqrt[m]{m+\sqrt[m+1]{(m+1)+\cdots+\sqrt[n]{n+\sqrt[n+1]{n+1}}}}\quad (m=2,3,\cdots,n+1)$$

$$b_m=\sqrt[m]{m+\sqrt[m+1]{(m+1)+\cdots+\sqrt[n]{n}}}\quad (m=2,3,\cdots,n,b_{n+1}=0)$$

$$c_m=a_m^{m-1}+a_m^{m-2}b_m+\cdots+a_mb_m^{m-2}+b_m^{m-1}\quad (m=2,3,\cdots,n)$$

则

$$\sqrt{2+\sqrt[3]{3+\cdots+\sqrt[n+1]{n+1}}}=a_2$$

$$\sqrt{2+\sqrt[3]{3+\cdots+\sqrt[n]{n}}}=b_2$$

$$c_m(a_m-b_m)=a_m^m-b_m^m=a_{m+1}-b_{m+1}$$

即

$$a_m-b_m=\frac{a_{m+1}-b_{m+1}}{c_m}\quad (m=2,3,\cdots,n)$$

将 $m=2,3,\cdots,n$ 时的 $n-1$ 个式子相乘,并由 $a_{n+1}-b_{n+1}=(n+1)^{\frac{1}{n+1}}$ 得

$$a_2-b_2=\frac{a_{n+1}-b_{n+1}}{c_2c_3\cdots c_n}=\frac{(n+1)^{\frac{1}{n+1}}}{c_2c_3\cdots c_n}$$

因为 $a_k>b_k\geq\sqrt[k]{k}$,所以 $c_k\geq k\cdot k^{\frac{k-1}{k}}>k\cdot k^{\frac{k-1}{k+1}}$,即

$$\sqrt{2+\sqrt[3]{3+\cdots+\sqrt[n+1]{n+1}}}-\sqrt{2+\sqrt[3]{3+\cdots+\sqrt[n]{n}}}<\frac{1}{n!}=a_2-b_2<\frac{1}{n!}\cdot\frac{(n+1)^{\frac{1}{n+1}}}{n^{\frac{n-1}{n+1}}}<\frac{1}{n!}$$

综上,原不等式得证.

在数学学习中,是否可曾遇到如下有趣的多重根式求值问题:求

$$\sqrt{2-\sqrt{2+\sqrt{2-\sqrt{2+\sqrt{2-\sqrt{2+\cdots}}}}}}$$ 的值. 解决后发现其答案神奇般的为 $\frac{\sqrt{5}-1}{2}\approx0.618$,

这正是古老与著名的黄金分割比! 由此产生思绪,命制出如下不等式:

类似 4 证明:$\sqrt{2-\sqrt{2+\sqrt{2-\sqrt{2+\sqrt{2-\sqrt{2+\cdots}}}}}}>\frac{1}{2}$.

证明 不妨设

$$x=\sqrt{2-\sqrt{2+\sqrt{2-\sqrt{2+\sqrt{2-\sqrt{2+\cdots}}}}}}\quad(0<x\leq\sqrt{2})$$

则

$$x=\sqrt{2-\sqrt{2+x}}$$

平方整理得 $x^4-4x^2-x+2=0$,分解因式得

$$(x^2+x-1)(x+1)(x-2)=0$$

解得

$$x_1=\frac{\sqrt{5}-1}{2},x_2=\frac{-\sqrt{5}-1}{2},x_3=-1,x_4=2$$

因为 $0<x\leq\sqrt{2}$,所以

$$x=\frac{\sqrt{5}-1}{2}\approx0.618>\frac{1}{2}$$

故 $\sqrt{2-\sqrt{2+\sqrt{2-\sqrt{2+\sqrt{2-\sqrt{2+\cdots}}}}}}>\frac{1}{2}$ 得证.

注 类似 4 也可以由趣题的运算符号与被开方数出发编制而得,该不等式不但联系了黄金分割比,而且构成不等式的唯一自然数是 2,具有本质与形式上的双重美!

印度传奇天才数学家拉马努金(Ramanujan,1887—1920)曾以自己的名字命制了一个恒等式(拉马努金恒等式):$\sqrt{1+2\sqrt{1+3\sqrt{1+4\sqrt{1+5\sqrt{1+\cdots}}}}}=3$.

2013 年清华大学金秋数学体验营将其改编为一道试题:

设 $a_n = \sqrt{1+2\sqrt{1+3\sqrt{1+4\sqrt{\cdots\sqrt{1+n}}}}}$ ($n \in \mathbf{N}^*$),求证:$\lim\limits_{n\to\infty} a_n = 3$.

此等式还可以改编为一道不等式问题:

类似 5 求证:$\sqrt{1+2\sqrt{1+3\sqrt{1+4\sqrt{\cdots}}}} > 2\sqrt{2}$.

例 19 反常约分.

欣赏点:奇异中含有真理.

你见过这样的约分吗?

如 $\dfrac{3^3+1^3}{3^3+2^3} = \dfrac{3+1}{3+2}, \dfrac{5^3+2^3}{5^3+3^3} = \dfrac{5+2}{5+3}, \dfrac{6^3+4^3}{6^3+2^3} = \dfrac{6+4}{6+2}, \cdots$,"约去"指数,面对这荒谬的约分,认真检验,发现结果竟然是正确的,这是什么原因呢?

仔细观察式子,根据奇异特征作如下猜想:$\dfrac{a^3+b^3}{a^3+(a-b)^3} = \dfrac{a+b}{a+(a-b)}$,可否证明?

证明
$$\dfrac{a^3+b^3}{a^3+(a-b)^3} = \dfrac{(a+b)(a^2-ab+b^2)}{[a+(a-b)][a^2-a(a-b)+(a-b)^2]}$$
$$= \dfrac{(a+b)(a^2-ab+b^2)}{[a+(a-b)](a^2-ab+b^2)}$$
$$= \dfrac{a+b}{a+(a-b)}$$

故猜想成立.

再如 $\dfrac{19}{95} = \dfrac{1}{5}, \dfrac{16}{64} = \dfrac{1}{4}, \dfrac{2\,666}{6\,665} = \dfrac{2}{5}, \cdots$,"约去"相同的数字,这当然不是普遍现象. 那么还有使这种"约分"成立的其他的分数吗?

为此,我们讨论分子分母为两位数的情况,设分子的个位数为 x,十位数字为 y,分母的个位数字为 z,十位数字为 x,则求满足 $\dfrac{10y+x}{10x+z} = \dfrac{y}{z}$ 的分数. 分别讨论 x,y,z 从 1 到 9 的取值情况,可以求出满足此条件的分数,除分子、分母相同的 9 个分数:$\dfrac{11}{11}, \dfrac{22}{22}, \cdots, \dfrac{99}{99}$ 外,还有 $\dfrac{16}{64}, \dfrac{26}{65}, \dfrac{19}{95}, \dfrac{49}{98}.$ 可验证

$$\dfrac{166}{664} = \dfrac{1}{4}, \dfrac{1\,666}{6\,664} = \dfrac{1}{4}, \dfrac{16\,666}{66\,664} = \dfrac{1}{4}, \cdots$$
$$\dfrac{266}{665} = \dfrac{2}{5}, \dfrac{2\,666}{6\,665} = \dfrac{2}{5}, \dfrac{26\,666}{66\,665} = \dfrac{2}{5}, \cdots$$
$$\dfrac{199}{995} = \dfrac{1}{5}, \dfrac{1\,999}{9\,995} = \dfrac{1}{5}, \dfrac{19\,999}{99\,995} = \dfrac{1}{5}, \cdots$$
$$\dfrac{499}{998} = \dfrac{4}{8}, \dfrac{4\,999}{9\,998} = \dfrac{4}{8}, \dfrac{49\,999}{99\,998} = \dfrac{4}{8}, \cdots$$

都成立. 仔细研究这些分数,你会发现更多不可思议且非常有趣的分数!

注 类似于此例,奇异中含有真理的问题还可参见本套丛书中的《数学眼光透视》第八

章及《数学精神巡礼》的 3.7.2 节内容.

4.3.2 欣赏数学的"美",理解有限中的无限性

纷繁的大千世界,均可以用数学去描述. 从某种意义上讲,也体现了数学的简捷.

世界是无限的,宇宙是无限的,数学也是无限的.

无限的世界、无限的数学中的有限蕴含着神奇和不可思议——也许正因为"有限"才显得它"与众不同"(俗称物以稀为贵).

数,无穷无尽,然而只需十个数码便可将它们全部表出.

平面上有无数个点,而确定一个平面仅需要三个点(当然它们须不共线).

无论多么复杂的地图(平面或球面上的)只用四种颜色可使全部相邻区域彼此区分开.

一副扑克牌洗多少次才算最匀净? 答案是 7 次(并非越多越好,要知道一副扑克可能的排列方式有 50! 种,它大约为 10^{68}). 美国哈佛大学数学家戴柯尼斯(Deknis)和哥伦比亚大学的数学家贝尔(Bell)发现这一奥秘. 他们把 52 张牌编上号,先按 1~52 递增顺序排列. 洗牌时分成两叠,一叠是 1~26,另一叠是 27~52. 洗一次后会出现这样的数列:1,27,2,28,3,29,…,它是两组递增数列 1,2,3,… 和 27,28,29,… 的混合. 此后再继续洗牌,若递增数列的组数多于 26 时,这副牌已完全看不出原来的样子(顺序). 计算表明,当洗牌次数为 7 时,可实现上述效果(多于此数,过犹不及).

在有限的世界里感觉到无限,利用有限理解无限最典型的事例是欧几里得证明素数有无穷多个的事实.

在 2 000 多年前,希腊著名数学家欧几里得就用巧妙的方法证明了质数有无穷多个. 欧几里得是采用反证法来进行证明的:他首先假设素数的个数是有限的,并列出所有的素数 2,3,5,7,11,…. 其中最大的是 P,然后构成一个乘数 $N = 2 \times 3 \times 5 \times 7 \times 11 \times \cdots \times P$,显然它大于 P, $2 \times 3 \times 5 \times 7 \times 11 \times \cdots \times P$ 能被其中的任何一个素数整除,而数 1 被任何素数除所得的余数都为 1,所以 $N+1$ 被 $2,3,5,\cdots,P$ 中任何一个素数除所得的余数为 1,即它不能被 2, 3,5,…,P 中任何一个素数整除. 又由于任意大于 1 的正整数,它必有一个除 1 以外的最小约数是素数(证明:设 a 是一个大于 1 的整数,那么 a 可能是质数,也可能是合数. 如果 a 是质数,定理显然成立. 如果 a 是合数,那么 a 就有一个或几个大于 1 而小于 a 的约数. 如果 b 是这些约数中最小的一个,那么 b 一定是质数,可以用反证法证明. 假设 b 不是质数,那么 b 一定是合数,它一定有大于 1 而小于 b 的约数 c, c 既然是 b 的约数,而 b 又是 a 的约数,因此 c 一定是 a 的约数,又由于 c 小于 b,则 b 就不是 a 的最小约数,而这与 b 是 a 的最小约数矛盾,所以 b 一定是质数),即 $N+1$ 中必定有一个素因数,而且这个素因数不会是 2,3,5,…,P 中任何一个,否则 $N+1$ 将会被 2,3,5,…,P 中某一个整除,因此这个素因数一定是大于 P 的,这就与假定 P 是最大的素数相矛盾,因此素数的个数不是有限而是无限的.

理解有限中的无限性,我们已在 2.3.3 节举了一些实例,下面再看两例.

例 20 两个特殊级数发散与收敛的证明.

欣赏点:有限中隐藏着无限.

（Ⅰ）级数 $\sum_{k=1}^{\infty} \frac{1}{k}$ 发散的证明：

设级数 $\sum_{k=1}^{\infty} \frac{1}{k}$ 收敛，且和为 S. 而

$$\sum_{k=1}^{\infty} \frac{1}{2k} = \frac{1}{2} \sum_{k=1}^{\infty} \frac{1}{k} = \frac{1}{2} S$$

这样

$$\sum_{k=1}^{\infty} \frac{1}{2k-1} = \sum_{k=1}^{\infty} \frac{1}{k} - \sum_{k=1}^{\infty} \frac{1}{2k} = S - \frac{1}{2} S = \frac{1}{2} S = \sum_{k=1}^{\infty} \frac{1}{2k} \qquad (*)$$

注意到，$\frac{1}{2k-1} > \frac{1}{2k}, k = 1, 2, \cdots$.

故与式（*）矛盾.

从而，级数 $\sum_{k=1}^{\infty} \frac{1}{k}$ 发散. 级数发散即其和为无穷大.

（Ⅱ）级数 $\sum_{k=1}^{\infty} \frac{1}{k^2}$ 收敛的证明：

易知，不等式

$$\frac{1}{k(k+1)} < \frac{1}{k^2} < \frac{1}{k(k-1)}$$

对 $k = 2, 3, \cdots$ 均成立，这样

$$\sum_{k=2}^{\infty} \frac{1}{k(k+1)} < \sum_{k=2}^{\infty} \frac{1}{k^2} < \sum_{k=2}^{\infty} \frac{1}{k(k-1)}$$

由于 $\frac{1}{k(k+1)} = \frac{1}{k} - \frac{1}{k+1}$，则级数

$$\sum_{k=2}^{n} \frac{1}{k(k+1)} = \sum_{k=2}^{n} \left(\frac{1}{k} - \frac{1}{k+1} \right)$$
$$= \sum_{k=2}^{n} \frac{1}{k} - \sum_{k=2}^{n} \frac{1}{k+1}$$
$$= \frac{1}{2} - \frac{1}{n+1}$$

故

$$\sum_{k=2}^{\infty} \frac{1}{k(k+1)} = \lim_{n \to \infty} \sum_{k=2}^{n} \frac{1}{k(k+1)} = \lim_{n \to \infty} \left(\frac{1}{2} - \frac{1}{n+1} \right) = \frac{1}{2}$$

类似地，$\sum_{k=2}^{\infty} \frac{1}{k(k-1)} = 1$.

如此一来，有 $\frac{3}{2} < \sum_{k=1}^{\infty} \frac{1}{k^2} < 2$.

从而，$\sum_{k=1}^{\infty} \frac{1}{k^2}$ 收敛.

例21 有限数的无穷形式表示.

欣赏点:有限可有无限表示.

欧拉发现了几种 e 的连分数表达式

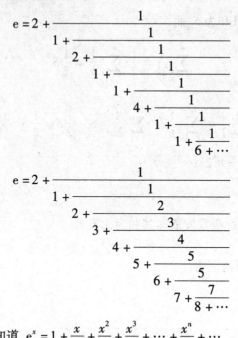

由微积分知识不难知道,$e^x = 1 + \dfrac{x}{1!} + \dfrac{x^2}{2!} + \dfrac{x^3}{3!} + \cdots + \dfrac{x^n}{n!} + \cdots$.

从而有:$e = 1 + \dfrac{1}{1!} + \dfrac{1}{2!} + \dfrac{1}{3!} + \cdots + \dfrac{1}{n!} + \cdots$.

人们又在 1980 年发现了"Pippenger 积"

$$\frac{3}{2} = \left(\frac{2}{1}\right)^{1/2} \left(\frac{2}{3}\frac{3}{4}\right)^{1/4} \left(\frac{4}{5}\frac{6}{5}\frac{6}{7}\frac{8}{7}\right)^{1/8} \left(\frac{8}{9}\frac{10}{9}\frac{10}{11}\frac{12}{11}\frac{12}{13}\frac{14}{13}\frac{14}{15}\frac{16}{15}\right)^{1/16} \cdots$$

1655 年,John Wallis 发表了一个令人振奋的无穷积

$$\frac{\pi}{2} = \frac{2}{1}\frac{2}{3}\frac{4}{3}\frac{4}{5}\frac{6}{5}\frac{6}{7}\frac{8}{7}\frac{8}{9}\frac{10}{9}\frac{10}{11}\frac{12}{11}\frac{12}{13}\frac{14}{13}\frac{14}{15}\frac{16}{15}\cdots$$

4.3.3 欣赏数学的"美",理解神秘的情怀性

数学中有许多新奇、巧妙而又神秘的东西吸引着人们,这是数学的趣味、魅力所在,它们"像甜蜜的笛声诱惑了如此众多的'老鼠',跳进了数学的深河"(韦尔语).

数学的诸类问题中,最显见、最简单、最令人感到神秘的莫过于数的性质问题了.

人类社会中,数是一种最独特,但又最富于神秘性的语言.生产的计量、进步的评估、历史的编年、科学的构建、自然界的分类、人类的繁衍、生活的规划、学校的教育……无不与数有关.

远在古代人们就已对"数"产生了某种神秘感,在古希腊毕达哥拉斯学派眼中,"数"包含着异常神奇的内容,有些民族根据数的算术属性,对自然界和人类社会的现象给出神秘的解释,尽管其中不无荒诞、牵强,……这些事实反过来告诉我们:自古以来人们对"数"就有着特殊的感情.人们除了把它用于计量,还附加给它许多文化内涵.

第四章 欣赏数学的"美"

数字与人们的生活有着密切的联系,然而你或许不曾注意到,有些数字似乎与人们的"交往"更为密切,其意义似乎更加深邃……,以至生活处处不可思议地显示着与它们的神秘巧合,在古希腊,毕达哥拉斯认为:

1 代表理性,是万数之源,而不仅是一个数;**2** 代表见解;**3** 代表力量;**4** 代表正义或公平;**5** 代表婚姻,因为 5 是由第一个阳性数 3 和第一个阴性数 2 结合而成的,此外,数 5 的特性蕴含了颜色的秘密;**6** 中存在着冷热的原因;**7** 包含了健康的奥秘;**8** 隐藏了爱的真谛,因为 8 是 3(力量)和 5(婚姻)而成.

我国古代人们对于数的认识中也带有某些神秘的色彩,老子的"道生一,一生二,二生三,三生万物"中,既蕴含着对八卦、易图等的诠释,又是对数乃至整个世界(宇宙)生成的看法.

人们对数字感到神秘就是一种情怀,首先是敬畏,然后是希望破解,因而激起一种情趣行动,当许多未知问题被逐个解决,蒙在它们身上的神秘外衣被剥开时,数学便迎来新的光明、新的生命、新的希望.

下面,我们来看人们对于圣经中的数字"153"的狂热探索就可见一斑了.

古希腊人认为如果《圣经》中运用的某个数不是像 100 或 1 000 这样的大整数,就认为该数有神秘的意义.一般来说,如果一个数被发现有某些别致而简单的算术特征——往往与一连串整数的和或积有关,那么这个特别的数则具有了神秘的意义.而这个"153"就是一个很好的例子.

在约翰福音的第二十一章第十一节中,耶稣和他的门徒在太巴列海成功地进行了一次捕鱼行动.当他们把那网鱼拖上来时发现有 153 条:"西门·彼得就去把网拉到岸上,那网盛满了大鱼,共 153 条,鱼虽然很多,网却没有破."

于是一批狂热的相信能在神奇的圣经中出现的数字一定也是充满魔力的,于是一批数学爱好者们的脑子开始围绕着这个阿拉伯数字"153"疯狂地转了起来.

"153"在数学上到底有何特殊之处呢? 读者可以尝试挖掘一下,事实上一时半会想要拿下这个貌似简单的问题可能性真是不大,但是我们却可以通过那些曾经努力过的数学爱好者们的成果来了解"153"的魔力所在.

$153 = 1 + 2 + 3 + 4 + 5 + 6 + 7 + 8 + 9 + 10 + 11 + 12 + 13 + 14 + 15 + 16 + 17$. 换句话说,它等于 1 至 17 间所有整数之和.

$153 = 1 + (1 \times 2) + (1 \times 2 \times 3) + (1 \times 2 \times 3 \times 4) + (1 \times 2 \times 3 \times 4 \times 5)$. 学过阶乘的读者应该很容易知道上面的等式可以简写为: $153 = 1! + 2! + 3! + 4! + 5!$. 如果一个数后面跟着一个感叹号,你就可以得到从 1 到该数本身所有整数的乘积.这种运算被称作求阶乘.

$153 = 1^3 + 5^3 + 3^3$. 153 中各位数的 3 次方相加也可得出 153. 更不可思议的是,据数学作家马丁·加德纳说,1961 年,菲尔·科恩(以色列约纳姆人)告诉英国反传统周刊《新科学家》说,153 潜藏在每个含有因数 3 的数中,这句话似乎令人难以置信,不过这里有一个提示:选取 3 的任何倍数,计算出其各位数字的 3 次方之和,再计算出得数的各位数字 3 次方之和. 就这样不断地算下去,你终将发现奇迹. 这里以 12 为例,经过一系列这样的演算,真的出现了 153!.

$1^3+2^3=9, 9^3=729, 7^3+2^3+9^3=1\,080, 1^3+8^3=513$,看到 513 就看到希望了,显然 $5^3+1^3+3^3=153$. 读者们不妨任选一个 3 的倍数尝试一下,看看自己的计算能力如何呢?

"153" 只是数学海洋中的一滴水滴,但是它却让我们窥探到了数学的神奇光芒. 在数学的大海洋中,还有许多闪耀着智慧光芒的宝藏等待我们去开采. 就像伟大的数学家和物理学家牛顿说的,他不在乎外界将他看得如何的伟大,他只知道自己是海边玩耍的孩子,有时拾到一块比较平滑的卵石或格外漂亮的贝壳,自然感到高兴,但是他时刻提醒自己,他的面前则是完全没有被发现的真理的大海. 要做一个有知识的有心人,从点滴地思考和不断地积累中,让"知识水滴汇聚成泉",从而更有力量地从神奇的数学王国中汲取更多人生的宝贵财富. 就让我们一起朝着神奇的数学王国迈进吧.

4.3.4 欣赏数学的"美",理解常数的魅力性

数学中的某些常数,有着特殊魅力(因而也蕴含着美),比如黄金数 0.618……、斐波那契数、圆周率 π、自然对数的底 e、欧拉常数 γ、菲根鲍姆(M. Feigenbaum)数 4.669 201 609……、物理中的大数,等等,它们不仅自身有着美妙的性质,还常常出现在某些自然现象中.

就拿 e 和 π 来说吧,它们在数学中及其他自然科学中常出现.

无论数 e,其值是 x 无限增大时,$\left(1+\dfrac{1}{x}\right)^x$ 的极限.

$e = 2.718\,281\,828\,459\,045\cdots$

$\dfrac{1}{e} = 0.367\,879\,441\,171\,442\cdots$

$e^2 = 7.389\,056\,098\,930\,650\cdots$

$\sqrt{e} = 1.648\,721\,270\,700\,128\cdots$

$\ln 10 = 2.302\,585\,092\,994\,252\cdots$

$\lg e = 0.434\,294\,481\,903\,252\cdots$

无理数 π 是圆周率. 圆的周长 l 与半径 r 的关系是 $l = 2\pi r$.

$\pi = 3.141\,592\,653\,589\,793\cdots$

$\dfrac{1}{\pi} = 0.318\,309\,886\,183\,791\cdots$

$\pi^2 = 9.869\,604\,401\,089\,359\cdots$

$\sqrt{\pi} = 1.772\,453\,850\,905\,516\cdots$

$\lg \pi = 0.497\,149\,872\,694\,134\cdots$

此外,化学、物理等学科中,也有许多常数,如化学中的阿伏伽德罗(A. Avogadro)常数

$$6.02 \times 10^{23}$$

(12 克碳中的原子个数),它对某些化学计算来讲是重要的.

又如物理中的"大数"(诺贝尔奖得主、相对论量子力学创立者、英国大物理学家狄拉克(P. A. M. Dirac)如此称):

万有引力耦合常数 $G_m^2/hc \sim 5 \times 10^{-39}$;

原子中质子与电子间静电力和万有引力之比为（记为 C_1）：$ke^2/Gm_pm_e \sim 2.3 \times 10^{39}$；

宇宙中的质子数，即宇宙可见部分质量与质子质量之比为（记为 C_2）：$M/m_p \sim 1.38 \times 10^{78}$；

以原子为单位变量，宇宙年龄（即光穿过一个经典电子所需时间为单位）的线性表示（记为 C_3）：$m_ec^2T/h \sim 6.7 \times 10^{39}$.

在这些大数中（关系为 $C_1 \approx C_3 \approx C_2^{\frac{1}{2}} \approx 10^{39}$），$10^{39}$ 这个数有什么意义呢？

按宇宙爆炸说，宇宙起源于 150 亿年前的大爆炸，爆炸后的宇宙不断膨胀和冷却，10^{-5} s 后温度降到 10^5℃，开始出现称为"夸克"的基本粒子，它们在一个能量的海洋中自由地漫游. 当宇宙再膨胀 10^3 倍时，形成了中子、质子、介子和中微子等基本粒子，自由夸克开始被约束在中子和质子内，而后才依次形成原子、气体云、恒星、星系和总星系，以及生命.

而物质世界按照尺度大小可分为 5 个层次. 最大的层次叫胀观，研究对象是无限的宇宙. 其次是宇观，研究对象是"我们的宇宙"，包括星系、恒星、行星等，无限的宇宙是由无数个有限的宇宙所组成的. "我们的宇宙"则是其中之一. 然后依次为宏观、微观和渺观，研究对象分别是山海物体、基本粒子和希格斯（P. Higgs）场（以爱丁堡大学物理学家希格斯命名的场），其中希格斯场的大小只有 10^{-34} cm.

有理由认为，在"我们的宇宙"爆炸后，自由夸克形成之前的 $0 \sim 10^{-5}$ s，希格斯粒子以及其他比夸克更渺小的粒子也是在能量之海中自由地漫游着，它们在大爆炸之前，或许在另一个世界中早已存在，只不过从白洞中涌现出来而已. 而后，由它们经过多少个尺度层次组成自由夸克.

这样，通过对宇宙演化过程的描述，我们把最大尺度和最小尺度两个层次在大爆炸瞬间这个分叉点附近联系起来了，而说明这种内在联系的还有我们前述的自然界中的几个神秘的大数问题.

经典物理学认为，C_1 是个常数，而 C_2, C_3 显然是随时间而改变，因此，$C_1 \approx C_3 \approx C_2^{\frac{1}{2}}$ 只是一个暂时的现象，我们恰好生活在这个等式成立的时间段. 如果 $C_3 \ll C_1$，宇宙还未演化到形成星系、恒星、行星和生命的状态；反之，若 $C_3 \gg C_1$，宇宙将演化到不再存在向生命提供能量的恒星（例如太阳等），只有在 $C_3 = C_1$ 的情况下，才可能期望生命的存在.

问题在于，为什么在描述现在的物质世界时，会存在 10^{39} 这个大数，而不是其他的数呢？如果由于对这些大数的不同选择而导致该宇宙及生命的存在条件有所不同，那么，为什么现实的宇宙具有引起生命的那些神秘的大数呢？是一种偶然的巧合，还是科学家们玩弄的数字游戏，或者是宇宙中的一种必然的因果规律？

狄拉克认为这绝非偶然的巧合，它在一定程度上揭示了宇（宏）观世界和微观世界的联系，且提出"大数猜想"：

引力常数与宇宙年龄成反比.

这种自然界告知我们的美妙信息（以数的形式告知），也许是宇宙永恒美的特征，它也奠定了粒子物理中大统一的理论基础.

化学、物理世界中的常数,有着催人遐想、令人捉摸不透、又耐人寻味的奇效,但它们毕竟又都是数.

在数学中,"1"也是一个非常特殊的常数,当某些几何关系与"1"发生联系时,特有魅力. 下面请看一例.

例22 圆锥曲线中的切点比例乘积定理.

欣赏点:直线型结论推广到曲线型

在$\triangle A_1A_2A_3$中,点M为其内任一点,射线A_1M,A_2M,A_3M分别交对边于点T_2,T_3,T_1则
$$\frac{A_1T_1}{T_1A_2}\cdot\frac{A_2T_2}{T_2A_3}\cdot\frac{A_3T_3}{T_3A_1}=1$$

这就是直线型结论:塞瓦定理的一种情形.

在$\triangle A_1A_2A_3$中,若其内切圆与其三边A_1A_2,A_2A_3,A_3A_1分别切于点T_1,T_2,T_3,则知直线A_1T_2,A_2A_3,A_3T_1共点,该点即为热尔岗点或直接由切线长定理,有$\frac{A_1T_1}{T_1A_2}\cdot\frac{A_2T_2}{T_2A_3}\cdot\frac{A_3T_3}{T_3A_1}=1$.

这也可以说是直线型的一个结论. 这个结论推广到圆锥曲线中去,有下面的结论:

结论 若$\triangle A_1A_2A_3$的三边A_1A_2,A_2A_3,A_3A_1(或其延长线),与圆锥曲线Γ分别相切于点T_1,T_2,T_3,则$\frac{A_1T_1}{T_1A_2}\cdot\frac{A_2T_2}{T_2A_3}\cdot\frac{A_3T_3}{T_3A_1}=1$.①

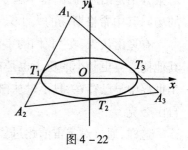

图4-22

证明 (i)当Γ为椭圆时,如图4-22,设其标准方程$\frac{x^2}{a^2}+\frac{y^2}{b^2}=1(a>b>0)$,$T_i(a\cos\theta_i,b\sin\theta_i)$,其中$\theta_i-\theta_j\neq k\pi$ ($i\neq j,i,j=1,2,3$),$k\in\mathbf{Z}$. 则:

直线A_1A_2的方程为$\frac{\cos\theta_1}{a}x+\frac{\sin\theta_1}{b}y=1$;

直线A_2A_3的方程为$\frac{\cos\theta_2}{a}x+\frac{\sin\theta_2}{b}y=1$;

直线A_3A_1的方程为$\frac{\cos\theta_3}{a}x+\frac{\sin\theta_3}{b}y=1$.

解方程组 $\begin{cases}\frac{\cos\theta_1}{a}x+\frac{\sin\theta_1}{b}y=1\\\frac{\cos\theta_3}{a}x+\frac{\sin\theta_3}{b}y=1\end{cases}$

得点A_1的坐标为

---

① 马跃进,康宇. 圆锥曲线的一个优美性质[J]. 数学通报,2012(7)59-61.

$$\left(\frac{a\cos \dfrac{\theta_1 + \theta_3}{2}}{\cos \dfrac{\theta_3 - \theta_1}{2}}, \frac{b\sin \dfrac{\theta_1 + \theta_3}{2}}{\cos \dfrac{\theta_3 - \theta_1}{2}} \right).$$

类似得

$$A_2\left(\frac{a\cos \dfrac{\theta_1 + \theta_2}{2}}{\cos \dfrac{\theta_2 - \theta_1}{2}}, \frac{b\sin \dfrac{\theta_1 + \theta_2}{2}}{\cos \dfrac{\theta_2 - \theta_1}{2}} \right), A_3\left(\frac{a\cos \dfrac{\theta_2 + \theta_3}{2}}{\cos \dfrac{\theta_3 - \theta_2}{2}}, \frac{b\sin \dfrac{\theta_2 + \theta_3}{2}}{\cos \dfrac{\theta_3 - \theta_2}{2}} \right)$$

$$|A_1 T_1|^2 = \left(\frac{a\cos \dfrac{\theta_1 + \theta_3}{2}}{\cos \dfrac{\theta_3 - \theta_1}{2}} - a\cos \theta_1 \right)^2 + \left(\frac{b\sin \dfrac{\theta_1 + \theta_3}{2}}{\cos \dfrac{\theta_3 - \theta_1}{2}} - b\sin \theta_1 \right)^2$$

$$= \frac{1}{\cos^2 \dfrac{\theta_3 - \theta_1}{2}} \cdot \left[a^2 \left(\cos \dfrac{\theta_1 + \theta_3}{2} - \cos \theta_1 \cos \dfrac{\theta_3 - \theta_1}{2} \right)^2 + \right.$$

$$\left. b^2 \left(\sin \dfrac{\theta_1 + \theta_3}{2} - \cos \theta_1 \cos \dfrac{\theta_3 - \theta_1}{2} \right)^2 \right]$$

$$= \frac{1}{\cos^2 \dfrac{\theta_3 - \theta_1}{2}} \cdot \left[a^2 \left(\cos^2 \dfrac{\theta_1 + \theta_3}{2} - 2\cos \theta_1 \cos \dfrac{\theta_1 + \theta_3}{2} \cos \dfrac{\theta_3 - \theta_1}{2} + \cos^2 \theta_1 \cos^2 \dfrac{\theta_3 - \theta_1}{2} \right) + \right.$$

$$\left. b^2 \left(\sin^2 \dfrac{\theta_1 + \theta_3}{2} - 2\sin \theta_1 \sin \dfrac{\theta_1 + \theta_3}{2} \cos \dfrac{\theta_3 - \theta_1}{2} + \sin^2 \theta_1 \cos^2 \dfrac{\theta_3 - \theta_1}{2} \right) \right]$$

上式化简得

$$|A_1 T_1|^2 = \tan^2 \dfrac{\theta_3 - \theta_1}{2} (a^2 \sin^2 \theta_3 + b^2 \cos^2 \theta_3)$$

即 $A_1 T_1 = \left| \tan \dfrac{\theta_3 - \theta_1}{2} \right| \sqrt{a^2 \sin^2 \theta_1 + b^2 \cos^2 \theta_1}$.

类似得

$$T_1 A_2 = \left| \tan \dfrac{\theta_2 - \theta_1}{2} \right| \sqrt{a^2 \sin^2 \theta_1 + b^2 \cos^2 \theta_1}$$

所以

$$\frac{A_1 T_1}{T_1 A_2} = \left| \frac{\tan \dfrac{\theta_3 - \theta_1}{2}}{\tan \dfrac{\theta_2 - \theta_1}{2}} \right|$$

同理 $\dfrac{A_2 T_2}{T_2 A_3} = \left| \dfrac{\tan \dfrac{\theta_1 - \theta_2}{2}}{\tan \dfrac{\theta_3 - \theta_2}{2}} \right|, \dfrac{A_3 T_3}{T_1 A_1} = \left| \dfrac{\tan \dfrac{\theta_2 - \theta_3}{2}}{\tan \dfrac{\theta_1 - \theta_3}{2}} \right|$

故 $\dfrac{A_1 T_1}{T_1 A_2} \cdot \dfrac{A_2 T_2}{T_2 A_3} \cdot \dfrac{A_3 T_3}{T_3 A_1} = 1$.

同法可证如图 4-23 的情形时,亦有
$$\frac{A_1T_1}{T_1A_2} \cdot \frac{A_2T_2}{T_2A_3} \cdot \frac{A_3T_3}{T_3A_1} = 1$$
即 Γ 为椭圆时,结论成立;

(ii)当 Γ 为双曲线时,如图 4-24,仿上法可证结论仍成立;

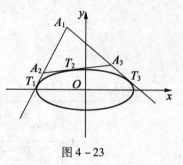

图 4-23

(iii)当 Γ 为抛物线时,如图 4-25,不妨设 $T_1\left(\frac{t_1^2}{2p}, t_1\right)$, $T_2\left(\frac{t_2^2}{2p}, t_2\right)$, $T_3\left(\frac{t_3^2}{2p}, t_3\right)$,其中 $t_1 \neq t_3$,$\min\{t_1, t_3\} < t_2 < \max\{t_1, t_3\}$. 则:

直线 A_1A_2 的方程为 $t_1 y = px + \frac{t_1^2}{2}$;

直线 A_2A_3 的方程为 $t_2 y = px + \frac{t_2^2}{2}$;

直线 A_3A_1 的方程为 $t_3 y = px + \frac{t_3^2}{2}$.

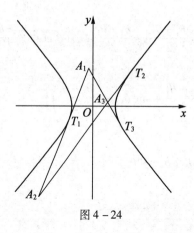

图 4-24   图 4-25

解方程组 $\begin{cases} t_1 y = px + \dfrac{t_1^2}{2} \\ t_3 y = px + \dfrac{t_3^2}{2} \end{cases}$

得点 A_1 的坐标为 $\left(\dfrac{t_1 t_3}{2p}, \dfrac{t_1 + t_3}{2}\right)$.

类似得 $A_2\left(\dfrac{t_1 t_2}{2p}, \dfrac{t_1 + t_2}{2}\right)$, $A_3\left(\dfrac{t_2 t_3}{2p}, \dfrac{t_2 + t_3}{2}\right)$

$$|A_1T_1|^2 = \left(\frac{t_1 t_3}{2p} - \frac{t_1^2}{2p}\right)^2 + \left(\frac{t_1 + t_3}{2} - t_1\right)^2$$
$$= \frac{1}{4p^2}[t_1^2(t_3 - t_1)^2 + p^2(t_3 - t_1)^2]$$

$$= \frac{(t_3-t_1)^2}{4p^2}(t_1^2+p^2)$$

$$|T_1A_2|^2 = \frac{(t_2-t_1)^2}{4p^2}(t_1^2+p^2)$$

所以 $$\frac{A_1T_1}{T_1A_2} = \left|\frac{t_3-t_1}{t_2-t_1}\right|$$

同理 $$\frac{A_2T_2}{T_2A_3} = \left|\frac{t_1-t_2}{t_3-t_2}\right|, \frac{A_3T_3}{T_3A_1} = \left|\frac{t_2-t_3}{t_1-t_3}\right|$$

于是 $$\frac{A_1T_1}{T_1A_2} \cdot \frac{A_2T_2}{T_2A_3} \cdot \frac{A_3T_3}{T_3A_1} = 1$$

综上可得结论成立.

由结论及塞瓦定理的逆定理,可得:

推论1 如图4-26,若△$A_1A_2A_3$的三边(或其延长线),与圆锥曲线Γ分别相切于点T_1, T_2, T_3,则A_1T_2, A_2T_3, A_3T_1三线共点.

最后,将结论推广到凸n边形中有:

推论2 若凸n边形$A_1A_2\cdots A_n$的各边$A_1A_2, A_2A_3, A_3A_4, \cdots, A_{n-1}A_n, A_nA_1$(或其延长线)分别与圆锥曲线$\Gamma$相切于点$T_1, T_2, \cdots, T_n$,则$\frac{A_1T_1}{T_1A_2} \cdot \frac{A_2T_2}{T_2A_3} \cdot \cdots \cdot \frac{A_nT_n}{T_nA_1} = 1$.

证明 (i)当$n=3$时,由前述结论,推论2成立.

(ii)假设$n=k(k\geq 3)$时,推论2成立,即凸n边形$A_1A_2\cdots A_k$的各边$A_1A_2, A_2A_3, A_3A_4, \cdots, A_{k-1}A_k, A_kA_1$(或其延长线)分别与圆锥曲线$\Gamma$相切于点$T_1, T_2, \cdots, T_k$. 则有

$$\frac{A_1T_1}{T_1A_2} \cdot \frac{A_2T_2}{T_2A_3} \cdot \cdots \cdot \frac{A_kT_k}{T_kA_1} = 1 \quad ①$$

如图4-27,在曲线Γ的T_1T_k段取点T_{k+1}(不包括弧的端点),作曲线Γ的切线,分别与直线A_1A_2, A_1A_K交于点A_1', A_{k+1}. 则由前述结论得

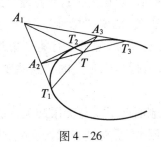

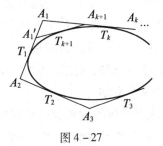

图4-26　　　　　　　　　　　图4-27

$$\frac{A_1T_1}{T_1A_1'} \cdot \frac{A_1'T_{k+1}}{T_{k+1}A_{k+1}} \cdot \frac{A_{k+1}T_k}{T_kA_1} = 1 \quad ②$$

①②两式相除得$\frac{A_1'T_1}{T_1A_2} \cdot \frac{A_2T_2}{T_2A_3} \cdot \cdots \cdot \frac{A_{k+1}T_{k+1}}{T_{k+1}A_1'} = 1$.

即$n=k+1$时,推论2仍成立.

由(i)(ii)得,对于任意的圆锥曲线外切凸n边形$A_1A_2\cdots A_n$,其各边$A_1A_2, A_2A_3,$

$A_3A_4,\cdots,A_{n-1}A_n,A_nA_1$(或其延长线)分别与圆锥曲线 Γ 相切于点 $T_1,T_2,\cdots,T_n$. 均有 $\dfrac{A_1T_1}{T_1A_2}\cdot\dfrac{A_2T_2}{T_2A_3}\cdot\cdots\cdot\dfrac{A_nT_n}{T_nA_1}=1$.

至此,推论 2 得证.

综上,我们欣赏到了数学的美,列举了大量实例以及有欣赏点的 22 例,也获得了一些数学美的感受.

由上述的例 1、例 2、例 3、例 4、例 5,可使我们体会到:

数学美的感受,可以来自于超越自然后产生的思想统一. 从表面看,万事万物在现象上是杂乱、变易和丑陋的,但通过理性的发掘,站在数学思想的高度看,这些杂乱无章、变易无常的现象下面却潜藏着由数学主宰着的和谐有序的统一规律,大自然不再是物体和过程任意堆积起来的无秩序的混乱世界,而是一个和谐的统一整体,深蕴着不易觉察到的静穆、宏大、冷峻和理性的美. 人的认识与大自然规律相统一,就可能在主客同构中超越自然,借助理性洞观宇宙,体察"天地同根,万物一体"的含义. 这是一个美的境界,有和鸟儿高高飞起俯瞰大地一样的观感,就像数学家丘成桐所说的:"文学的最高境界是美的境界,数学也具有诗歌与散文的内在气质,达到一定境界后,也能体会与享受到数学之美. 庄子所言'天地与我并生,万物与我为一',是数学家追求'天人合一'的悠然境界." 另一方面,数学的整体一致性是不可动摇的,而寻求数学与其他科学的一致性,就是一个数学向各科学渗透并促其数学化的过程,是一个数学思想应用的过程,也是一个体现数学内在本质力量的过程. 再没有什么比这一事实更令人难忘,数学脱离客观实际进入抽象的理性王国,似乎是一种操演、一种游戏,但当它返回现实时,在对具体事物进行分析时,最抽象、离现实最远的东西,反而成为解决现实问题最有力的武器. 这是人类精神与智慧最伟大的胜利,同时深刻体现了人类存在于自然的价值和人性最光辉、最美丽的一个部分.

由上述例 6、例 7、例 8、例 9、例 10,可使我们体会到:

数学美的感受,可来自于超越自然后产生的自由的心境,也可来自于超越自然后产生的理性自由. 理性主义美学家笛卡儿认为有了理性才会有美,他说:"思维显示了人的本质,也显示了人的伟大,……哪里有理性的使用,……哪里才有高贵,哪里才有美""能思维的人是美的,具有秩序、规律的自然是美的,用理性指导的人的行为也是美的." 这些观点,今天看来,也是有现实意义的.

数学让人类的理性世界变得丰富多彩,同时有效地消解了人与无限和无常的宇宙世界之间的矛盾. 拥有理性,拥有自由,不为感性欲求所限制,不受功利意识所支配,带有令人解放的性质,才能真正感受到审美中的内在精神愉悦.

由上述例 11 至例 22 中的一些问题,可使我们体会到:

数学美的感受,常来自于潜心思考后产生的灵感与顿悟. 灵感与顿悟不是数学所独有的,也不是能感受到数学美的唯一场合,但却是获得数学发现促动审美契机的主要方式之一,在许多时候,正是由灵感与顿悟所吹奏的美丽而甜蜜的笛声,诱惑了众多的数学家,争先恐后地跳进并沉醉于深深的数学长河;也诱惑了我们,努力寻求对数学问题的美妙处理.

抽象内容逐个被形象化,其感性形象与逻辑规定融为一体,研究范畴内各个抽象物的感性形象将在人的意识"潭水"中化作鱼一样的生命体,逐渐地与人的情感相熔铸,汇合成物我交融的审美意境. 在解决数学问题的过程中,受问题意识驱使,这些像鱼一样的有形象特征的抽象元素可以形成大量的组合. 其中某些组合有助于问题的解决,问题越困难,这样的组合越来之不易. 有时候是由于某种机缘的启发,而大多时候是由于长时间的思考使得所尝试的组合越来越多,突然促成了一个意想不到的有用组合,就会在刹那间激发思维的火花,这就是所谓的灵感. 而如果是突然间在不断地归纳与概括中对知识整体有了直观洞识,或者是在百思不得其解时对问题的实质有了透彻理解,瞬间看清了解决问题的途径,就是所谓的顿悟. 灵感与顿悟是数学思维的普遍形态,往往可以让人在很短的时间内获得解决问题的方法. 灵感绽放新奇的创意,顿悟开启豁朗的心境,它们都会让人在获得与自然相一致的知识时,仿佛觉得是自己的心灵照亮了世界,心旷神怡的审美享受在灵魂深处散播着愉悦和欢快,让人油然萌发对自然、对智慧的爱与敬畏,满怀着五彩斑斓的情趣和想象.

第五章 欣赏数学文化

　　数学在其发展的早期主要是作为一种实用的技术或工具,广泛应用于处理人类生活及社会活动中的各种实际问题.随着数学的发展和人类文化的进步,数学的应用逐渐扩展和深入到更一般的技术和科学领域.从古希腊开始,数学就与哲学建立了密切的联系,近代以来,数学又进入了人文科学领域,并在当代使人文科学的数学化成为一种强大的趋势.20世纪数学学科的巨大发展,比以往任何时代都更加令人信服地确立了其作为整个科学技术的基础的地位.数学在现代社会中有许多出人意料的应用,在许多场合,它已经不再单纯是一种辅助性的工具,它已经成为解决许多重大问题的关键性的思想与方法,由此产生的许多成果,又早已悄悄地遍布在我们身边,极大地改变了我们的生活方式.随着科学数学化趋势的增长,数学在提高全民素质、培养适应现代化需要的各级人才方面还具有特殊的教育功能.数学科学,已成为推进人类文明的不可或缺的重要因素.[①]

　　数学是知识体系,是强有力的工具,是具有普遍性的语言和思维方式,数学研究是一种基本的人类活动,数学在其发展过程中体现了高度的想象力、创造性和理性精神,并且与人类文化的许多重要方面有深刻的、卓有成效的互动.注意到文化是人类知识、思想、信仰和行为的整体,可进一步细分为智能文化、物质文化、规范文化、精神文化等基本方面.从而,我们可以说,数学不仅是一种文化,而且是人类文化的基本组成部分.

　　数学文化传达的是一种人文关怀,数学文化体现的是一种人类的理性精神,敢于质疑批判和善于探索求真.数学是人类智慧的创造活动,它对人的行为观念、精神心灵和价值观念都具有重大的影响,数学发生发展过程中所积淀的数学思维方式、数学思想和数学理性品格,都成为人类文明发展史上优秀的文化遗产.

　　数学的文化价值丰富多彩,数学对于客观事物的研究,是通过构建独立的模式,因而它有重要的思维训练功能,对于创造性思维的发展尤具重要意义.欧拉说过,数学是思维的体操,数学是思维的科学,数学能够启迪人的智慧,发展人的思维.其他学科在培养思维的深度、广度和系统性等方面都是不能与数学相提并论的.

　　数学是理性精神的圣地,数学思维高扬人类理性精神的旗帜,引领科学历史发展的方向.古希腊数学家开人类理性之先河,学习数学不再仅仅是现实生活的需要,而更重要的是为了陶冶情操、追求真理和训练心智.他们从数学研究中提炼出概括和简化的自然科学原则,创立了科学思维的方式.柏拉图坚持让他的学生们研究几何学,并不是为了发掘几何学的实际应用价值,而是要发展人们的抽象思维能力,用于对人生和政治问题的哲学思考,从而奠定了西方哲学的理论基础.毕达哥拉斯研究数学的理念是世界是由数组成的,亚里士多德直接将数学应用于研究具体事物的真实性上,从而奠定了物质科学的基础.

---

① 刘洁民.数学文化:是什么和为什么[J].数学通报,2010(11):11-15.

数学具有明确的育人价值取向,在学习探究数学的过程中,数学醇厚的文化内涵可以净化人的心灵,让人执着追求真理,理性坚韧如山,务实学习知识,谦虚严谨似水.质疑与反思,创新与开拓,完善着人的高贵气质和品格.阿基米德面对侵略者的屠刀,研究数学面不改色心不跳.鲍耶面对数学权威的嘲笑和不屑,坚持自己创立的非欧几何理论不动摇.

数学既兼有技术性和文化性的特征,在学习中我们就要将它们统一起来.如果数学学习离开了数学文化的润泽,离开了数学精神的指引,呈现在学习者面前的数学知识一定是沉寂的,毫无生气的.所以,数学学习中必须全面体现数学斑斓的色彩和灵动的韵味,既要注重让学习者进行形式训练,掌握知识和发展能力,熟练地模仿和练习,又要在数学学习中传播数学文化,让学习者去欣赏和领略数学撼人心魄的雄姿,让学习者喜欢上美丽的数字、奇异的符号、简捷的公式和纯净的定理,感受数学丰富的方法、深邃的思想和智慧的理性光芒.

5.1 欣赏数学文化,震撼于数学学科融合性

5.1.1 欣赏数学文化,剖析文学中的数学

通常情况下,人们认为文学与数学毫不相干,要把高度抽象形式化的数学和形象化艺术性的文学扯在一起,似乎有点不可思议.然而,在种种表面无关甚至完全不同的现象背后,隐匿着文学与数学极其丰富、深刻而美妙的联系.

1. 诗歌与数学

文学是语言的艺术,以活泼的形象抒发人的情感;数学是模式的科学,以严谨的理性锤炼人的思维.一个感性、一个理性,它们是人类文明中的两个领域.而诗歌是所有文学式样中最具代表性的一种.诗的形式是简练的,表达的思想情感是概括的,并且相对抽象,这与数学追求以最简练的形式抽象概括最深刻、最具一般性的规律是极为相似的.我国的格律诗词有非常复杂的格式样式,但不是没有法则可依,任意而为.其实格律本身就是指的规律——客观存在不依赖于人的主观意志的规定性.而这些规定又充分显示出必然与合理性.

近体诗中,律诗与绝句的平仄变化很复杂,规定也很多,但从数学观点去认识,却是一种具有简单运算规则的数学模式,其中蕴含着以简驭繁的奥秘,尽显数学之美.

以五言诗为例,五绝是五言绝句的简称.每句五字,共四句,二十字.它是一种最简单的律诗,既是律诗,就必须讲平仄,且押平声韵.我们知道在诗中一般是两字一"顿",称为一"节",平仄大都是重叠的,我们用"1"表示平,"0"表示仄.把它放在平面直角坐标系中,如图5-1所示.

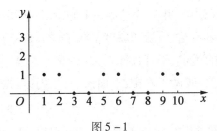

图5-1

它们是按"平平仄仄"进行循环,就如数学中的循环节.现在我们用解析式表示为

$$Y = \begin{cases} 1 & \begin{pmatrix} n \equiv 1 \pmod 4 \\ n \equiv 2 \pmod 4 \end{pmatrix} \\ 0 & \begin{pmatrix} n \equiv 3 \pmod 4 \\ n \equiv 0 \pmod 4 \end{pmatrix} \end{cases}$$

我们知道平仄两字放在五个不同位置有 $2^5 = 32$ 种放法,我们不必搞那么复杂,只需每次截取五个并且约定:[①]

仄仄平平仄,称为 A 式句,取 $n = 3, 4, 5, 6, 7$;

平平仄仄平,称为 B 式句,取 $n = 1, 2, 3, 4, 5$;

仄平平仄仄,称为 C 式句,取 $n = 4, 5, 6, 7, 8$;

平仄仄平平,称为 D 式句,取 $n = 2, 3, 4, 5, 6$.

如图 5-2 所示:

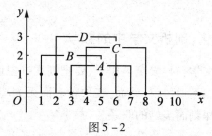

图 5-2

以上每句的平仄并非丝毫不能变动,除 B 式句首字不能更换外,因为它如换成仄声,就成了"仄平仄仄平",剩下的字便成了两仄夹一平,就犯了律诗的大忌"孤平"(除韵脚是平声外,只有一平声字叫"孤平"),声调读起来就不好听.其他三式的各字都是可以更换的.

于是我们得到四种句式:

A:(仄)仄平平仄;

B:平平仄仄平;

C:(仄)平平仄仄;

D:(平)仄仄平平.

(其中加括号的字表示可平可仄.)

以上是句式,只能有如上四种.下面谈篇章结构:律诗要求押平声韵,第一句可押可不押,二、四句必须押平声韵,因此第二、四句只能是 B, D 了.那么怎样进行搭配呢?律诗又有"粘对"的要求.上、下两句为一联,五绝只有两联,所谓"对"就是平对仄、仄对平,平仄是对立的,而"粘"就是平粘平、仄粘仄,并且要求第三句的第二字要与第二句的第二字相粘.它的作用是使声调多样化.如果不粘,前后两联就雷同了;如果不对,上、下两句也就雷同了,读起来就单调无味.有了粘对的规定,不管长律多长,只要有了第一句,我们就知道下句和再下句的格式,即是说前面已给二、四做了安排,下面谈一、三句,根据粘对的规定,B 句的上句宜

[①] 龙明泉,郑福德.也谈数学和文学[J].数学教学,2010(11):37-38.

配 A 句,D 句的上句宜配 C 句,于是我们得到它们的配对次序,ABCD 或 CDAB 两种基本格式,所以 ABCD 这四句也就不必按 4!=24 种来进行排列了.

两首五绝合起来就成了五律,在五绝(律)前面添两字,平平前面添仄仄,仄仄前面添平平,就成了七绝(律)了. 有了这些基础长律诗就好办了. 长律诗可依次类推,不必特意地背平仄格式. 到此,我们自然得出五绝的基本格式.

(1)仄起式

(仄)仄平平仄,平平仄仄平.

(仄)平平仄仄,(平)仄仄平平.

写成矩阵即为

$$\begin{pmatrix} 0 & 0 & 1 & 1 & 0 \\ 1 & 1 & 0 & 0 & 1 \\ 0 & 1 & 1 & 0 & 0 \\ 1 & 0 & 0 & 1 & 1 \end{pmatrix}$$

如:

登鹳雀楼
[唐] 王之涣

白日依山尽,黄河入海流.

欲穷千里目,更上一层楼.

另一式,第一句改为:平仄仄平平",其余不变. 就是:

(平)仄仄平平,平平仄仄平.

(仄)平平仄仄,(平)仄仄平平.

写成矩阵式为

$$\begin{pmatrix} 1 & 0 & 0 & 1 & 1 \\ 1 & 1 & 0 & 0 & 1 \\ 0 & 1 & 1 & 0 & 0 \\ 1 & 0 & 0 & 1 & 1 \end{pmatrix}$$

如:

梅花
[宋] 王安石

墙角数枝梅,凌寒独自开.

遥知不是雪,为有暗香来.

(2)平起式

(平)平平仄仄,(仄)仄仄平平.

(仄)仄平平仄,平平仄仄平.

写成矩阵式为

$$\begin{pmatrix} 1 & 1 & 1 & 0 & 0 \\ 0 & 0 & 0 & 1 & 1 \\ 0 & 0 & 1 & 1 & 0 \\ 1 & 1 & 0 & 0 & 1 \end{pmatrix}$$

如:

听筝
[唐]李端

鸣筝金粟柱,素手玉房前.

欲得周郎顾,时时误拂弦.

另一式,第一句设为"平平仄仄平",其余不变. 就是:

平平仄仄平,(仄)仄仄平平.

(仄)仄平平仄,平平仄仄平.

写成矩阵式为

$$\begin{pmatrix} 1 & 1 & 0 & 0 & 1 \\ 0 & 0 & 0 & 1 & 1 \\ 0 & 0 & 1 & 1 & 0 \\ 1 & 1 & 0 & 0 & 1 \end{pmatrix}$$

如:

宿建德江
[唐]孟浩然

移舟泊烟渚,日暮客愁新.

野旷天低树,江清月近人.

在此,我们也顺便指出:如果你善于用数学的眼光来看待诗歌,还可以通过想象提出数学问题,这既可锻炼读书能力,又可培养独立思索的习惯. 如李白名篇:

望庐山瀑布

日照香炉生紫烟,遥看瀑布挂前川.

飞流直下三千尺,疑是银河落九天.

读者是否想过,李白看瀑布,到底离瀑布有多远?

假定庐山瀑布高三千尺,合 1 000 m,李白站得比较远,不是仰看而是"遥看". 可认为李白是用自然的视线看瀑布,不妨设仰角为 30°. 则易计算得 $BC = 1\,000\sqrt{3}$ 约 1 732 m. 在大约 4 里之距,看到"挂在"日照、香炉两峰之间,在太阳反射的紫色云烟雾气中的庐山瀑布约 1 000 m 高,看来略有夸张,大体相当. 夸张的瀑布比实际要高. 用尺为单位显得高得很. 三千尺嘛! 如果改成以里为单位,"飞流直下二里地",就一点气势也没有了. 又如我们前面已介绍过的:

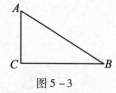

图 5-3

登鹳雀楼

白日依山尽,黄河入海流.

欲穷千里目,更上一层楼.

诗中以登高望远,寓意表达向上进取的精神,高瞻远瞩的胸襟.然而从数学角度考虑,如要看到千里之遥,人眼要离地面多高呢?

地球可抽象为一个球,人为一个点.举目眺望,当视线与球面相切时,视野为一个圆锥面和一个球冠围住的区域.图 5-4 是此模型的轴截面图,人在 A 处,$AB = AC = 500$ km,高 $AH = h$ km,地球半径 $R = 6\,400$ km.解答为:由图可见,$AB^2 = h(h + 2R)$,代入化简得 $h^2 + 12\,800h - 250\,000 = 0$,解之得 $h = 19.5$ km. 看来,诗人的想象力十分丰富,是要登"摩天大厦"看世界了.这只是理想的情况下建立的数学模型.实际情况还与大气的能见度、大气的折射等因素有关.

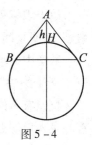

图 5-4

利用诗歌表述数学问题,可以激发学习兴趣,在中国古算中多有采用.按此传统,1997年在广东省中山市举办第六届"华罗庚金杯"少年数学邀请赛时,主试委员会用诗歌出了一道群众共答题:

美少年华朋会友,幼长相亲同切磋.

杯赛联谊欢声响,念一笑慰来者多.

九天九霄志凌云,九七共庆手相握.

聚起华夏中兴力,同唱移山壮丽歌.

请你将诗中 56 个汉字从第 1 行左边第 1 字起,逐行逐字编为 1~56 号,再将号码中的质数由小到大找出来,将他们对应的字排成一行,组成一句话,请读出这句话.此问题的答案是(请读者试解):

少年朋友亲切联欢,一九九七相聚中山.

数学教学中适当运用诗歌,常有奇效.将一些重要的法则,也用诗句表述,以便于已忆.例如解《孙子算经》的"物不知数"问题:今有物不知其数,三三数之剩二,五五数之剩三,七七数之剩二,问物几何?其解题法则就是如下的一首诗:

三人同行七十稀,五树梅花廿一枝.

七子团圆月正半,除百零五便得知.

这是求解下述同余方程组的方法

$$\begin{cases} x \equiv 2 \pmod{3} \\ y \equiv 3 \pmod{5} \\ x \equiv 2 \pmod{7} \end{cases}$$

简单的解释如下:

被 5,7 整除,而被 3 除余 1 的最小正整数是 70;

被 3,7 整除,而被 5 除余 1 的最小正整数是 21;

被 3,5 整除,而被 7 除余 1 的最小正整数是 15.

因此 $70 \times 2 = 140$ 是被 5,7 整除且被 3 除余 2 的数;

$21 \times 3 = 63$ 是被 3,7 整除且被 5 除余 3 的数;

$15 \times 2 = 30$,是被 3,5 整除且被 7 除余 2 的数.

于是,$70 \times 2 + 21 \times 3 + 15 \times 2 = 233$ 必具有被 3 除余 2,被 5 除余 3,被 7 除余 2 的性质. 再不断减去 3,5,7 的最小公倍数 105,直到差数小于 105 为止,即 $233 - 105 - 105 = 23$ 为问题的解答(最小正整数解).

以上求解程序概括为前面的诗句,既准确无误又朗朗上口,便于记忆,有利于应用. 其一般情形,便是闻名世界的"中国剩余定理".

数学中的唯一性就是"有且仅有"的意思,我们用数学中的唯一性来论证诗歌"绝无仅有""天下绝唱",可以从理性角度对诗歌美进行新的诠释.

杭州有名的景点九溪十八涧,林木葱葱,泉水淙淙. 清末大文豪俞曲园先生为此写过一首脍炙人口的五言诗句,其中一节这样写道:

重重叠叠山,

曲曲环环路.

丁丁东东泉,

高高下下树.

我们把上面四句诗改为下列算式

$$
\begin{array}{cccc}
\quad 重 & \quad 曲 & \quad 丁 & \quad 高 \\
+)\,重叠 & +)\,曲环 & +)\,丁东 & +)\,高下 \\
\hline
\ 叠山 & \ 环路 & \ 东泉 & \ 下树
\end{array}
$$

以上共 4 个加法式子,每个汉字都代表了一个阿拉伯数字(在同一个算式中,相同的汉字表示相同的数字,不同的汉字表示不同的数字). 下面解答这些算式.

这 4 个加法算式统一模式为 $\begin{array}{r} A \\ +)\,AB \\ \hline BC \end{array}$ (其中 A, B, C 两两不相等),那么 $A + 10A + B = 10B + C$,即 $11A = 9B + C$,其中 $A, B, C \in \{0, 1, \cdots, 9\}$.

用枚举法可知,此不定方程只有 4 组解,即

$$\begin{cases} A = 5 \\ B = 6 \\ C = 1 \end{cases} \begin{cases} A = 6 \\ B = 7 \\ C = 3 \end{cases} \begin{cases} A = 7 \\ B = 8 \\ C = 5 \end{cases} \begin{cases} A = 8 \\ B = 9 \\ C = 7 \end{cases}$$

上述这四句诗竟然与 4 组解成一一对应,每一句有且仅有唯一组解与之对应,由此可见该诗的绝妙.

徐志摩在名作《再别康桥》中写道:

轻轻地,我走了,

正如我轻轻的来……

如果将数学渗入诗的领域,把这两句诗编成了算式

$$\begin{cases} \sqrt{轻轻地} = \sqrt{我} + 走了 \\ 正 - 如 \div 我 = \sqrt{轻轻地} \div \sqrt{来} \end{cases}$$

在这里,相同的汉字代表相同的数字,不同的汉字代表不同的数字,下面解答此方程组.

要使 $\sqrt{轻轻地} \in \mathbf{N}_+$,则"轻轻地" = 225 或 441.

(i)当"轻轻地" = 225 时,则 $\sqrt{我} +$ 走了 = 15. 显然"我"只能为 1,4,9.

①当"我" = 9 时,则"走了" = 12,此时"了" = "轻",不合题意.

②当"我" = 1 时,则"走了" = 14,此时"我" = "走",不合题意.

③当"我" = 4 时,则"走了" = 13. 此时,"正" – "如" ÷ 4 = $\sqrt{225} \div \sqrt{来} = 15 \div \sqrt{来}$.

于是 $\sqrt{来} = 1$ 或 3. 又因"走" = 1,则"来" = 9.

所以,"正" – "如" ÷ 4 = 5,从而"正" = 7,"如" = 8.

(ii)当"轻轻地" = 441 时,则 $\sqrt{我} +$ 走了 = 21. 显然"我"只能为 9. 于是"走了" = 21 – 3 = 18,此时"走" = 1 = "地",不合题意.

可见,原来方程组有且仅有唯一解,这也是该诗扬名文坛的数学依据.

2. 寓言与数学

寓言作为一种重要的文学形式,与数学有着非常密切的联系,无论在思维的模式上,还是在审美的情趣中,都有许多相通之处.

寓言可以说是一种幽默化了的常识. 而数学呢? 荷兰数学家、数学教育家弗雷登塔尔说:"数学是系统化了的常识."因此,寓言与数学,虽然写作的目的不同,表现的手法各异,但是它们有一条互相联结的纽带,就是各自从不同的角度阐明了生活中的一些常识.

寓言与数学至少有以下四个方面的联系[1]:

第一,寓言与数学在思维的方式和表述的手法上存在着相关之处.

寓言从一些普通的常识出发,用最简捷的语言,借助逻辑的力量,或阐明一个深刻哲理,或讽刺一种社会现象. 读者要理解寓言,就要用到类比思维、多向思维和逆向思维,这些正是数学思维的重要特征. 要真正深刻地理解寓言,应该具备基本的数学思维的训练.

《列子》中有一篇寓言说:宋国有一个人养了一大群猴子. 他想降低对猴群口粮的供应标准,便向猴群宣布:"以后给你们吃的橡子,早上三粒,晚上四粒. 够了吗?"猴子们听了非常生气,个个怒目相向. 养猴子的人慌忙改口说:"好吧,那就早上四粒,晚上三粒,那总该够了吧!"于是,所有的猴子都兴高采烈了. 人们根据这篇寓言提炼出"朝三暮四"这一成语来形容那些经常变卦、反复无常的言行. 从数学的角度分析,这篇寓言除了变化无常之外,还有一个更重要的方面,即不变. 因为不管是朝三暮四还是朝四暮三,总的橡子数始终保持 7 个不变. 不管猴子发怒也好,高兴也好,养猴者都是在以不变应万变. 一切事物都在不断的变化,但在变化中还存在着不变的东西.

第二,寓言与数学在形象的内容与抽象的结构上有相通之处.

寓言的内容常常涉及生活与自然中的某些规律,涉及哲学与逻辑的某些原理. 这些规律、原理已经被抽象为科学的定律,而这些科学定律的表达常常借助数学的定理、公式或模型.

---

[1] 欧阳维诚. 寓言与数学[M]. 长沙:湖南教育出版社,2014:序.

蝙蝠白天都只能躲在石洞里,到了晚上才敢飞出石洞觅食.它们为什么会有这种生活习性呢?有一篇寓言说,是因为它们的祖先曾有过一段不太光荣的历史.在远古的洪荒时代,鸟类和兽类发生了大战.开始鸟类打了胜仗,蝙蝠去祝贺,并说:"我有两只翅膀,我和你们是同类!"后来兽类打了胜仗,蝙蝠又去祝贺,又说:"我有四只脚,我和你们是同类!"最后鸟兽终于讲和了,都认为蝙蝠是随风倒的两面派,都不承认蝙蝠是自己的同类.蝙蝠自己也感到无脸见人,从此白天便躲着不敢出来了.

这篇寓言涉及一个分类的问题.蝙蝠究竟是鸟类还是兽类,抑或两者都不是,动物学家自有其分类的标准,可是要真正说清分类的含义需要借助数学中"等价关系"的概念.

第三,寓言与数学在艺术的魅力与讽喻的效应上存在着依存之处.

数学是研究空间形式和数量关系的科学,现代数学则研究各种抽象关系,包括数量关系,这些关系无处不在.寓言中涉及的对象、行为等都是某些关系的反映,有人说:"一篇寓言,可以从多方面去发掘其艺术魅力和讽喻效应."有了数学的参与.可以使这种发掘更能向纵深发展.

《魏书》中有一篇寓言说:吐谷浑的国王阿豺有20个儿子,他在临终之前,把弟弟和20个儿子都召到面前,命人取来20支箭,先让弟弟拿一支箭,试试能不能折断,弟弟轻轻一折就断了.阿豺又让弟弟把剩下的19支箭捆成一束,当着儿子们的面,试一试能不能把一捆箭同时折断,弟弟用尽了吃奶的力气也不能折断.阿豺便对儿子们说:"你们都看见了吗?单者易折,众则难摧,你们只有努力同心、团结一致,我们的国家才能长治久安啊!"说罢便溘然长逝了.折断19支一束的箭杆与折断1支箭杆有多大的差异呢?简单的数学运算告诉人们,前者是后者的625倍,这才充分说明了为什么"单者易折,众则难摧"的道理.另外,阿豺有20个儿子,却只让他们折断19支一束的箭,为什么不让他们折断20支一束的箭呢?原来这里面也有一个数学原理.

第四,寓言与数学在哲学的思辨与语言的表述上存在着共同之处.

有些寓言涉及一些特殊的概念,由于语言的模糊性,这些概念往往模糊不清,无论是作者或读者都必须先把概念弄清楚,寓言才有意义.把概念精确化,把说不清楚的概念设法说得清楚一些,正是数学的看家本领.寓言中涉及的某些事物,转化为数学的语言之后才能说得清楚.

《白马过关》这篇寓言讽刺了宋国人倪说,他是一个善于辩论的人,主张"白马非马"的学说.齐国稷下的许多辩士都辩不过他,对他表示折服.可是有一次他过关时雇了一匹白马代步,却按照雇马的价格付费.所以,讲空洞的理论,他可以战胜一国的人;但对实际的问题,他却一人也蒙不过.

当时的这场学术上的争论,就在于人们还没有弄清一般与特殊的关系,同时不自觉地使用了语言的歧义.特殊与一般的关系,在历史上曾长期纠缠不清,在两千多年的历史时期内,一直成为哲学家争论的课题.当数学中出现了集合论之后,这个问题才被弄得一清二楚.如果把"白马非马"的诡辩转化为数学的语言,就没有诡辩的意味了.

3. 对联与数学

对联又称楹联,古时悬挂于楼堂宅殿的楹柱而得名,也称偶语、俪辞、联语、门对等.按用途可分为春联、贺联、挽联、赠联、自勉联、行业联、言志联.对联的题材很广泛,书写对联要求很严格,不仅要求字数相等、断句一致,而且要求平仄相合、音调和谐,还强调词性相对、位置相同.横批既是对联的题目和中心,也有画龙点睛、相互补充的作用.

大家熟知,对联习俗在华人中传承、流播,对联是中华民族文化的组成部分.但是,对联中隐藏的数学元素、数学意趣却鲜为人知.对此,我们用数学眼光来认识对联.[①]

(1) 对联与数学名词

对联的题材不排斥数学,数学名词可以作对联的题材,一些对联不仅嵌入数学名词,而且用数学名词来表现对联的主题和人物的身份.

我行我数

指数对数函数三角函数,数数含辛茹苦.

直线斜线射线交叉直线,线线意切情深.

这是一位中学生在新年到来之际给老师送去的一副对联,联中巧嵌数学名词,贴切自然,耐人寻味,表达了莘莘学子对老师的敬仰之情.

(2) 对联与数学等式

对联中嵌入数学名词,是数学对联的特点之一,有一些对联隐藏数学等式,只有认真思考,仔细品读,才能发现其中的奥妙,悟出其中的数学意趣:

一茶、四碟、二粉、五千文.

三竺、六桥、九溪、十八涧.

我国小说家、诗人郁达夫约同学游览杭州九溪、十八涧,在一茶庄要了一壶茶,四碟糕点,两碗藕粉,边吃边聊.结账时,茶庄主人说:"一茶、四碟、二粉、五千文."郁达夫笑着对庄主说:"你在对对子,'三竺、六桥、九溪、十八涧'."此联可谓"绝对",上联隐藏等式"$1+4=5$"和"$1+5=4+2$",其中等式"$1+5=4+2$"是四项等差数列的性质;下联隐藏等式"$3×6=18$"和"$3×18=6×9$",其中等式"$3×18=6×9$"是四项等比数列的性质.

(3) 对联与特殊数列

一些对联中嵌入数字,给对联增添数趣.这些数字不是随意乱嵌,具有一定的规律,隐藏一些特殊数列的性质.

一叶孤舟,坐了二、三个骚客,启用四桨五帆,经过六滩七湾,历经八颠九簸,可叹十分来迟;

十年寒窗,进了九、八家书院,抛却七情六欲,苦读五经四书,考了三番两次,今天一定要中.

相传清初诗人吴伟业少时乘船去太仓应试,因路上耽误,晚到一天,考官不准其考试.经他一再恳求,考官便说:"你如果能用'一'到'十'这十个数字出个上联,并且说明你迟到的原因,那就准你补试."吴伟业年龄虽小,但学识渊博,出口成章,当即便出了上联.显然,上联含有10项等差数列:1,2,3,4,5,6,7,8,9,10.

考官见吴伟业如此聪慧,非常高兴,便道:"你如果还能用'十'至'一'这十个数字作下

---

① 陈荣,杨飞.对联与数学[J].数学通讯,2013(10):63-65.

联,并且诉说一下你应试的愿望,如果下联对得好,我就录取你!"吴伟业一听竟有此好事,便略加思忖后对出了下联. 考官见吴伟业的确才华出众,妙语惊人,便破格录取了他. 显然,下联也含有 10 项等差数列:10,9,8,7,6,5,4,3,2,1.

一支粉笔两袖清风,三尺讲台四季晴雨,加上五脏六腑七嘴八舌九思十想,教必有方,滴滴汗水诚滋桃李芳天下;

十卷诗赋九章勾股,八索文思七纬地理,连同六艺五经四书三字两雅一心,诲而不倦,点点心血勤育英才泽神州.

此联是用两个等差数列对教师生涯的真实写照,确实绝妙. 上联是递增等差数列从一到十,下联是递减等差数列从十到一,生动地写出了教师甘作蜡烛、愿为春蚕的无私奉献精神.

剖析文学中的数学,还可以从小说、修辞、语言等方面去剖析,这可参见作者本套丛书中的《数学眼光透视》《数学精神巡礼》中的有关章节.

5.1.2 欣赏数学文化,赏析艺术中的数学

艺术涉及门类繁多. 例如,工艺品、陶制品、建筑艺术、文化艺术、文学艺术等. 但这些均与音乐、绘画、文学密切相关. 因此,在这里,我们仅从音乐、绘画、文学等方面赏析其中的数学的作为.

1. 音乐与数学[①]

音乐给人以美的享受是充满激情与幻想的艺术,而数学却是严谨、缜密而似乎不带任何感情色彩的科学,它们二者之间会有什么关系呢? 其实,音乐与数学存在着天然的联系. 300多年前,著名数学家莱布尼茨曾说过:"音乐是一种无意识的数学演算……就它的基础来说,是数学的,就它的出现来说,是知觉的,音乐是心灵的算术练习,心灵在听音乐时计算着自己而不知". 此语道破了二者之间的不解之缘,正是音乐,无论在律制、基本乐理、作曲、和声、表演以及审美等几乎一切方面,事实上都是无法离开数学的.

(1)"五度相生律"与等比数列

五度相生律是公元前 6 世纪古希腊数学家毕达哥拉斯首创,后世将其命名为"毕达哥拉斯律". 它根据第一、二泛音间频率比为 2:3 的关系进行音的繁衍,以此为纯五度,进行一系列的五度相生,得出调中诸音. 纯律的应用及乐谱记载于 6 世纪,在我国梁代丘明传谱的《碣石调幽兰》中已有体现,其中古琴的七弦十三徽上均已使用泛音技法. 至 16 世纪,我国明代朱载堉在数学运算上有所突破,在巨大无比的算盘上用开 2 次平方和一次立方的方法求出了 12 次方根! 创造出"新法密律",在《律吕精义·内篇》卷一中,他对该方法做了如下描述:"盖十二律黄钟为始,应钟为终,终而复始,循环无端……是故各律皆以黄钟……为实,皆以应钟倍数 1.059 463…为法除之,即得其次律也." 这实际上就是 100 多年后才有德国人沃克梅斯特提出的 12 平均律! 12 平均律的诸音频率是由等比数列通项公式 $a_n = a_1 q^{n-1} (q \neq 0, q \neq 1)$ 计算来确定的,人们注意到五度律十二声音阶中的两种半音相差不大,如果消除这种差别对于键盘乐器的转调将是十分方便的,因为键盘乐器的每个键的音高是

[①] 熊雯. 音乐中的数学[J]. 中学生数学,2008(9):23-24.

固定的,而不像拨弦或拉弦乐器的音高由手指位置决定. 消除两种半音差别的办法是使相邻各音频率之比相等,这是一道高中生的数学题——在 1 与 2 之间插入 11 个数使它们组成等比数列,显然其公比就是 $\sqrt[12]{2}$,并且有如下的不等式 $1.053\,50 = \dfrac{256}{243} < \sqrt[12]{2} = 1.059\,46 < \dfrac{2\,187}{2\,048} = 1.067\,87.$

这样获得的是十二平均律,它的任何相邻两音频率之比都是 $q = \sqrt[12]{2}$,没有自然半音与变化半音之分. 其中公比 $q = 1.059\,46 = \sqrt[12]{2}$,数学真是无处不在!

用十二平均律构成的七声音阶如下:

音名	C	D	E	F
频率	1	$(\sqrt[12]{2})^2$	$(\sqrt[12]{2})^4$	$(\sqrt[12]{2})^5$
音乐	G	A	B	C
频率	$(\sqrt[12]{2})^7$	$(\sqrt[12]{2})^9$	$(\sqrt[12]{2})^{11}$	2

(2)计算乐曲时长

根据作品所指示的速度并按照这个速度在较准确的时间范围内表现乐思,对于每位演唱者、演奏者、音乐指导以及音乐教师来说尤为重要,是音乐从业人员在排练或教学中常遇到的一些麻烦问题.

别着急,统计学家们给出了他们的办法! 统计学家们与音乐工作者合作,通过对大量与乐曲时长相关的数据进行分析后,给出了一个非常有用且较准确的求乐曲时长的公式 $T = \dfrac{mx}{s}$. 式子中,T 代表某乐曲时长,m 代表每小节包含的基本单位拍数,x 代表全曲的小节数,s 代表每分钟指定的音符速度(数目).

例如:《贝多芬第六交响曲》第二乐章《在溪边》,乐曲拍子为 12/8,每小节所包含的基本单位拍为 4 个附点四分音符,全曲为 139 小节,每分钟指定的音符数为"♪"= 50,求全曲的演奏时间.

解 由 $T = \dfrac{mx}{s}$,将 $m = 4, x = 139, s = 50$ 代入,得 $T = \dfrac{4 \times 139}{50} = 11.12(\min)$.

即本乐章的演奏时间为 11.12 分钟.

现实中,维也纳爱乐乐团在演奏本乐章时用了 11.19 分钟,这一公式的结果何其准确!
这一公式有着很强的普适性! 一个简单的数学公式,就这样解决了音乐中常见的麻烦!

(3)计算器乐曲高潮的位置

该计算公式是 $G = \dfrac{\sqrt{5}-1}{2} X.$

$\dfrac{\sqrt{5}-1}{2} \approx 0.618$ 是苏联音乐理论家对数以千计的各种载体、结构的器乐作品的高潮位置分析测定的结果,X 表示主体结构的小节数,G 代表高潮所在的小节位置.

在小型曲式的器乐作品中,高潮所处的小节位置一般比较明显,称为高潮点,有时只在一两小节之间. 如舒伯特的《苏格兰舞曲》Op. 18 是一首 16 小节的曲子,那么通过上述公式可以计算出 $G \approx 0.618 \times 16 \approx 9.9$(小节).

故高潮应该出现在第 10 小节. 这个结果与音乐专业人士的看法是很一致的.

(4)乐谱的编写

作曲家们一向很重视对称及黄金分割,一首曲子的黄金分割往往出现在全面的高潮之中,另外,一首好的作品其作品结构各部分的比例关系也常常与黄金分割相符.

乐谱的书写是表现数学对音乐的影响的另一个显著的领域. 在乐稿上,我们看到速度、节拍(4/4 拍、3/4 拍,等等)、全音符、二分音符、四分音符、八分音符、十六分音符,等等. 书写乐谱时确定每小节内的某分音符数,与求公分母的过程相似——不同长度的音符必须与某一节拍所规定的小节相适应. 作曲家创作的音乐是在书写出的乐谱的严密结构中非常美丽而又毫不费力地融为一体. 如果将一件完成了的作品加以分析,可见每一小节都使用不同长度的音符构成规定的拍数.

除了乐律和乐谱和数学有直接的关系外,乐器的各种形状和结构也与各种数学概念有关. 不管是弦乐器还是由空气柱发声的管乐器,它们的结构都反映出一条指数曲线的形状.

19 世纪数学家约翰·傅里叶的工作使乐声性质的研究达到顶点. 他证明所有乐声——器乐和声乐——都可以用数学式来表示和描述,这些数学式是简单的周期正弦函数的和. 每一个声音有三个性质,即音高、音量和音质,它与其他乐声区别开来.

2. 绘画艺术与数学

多少世纪以来,数学总是有意识或无意识地影响绘画艺术和艺术家. 投影几何、黄金分割、比和比例、视觉幻影、有限和无限、平行和对称,以及计算机科学等这些数学范围的内容,一直影响着绘画艺术的众多方面乃至于整个时代——原始的、古典的、文艺复兴时期的、近代的和现代的. 隐含在绘画艺术后面的数学精神,是画家的颜色和笔触难以表现出来的.

中国古代的装饰图案非常重视对称,这一思想来自《周易》中易卦的形象,所谓"以制器者尚其象"是也. 易卦是对称的,它是一种代数对称,即不仅是图形的对称,而且也是思想、行为、作用、情感等方面的对称,如阴与阳、柔与刚、明与暗、动与静、粗与细、直与曲,等等方面的对称. 设想把一个卦写成布尔代数的形式,取其分量对称,如

$(0,1,0) \to$

$(1,0,1,0) \to$

等等,然后用图案元来代替布尔向量中的元素,就得到一类对称图案.

将一个卦与它的复卦(把一个卦倒过来所成的卦)或变卦(把一个卦的阴爻变成阳爻,阳爻变成阴爻所得的卦)排列起来,就得到一些布尔矩阵,用图案元来代替布尔矩阵中的元素就可得到一些组合图案. 如图 5-5.

用数学的术语可把这种绘画风格概括为:

将一个适当的布尔矩阵进行分块,先进行按行分块,然后对"行矩阵"再进行适当分块,在分块时要充分考虑 0,1 两个元素的平衡与对称. 再用各种"图案元"代替分块矩阵,考虑

各图案元的整体化,就得到一幅完整的画面,如图 5-6、图 5-7.

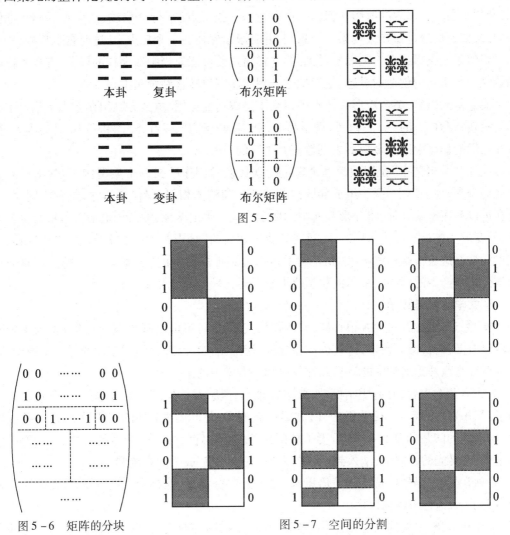

图 5-6 矩阵的分块　　　　图 5-7 空间的分割

对于中国的水墨山水画,对画面上阴阳明暗的处理有不同的手法,形成不同的风格流派. 何处用浓墨,何处留白地,很有讲究,也与《周易》中易卦的形象有关. 把一个矩形分成六等分,每一条形代表一个爻,用白色代表阳爻,阴影代表阴爻,则爻位高低、阴阳变化反映出图面上黑白空间的分割与变化,不同的画家有不同的分割方式和习惯.

当我们把审美的目光转向古希腊时代的绘画艺术时,便回到了一种宁静的状态. 希腊数学表现一种静态特征,它不研究变化图形的性质,因此被人们称之为常量数学. 它也不像《周易》的"宇宙代数学"那样强调阴阳的对立和变化. 古希腊的绘画艺术给人以一种心理上的宁静之感,很显然是受了希腊数学的影响.

古希腊绘画追求标准化,强调人体各部分的比例合乎标准,雕刻或绘画中的人物面部和姿态,不管是赤身裸体也好,还是衣冠楚楚也好,都没有明显的感情流露,其面部表情既不热烈,也不忧愁,看上去非常宁静,是一幅哲人的思索者形象.

到了文艺复兴时期,以达·芬奇为代表的现实主义的大师们把数学的透视原理引进绘画艺术之中．这是射影几何学研究的领域．这时期的艺术家们为了创作他们现实主义的油画，利用了当时新出现的射影几何的一些概念——投影点、平行会聚线、消失点，等等．他们认为，假如人们透过窗户去观察一个景观，并且眼睛保持在一个焦点上，这时视点集中，外面的景观似乎是投影到窗户上而被看到的，这样窗户便可能充当画布那样的屏幕．各种各样的图景赋予艺术家们创造的灵感，他们把这种现实从窗户转移到画布上来．

文艺复兴以后，黄金矩形在艺术中得到了更成功的运用．黄金分割用在艺术上是以生动的对称技巧为标志的．A.丢勒、G.西雷特、P.曼诸利安、达·芬奇、S.达利和G.贝娄等人，都曾在他们的作品中用黄金矩形去创造富有生气的对称．

此外，"分形艺术"是用数学理论来进行现代艺术创作的又一个典型例子．数学里有分形几何分支，在分形中，每一组成部分都在特征上和整体相似，仅仅是尺寸、位置不同而已．现在可以利用电脑软件，将分形几何中的数学公式产生出图像，然后用电脑技术进行着色处理，就变成一幅精美的艺术图案了，这种艺术图案就叫"分形艺术"．这种艺术品是一般艺术家单凭自己想象很难构思出来的．在网上可以搜到很多精美的"分形艺术"图案，都是通过数学公式来产生的．因此，艺术的科学化大家觉得比较容易接受了．

3. 文学艺术与数学

文学与艺术在有些地方很难划分．诗歌算文学，也可不可以算艺术？文学作品改编为剧本可以搬上舞台、搬上银幕，诗可以成为歌词，诗配画，画配诗．文学与艺术的界限是模糊的．

对称与互补是文学中的诗！互补与对称是数学中的画！

"人有悲欢离合，月有阴晴圆缺，此事古难全，但愿人长久，千里共婵娟"．这千古名句道出了：互相思念的亲人，在千里之外，共瞻一轮明月，体味着"宁静的夜晚你也思念我也思念"的离别的酸楚和憧憬着"却看妻子愁何在，漫卷诗书喜欲狂"的归乡的喜悦．把相距千里的亲人，在月光的映照下，纳入到一张图画中，遥相呼应，成为千古绝唱．

"独在异乡为异客，每逢佳节倍思亲．遥知兄弟登高处，遍插茱萸少一人．"独居异乡的飘零游子，每逢佳节情何以堪？

"北斗七星，水底连天十四点；南楼孤雁，月中带影一双飞．"通过对称的手法与互补的手法，委婉含蓄地表达了作者的孤独心情．

在古诗古词中，这样表达悲欢离合、阴晴圆缺的经典佳句很多．

掩卷遐思，继而想到，数学中的力求对称、形成互补，弥合成完善和谐的形式，是数学美的一种重要体现形式．

"打起黄莺儿，莫教枝上啼，啼时惊妾梦，不得到辽西"．相思之情，托梦中鸿雁，划破长空，形成一条爱的彩虹．法拉第的磁感线和谐优美、疏密得当，描绘的是磁场强度，是物质能量，是优美形象的几何图形；而相处异地的知己恰好比似磁场中的N极和S极，他（她）们之间画出的互相思念的曲线是和谐的、对称的、优美的，描绘的是思念的强度、是精神的力量，是生动浪漫的文学图画．

5.1.3 欣赏数学文化，分析生活中的数学

生活中到处都与数学发生着联系，时刻与数学打着交道．下面仅介绍两个案例．

案例1 谚语的数学解读.

"三个臭皮匠,顶个诸葛亮",这是我们常说的口头禅,主要说明集体的智慧能超越个人能力,现在我们用概率的知识来解读上述结论.

不妨设某人很聪明,他独立一人解决某种难题的概率不妨设为 $\frac{3}{10}$,在某段时间内另有三个水平相当的人也在研究该问题,他们分别独立地在该时间内解决问题的概率是 $\frac{1}{10}$(权当三个臭皮匠). 现在聪明人单独研究该项目,而另三人组成一组也同时研究该项目. 求这两组人在该时间内解决问题的各自概率.

显然聪明人独立一人解决问题的概率为

$$P_1 = \frac{3}{10} = 0.3$$

另三人一组,有一人解决,可以看成该组解决了问题,其概率为

$$P_2 = 1 - \left(1 - \frac{1}{10}\right)^3 = 0.271$$

若给这三人小组再加一名同水平的研究员工作,则该组解决问题的概率是

$$P_3 = 1 - \left(1 - \frac{1}{10}\right)^4 = 0.3439$$

通过计算,一个聪明人解决问题的能力是一个"臭皮匠"的3倍,而三个"臭皮匠"合力时,其能力已接近聪明人,4个"臭皮匠"合力时,其能力已超过了"诸葛亮".

现实中集体智慧的结晶远远超过个人聪明能力,也正验证了另外一句话:你自己浑身是铁能打几个钉.

案例2 麻将中的数学.

麻将起源于中国,原属皇家和王公贵胄的游戏,其历史可以追溯到三四千年以前. 在长期的历史演变过程中,麻将逐步从宫廷流传到民间,至清朝中叶基本定型. 麻将运动不仅具有独特的游戏特点,而且具有集益智性、趣味性,博弈性于一体的运动魅力及内涵丰富、底蕴悠长的东方文化特征,因而成为中国传统文化宝库中的一个组成部分. 而通过深入的挖掘,我们将不难发现,麻将中包含了大量的数学知识与丰富的文化内涵.

首先,麻将四人分别行牌,没有比拼大小的现象,颇有"人人各扫门前雪"的味道. 表面看来和平无事,暗地里大有文章,反映出中国人"和而不同""外圆内方"的品性. 其次,从牌的花样来看,麻将中的东南西北还有花牌中的春夏秋冬、梅兰竹菊,都是自然界的现象与事物,中国人自古就表现出了对天人合一的追求.

至于麻将中的箭牌"中""发""白","中"当为儒家中庸之中,即中正、适当、合宜、正确,系与偏颇和极端相对而言;"发"则意为发达、发财,飞黄腾达然后衣锦还乡,光耀门庭几乎是所有中国人共同的追求,而"白"则表达了一种"有即无、空即满"的朴素的辩证思想,中国山水画中也经常以大量的留白来表现许多事物. 另一个层面上,"白"也体现了道家一种"清净、无为"的哲学追求;而以"东南西北"与"春夏秋冬"分别表示无限的空间和时间,"梅兰竹菊"代表无尽的世间生物,也在一定程度上反映出中国古人对于极限思想的认识.

序数牌中,"万"系列可以看作是中国古代对于大数字的表示方法,而从一万到九万则是很好的一个等差数列. 而"饼"跟"条"系列则充满了空间与图形的素材. 构成"饼"的基本图形是圆,而构成"条"(一条除外)的基本图形是线段乃至直线. 除了三饼跟七饼,其余的"饼"系列牌都是轴对称图形;而除了一条,其余的"条"系列牌也都是轴对称图形. 同时,"饼"系列牌中,只有七饼不是中心对称图形;"条"系列牌中,也只有一条、三条、七条不是中心对称的. 而且,每张麻将牌都设计得非常精美,本身就能给人一种身心愉悦的美感. 其中"饼"系列牌中就包含了大量的镶嵌图形.

5.2 欣赏数学文化,震撼于数学人文意境性

5.2.1 欣赏数学文化,领悟文学中的数学意境

数学与诗有密切的关联. 著名作家王蒙著文指出:"最高的数学和最高的诗一样,都充满了想象,充满了智慧,充满了创造,充满了章法,充满了和谐,也充满了挑战. 诗和数学又都充满灵感,充满激情,充满人类的精神力量. 那些从诗中体验到数学的诗人是好诗人. 那些从数学中体会到诗意的人是好数学家".[①]

诗歌中有数学,数学中有诗歌. 把诗歌中的数学意境呈现出来,使学习者产生共鸣. 帮助学习者感受、体验和欣赏数学冰冷形式后面的美丽. 在此,我们把书翻到前面,看看张奠宙先生在给本套书所写序的附文中的内容.

数学和诗词的内在联系,在于意境. 李白《送孟浩然之广陵》诗云:

故人西辞黄鹤楼,烟花三月下扬州.

孤帆远影碧空尽,唯见长江天际流.

数学名家徐利治先生在讲极限的时候,却总要引用"孤帆远影碧空尽"的一句,让大家体会一个变量趋向于零的动态意境,煞是传神.

初唐诗人陈子昂的名句(登幽州台歌):

前不见古人,后不见来者.

念天地之悠悠,独怆然而涕下.

一般的语文解释说:上两句俯仰古今,写出时间绵长;第三句登楼眺望,写出空间辽阔. 在广阔无垠的背景中,第四句描绘了诗人孤单寂寞悲哀苦闷的情绪,两相映照,分外动人. 然而,从数学上看来,这是一首阐发时间和空间感知的佳句. 前两句表示时间可以看成是一条直线(一维空间). 陈老先生以自己为原点,前不见古人指时间可以延伸到负无穷大,后不见来者则意味着未来的时间是正无穷大. 后两句则描写三维的现实空间:天是平面,地是平面,悠悠地张成三维的立体几何环境. 全诗将时间和空间放在一起思考,感到自然之伟大,产生了敬畏之心,以至怆然涕下. 这样的意境,是数学家和文学家可以彼此相通的. 进一步说,爱因斯坦的四维时空学说,也能和此诗的意境相衔接.

---

① 张奠宙. 谈课堂教学中如何进行数学欣赏[J]. 中学数学月刊,2010(10):1-3.

中国古代经典作品中,有一些人文意境和中学数学思想方法非常接近.

例1 苏轼的《琴诗》与"反证法".

数学上常用反证法. 你要驳倒一个论点,只要将此论点"假定"为正确,然后据此推出明显错误的结论,就可以推翻原论点. 苏轼的一首《琴诗》就是这样做的:

若言琴上有琴声,放在匣中何不鸣?

若言声在指头上,何不于君指上听?

意思是,如果"琴上有琴声"是正确的,那么放在匣中应该"鸣". 现在既然不鸣,那么原来的假设"琴上有琴声"就是错的.

同样,你要证明一个论点是正确的,那么只要证明它的否命题错误即可. 就苏轼的诗而言,如果要论述"声不在指头上"是正确的,那么先假定其否命题:"声在指头上"是正确的,即在指头上应该有声音. 现在,事实证明你在指头上听不见(因而不在指头上听),发生矛盾. 所以原命题"声音不在指头上"是正确的.

例2 存在性命题与贾岛的《寻隐者不遇》.

数学中纯粹的存在性定理很多. 常用的抽屉原理就是一例: N 个苹果放在 M 格抽屉里 ($N>M$),那么至少有一个抽屉里会多于一个苹果. 这一原理肯定了这样抽屉的存在性,却不能判断究竟是哪一格抽屉里有多少个(大于1)苹果.

在人文意境上,纯粹存在性定理最美丽动人的描述,应属贾岛的诗句:

松下问童子,言师采药去.

只在此山中,云深不知处.

贾岛并非数学家,但是细细品味,觉得其诗的意境,简直是为数学而作.

中华文化中的许多经典语句,在人文意境上可以和西方书的数学方法沟通,成为欣赏数学的一个重要途径.

5.2.2 欣赏数学文化,领悟数学中的人文意境

"物以类聚,人以群分."数学讲究分类,尤其是等价类. 让我们从分数说起.

分数,是小学学习的一道"坎",很多人感到困难. 难在何处? 难在通分. 明明是同一个分数,老是化来化去,难以捉摸. 那么为什么要通分? 原因在于一个分数实际上是一个大家庭. 这里用到一个很深刻的思想:"等价类".[①]

正本清源,我们必须从"数系扩张"这个源头说起.

什么是分数? 分数是 $\frac{p}{q}, q \neq 0, p, q$ 都是整数. 自然数只有一种表示法. 但是到了"分数",就发生"多种表示"的问题了. 一个分数,表示不唯一. 两个面貌不同的分数却彼此都相等,这是以前学习自然数时,从未碰到过的数学现象.

例如,$\frac{1}{2}$ 可以写成无数种等价的形式

---

① 张奠宙. 谈课堂教学中如何进行数学欣赏[J]. 中学数学月刊,2010(10):1-3.

$$\frac{1}{2}=\frac{2}{4}=\frac{3}{6}=\frac{4}{8}=\cdots\frac{n}{2n}=\cdots$$

这就是说,一个分数实际上属于一个群体,其中所有分数彼此相等. 于是数系扩充之后,原来只有一种表示方法的自然数,也有了无限多种表示:

例如,1 可以写成 $\frac{1}{1}=\frac{2}{2}=\cdots=\frac{n}{n}=\cdots$.

总之,在有理数系里,每一个数都是一个无限多个相等的数组成的"类":称为"等价类". 所谓两个分数的相等,是指他们都属于同一个"等价类",或者说,分数是以"等价类"的形式存在着的,不同的分数属于不同的"等价类".

依照通常的思考,既然相等,选一个代表就行了,要那么多等价的分数做什么?确实,作为分数的等价类,一个特殊的代表是有的,就是最简分数. 但是,最简分数作为代表有时候并不方便,需要在等价类中找出适当分数表示才能参与运算. 例如 $\frac{1}{2}+\frac{1}{3}$,两个分数都是最简分数,却不能用来相加. 还得请出以两个分母的最小公倍数为分母的那一个特殊表示,即写成 $\frac{3}{6}+\frac{2}{6}$,才能彼此相加,这就是说,分数等价类中每一个表示,各有各的用处,都有特定的价值. 分数的这个特点,既有学习难度,又有思想高度,是一个重要的数学思想方法.

有了分数的相等性定义之后,借助通分,可以定义分数的四则运算,一切就从自然数进入到新的有理数系了.

于是产生了一个联想:自然数向有理数的扩张,好像个体的原始人向家族过渡. 一个个的家族,无非是具有血缘关系的一个关于人的等价类.

恩格斯的《家庭、私有制和国家的起源》自 1884 年 10 月在苏黎世问世至今,已有一百多年了. 马克思主义为了追溯国家产生的历史,就得先探讨私有制的起源,进而阐述家庭的起源和发展.

在人类历史初期,人们不知道财产私有为何物,一切生产资料和生活资料均归集体所有. 个人财产最先只限于装饰品和衣服(兽皮)一类贴身之物,接着是归个人使用的工具和武器. 但这仅仅是形式而已,他们并不懂得占有的意义. 后来,随着生产力的发展,除了自己享用之外,渐渐有了多余的物品,并成为私有财产. 私有财产促进了"家族"和"家庭"的产生.

家族的进一步发展,也就出现了至高无上的一个皇朝家族. 它可以统治和奴役其他家族,这就是国家的出现. 家族、国家都是一个群体,按照一定的关系将人归为一个等价类. 如果说,自然数相当于原始社会的个人,那么有理数系相当于一个血缘联结的家族. 后来的实数(有理数组成的收敛数列)则是权力、利益相关的更复杂的"家族群"——国家.

说白一点,我们不妨比喻:"每一个分数都是一个大家庭". 一个家庭有许多人格上平等的成员,可以有一个户主(最简分数). 但是,每个家庭成员各有各的作用,爸爸耕田,妈妈织布,爷爷养花,奶奶管家,小明读书. 在通分的时候,最简分数和每一个扩分,都会派上用处,用这样的比方来认识作为等价类的"分数",是否比较直白易懂呢?

实数,也是一个等价类. 它由有理数组成的无限数列组成,它们收敛于同一个"数". 例

如$\sqrt{2}$,所谓$\sqrt{2}$,可以表示为许多不同的有理数组成的无穷数列:

$\{1.4,1.41,1.414,1.4142,\cdots\}$($\sqrt{2}$的不足近似值组成).

同时,它也可以表示为:

$\{1.5,1.42,1.415,1.4143,\cdots\}$($\sqrt{2}$的过剩近似值组成).

不同的收敛于同一个数的序列组成一个更大的家族.

让我们再进一步比喻.如果说,一个个的家族,还是"鸡犬之声相闻,彼此都熟悉",那么许多家族组成的大家族群体(国家),彼此就不见得熟悉了.血缘家族之外,还有朋党、官场、职场等按照权力和利益划分的人群:彼此相关的"等价类".

古语说:修身齐家治国平天下,自然数相当于一个个的个别人,有理数相当于一个个的家庭,实数则可以比喻为更多家族构成的家族群(国家).

上述的比喻尽管不完全准确,却可以让人觉得数学的原始思想也很平常,呈现出一种使人容易理解的教育形态.

再仔细琢磨一下微积分的核心思想之一,考察局部.研究曲线上一点的切线,只考虑该点本身不行,必须考察该点周围的另一点,这就是局部的思想.常言道,"聚沙成塔,集腋成裘",那是简单的堆砌.其实,科学地看待事物,其单元并非一个个的孤立的点,而是一个有内涵的局部.人体由细胞构成,物体由分子构成.社会由乡镇构成,所以费孝通的"江村调查",解剖一个乡村以观察整体,竟成为中国社会学的经典之作.同样,社会由更小的局部——家庭构成.所以,我们的户口以家庭为单位.

古语说:"近朱者赤,近墨者黑."看人,要问他(她)的身世、家庭、社会关系,孤立地考察一个人是不行的.

函数也是一样,孤立地只看一点的数值不行,还要将周围的函数值联系起来看.微积分就是突破了初等数学"就事论事"、孤立地考察一点,不及周围的静态思考,转而用动态地考察"局部"的思考方法,终于创造了科学的黄金时代.

局部是一个模糊的名词,没有说多大.就像一个人的成长,大的局部可以是社会变动、乡土文化、学校影响,小的可以是某老师、某熟人,再小些仅限父母家庭.各人的环境是不同的.最后我们把环境中的各种影响汇集起来研究某人的特征.同样,微积分方法,就是考察函数在一点的周围,然后用极限方法确定函数在该点的性态.

这是微分思想的精髓.

等价类、局部,都是数学特有的内涵,他们可以找到人文的相似处,却是严谨数学的表达形式.数学和人文意境的相互补充,构成数学欣赏的又一道风景.

5.3 欣赏数学文化,震撼于数学历史生成性

5.3.1 欣赏数学文化,了解数学的历史生成

数学欣赏,数学史是绕不开的话题.不过,许多教材和教学设计,都是讲数学家的故事,

很少对一章或一节内容的历史发展进行阐述. 认识是一步步深入的, 在某种程度上和历史发展有一定的联系. 但是, 有时教学中一个个的定义、定理如走马灯式地出现, 只要求学习者认识、记忆、复述、运用, 至于其历史发展线索, 则没有呈现. 那些概念就像是天上掉下来的林妹妹, 突兀得很. 这是不利于学习者主动地学习的. 下面, 我们看两个实例:

例 3 向量的历史生成.

向量的发展是有其内在历史线索的.[①]

力, 作为向量, 古已有之. 但作为向量结构, 于今方兴. 向量全面进入中国的数学课程则是 21 世纪的事. 今天, 研讨向量的发展过程、透视向量方法的威力、总结向量教学的经验, 当是题中应有之义.

第一代向量: 力, 以平行四边形法则为特征.

力, 是向量的最常见的实例. 大约公元前 350 年, 古希腊著名学者亚里士多德就知道了力可以表示成向量, 两个力的组合可用平行四边形法则来得到. 这是向量的第一代. 以后的一千多年中, 经过文艺复兴时期, 牛顿创立微积分之后的 17、18 世纪, 向量的知识没有什么变化. 伽利略(1564—1642)只不过更清楚地叙述了"平行四边形法则"而已. 这点向量知识形不成多少有意义的问题, 发展不成一个独立的学科, 因而数学家没有把向量当作一回事.

第二代向量: 有"数乘"运算, 可以进行力的分解.

力既然有合成, 则必有力的分解. 力的合成相当于向量的加减. 但是, 力的分解只靠加减运算无法完成, 必须引进另一个运算——"数乘". 有了"数乘", 向量具有了自己的特定数学结构, 进入了第二代.

许多向量计算问题要基于向量分解. 因此, 通常把向量的分解叫作"向量的基本定理". 该定理是要回答: 如果 e_1, e_2 不共线, 任意向量 a 能否用 e_1, e_2 表示呢?

事实上, 由于 e_1, e_2 的大小是固定的, a 的大小却可以任意, 所以一般做不到 $a = e_1 + e_2$. 但是如果 e_1, e_2 可以拉长或缩短, 那就可以做到了. 如图 5-8, 有且只有一对实数 λ_1, λ_2, 使 $a = \overrightarrow{OC} = \overrightarrow{OM} + \overrightarrow{ON} = \lambda_1 e_1 + \lambda_2 e_2$.

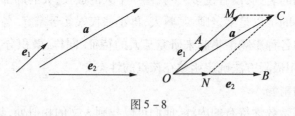

图 5-8

平面上全体向量组成的集合 V, 如果其上定义了加法和数乘运算, 就成为一种新的数学结构, 叫作向量空间, 亦称线性空间. 这里的"数", 中学里仅涉及实数.

第二代向量, 不再是孤立地看几个向量的运算, 而是形成了一族向量, 相当于一个"社会", 彼此利益相连, 有合有分, 浑然一体. 如果说第一代向量是远古的"原始人", 那么第二代向量就相当于具有社会性质的"文明人"了.

[①] 张奠宙. 谈课堂教学中如何进行数学欣赏[J]. 中学数学月刊, 2010(12): 1-3.

一个附带的问题是：向量是否要关注起点？看来不必．例如，看某日某地的天气预报："东南风，4 级．"这里涉及的量既有方向也有大小，是典型的向量．至于其作用点，则可以是某地的任意一点．也就是说，风向和风力作为向量看，起点在哪里无关紧要．这种不讲起点的向量称为自由向量．我们于是把同样方向、大小的自由向量看作是同一个向量，而不管其作用点在哪里．换句话说，把大小相同、彼此平行的向量看作一个等价类．

第三代向量：引进了"数量积"．

平面几何和立体几何一向以综合法的演绎为主，以后引入坐标系，发展为坐标几何，即解析几何．数与形互相结合，使得几何学别开生面．

但是，解析几何中的"点"不能参与运算．将"点"视为向量后，就可以运算了，这就较解析几何更深入一层．特别是引进"数量积"之后，向量几何好像插上了翅膀，超越了坐标几何．

19 世纪末 20 世纪初，人们开始把空间的性质与向量运算联系起来，使向量成为具有一套优良运算通性的数学体系．英国的居伯斯和海维塞德于 19 世纪 80 年代各自独立提出，引进了两种类型的乘法，即数量积和向量积．使之成了一套优良的数学工具．事实上，中学的向量几何使用"向量的数量积"，提供了处理复杂几何问题的装备．在解析几何里，两条直线的夹角可以从两直线方程的系数求得，但在向量几何里，它不过是两直线所在方向的单位向量的数量积．本来很费事的夹角问题，通过一次向量运算就解决了．接着，三角形的面积也可以用向量的数量积求得．由于面积是平面几何里的"帝王不变量"，许多几何命题因此迎刃而解．至于利用向量讨论直线与直线的垂直与平行，空间线面、面面之间的位置关系，比起综合方法需要"个别处理"的技巧，一个"一揽子"解决的手段显得十分轻松．两条直线是否垂直只需要看相应的两个向量的数量积是否为 0，何等简便！向量计算能够精中求简，以简驭繁．由于计算机技术的使用，向量方法的使用未来还会有更大的空间．向量已经并将更加重要地成为中学数学舞台上的一位"主角"．

可以说，引进了数量积的第三代向量就好像人类社会掌握了高科技，可以呼风唤雨，上天入地．"文明人"进步到"现代人"的程度了．这种拟人化的比喻，说明了向量发展的基本线索．知道哪些概念是基本的，那些则是派生的．没有这样的历史认识，很难把握向量几何的精神实质．

例 4 模糊数学的诞生．

早在古希腊时代，语言中的模糊现象就引起了人们的注意．希腊哲学家就提出过以下著名的"连锁推理"悖论："一粒麦子肯定不能成为一堆．对于任何一个正整数 n 来说，如果 n 粒麦子不成堆的话，即使再加一粒麦子，$n+1$ 粒麦子也不构成一堆．因此，根据数学归纳原理，任意多的麦粒也不构成堆．"

上面的推理似乎是正确的，可是结论却不对．是什么原因导致了这个悖论呢？这就源于"堆"这个概念的模糊性．有没有那么一个 n，n 粒麦子不成堆，而 $n+1$ 粒麦子就成堆了？并没有这样一个明确的界限，也就是并没有怎样才算一堆，怎样就不算一堆的明确判断．

法国数学家博雷尔也曾在他的一部著作中讨论过这个问题，他写道：一粒种子肯定不叫一堆，两粒也不是，三粒也不是，……另一方面，所有的人都会同意，一亿粒种子肯定叫一堆．

那么,适当的界限在哪里呢? 我们能不能说,325 647 粒种子不叫一堆,而 325 648 粒种子就构成一堆了呢? 最后,博雷尔对这一问题做出回答:"n 粒种子是否叫一堆"这一问题,如果答案是"叫一堆",对这个答案只能判断其正确的程度,这应该理解为"n 粒种子叫一堆"这一事件 A 的概率 $P\{n \in A\}$. 实际上,这里的 A 已经是模糊集合了. 因此,这一思想实质上已经是模糊数学思想的萌芽.

出生于苏联巴库的美国控制论专家扎德,在《信息与控制》杂志上,于 1965 年正式发表了他的论文《模糊集合》(或弗晰集合),这标志着模糊数学的诞生.

在普通集合论中,一个元素是否属于一个集合,只有两种可能,或属于,或不属于,二者有一且只有一成立. 模糊集合的情形则不一样了. 为将这两种有差别的情形统一起来研究,必须建立新的概念.

扎德引进了隶属变的概念. 首先建立集合 $A \subset X$ 的特征函数概念

$$f_A(x) = \begin{cases} 1, \text{当 } x \in A \text{ 时} \\ 0, \text{当 } x \notin A \text{ 时} \end{cases}$$

$f_A(x)$ 是定义在 X 上的函数,当 $x \in A$ 时取值 1,当 $x \in X - A$ 时,取值 0,对于普通集合来说,这种函数刻画了集合 A 本身,所以它叫作集 A 的特征函数.

扎德推广了以上的特征函数概念,使函数可取从 0 到 1 的一切实数值,推广的函数叫隶属函数. 在普通集合论中,当 $x \in A$ 时 $f_A(x) = 1$,而 $f_A(x) = 1$ 时也表示 $x \in A$. 那么,在隶属函数意义下,可以有 $f_A(x) = 0.8$. 这是什么意思呢? 这表示 $x \in A$ 的可能性大小为 80%,这样的集合称为模糊集合,这样的函数称为描述模糊集合的函数. 并且,普通集合成了模糊集合的特例(正如常量成了变量的特例,直线成了曲线的特例).

有了隶属函数这样的数学概念,就不只可以研究普通集合,而且可以研究模糊集合了. 例如,"老年人"是一个集合,但它是一个模糊集合;又例如,"胖子"(或"胖人")也是一个模糊集合;……如何描述呢?

试讨论"老年人"集合. 70 岁算不算老年人? 60 岁算不算老年人? 一般来说,人的年龄不超过 150 岁,因此定义域 X 可取为 $\{0,1,2,\cdots,150\}$. 有人作了如下描述

$$f_A(x) = \begin{cases} 0, & \text{当 } x \leq 50 \text{ 时} \\ \left[1 + \left(\dfrac{x-50}{5}\right)^{-2}\right]^{-1}, & \text{当 } x > 50 \text{ 时} \end{cases}$$

其中 A 代表"老年人"集合. 现在把 55 岁、60 岁、65 岁分别代入上述公式,即得

$$f_A(55) = \left[1 + \left(\frac{55-50}{5}\right)^{-2}\right]^{-1} = 0.5$$

$$f_A(60) = 0.8$$

$$f_A(65) = 0.9$$

这表明,采用这一隶属函数,55 岁的人属于"老年人"范畴的可能性大小(或程度)为 0.5,60 岁则为 0.8,65 岁则近 0.9,70 岁则达 0.97 以上了.

模糊数学研究的目标是尽可能使模糊的对象变得比较明确起来,或者说使模糊向精确转化. 一个常用的方法是运用"截割思想",即给定了一个模糊集合 A,按隶属度的大小(即

隶属函数值的大小),选定一个确定的数作为阈值进行截割,例如,确定阈值为 λ,当 $f_A(x) \geq \lambda$ 时,就认为 $x \in A$;当 $f_A(x) < \lambda$ 时,就认为 $x \notin A$. 这样,就通过阈值使元素是否属于集合变得明确起来,使模糊集合不太模糊了.

还是以"老年人"集合及上述描述这一集合的隶属函数为例,若取阈值 $\lambda = 0.85$,那么,55 岁、60 岁的人肯定不属"老年人"集合,而 70 岁的人则肯定算老年人了.

然而,这里还有两个更基本的问题:上面那个隶属函数确定得是否合理?那个阈值 $\lambda = 0.85$ 取得又是否合理?对此之回答往往不是仅靠数学家能做出的.

在"发从今日白,花是去年红"的诗句中,"白发"与"红花"所描述的集合也是模糊集合. 罗素这位我们熟知的数学家在 1923 年也写过一篇《论模糊性》的文章. 他说:由于颜色构成一个连续统,因此颜色有深有浅. 对于这些深浅不同的颜色,我们就拿不准是否把它们称为红色. 这不是因为我们不知道'颜色'这个词的意义,而是这个词的适用范围在本质上是不确定的,这自然也是对人变成秃子这个古老之谜的回答. 假定一开始他不是一个秃子,他的头发一根一根地脱落,最后才变成秃子. 于是有人争辩说,一定有一根头发,由于这根发的脱落,便使他变成秃子. 这种说法自然是荒唐的. 秃头是一个模糊概念,有一些人肯定是秃子,有一些人肯定不是秃子,而处于两者之间的一些人,说他们必定要么是秃子,要么不是,这是不对的. 排中律用于精确符号是对的,但是当符号是模糊的时候,排中律就不合适了. 事实上,所有的描述感觉特性的词,都具有'红色'这个词所具有的同样的模糊性.

5.3.2 欣赏数学文化,体验数学历史文化

下面,我们以欣赏圆锥曲线历史为例来体验数学历史文化.

圆锥曲线是数学研究和学习的重要内容,也是研究宇宙世界的重要模型. 圆锥曲线历史悠久,底蕴深厚,神奇、巧妙、有趣的圆锥曲线浸润着人类无穷的智慧. 两千多年来,从截面圆锥曲线到绘制圆锥曲线,再到坐标圆锥曲线,一路走来,谱写着绚丽的华章,展现着优美的形态,那悠久的历史、淳厚的文化,仿如陈年美酒,让人啧啧称叹. 品味圆锥曲线的历史篇章,回味圆锥曲线的经典历史,体验圆锥曲线的浑厚文化,把握圆锥曲线的丰富背景,领略圆锥曲线的广泛应用,尝试圆锥曲线独特的方法,领悟圆锥曲线的真、善、美. 美妙的曲线,生动的情境,趣味的曲线,精彩的运用,在圆锥曲线得到充分展现. 圆锥曲线中蕴涵的历史文化,正好体现数学是人类文化的重要组成部分的思想,也体现了数学在人类文明发展中的巨大作用,是值得我们认真学习、体验与品味的.[①]

圆锥曲线与古希腊神话、尺规作图密不可分. 这些饶有趣味的尺规作图问题一直困惑着数学家,还由此演绎出许多神话,色彩神秘,同时也为圆锥曲线增添了很多情趣.

圆锥曲线与圆锥的联系是古希腊几何学家,欧多克斯的门徒,门奈赫莫斯的天才发现. 截圆锥得曲线这奇妙的一截,为研究曲线提供经典的、富有想象力的思路. 针对直角的、锐角的和钝角的三种顶角形式的圆锥,用垂直于母线的平面去截圆锥,于是得到历史悠久、经典有名的圆锥曲线,当时被他称之为"直角圆锥截线、锐角圆锥截线、钝角圆锥截线",即抛物

---

① 张映姜. 欣赏圆锥曲线体验历史文化[J]. 数学通报,2012(11):41-42.

线、椭圆和双曲线,如图 5-9. 感到可惜的只是,门奈赫莫斯仅只发现双曲线的一支.

图 5-9

古希腊时期,许多数学家如阿里斯泰奥斯、欧几里得、阿基米德等,都为圆锥曲线做出了杰出贡献. 欧几里得很早就发现了"用平面去截正圆柱或正圆锥,只要平面不平行于底,其截线就是'锐角圆锥截线'(椭圆),其形状像盾牌";阿基米德曾经证明了"任何一个椭圆都可以看成是一个圆锥面的截线,这个圆锥面顶点的选择有很大的任意性."

后来,阿波罗尼斯用三种不同位置的平面去截双圆锥得到锐(直、钝)角这三种截线,并分别命名为椭圆、抛物线和双曲线,如图 5-10. 特别有趣的是,他研究发现,用不平行于母线的平面去截双圆锥得到双曲线的两支.

我们研究的圆锥曲线,是门奈赫莫斯、阿里斯泰奥斯、欧几里得、阿基米德、阿波罗尼斯众多数学家相继努力所获得的成果. 阿基米德、阿波罗尼斯与欧几里得被称为古希腊三大数学家. 伴随着圆锥曲线的历史进程,阿波罗尼斯、欧几里得、阿基米德等数学家的趣闻轶事展现在我们眼前. 关于阿基米德,有故事与圆锥曲线联系起来:有史料记载,面对罗马士兵的粗暴践踏,阿基米德发出吼叫,"不要动我的圆锥曲线!",然后又专心于曲线的研究.

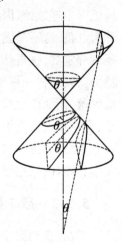

图 5-10

早在古希腊时期,圆锥曲线理论成果已日趋成熟. 阿波罗尼斯对前人的成果进行了筛选及归纳整理,完成了八卷本共 487 个命题的《圆锥曲线论》巨著. 内容广泛,解释详尽,研究深刻,几乎网罗了当时已发现的圆锥曲线所有的性质,很难有人再超越这一成就. 后来,曾有数学家评论说,"千余年来,圆锥曲线毫无进展可言,后人几乎无插足之地". 不得不说,这的确令人难以置信.

圆锥曲线的定义作图是圆锥曲线的重要特征,是定义圆锥曲线、研究曲线方程的重要工具. 我们重温哈桑、蒙特等人早期圆锥曲线的拉线作图,有助于我们理解圆锥曲线定义,体验圆锥曲线形成,赞叹人类高超的数学智慧. 早期的数学家哈桑研究了两端固定在点 A,B 的一条细绳,P 是绳上一动点. 则点 P 的轨迹是什么?不用猜,必然是圆锥曲线,如图 5-11 所示.

这是早期的数学家哈桑在《长圆》书中所讨论的"一条两端固定的定长细绳,研究拉直时笔尖所描的轨迹". 有人称这种方法为"拉线法". 16 世纪,意大利数学家蒙特依据这种做法定义圆锥曲线:两定点称为焦点,于是,椭圆定义为到两焦点的距离之和为定长的动点的轨迹;双曲线定义为,到两焦点的距离的差等于定值的动点的轨迹. 如此等等. 这就是现在圆锥曲线的定义.

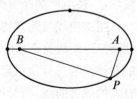

图 5-11

1604 年,著名天文学开普勒通过研究圆锥,曲线的焦点与离心率,给出三种圆锥曲线的一般拉线作图法.并深刻揭示了三种圆锥曲线的内在联系:平面截圆锥无穷远处,双曲线变为抛物线;无限大的椭圆变为圆;最锐的双曲线退缩为一对直线,最钝的椭圆是圆.

自古以来,宇宙中的天体运动历来是人类关注的焦点.哥白尼提出日心说,开普勒、伽利略等提出天体运动的圆锥曲线模型,彻底改变了人类的宇宙观.从哥白尼"日心说"到开普勒、伽利略的圆锥曲线模型,描述天体运动轨迹,让我们体验到哥白尼的妙不可言的宇宙理论.16 世纪,哥白尼提出地球绕太阳作圆周运动,接着,开普勒经过长期研究思考,认为行星运行的轨道是椭圆而不是圆,对哥白尼行星运动轨道进行了重大修正.地球每时每刻都绕太阳依椭圆轨道运行,而太阳处于椭圆的一个焦点,太阳系中的其他行星也依椭圆轨道运行.伽利略研究发现,斜抛物体时物体依抛物线轨道运动,并提出,这些行星运行的速度增大到一定程度,它们就会沿抛物线或双曲线运行.这激发了数学家对圆锥曲线的研究,极大地唤醒人们对于圆锥曲线的巨大热情.20 世纪下半叶,人类开始了各种空间探险活动.人类终于认识到圆锥曲线的重要价值,对圆锥曲线有了更深刻的认识,圆锥曲线不仅仅是平面截圆锥得到的静态曲线,而且应该是物体运动的轨迹,改变了千百年来人们对行星圆形轨道的信念.

过去,圆锥曲线似乎满足古希腊人的精神需求,且被看作是"富于思辨头脑的无利可图的娱乐",好像没有任何实用价值,可如今,圆锥曲线得到广泛深刻的应用.圆锥曲线的历史文化是数学中精彩的篇章,引人入胜,乐趣无穷,体现了人类高超的智慧及技巧,能激起对圆锥曲线的好奇心,也激发起对圆锥曲线的期待与探索.

5.4 欣赏数学文化,震撼于数学文化价值性

黄秦安教授指出"在现代意义下数学文化作为一种基本的文化形态,是属于科学文化范畴的,从系统的观点看,数学文化可以表述为以数学科学体系为核心,以数学的思想精神知识方法技术理论等所辐射的相关文化领域为有机组成部分的一个具有强大精神与物质功能的动态系统".[①]所以,一般来说,所谓数学文化,是指以数学内容为主体的数学共同体所特有的行为、观念、态度和精神等,也即是指数学共同体所特有的生活(或行为)方式,或者说是特定的数学传统.

数学在当代科技、文化、社会、经济和国防等诸多领域中的特殊地位是不可忽视的.数学不仅是一种重要的"工具"或"方法",也是一种思维模式,即"数学方式的理性思维";数学不仅是一门科学,也是一种文化,即"数学文化";数学不仅是一些知识,也是一种素质,即"数学素质".

5.4.1 数学文化是人类文化的重要组成部分

首先,数学文化与人类文化共同向前发展.

---

① 黄秦安.数学文化观念下的数学素质教育[J].数学教育学报,2001,10(3):12-17.

古希腊、古东方中国至今保持下来的文化遗产中,有很大部分是艺术与数学. 数学在文化保存与传播中发挥着潜在作用,并直接或间接地影响人的精神的改变. 数学能帮助人们认识生活和世界,是人类从事普遍活动的有效工具,数学帮助并促进人类整个文化目标的实现. 因此,数学应视作社会文化的一个方面.[①]

从历史角度考察,数学在不同的历史发展时期,都扮演着重要的角色,发挥着重要作用. 古希腊推崇理性,导致希腊文化的兴盛. 古罗马的专制,轻视数学,导致文化的衰落. 文艺复兴,也缘于恢复古希腊的理性,追根揭底仍与数学有不解之缘. 如果已有的数学工作未能有效地满足外部的需要,外部环境将促使数学家积极地去从事新的研究. 例如:几何在早期的发展就是由于丈量土地的需要;17世纪,在资本主义生产力刺激下蓬勃发展的自然科学开始迈入综合与突破的阶段,但这种综合与突破在数学方面遇到了困难,这使得数学空前地成为人们关注的焦点,导致了微积分的产生;而第二次世界大战更是直接促进了系统分析、博弈论、运筹学、信息论等学科的研究和电子计算机的发展. 近代工业技术与数学的互相促进,新技术革命起源于计算技术的改进,现代网络世界更是与数学息息相通. 数学发展促进了技术进步,技术进步也刺激了数学发展,二者共同促进了人类文化的发展. 这是因为,数学与技术的共同发展,使物质得以迅速增长,人们随之而来的对世界与自然的认识,即思想方法发生变革. 这些变革促进了艺术等更多领域的变化,因此文化本身向前发展了.

同时,我们也应看到,数学与文化发展有同步速度现象. "数学还是一棵有生命力的树,它随着文明的兴衰而荣枯". 当数学发展迅速时,正是人类文化发展最繁荣的时代. 古希腊时期,文艺复兴之后的科学时代,等等都是例证. 当数学发展缓慢时,也正是科学技术、文化艺术发展最缓慢的时代. 这是否也可以认为是一般人类文化也能对数学的发展起促进或阻碍作用? 怀尔德指出,充分的文化交流是数学发展的一个重要条件. 例如:古希腊数学就是古巴比伦与古埃及数学和古希腊哲学相结合的产物;而中国古代数学缺乏必要的外部交流,也是最终陷入停顿状态的一个重要原因.

数学文化包容与数学有关的人类活动的各个方面,从宏观角度探讨数学自身作为人类整体文化有机组成部分的内在本质和发展规律,并进而考察数学与其他文化的相互关系. 因此,数学文化作为人类基本文化的活动之一,与人类整体文化血肉相连. 因此,数学与文化息息相通,处于整个文化群体之中,这一点是不可否认的. 数学的生命力正是根植于养育她的文明的社会之中. 事实上,数学一直是文明和文化的重要部分.

其次,数学文化在人类文化中扮演着重要角色.

数学作为文化的一个部分,又扮演不同的角色,发挥不同作用. 因此,数学在文化方面的反映可以是宗教的、艺术的、实际的、技术的或是为自身而研究的,等等. 因此,每种文化下都有自己的数学. 由于人类发展的地域、种族等不同,物质与文化成分的不同,造成了早期数学发展的差异,因而文化也产生差异. 这种差异形成遗传力量(内部的差异).

同时,我们又看到,数学作为人们对自然界、宇宙的规则的认识,在人类进化的同一阶

---

① 李善良,单墫. 数学:人类文化的重要组成部分——数学的价值研究之三[J]. 数学通讯,2002(9):1-3.

段,人有共同认识自然的趋势与水平.这样,数学发展又有等同水平性.例如,不同的民族都想到以符号记数,想到数的运算,几何和代数学的初步内容.正是这种文化上的等同性,才使得在一定阶段,人类具有文化交流的可能与实现,人类智能才得以传播与交流,整个人类文化才获得不断地创新."每种文化的数学都具有同等价值,因为一切文化具有同等效力".

人类的文化是由各个不同的民族文化所形成的,不同地域、不同民族所形成的文化也不同,因此,人类文化具有多元性.例如:东西方就存在较大的文化差异;即使在中国国内,南北方也存在文化上的区别.

虽然,数学起源于社会需要,并有相对独立的自我发展体系,但是,数学的产生和发展都是通过数学家个人来实现的,作为社会中一员的数学家,也必然会受到当地的社会文化、哲学思想等的影响,形成具有民族或时代特点的数学.例如,以《九章算术》为代表的中国古代数学和与《几何原本》为代表的西方古代数学就具有显著区别.西方的数学主要解释宇宙的变化,引导理性的发展,参与物质世界的表述,规范各种学科的建构,用数学来解释一切,这是西方数学在西方文化中获取的价值观念.而在中国文化中,数学的价值观念是实用技艺而非理性思辨,因此中国古代数学明显地表现出实用性、计算性、算法化以及注重模型化方法的特点.

因此,无论从数学文化作为人类文化的一个子系统来讲,还是从数学文化的依托母体——数学的发展来讲,数学文化都具有多元性.因此,多元化也是一切文化的共同特征,也是数学文化在人类文化中扮演的重要角色.

数学作为人类文化的组成部分,我们还可以从数学发展的力量来考察,怀尔特(Wilder)较早对此作了分析.他认为,数学的发展是由其内部力量和外部力量共同决定的.内部力量指遗传力量(包括知识成分与观念成分),外部力量指环境力量(包括人类直接需要的物质成分和一般科学对数学的需要——文化成分).怀尔特断言,数学发展的外部力量主要是其他科学,特别是物理科学的需要,而非人类物质生活的直接需要.把数学看成是一个由于其内在力量与外部力量共同作用而处于不断发展和进化之中的文化系统,数学活动就其性质来说是社会性的.数学家是社会成员,他们研究的是某种潜在的被认为是重要的数学文化问题,也即存在某种文化力量在促使人们去解决那些问题.尽管美学和哲学决定性地塑造了数学的特征,并且做出像欧氏几何和非欧氏几何这样不可超越的贡献,然而数学家登上纯思维的顶峰,主要是借助于社会力量的推动."如果这些力量不能为数学家们注入活力,那么他们就立刻会心疲力竭,然后他们就仅仅只能保持这门学科处于孤立的境地".

再次,数学文化促进人类文化发展,促进人类文明进步.

数学除了具有一般文化特征之外,还具有自己独特的性质.可概括为:打开科学大门的钥匙,科学的语言,思维的工具,一种思想方法,理性的艺术,充满理性精神.这些独特性,使数学具有独特的文化价值,促进人类文化不断发展,促进人类文明不断进步."数学一方面是出乎意料的实用性,一方面是审美的行动准绳"构成了数学发展的两大支柱.数学在文化中的地位,包括柏拉图在内的许多哲学家把数学看作是文化的最高理想,这的确是个崇高的要求.

探索宇宙的规律,提供自然现象的合理结构,解决社会需要提出的问题,永远是科学与生活的主题,而这些主题最终又归到数学上.在美学原则指引下,数学确切地告诉人们自然和宇宙是什么,人类应该遵循什么规律与规则.

总之,数学无论是追求美学而产生创新,还是作为工具解决现实世界中的问题,它所进行的活动都是对已有文化的重新整理或突破,是一种不断创造的过程.正是通过数学的不断加工,使人类既获得物质方面的财富,又获得精神的不断升华.数学在人类文化进步、文明发展中具有不可替代的作用.

5.4.2 数学文化在数学教育中的重要作用

作为理解数学的一种方式和途径,数学文化当然可以在数学教育中发挥重要作用.实际上,关注学习者数学文化意识的养成、努力推进数学文化教育,已经成为当今数学教育改革的一个重要特征.

数学有其独特的文化价值:数学深刻地影响着我们认识物质世界的方式,数学对于人类理性精神的养成与发展有着特别重要的意义;数学有着重要的思维训练功能,尤其是对创造性思维发展有重要作用;数学对人类审美意识的发展有重要贡献.①

概括地说,数学文化教育有助于引导学习者更好地理解数学问题、方法、概念和理论的现实背景,认识数学的发展规律;有助于引导学习者认识数学在人类文化特别是当代社会中的地位和作用;有助于启发学习者用数学的眼光去看待周围的事物,用数学的思考方式去处理各种现实问题,包括那些看起来与数学毫无关系的问题;有助于引导学习者通过对数学理性的认识,培育理性精神;有助于激发学习者对数学的良好情感体验.

作为从文化视角认识和理解数学教育的一个尝试,我们基于作为一种文化的数学的主要方面对数学教育的价值得到如下认识:

(1)数学是关于模式的科学.对模式的提炼、处理与运用是数学活动的基本内容,也理所当然应该成为数学学习的基本内容.在这样的过程中,学习者将获得抽象思维的基本能力,学会抓住事物的本质,学会用统一的方法处理各种看似无关的事物,进而把握事物的共性和相互联系.这也正是数学教育需要关注的基本问题之一.

(2)数学是科学的工具和语言.学会用数学方法描述(语言)和处理(工具)现实问题是数学教育应有的价值,从而应该是数学教育特别关注的问题.在数学中,各种量、量的关系、量的变化以及量与量之间、量的变化之间的关系,都是用数学所特有的符号语言来表示.德国数学家和哲学家莱布尼兹曾指出,数学之所以如此有成效,之所以发展极为迅速,就是因为数学有特制的符号语言.②

数学语言是一种特有的符号语言,正如美国数学教育家 M.克莱因指出的那样:"如同音乐利用符号来代表和传播声音一样,数学也用符号表示数量关系和空间形式.与日常讲话用的语言不同,日常语言是习俗的产物,也是社会和政治运动的产物,而数学语言则是慎重地、有意地而且经常是精心设计的、凭借数学语言的严密性和简捷性,数学家们就可以表达

---

① 刘洁民.数学文化:是什么和为什么[J].数学通报,2010(11):11-15.
② 邓东泉,等.数学与文化[M].北京:北京大学出版社.1990:42,201.

和研究数学思想,这些思想如果用普通语言表达出来,就会显得冗长不堪".我们可以看到,数学语言是精确的,在一个还没有认识到它对于精密思维的重要性的人看来,似乎因为过于拘泥于形式而显得呆板,但任何精密的思维和精确的语言都是不可分割的.

数学能以其不可比拟、无法替代的语言(概念、公式、法则、定理、方程、模型、图像、理论等)对科学现象和规律进行精确而简捷的表述.从运用偏微分方程建立的描述电磁规律的麦克斯韦方程组,到把黎曼几何和不变量理论作为其绝妙描述工具的爱因斯坦相对论;从矩阵理论为20世纪20年代海森保和狄拉克的物理学革命奠定基础,到李群和规范场论成为物理学家探索各种力的统一理论的基本工具;从数学为各种现象提供抽象的理论模型,到用计算语言来实现这些模型的算法,数学语言已成为表达真理必不可少的语言.

(3)数学是一种思维方式.这种方式主要包括:抽象思维与形象思维;公理化;形式化;模型化;定量化.数学提供了有特色的思考方式,包括建立模型、抽象化、最优化、逻辑分析、从数据进行推断,以及运用符号,等等,它们是普遍适用并且强有力的思考方式.我们的数学教育是否关注这些基本方面,如何体现这种关注,学习者是否通过这样的教育获得了数学的思维方式?

(4)数学是理性的艺术.如果说,实验科学在培养学习者注重证据、实事求是的科学精神方面有着独到的作用的话,那么,数学在思维的严密性、准确性、条理性等方面给学习者的训练则是任何其他学科都无法取代的,与之相应的是理性精神的培育.所谓教育就是在任何训练中帮助学习者学习思考,但是它也必须帮助学习者对他们的思考负责;尽管这个主题适合于所有学科,但它特别切合于数学教育,这是因为数学是样一个领域,在其中甚至小孩也能解决一个问题并且有把握肯定所得解是正确的,——不是因为教师说它是正确的,而是因为它的内在逻辑真是正确的.

(5)数学与美感.数学是模式的科学,无论美好的事物还是我们的审美情趣,都有一定的模式,因而数学教育对通常意义上的美育也是可以有所贡献的.

(6)素质教育.数学课程不仅是一门工具课,更重要的,它是一门具有基础性的文化课程,它不仅教会学习者计算和度量,还引导他们学会把握事物的本质,获得一类基本的思维方式,培育理性精神和审美情趣.这些要素共同构成通常所说的数学素质,是现代文化素养极为重要的组成部分.

把数学作为一种素质,有时是作为一种数字和量的意识.例如,在中国古代的诗词妙句中到处都有数字美的佳句,如李白的"朝辞白帝彩云间,千里江陵一日还,两岸猿声啼不住,轻舟已过万重山",是公认的长江漂流的名篇,说是用数字描绘了一幅轻快飘逸的画卷."飞流直下三千尺,疑是银河落九天",也是借助数字达到了高度的艺术夸张.还有杜甫的"两个黄鹂鸣翠柳,一行白鹭上青天,窗含西岭千秋雪,门泊东吴万里船",同样使用数字深化了时空意境,脍炙人口.如此等等,不胜枚举.优美、壮美、精美,甚至谐趣,数学和文学语言的魅力是如此引人入胜.

同时,把数学作为一种素质,还有另外一个显著的特征就是所谓的计算机技术.即人类社会的生存方式因使用计算机而发生根本性变化而产生的一种崭新文化形态,这种崭新的文化形态可以体现为:计算机理论及其技术对自然科学、社会科学的广泛渗透表现的丰富文化内涵:计算机的软、硬件设备,作为人类所创造的物质设备丰富了人类文化的物质设备品种;计算机应用介入人类社会的方方面面,从而创造和形成的科学思想、科学方法、科学精神、价值标准等成为一种崭新的文化观念.计算机文化作为当今最具活力的一种崭新文化形态,加快了人类社会前进的步伐,其所产生的思想观念、所带来的物质基础条件以及计算机文化教育的普及有利于素质教育.

(7)促进学习方式的优化.学习者的学习方式是学习活动的核心要素,学习者对学习内容,通过不同的学习方式,进行吸收、消化、运用,故学习者对知识的吸纳程度,与其学习方式紧密相关.

学习方式是学习者在研究解决其学习任务时所表现出来的具有个人特色的基本行为和认知取向,学习者在学习过程中所采用的学习方式影响到其思维和智力的发展,也影响到其学习的兴趣和热情.关注数学文化,就应该更加注重文化的熏陶、感悟,还教育以本原,有效地引导、促进学习者自觉主动地去转变和修正原来一些比较被动、单一、机械的学习方式,增强自主学习的意识,发展科学、理性的思维方式和表达交流能力,提高整体文化素养.

数学中独特的思想、方法和精神,数学家们探求数学规律、解决理论和实践问题的艰难历程,数学在其他各个科学和生活领域的广泛应用,数学命题和推理过程中所显示的和谐、简捷、独特之美,对学习者的影响是巨大的,震撼、吸引并激发着他们对数学甚至科学的崇尚和向往,这种影响将使学习者逐渐把数学学习作为自身发展的一种价值追求,提高自主学习的意识.

在数学学习中,有许多知识在离开学校后许多人可能终生不会使用它而逐渐淡忘,但一些数学学习中的重要的思想方法,比如,变换与转化、比较与分类、概括与抽象、演绎与归纳、严谨的推理论证,等等方法及其应用过程,可能会使很多人受用终生,这其中所包含的数学思想和数学精神,最能使学习者理性地感受到:什么叫真?什么叫假?可以使学生最真切地感受到真理来不得半点虚假的哲学道理.

数学的传奇历史,从远古到今天,从数的符号产生到数系的扩充,从字母代数、方程的使用到代数学的建立,从图形的出现到几何学的创立,从欧氏几何到非欧几何,从研究函数的性质到微积分的创建,整个发展过程处处凝结着古今数学工作者追求真理、不断创新的智慧.我们不可能把整个过程一一解读,但我们应该时时注意在可能和必要的前提下,让学习者在数学学习过程中感受数学的这种精神力量.这无形之中启迪了学习者的求知之欲望,增强了学习者的积极进取之精神.

数学的理性之美,贯穿于数、式、形、法,等等方面,不仅体现在数学图形精致优美,还有许多数学表达式的和谐简捷,数学思想方法的独特精彩,在数学教学中,展示、强化、引导学习者去欣赏、了解、体验这种数学之美,很自然会让许多适合于理性思维的学习者得到用武之地,让一些擅长形象思维的学习者找到乐趣,激发他们对数学学习的兴趣爱好和激情,把学习者领进了兴趣之门,只要适当引导,就可以使学习者朝着自己的希望和理想不断追求.

第六章 从数学欣赏走向数学鉴赏

数学欣赏的较高境界是数学的鉴赏.与欣赏相比,鉴赏有品评、估计、判断的色彩,而欣赏更多的是一种欢喜和钦佩.正如对于某个书画作品,一般的观者与专家不在同一层次上一样,数学中的鉴赏是可以对某个数学对象进行评头品足而不仅仅是点头称道.例如,对个别知识的了解,孤立地欣赏某个定理、某个数学家,虽也不能不算是欣赏数学,但这种"只见树木,不见森林"的做法是数学欣赏的较低层次,应该逐步推广到结构化和系统化的层次.而后者则属于鉴赏的层次了.

6.1 在数学欣赏中学会数学鉴赏

6.1.1 向语文教育学习善于进行欣赏

语文教育和数学教育有一个明显的差别.语文教育重视欣赏,比如语文课教学习者欣赏古文,欣赏唐诗,而学习者却基本上不会作古诗,写古文.但是,从小学到大学,数学教育的重点是"做题目",几乎不谈"欣赏"二字.数学教育缺少了"欣赏"环节,使得许多人无法喜欢数学,以至厌恶数学,远离数学.

具体地说,如果说语文教学中所涉及的是人类最为基本的一些感情:人间的爱恨和冷暖,生命的短暂和崇高,社会历史中的神奇和悲欢,……那么,在数学教学中我们所涉及的就是迥异的一种情感.因为,我们在数学课上所希望学习者养成的是一种新的精神:它并非与生俱来,而是一种后天养成的理性精神;一种新的认识方式:客观的研究;一种新的追求:超越现象以认识隐藏于背后的本质(是什么,为什么),并关系到一种新的美感:数学美(罗素形容为"冷而严肃的美");…….

由此可见,数学课所体现的就是与语文课完全不同的另外一种品味.也正因为此,数学课与语文课相比也就有着完全不同的教学风格,或者说,即是有着不同的教学标准:好的语文课往往充满激情,充满感染力:听了这样的课真想马上就做点什么,数学教学则更加提倡冷静的理性分析,数学学习似乎也更加需要一个安静的学习环境;语文教学带有明显的个性化倾向:你是怎样想的?你又有什么感受?数学中所追求的则是普遍性的知识,即是一种客观的研究,从而,数学知识的学习也就必然地有一个"去情景化、去个人化和去时间化"的过程.

当然,数学学习又并非不带情感,恰恰相反,在理性精神背后同样隐藏着火热的激情:一种希望揭示世界最深刻奥秘的强烈情感.从而,数学学习事实上也就同样涉及了人的本性:

如果说语文教学主要涉及了爱,数学教学则就主要涉及了人类的好奇心和探究奥秘的欲望。[①]

由于所说的好奇心、探究欲常常被看成"童心"的主要内涵,因此,这也就清楚地表明了这同样是人类的一种本性. 例如,这就正如苏霍姆林斯基所指出的:"在人的心灵深处都有一种根深蒂固的需要,这就是希望感到自己是一个发现者、研究者、探索者,而儿童的精神世界里,这种需要特别强烈。"但是,应当再次强调的是,在此也有一个后天发展的过程,因为,除去所已提到的理性精神等以外,我们又希望学习者能够通过数学学习体会到一种深层次的快乐:由智力满足带来的快乐,成功以后的快乐;培养起一种新的情感:超越世俗的平和;养成一种新的性格:善于独立思考;不怕失败,勇于坚持;……

综上,这就表明,上面的论述事实上也就清楚地说明了究竟什么是数学教学在"培养学习者的情感、态度与价值观"这一方面所应追求的目标,特别是,我们即应注意防止与纠正这样一些简单化的做法,即如只是满足于在数学教学中加入数学史的一些小故事,或是在数学内容之外硬加上某些一般性思想教育的内容,等等;与此相对照,我们应当真正深入到数学内部并充分展现出数学自身的魅力,从而也才可能充分发挥数学的欣赏作用.

6.1.2 在数学教育中多方位进行数学欣赏

数学欣赏有着自身的特点,数学课程教学中要充分体现数学欣赏,必须要营造浓厚的数学欣赏的氛围,即数学欣赏场,只有让学习者在数学欣赏场中自然地感受数学欣赏,才会潜移默化地接受数学文化的熏陶和感染,体会数学欣赏的品位. 营造数学欣赏氛围可从以下几个方面做起:

(1)古今结合——既注重数学的历史,又重视当今先进的数学成果和新的数学思想方法. 数学课程内容中应充分展现中国古代数学及其观念、思想、方法在人类文化发展中的重要作用和地位,以及在当今数学发展中具有的重大现实意义. 数学史不仅可以给出一种确定的数学知识,还可以给出相应知识的创造过程,学习者对这种创造过程的了解,可以使学习者体会到一种活的、真正的数学思维过程. 数学史中还有很多的趣事逸闻,教学中恰当地穿插和引用这些材料,可抓住学习者具有强烈好奇心的这一心理特征,激发学习者积极学习的思维,让学习者了解数学知识丰富的历史渊源,了解古人的聪明智慧,既可以使学习者开阔眼界、增长见识,又增强探索数学的欲望,增加人文科学方面的修养. 同时介绍数学在现代生活中的广泛应用,使学习者感受到数学的巨大作用,通过培养学习者用数学知识解决实际问题,体会和欣赏数学文化.

(2)内外结合——重视数学自身的规律和特征,也不忽视数学与社会、其他学科的相互联系,重视课内外数学文化的结合. 文化源于生活,又反过来影响生活,是实践和理论的关系. 作为文化的数学也是离不开生活的,是大众文化的一个组成部分. 让学习者认识到数学是一种生动的、基本的人类文化活动,进而引导他们重视数学在当代社会发展中的作用,并且关注数学与其他学科之间的关系. 教师还要引导学习者充分利用课外、校外的自然资源和

[①] 郑毓信. 漫谈数学文化[J]. 中学数学研究,2008(2):封二~3.

社会资源,增加学习者和社会现实生活相关的实践活动,使课程内容不仅仅局限于书本,还要拓展到学习者的现实生活世界.

(3)显隐结合——不仅要让学习者体会到数学定理的严谨和美妙,更要使他们感悟到隐藏在这些定理背后的人文的精神和数学思想方法.数学文化是一种看不见的文化.克莱因指出,"数学是一种理性的精神.正是这种精神,激发、促进、鼓舞和驱使人类的思维得以运用到最完善的程度".教师要将凝聚在数学知识背后的"文化因子"予以外显,成为学习者可以触摸、感受、体验、品味的东西.

数学思想方法是最基本的数学文化素养,是数学思维的结晶和概括,是解决数学问题的灵魂和根本策略.并且数学思想随着其在不同知识中的体现,自身的内涵不断丰富.所以,对数学思想的渗透要有一个渐进的和反复的过程.例如化归转化思想、数形结合思想等几乎贯穿了整个中等数学的教学,讲授时就要做到逐渐渗透与反复运用相结合.

(4)东西结合——既关注东方(主要指中国)的数学文化,也关注西方的数学文化.如在教学中,展示我国悠久的数学历史,如介绍祖氏父子的数学成就、刘徽的割圆术、《九章算术》《张邱建算经》等,也介绍国外的数学史,如微积分的发展历史,17、18 世纪牛顿、莱布尼茨等数学家的智慧等.帕斯卡对数学归纳法的贡献,让我们感受到一种递推证明思想的早期应用;阿基米德的穷竭法孕育朴素的积分思想;概率与数理统计的产生和发展,向我们揭示了新的数学分支的形成,在追寻数学历史的同时引导学习者比较东西方数学文化的发展,进一步提高学习者的使命感和责任感.

6.1.3 从具体概念欣赏走向系统价值鉴赏

数学欣赏,往往从数学对象的外表的美观开始,然后一步步地逐渐欣赏数学内涵的美妙,从而体验鉴赏.

数学鉴赏,也可以在于其概念组成的单元整体结构.多彩的,精致的,华丽的,各种各样,由人们细心鉴赏.每个单元的复习小结,是由数学欣赏走向数学鉴赏的大好机会.现在教科书中的小结,往往是一张数学概念及联系等知识点的逻辑框图.如何欣赏这样的数学结构?

这里以面积、体积的定义为例说明如何欣赏数学结构.①

面积、体积,人人都明白,但是难以严格定义.现今的中小学数学课程里从来没有给面积、体积下过严格的定义.唯一的定义出现在小学教科书上,都用黑体字写着:

"封闭图形的大小叫作图形的面积";

"物体占有空间的大小叫作体积".

许多公开发表的教案,都将它当作严谨的数学定义,用整整一堂课去认识、讨论、理解,让学生齐声朗读、背诵,其实是不必要的.事实上,可以把体积归结到"空间".可是什么是空间?那比体积更难理解.空间已经不好理解了,还要谈其大小,岂不是难上加难了.

面积:数 m 是一个平面图形 A 的面积,是指能用 m 个单位正方形不重叠地恰好填满 A.

在度量几何学里,单位1,以及1,2,3 维的概念是最基本的.这就是说,首先要有点动成

---

① 张奠宙.数学欣赏:一片等待开发的沃土[J].中学数学教学参考,2014(1,2):3-6.

线、线动成面、面动成体的朴素认识. 这不难懂. 2D、3D 已经是日常使用的普通名词了. 此外,由单位长度给出的单位正方形的面积是 1,单位立方体的体积是 1,则是我们的出发点. 根据以上定义可知:

——单位正方形的面积是 1.

——矩形的长和宽分别是小数 a,b,则它的面积是 ab.

接着应该研究,长和宽分别为无限小数(循环或不循环)a,b 的情形. 这涉及无限,要用极限方法处理. 结果面积同样也是 ab. (此结论中小学都默认了,未加细究.)

——用出入相补原理可以将平行四边形的面积归结为矩形的面积(底乘高). (边长是小数的平行四边形,其高可能是无理数. 小学里未加细究.)

——于是,三角形、多边形的面积,也就可以求了.

——圆的面积. 这时无法绕开的是无理数的情形. 实际上,我们用刘徽的割圆法直观地描述了这一极限过程,求得圆的面积为 πr^2.

——由此可以求得扇形、环形等图形的面积.

小学里的面积教学到此为止. 中学数学课程没有对面积概念做进一步的探究. 只是在高中阶段,将求面积、体积的度量几何学扩展到能够计算常见几何图形的体积:球体、锥体、台体. 这就是说,中小学里的内容大量的是求平面图形的"面积"和物体的"体积",并没有对面积、体积下过严格的定义.

大家知道,求一般的曲边梯形的面积,那是微积分学的基本内容. 定积分的定义过程,就是用分割以后"内填""外包"的互不重叠的矩形面积之和无限逼近(填满)的结果. 只在此时,才对边长为无理数的矩形面积、圆面积、给予严格的论证. 事实上,求平面图形面积的过程,贯穿于整个数学发展史. 从古希腊数学、17 世纪的微积分、现代的测度论,乃至今天的分形理论,一直没有完结. 更进一步的学习,就会知道并非所有平面图形都有面积. 那就涉及勒贝格测度等的现代数学内容了.

这一段的总结梳理,把度量图形的本质,配合数系的发展,使用极限的思想方法进行无限过程的处理,一步一步地登上度量几何的高峰,一路上,正如"山阴道上应接不暇"那样,层层递进,不断攀登,达到"无限风光在险峰"的境界.

数学结构有宏观结构和微观结构之分. 面积、体积的度量几何有整体结构之美,已如上述. 同时,数学里也有微观的局部之美.

微积分之美,在于局部与整体的完美结合. 微分学,是考察"局部"的数学. 局部思想的形成,是微积分学的精髓所在.

事实上,只看曲线上一点,在该点是画不出切线的,必须在该点的附近(局部)取一点,作割线,切线被定义为这些割线的极限位置. 同样,一支箭在一个时刻是不动的. 不动,哪里来的瞬时速度? 还得从这一时刻的附近(局部)取另一个时刻,求平均速度,瞬时速度是这些平均速度的极限值. 我们两次运用了"附近"这样的局部性字眼. 附近,有多近? 局部,有多大? 都没有说,小大由之,可以无限小. 所谓微分,就是将整体分割为局部去处理,积分,则是将局部累积成整体. 这样的文字,在依照学术形态展开的微积分教科书里是找不到的,只能靠自己去"悟"出来. 悟的过程,就是欣赏的过程,悟的结果便是鉴赏.

6.1.4 从赏析解题到鉴赏问题

下面,我们介绍湖北的田化澜老师的研究.[①]

命题1 过抛物线 $y^2=2px(p>0)$ 的对称轴上一点 $A(a,0)(a>0)$ 的直线与抛物线交于 M,N 两点,自 M,N 向直线 $l:x=-a$ 作垂线,垂足分别为 M_1,N_1.

(Ⅰ)当 $a=\dfrac{p}{2}$ 时,求证:$AM_1\perp AN_1$;

(Ⅱ)记 $\triangle AMM_1$,$\triangle AM_1N_1$,$\triangle ANN_1$ 的面积分别为 S_1,S_2,S_3,是否存在 λ,使得对于任意的 $a>0$,都有 $S_2^2=\lambda S_1S_3$. 若存在,求 λ 的值;若不存在,说明理由.

(1)赏析解法

解法1 设 $M(x_1,y_1)(y_1>0)$,$N(x_2,y_2)(y_2<0)$,则

$$S_1=\frac{1}{2}(x_1+a)y_1$$

$$S_3=\frac{1}{2}(x_2+a)(-y_2)$$

$$S_2=\frac{1}{2}\cdot 2a(y_1-y_2)=a(y_1-y_2)$$

故

$$S_1\cdot S_3=\frac{1}{4}[x_1x_2+a(x_1+x_2)+a^2](-y_1y_2)$$

$$S_2^2=a^2(y_1^2+y_2^2-2y_2y_1)=a^2[2p(x_1+x_2)-2y_1y_2]$$

设直线 MN 的方程为 $x=my+a$,代入 $y^2=2px$. 得

$$y^2-2pmy-2pa=0$$

设此方程两根为 y_1,y_2,则

$$y_1y_2=-2pa$$

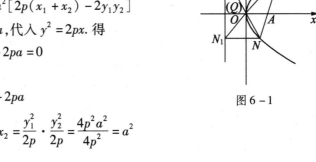

图 6-1

又

$$x_1x_2=\frac{y_1^2}{2p}\cdot\frac{y_2^2}{2p}=\frac{4p^2a^2}{4p^2}=a^2$$

以此代入 S_1S_3 与 S_2^2,得

$$S_1S_3=\frac{1}{4}[2a^2+a(x_1+x_2)](2pa)$$

$$=pa^2\left(a+\frac{x_1+x_2}{2}\right)$$

$$S_2^2=a^2[2p(x_1+x_2)+4pa]$$

$$==4pa^2\left(a+\frac{x_1+x_2}{2}\right)$$

故 $S_2^2=4S_1S_3$.

---

① 田化澜.赏析·溯源·推广[J].数学通讯,2011(2):29-32.

即存在 $\lambda = 4$,对任意的 $a > 0$,均有 $S_2^2 = \lambda S_1 S_3$.

解法 2 以下先证 $\dfrac{|MM_1|}{|NN_1|} = \dfrac{|AM|}{|AN|}$ (这是伴侣点线的性质). 设 MN 不与 x 轴垂直, 由

$$\frac{|MM_1|}{|NN_1|} = \frac{x_1 + a}{x_2 + a}, \frac{|AM|}{|AN|} = \frac{|x_1 - a|}{|a - x_2|} = \frac{x_1 - a}{a - x_2} \quad (M, N \text{ 在 } x \text{ 轴上射影在点 } A \text{ 两侧})$$

因为

$$(x_1 + a)(a - x_2) - (x_2 + a)(x_1 - a) = -2x_1 x_2 + 2a^2 = -2a^2 + 2a^2 = 0$$
（由解法 1 知 $x_1 x_2 = a^2$）

故有 $\dfrac{|MM_1|}{|NN_1|} = \dfrac{|AM|}{|AN|}$.

当 $MN \perp x$ 轴, 易知此式亦成立, 其值为 1.

连 MN_1 与 NM_1 两线交于 Q, 则由 $MM_1 /\!/ NN_1$ 知

$$\frac{|MQ|}{|QN_1|} = \frac{|MM_1|}{|NN_1|} = \frac{|AM|}{|AN|} \Rightarrow AQ /\!/ MM_1 /\!/ NN_1$$

(实际上点 Q 即原点 O).

设 $\angle MQM_1 = \alpha$, 有

$$S_1 = S_{\triangle QMM_1} = \frac{1}{2} |QM| |QM_1| \sin \alpha$$

$$S_3 = S_{\triangle QNN_1} = \frac{1}{2} |QN| |QN_1| \sin \alpha$$

又 $S_{\triangle QMN} = S_{\triangle QM_1 N_1}$, 而

$$\begin{aligned}
S_2 &= S_{\triangle AM_1 N} = S_{\triangle QM_1 N_1} + (S_{\triangle AQM_1} + S_{\triangle AQN_1}) \\
&= S_{\triangle QM_1 N_1} + (S_{\triangle AQM} + S_{\triangle AQN}) \\
&= S_{\triangle QM_1 N_1} + S_{\triangle QMN} \\
&= 2 S_{\triangle QMN}
\end{aligned}$$

$$\begin{aligned}
S_1 S_3 &= \frac{1}{2} |QM| |QM_1| \sin \alpha \cdot \frac{1}{2} |QN| |QN_1| \sin \alpha \\
&= \frac{1}{2} |QM| |QN| \sin \alpha \cdot \frac{1}{2} |QM_1| |QN_1| \sin \alpha \\
&= S_{\triangle QMN} S_{\triangle QM_1 N_1} \\
&= \frac{1}{2} S_2 \cdot \frac{1}{2} S_2 = \frac{1}{4} S_2^2
\end{aligned}$$

所以 $S_2^2 = 4 S_1 S_3$.

即存在 $\lambda = 4$ 对任意 $a > 0$ 均有 $S_2^2 = 4 S_1 S_3$.

(2) 溯源推广

这道问题具有背景. 其实点 $A(a, 0)$ 与直线 $l : x = -a$ 就是此抛物线的一对伴侣点线(即极点与极线). 由此不仅可得到问题的较简解法. 也可横向推广至椭圆, 双曲线, 并可做纵向深入探讨. 只要点 A 与直线 l 是圆锥曲线的任一对伴侣点线, 都可得到类似结论.

命题 2 （横向推广至椭圆）如图 6-2 所示，已知椭圆 $E: \dfrac{x^2}{a^2} + \dfrac{y^2}{b^2} = 1 (a > b > 0)$，点 $M(m, 0)$，$|m| < a$，直线 $l: x = \dfrac{a^2}{m}$，过点 M 作直线交椭圆 E 于 A, B 两点，过点 A, B 分别作 l 的垂线，垂足分别为 A_1, B_1。记 $\triangle MAA_1$，$\triangle MA_1B_1$，$\triangle MBB_1$ 的面积分别为 S_1, S_2, S_3，则存在实数 λ，使对任意的 $0 < |m| < a$，使 $S_2^2 = \lambda S_1 S_3$ 总成立。

解法 1 仿命题 1 解法 1，略。

解法 2 （思路）先证 $\dfrac{|AA_1|}{|BB_1|} = \dfrac{|AM|}{|MB|}$，然后与命题 1 中解法 2 类似，运用几何知识与三角形面积公式，转换，即可得 $S_2^2 = 4 S_1 S_3$。

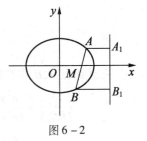

图 6-2

命题 3 （横向推广至双曲线）已知双曲线 $E: \dfrac{x^2}{a^2} - \dfrac{y^2}{b^2} = 1 (a > 0, b > 0)$，点 $M(m, 0)(|m| > a)$。直线 $l: x = \dfrac{a^2}{m}$，过点 M 作直线与双曲线 E 交于 A, B 两点。过 A, B 两点分别作 l 的垂线，垂足分别为 A_1, B_1，记 $\triangle MAA_1$，$\triangle MA_1B_1$，$\triangle MBB_1$ 的面积分别为 S_1, S_2, S_3，则 $S_2^2 = 4 S_1 S_3$。

证明思路同上。

命题 4 （命题 2 的纵向推广之一）已知椭圆 $E: \dfrac{x^2}{a^2} + \dfrac{y^2}{b^2} = 1 (a > b > 0)$，点 $M(m, n)$ $(|m| < a, |n| < b, m^2 + n^2 \neq 0)$，直线 $l: \dfrac{mx}{a^2} + \dfrac{ny}{b^2} = 1$，过点 M 的直线与椭圆 E 交于 A, B 两点，过点 A, B 分别作 l 之垂线，垂足分别为 A_1, B_1，记 $\triangle MAA_1$，$\triangle MA_1B_1$，$\triangle MBB_1$ 的面积分别为 S_1, S_2, S_3，则 $S_2^2 = 4 S_1 S_3$。

先做两点说明：

（Ⅰ）前面三个命题，点 M 与直线 l 实际上都是相应圆锥曲线的一对"伴侣点线"，但都有特殊性：点 M 在曲线的对称轴上，l 垂直点 M 所在的对称轴。因此，考虑将这些命题推广至一般的"伴侣点线"。命题 4 中给出的点 M 与直线 l 正好是椭圆 E 的一般性的"伴侣点线"。其特点是过 l 上任一点作椭圆 E 的两切线，其切点连线必过点 M；反之，过点 M 任作一直线与椭圆 E 交于两点，若椭圆 E 在此两交点处的切线相交，则交点必在直线 l 上。

（Ⅱ）对于一般的伴侣点线，S_1, S_2, S_3 难以用 A, B 两点坐标的对称式表达，用以上命题中的证法 1 难以进行，而证法 2 中运用的恰是"伴侣点线"具有的特性，故在此推广命题中，选用证法 2。

证明 先证明一个结论：$\dfrac{|AA_1|}{|BB_1|} = \dfrac{|AM|}{|MB|}$。

如图 6-3 所示，设 $A(x_1, y_1), B(x_2, y_2)$，直线 AB 的斜率为 k，则

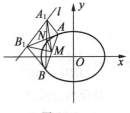

图 6-3

$$\frac{|AM|}{|MB|} = \frac{\sqrt{(x_1-m)^2+(y_1-n)^2}}{\sqrt{(x_2-m)^2+(y_2-n)^2}}$$

$$= \frac{\sqrt{1+k^2}\,|x_1-m|}{\sqrt{1+k^2}\,|x_2-m|}$$

$$= \frac{|x_1-m|}{|x_2-m|}$$

而
$$\frac{|AA_1|}{|BB_1|} = \frac{|b^2mx_1+a^2ny_1-a^2b^2|}{|b^2mx_2+a^2ny_2-a^2b^2|}$$

注意到点 A,B 均在椭圆 E 上. 故可用 $b^2x_1^2+a^2y_1^2, b^2x_2^2+a^2y_2^2$ 代 a^2b^2, 有

$$\frac{|AA_1|}{|BB_1|} = \frac{|b^2mx_1+a^2ny_1-b^2x_1^2-a^2y_1^2|}{|b^2mx_2+a^2ny_2-b^2x_2^2-a^2y_2^2|}$$

$$= \frac{|b^2x_1(m-x_1)+a^2y_1(n-y_1)|}{|b^2x_2(m-x_2)+a^2y_2(n-y_2)|}$$

$$= \frac{|(m-x_1)(b^2x_1+a^2ky_1)|}{|(m-x_2)(b^2x_2+a^2ky_2)|} \quad \left(\text{因为} \frac{n-y_1}{2m-x_1}=\frac{n-y_2}{2m-x_2}=k\right)$$

以下只需证明
$$|b^2x_1+a^2ky_1| = |b^2x_2+a^2ky_2|$$

事实上，由
$$\begin{cases} b^2x_1^2+a^2y_1^2=a^2b^2 \\ b^2x_2^2+a^2y_2^2=a^2b^2 \end{cases} \Rightarrow b^2(x_2^2-x_1^2)+a^2(y_2^2-y_1^2)=0$$

$$\Rightarrow b^2(x_2+x_1)+a^2k(y_2+y_1)=0$$

$$\Rightarrow b^2x_1+a^2ky_1 = -b^2x_2-a^2ky_2$$

$$\Rightarrow |b^2x_1+a^2ky_1| = |b^2x_2+a^2ky_2|$$

故 $\frac{|AA_1|}{|BB_1|} = \frac{|x_1-m|}{|x_2-m|} = \frac{|AM|}{|MB|}$.

当 $AB \perp x$ 轴时, $x_1=x_2=m, y_1=-y_2$, 此时
$$\frac{|AM|}{|MB|} = \frac{|y_1-n|}{|n+y_1|}$$

而
$$\frac{|AA_1|}{|BB_1|} = \frac{|b^2m^2+a^2ny_1-b^2m^2-a^2y_1^2|}{|b^2m^2-a^2ny_1-b^2m^2-a^2y_1^2|}$$

$$= \frac{|a^2y_1(n-y_1)|}{|-a^2y_1(n+y_1)|} = \frac{|n-y_1|}{|n+y_1|}$$

即仍有 $\frac{|AM|}{|MB|} = \frac{|AA_1|}{|BB_1|}$.

从而结论成立.

以下证明命题 4.

事实上，连 AB_1 与 A_1B，设两线交于 N，则由

$$AA_1 /\!/ BB_1 \Rightarrow \frac{|AA_1|}{|BB_1|}=\frac{|AN|}{|NB_1|}=\frac{|AM|}{|MB|}\Rightarrow MN /\!/ AA_1 /\!/ BB_1$$

故

$$S_1=S_{\triangle MAA_1}=S_{\triangle NAA_1}$$

$$S_3=S_{\triangle MBB_1}=S_{\triangle NBB_1}$$

$$\begin{aligned}S_2&=S_{\triangle MA_1B_1}=S_{\triangle A_1NB_1}+S_{\triangle MNA_1}+S_{\triangle MNB_1}\\&=S_{\triangle A_1NB_1}+S_{\triangle MNA}+S_{\triangle MNB}=S_{\triangle A_1NB_1}+S_{\triangle ANB}\end{aligned}$$

又 $S_{\triangle A_1NB_1}=S_{\triangle ANB}$，故

$$S_{\triangle A_1NB_1}=S_{\triangle ANB}=\frac{1}{2}S_2$$

设 $\angle ANA_1=\alpha$，则

$$\begin{aligned}S_1\cdot S_3&=\frac{1}{2}|NA||NA_1|\sin\alpha\cdot\frac{1}{2}|NB||NB_1|\sin\alpha\\&=\frac{1}{2}|NA||NB|\sin\alpha\cdot\frac{1}{2}|NA_1||NB_1|\sin\alpha\\&=S_{\triangle ANB}\cdot S_{\triangle A_1NB_1}=\frac{1}{2}S_2\cdot\frac{1}{2}S_2=\frac{1}{4}S_2^2\end{aligned}$$

即有 $S_2^2=4S_1S_3$.

命题 5 （命题 4 横向推广至双曲线）已知曲线 $E:\frac{x^2}{a^2}-\frac{y^2}{b^2}=1(a>0,b>0)$. 点 $M(m,n)$ $\left(|m|>a,|n|<\frac{b}{a}\sqrt{m^2-a^2}\right)$，直线 $l:\frac{mx}{a^2}-\frac{ny}{b^2}=1$，过点 M 作直线交双曲线 E 于 A,B 两点，过 A,B 两点分别作 l 的垂线，垂足分别为 A_1,B_1，记 $\triangle MAA_1,\triangle MA_1B_1,\triangle MBB_1$ 的面积分别为 S_1,S_2,S_3，则 $S_2^2=4S_1S_3$.

证明完全可按命题 4 的方法进行.

命题 6 （命题 4 横向推广至抛物线）如图 6－4 所示，已知抛物线 $E:y^2=2px(p>0)$. 点 $M(m,n)(m>0,|n|<\sqrt{2pm})$，直线 $l:ny=p(x+m)$. 过点 M 作直线与抛物线 E 交于 A,B 两点，再过 A,B 分别作直线 l 之垂线，垂足分别为 A_1,B_1，记 $\triangle MAA_1,\triangle MA_1B_1,\triangle MBB_1$ 之面积分别为 S_1,S_2,S_3，则 $S_2^2=4S_1S_3$.

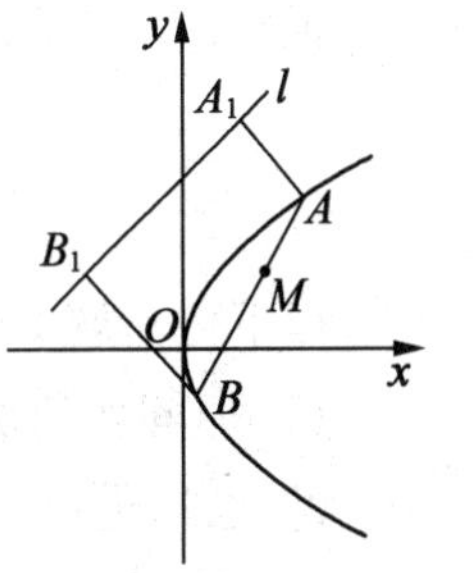

图 6－4

分析 证明途经仍从证 $\frac{|AA_1|}{|BB_1|}=\frac{|AM|}{|MB|}$ 入手，但在变换上有一定技巧，否则将会使推证过程变得十分繁杂.

事实上，$\frac{|AA_1|}{|BB_1|}=\frac{|px_1-ny_1+pm|}{|px_2-ny_2+pm|}$，而 $\frac{|AM|}{|MB_1|}=\frac{|x_1-m|}{|x_2-m|}$.

注意到：$y_1^2=2px_1,y_2^2=2px_2$（仍设 $A(x_1,y_1),B(x_2,y_2)$，AB 斜率为 k），故

$$\frac{|AA_1|}{|BB_1|}=\frac{|px_1-ny_1+pm+y_1^2-2px_1|}{|px_2-ny_2+pm+y_2^2-2px_2|}$$

$$= \frac{|-p(x_1-m)+y_1(y_1-n)|}{|-p(x_2-m)+y_2(y_2-n)|}$$

$$= \frac{|-p(x_1-m)+ky_1(x_1-m)|}{|-p(x_2-m)+ky_2(x_2-m)|}$$

$$= \frac{|x_1-m|}{|x_2-m|} \cdot \frac{|ky_1-p|}{|ky_2-p|}$$

由此知只需证明 $|ky_1-p|=|ky_2-p|$.

由

$$\begin{cases} y_2^2 = 2px_2 \\ y_1^2 = 2px_1 \end{cases} \Rightarrow (y_2+y_1)(y_2-y_1)=2p(x_2-x_1)$$

$$\Rightarrow k(y_2+y_1)=2p$$

$$\Rightarrow ky_1-p=-(ky_2-p)$$

$$\Rightarrow |ky_1-p|=|ky_2-p|$$

故 $\frac{|AA_1|}{|BB_1|}=\frac{|AM|}{|MB|}$(当 $AB \perp x$ 轴,更易证明这一等式). 以下按命题 4 的方法,易证 $S_2^2 = 4S_1S_3$.

命题 7 (命题 2 的纵向推广之二)在命题 4,5,6 中,若过 A,B 两点引两平行线(不一定与 l 垂直)与直线 l 分别交于 A_1,B_1,则仍有结论: $S_2^2=4S_1S_3$.

此处关键在于按问题条件仍可证明: $\frac{|AA_1|}{|BB_1|}=\frac{|AM|}{|MB|}$.

如图 6-5 所示,事实上,过 A,B 分别作 l 垂线,垂足分为 A_2,B_2,则 $\triangle AA_1A_2 \backsim \triangle BB_1B_2$,故

$$\frac{|AA_1|}{|BB_1|}=\frac{|AA_2|}{|BB_2|}$$

但在命题 4,5,6 中已证明 $\frac{|AA_2|}{|BB_2|}=\frac{|AM|}{|MB|}$,可得

$$\frac{|AA_1|}{|BB_1|}=\frac{|AM|}{|MB|}$$

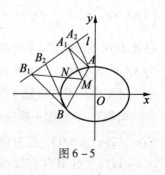

图 6-5

以下仿命题 1 中解法 2,运用几何知识与三角形面积公式,转换,即可得 $S_2^2=4S_1S_3$.

(3)原问题的本质鉴赏

综上,这道命题的本源及全貌基本上是说清楚了,其实质是反映了圆锥曲线一对"伴侣点线"所具有的一条基本性质. 这实际上正是圆锥曲线中的一对伴侣点线,如椭圆 $\frac{x^2}{a^2}+\frac{y^2}{b^2}=1$ 中的直线 $Ax+By+C=0$ 与点 $P\left(-\frac{Aa^2}{c},-\frac{Bb^2}{c}\right)$,这是由直线的一般式所确定的相应伴侣点. 其次,在推证 $\frac{|AA_1|}{|BB_1|}=\frac{|AM|}{|MB|}$ 时运用直线参数式,计算显得过繁. 前面我们利用灵活变换与圆锥曲线上共轭直径的特征做了充分的简化. 另外运用平几与三角知识对面积关系做出

了显示规律的简化,在梯形 AA_1B_1B 中,只要证明了 $\frac{|AA_1|}{|BB_1|} = \frac{|AM|}{|MB|}$,则必可推证出 $S_2^2 = 4S_1S_3$.

6.2 进行数学鉴赏给我们提出了新的挑战

因为鉴赏不同于欣赏(如书画家会鉴赏书画作品,而普通人只是欣赏),数学的鉴赏要求人们对数学认识与理解有一个基本观念,包括哲学的、人文的、科学的、美学的、文化的观念. 数学的鉴赏,作为数学欣赏的较高层次,已经具有了很高的数学认知,甚至有数学研究的色彩了. 在数学鉴赏中,数学的认知色彩和知识深度占据了较大的比重. 一个人关于数学学科分支和结构的知识在相当程度上决定着其对于数学的高级鉴赏力的形成和取向.

在数学鉴赏中,许多有关鉴赏的心理和认知特征都会在更大范围内起作用. 比如,作为数学专家,其研究的风格,研究的倾向性等,都与其对于数学的鉴赏能力有密切的关系. 而数学的鉴赏能力,对于数学工作者同样是很重要的. 数学工作者的观念和素养的重要性无论如何强调都不过分,如果数学工作者自己不会鉴赏数学,就很难引导学习者进行鉴赏了. 特别是对数学教学而言,数学的鉴赏(包括数学的欣赏)应该与教学过程做一紧密的结合,即应该渗透到数学知识的学习过程中. 如果对数学的欣赏有助于理解数学概念或有助于解题,那么数学的欣赏就不会停留在"外行看热闹"的层面上. 比如,解决一个问题可以有许多方法,基本的要求是让学习者掌握其中一种,较高的要求是会一题多解,而最高的层次是不仅会用多种方法解题,而且知道每种方法各自的优势是什么? 会对不同的方法进行比较,评价各自的特点. 而这种元层面的思考可以看作是数学欣赏的高级层面了. 而在品味数学和咀嚼数学的过程中开展数学教学,其中蕴含的文化意蕴是自不待言的. 而鉴赏水平的高低与鉴赏水平的提升,是进行数学的教与学的动力之源. 尤其是,它是一种内在的动力,因此,是更可贵和更有价值的.[①]

6.2.1 进行数学鉴赏需要的有关储备

1. 练就扎实的数学功底

数学鉴赏的前提是对数学知识必须有一个真正的认识,有一定程度的理解,融会贯通之后,才能在一定层次上进行鉴赏. 因此练就扎实的数学功底是必要的.

数学功底的内涵是广泛的. 若是一位学习者就要努力学习,广泛阅读,掌握好专业知识;若是一位数学工作者,则要在工作中岗位成才,努力钻研,要加强探究,不仅要明了所工作的数学背景、地位与作用,还要精通其工作的数学的基础知识、基本技能、基本思想方法;熟悉这些数学内容内部的系统结构,了解这些知识的来龙去脉以及发展状态或最新研究成果,等等.

在上述基础上,还要有一定的经验积累,即数学活动的经验积累. 数学鉴赏是一种特殊

---

① 黄秦安,刘达卓,聂晓颖. 论数学欣赏的"含义""对象"与"功能"数学教育中的数学欣赏问题[J]. 数学教育学报,2013(1):8-13.

的数学活动,它是一种个人的主观认识;它也是一种特殊的数学实践活动,它是一种个人的思维展现. 数学鉴赏可以随时随地进行活动,一声感叹,一句赞美,都可以作为数学鉴赏活动的体现. 所以数学鉴赏需要刻苦经营,如同鉴赏名画、品评音乐一样,需要有一定的经验积累,经验积累也是功底的重要方面.

2. 练就透视的数学眼光

数学的眼光是一种敏锐的眼光,它使我们从大自然中看到数学的奥秘;数学的眼光是深沉的眼光,它使我们看问题入木三分,明察秋毫. 实际上,数学的眼光就是一种数学研究能力. 因为,数学鉴赏就是数学研究能力的体现,要鉴赏就必须要有眼光.

3. 有一些美学常识

美学是研究现实(包括艺术、科学)中的美,以及如何去创造美的科学. 把数学中的美的现象展示出来,再从美学角度重新认识,这不仅是对人们观念的一种启迪,同时可帮助人们去思维、去探索、去研究、去发掘. 美学常识包括美的特征、美的层次等方面. 美的特征主要指简捷性、和谐性、奇异性. 美的层次,张奠宙教授(《数学教育经纬》P. 148 ~ P. 152)针对数学中的美学教育提出了四个层次:

第一个层次:美观.

这主要是数学对象以形式上的对称、和谐、简捷,给人的感官带来美丽,漂亮的感受.

几何学常常带给人们直观的美学形象. 几何图形圆是全方位对称图形. 美观、匀称、无可非议,正三角形、五角星等常用的几何图形都因对称和谐而受到人们喜爱. 在培养几何图形审美能力方面,已有许多成功的经验,例如,日本一堂公开课的题目:在一块矩形场地上筑一花坛,使其面积为场地的一半. 要求设计美观. 这是将数学和艺术相结合的典型课题. 又如,上海进才中学教研组提倡用二次曲线画"米老鼠"或其他画作,发挥学习者用几何曲线(写出方程)进行美术创作的想象力. 他们在进行立体几何教学时,要求学习者以"柱体""台体""锥体""球体""圆柱""圆锥"等三维几何图形,制作一座运动会的奖杯,并要求学习者写出每个部件的方程式. 同学们的作业,琳琅满目,美不胜收. 有些老师要求学习者收集我国古建筑中"窗格"的几何图形样式,或者将一些著名商标中的几何图形进行陈列和比较,都很成功. 由此可见,这种寓美学于数学教学的设计,已经在教学实践中获得应用,这无疑是培养学习者数学审美能力和创新能力的有效途径.

数学教学中的美观认识,不仅在几何里随处可见,在算术、代数科目里也很多. 例如

$$(a+b) \cdot n = a \cdot n + b \cdot n$$

$$\frac{b}{a} \cdot \frac{d}{c} = \frac{bd}{ac}$$

$$a + b = b + a$$

$$(a \cdot b)^n = a^n \cdot b^n$$

$$\vdots$$

这些公式和法则非常对称与和谐,都能给人以美观感受. 但是,外形上的美观,并不一定是真实和正确的. 用美学观点猜测和认识数学规律,需要进行检验和确认. 一些看来十分美观和谐的运算和公式,在没有说明有关条件时,一般是不正确. 例如,许多学习者根据美学的

和谐原则. 习惯地认为

$$\frac{1}{2}+\frac{1}{3}=\frac{2}{5}$$
$$(a-b)^2=a^2-b^2$$
$$\lg(M\cdot N)=\lg M\cdot \lg N$$
$$\sin(A+B)=\sin A+\sin B$$
$$a^b=b^a$$
$$\vdots$$

的确,这些"算式"是何等的"对称""和谐""美观"啊！所以,犯这种错误的学习者,从某种意义上是从美学观点出发的一种本性的体现."爱美之心、人皆有之",我们实在不应该太多地责备这样的学习者. 相反,我们应珍惜这种审美意向,并鼓励他们在学习数学时充分运用这种审美创造性去认识和理解数学. 上述一些式子要成立的话,也是有条件的. 当然,我们也应告诉他们,美观的东西不一定都是好东西. 罂粟花虽然美丽但是有毒,金玉其外可能败絮其中. 光靠美观,不足以学好数学.

第二个层次:美好.

数学上的许多东西. 只有感到其"美好",才会是正确的,如上提到的 $\frac{1}{2}+\frac{1}{3}=\frac{2}{5}$ 学习者认为是美观的"算式",计算结果在算术中却是错误的. 我们必须经过通分,才能获得正确的结果. 但在讨论成功率等问题中却是正确的. 这就从"美观"的层次,进到"美好"的层次. 又如前面提到的圆,从结构上看是极其美观的,但是我们的认识只停留在"美观"的层次上,还不足以理解它,事实上,它还有一些与众不同的"美好"的性质:①无论任何圆,它的周长与直径之比总是一个常数 π. π 既非有理数,也非代数数,是超越数. 在四千年前 π 的有效数字仅为 1,20 世纪末达 60 亿位,1995 年最高纪录达到 6 442 450 938 位. 现在竟有计算机专家将计算 π 的位数作为衡量计算机性能的指标. ②在周长相同的所有平面封闭图形中,圆的面积最大,这又是一条在工农业生产实践中极具实用性的"美好"的性质.

在数学王国里,"美好"的数学随处可见,一个突出的例子是一元二次方程的求根公式

$$x_{1,2}=\frac{-b\pm\sqrt{b^2-4ac}}{2a}$$

这一公式表面看不对称、不和谐、不美观. 但是,当我们了解它、欣赏它,就会感到它的美好. 这一公式会告诉我们许多信息: ± 表示它有两个根; $a\neq 0$; $\Delta=b^2-4ac$ 会显示根的数目及方程的性质……所以,当你和它熟悉了,就看到了它将加、减、乘、除、乘方、开方六种运算和谐地统一在一个公式中,就会觉得它形式上不仅美观,也是美好的. 正如《巴黎圣母院》中的卡西摩多,外表丑陋内心却是美好的. 从这个例子可以看出,数学结果在外观上有的美观,有的不美观. 不美观的数学也要讲美,这就全靠数学教师的努力了. 现在的情况是,外形美观的有时还会说一说,指一指. 对于外形不美,实际上非常美好的东西,则避而不谈. 这不是我们应当采取的态度.

第三个层次:美妙.

美妙的感觉需要培养.教师在课堂上应该多给学习者一些创新、探究,以至发现的机会,体验发现真理的快乐.例如,三角形的三条高、三条中线、三内角平分线都交于一点.这很美丽、十分美好,同时有令人惊奇的结论.发现它会使人觉得数学妙不可言,几何学妙极了.那么在教学时,先不告诉学习者结果,让学习者自己亲手作图,让学习者自己发现这些一下子并看不出来的"真理".可以肯定,发现真理,在学习者而言会是何等的惊喜,从而对数学产生由衷的兴趣,也就是顺理成章的事了.

美妙的感觉往往来自"意料之外"但"情理之中"的事物,三角形的三条高交于一点就是这样.两个圆柱体垂直相截,再展开截面,其截线所对应的曲线竟然是一条正弦曲线.原来猜想这也许是一段圆弧,于是结果大出"意料之外",经过分析推演,却又在"情理之中".美妙的感觉也就油然而生.

每个喜欢数学的人,都曾感受到那样的时刻:一条辅助线使无从着手的几何题豁然开朗;一个技巧使百思不得其解的不等式证明得以通过;一个特定的"关系—映射—反演"方法使原不相干的问题得以解决.这时的快乐与兴奋真是难以形容,也许只有用一个"妙"字加以概括.这种美妙的意境,会使人感到天地造化数学之巧妙,数学家创造数字之深邃,数学学习领悟之欢快.达到这一步,学习者才真正感受到数学的美丽,被数学所吸引,喜欢数学,热爱数学.

第四个层次:完美.

数学总是尽力做到至善至美、完美无缺.这也许是数学的最高"品质"和最高的精神"境界".从大的方面看,欧氏几何公理体系的构建,数学家通过 300 余年的努力来证明费马定理,陈景润对哥德巴赫猜想的苦苦追求,都是追求数学"完美"的典型事例.从小的方面说,我们解一个方程,不只是要回答是否有解,也不只是找到一个解了事,而要证明它确实存在解,知道有多少个解,最后把它们一一找出来,一个都不能少.二次曲线标准方程,既有圆锥曲线的优美,又有数形结合的风采.既有启迪二次型的数学底蕴,更有描摹天体运动的功能,确实是意境完美的科学杰作.追求完美的数学境界,是数学思维的一个特点.我们在数学教学中运用数学的美育功能,就会使人的思想得到升华,思维品质得到培养,创新精神得到发扬.这里,应该提倡用"数学作文"的教学模式,让学习者回味自己的数学美学体验,表达自己的数学美学感受,弘扬数学美学的文化价值.

4. 有一点历史知识(特别是数学史)

数学使人精密,读史使人明智.精明是有数学头脑的标志.以史为镜,这是许多人常说的一句话.数学的历史让人们了解数学知识的形成与发展的来龙去脉,感受到数学的文化价值和美学价值.

5. 锤炼文学修养

数学是一门公理化的科学,所有命题必须由三段论证的逻辑方法推导出来,但这只是数学的形式,不是数学的精髓.大部分数学著作枯燥乏味,有些却令人叹为观止,其中的分别在哪里?

丘成桐先生认为,大略言之,数学家以其对大自然感受的深刻肤浅,来决定研究的方向,这种感受既有其客观性,也有其主观性,后者取决于个人的气质,气质与文化修养有关,无论

是选择悬而未决的难题,还是创造新的方向,文化修养皆起着关键性的作用.(参见丘成桐的《数学与中国文学的比较》)

在现实中,也常常看到有些人不怕做题,说话也很有水平,但是怕写.因为写出来的东西总是与自己要表达的意思相差很远,如果还要有一定的文学性,就更难了.其实,写东西不是天生的,是练出来的.只要坚持多看,坚持多写就能写好.除此之外,还要留心、用心,注意同一件事别人是怎么遣词造句的.总之,从模仿开始,不断练笔,不断积累.

6.2.2 对数学鉴赏进行必要的探究

这是一个新的课题,有待于我们去深入探究.

笔者认为,鉴赏的方式、鉴赏的角度、鉴赏的层次等这是首先应该探究的问题,或者说鉴赏也是一种探究.

1. 鉴赏的方式

鉴赏的方式常有品味、赏析、品评等.

数学并非只是一堆公式和技巧,数学特有的品味,需要不断回味,细细品尝,方觉其味无穷.我们常常看到一些数学教材里的"本章小结",不过是画一张逻辑关系图,只有骨架,不见血肉,殊为欠缺.其实,在学习一个单元之后,能够将其中的内容进行回味,欣赏其特有的美学价值,往往会收到很好的效果.

案例1 算术方法和代数方法的比较形象的说法即为(下河摸鱼和垂竿钓鱼)[①]

学完"一元一次方程"之后,常常要将算术方法和代数方法做一个比较.这种比较当然可以是严谨地用数学语言进行表述,这里不赘述.我们觉得也可以用比较通俗的语言即"摸鱼"与"钓鱼"加以描绘,使人会心一笑,回味代数之妙,算术之巧.以下是一种回味欣赏的设计.

公元820年,花拉子米写了一本《代数学》.其中把"代数学"的本意说成是"还原与对消的科学",也就是要把淹没在方程中的未知数 x 暴露出来,还原 x 的本来面目.这样讲,就把"方程"说活了.这好比要结识"朋友"就得通过别人介绍,借助中介关系.

试问:方程比算术好,到底好在哪里?让我们先看问题:小明今年10岁,爸爸的年龄是他的3倍多6岁,求爸爸的年龄.有两种解法:

算术方法:爸爸年龄为 $3 \times 10 + 6$.这是从已知的小明年龄为10岁出发,一步步接近爸爸年龄,最后得到答案36.

代数方法:设爸爸年龄为 x,则有方程 $\frac{x-6}{3} = 10$,解之得 $x = 36$.这是从未知的爸爸年龄 x 出发,寻找和已知小明年龄的关系,根据关系解出未知的 x,即通过对消方法,将未知数还原出来.

这一例子使我们看到用方程或算术解题的思维路线往往是相反的.打一个比方:如果将要求的未知数比喻为河中之鱼.那么算术方法好像下河去摸鱼,从我们已经知道的岸边开

[①] 竺仕芬.数学基本活动经验与数学欣赏[J].中学数学教学参考,2012(6):9–13.

始. 一步一步摸索着接近要求的目标,最后把鱼捉住. 而代数方法却不同,好像是将一根鱼竿放到河中,鱼儿上钩,相当于和未知数建立了一种关系,然后利用这根钓竿(关系)慢慢地拉到岸边来,最终把鱼捉到. 两者的思维方向相反,但是结果相同.

这种欣赏,只有在熟练地掌握了算术方法和方程方法之后,通过回味咀嚼. 才能体会得到. 这里的回味便是鉴赏.

在鉴赏数学的活动中,还有一类是数学思想方法的提炼、总结和反思来进行赏析. 这里提供一个寻找不变性(量)的案例.

案例2 "变中不变":不变性(量)数学思想方法的鉴赏.

科学的目的是在纷繁变化的大自然中寻求不变的性质和数量. 物理学的动量守恒定律、能量守恒定律;化学中的化学反应平衡方程式;生物学进化论中物种变异的分类依据,都是某种不变性质的探究结果. 数学,则要在数量变化中寻求其中的不变因素. 许多数学定理和数学运算律都是一种不变性的描述.

数学课程中最早出现的算术运算律是加法交换律:$a+b=b+a$,这是描写加法运算的不变结果,无论 a,b 怎样不同的变化,这个等式永远不变;几何课程中一个基本事实是"三角形内角和为180度",无论三角形如何变化多端,其内角和不变,永远是一个定数. 仅就此两例,便知不变性质在数学中的地位了.

这种思想在文学中的对仗里也反映出来了. 试看毛泽东《长征》诗中的两句:"金沙水拍云崖暖,大渡桥横铁索寒",从上联变到下联. 整体是变了,但是许多内容没有变,名词对名词,动词对动词,"暖"恰好对"寒". 正因为有这样的不变性质,对仗才显得美妙.

文学有如此之美,数学中例子也不少,数学中的不变量,并非只有相同的数值,恒等的算式,全等的图形. 不变性质是多姿多彩的. 其中一个使用最普遍的则是方程变形下的"同解"性.

一个简单的一元一次方程有如下的变形

$$4x - 2 = 2x + 4 \qquad ①$$

整理得

$$2x = 6 \qquad ②$$

于是方程有解 $x = 3$. ③

这三个式子,每一个都是等式,但是彼此都不等. 式①的左端是 $4x-2$;式②的左端是 $2x$;式③的左端是 x,当然是不相等的. 但是它们有一个共同点,即用 3 代 x,各式都相等. 换句话说,它们保持有相同的根 $x=3$.

这使我们想起崔护的诗《题都城南庄》:"去年今日此门中,人面桃花相映红. 人面不知何处去,桃花依旧笑春风."

这首抒情诗非常优美. 但是也可以从另外的角度去欣赏:人面可以隐去,桃花是不变的. 上述求解方程的过程中,几个式子的原来面貌已经不复存在,剩下的只有桃花($x=3$)依然"笑春风",没有变.

函数概念体现变量之间的依赖关系,自然要谈变化. 但是只说变,而找不到一定的规律,就没有什么价值了. 细细想来,不同的函数纵然千变万化,但在变化之中总有一些"不变性"

"规律性",将之提炼出来,就是性质. 比如某些变化会随着一个量的变化而有增有减、有快有慢,有时达到最大值,有时处于最小值,有些变化会有规律,或重复出现,或对称出现……这些现象反映到函数中,就成了单调性、最值、周期性、奇偶性等性质. 知道了函数性质也就把握了函数变化的规律,掌握了函数的知识,领悟了函数的思想.

寻求不变量,相当于把握一个对象的本质、一个美,和谐地结合起来,使之浑然成为一个有机的整体,努力将科学形态转化为教学形态. 这样也就从欣赏走向了鉴赏,由鉴赏激发了行动,要关注教学语言. 教学语言艺术有如下特征:针对性,情感性,思想性,启发性,趣味性,多样性,韵律性,表演性,兼容性,贴近性,新颖性,时代性.

案例3 雅俗共赏"二分法".

二分法的"俗"在源于生活,二分法的"俗"在平易近人;二分法的雅在揭示了两层思想方法(哲学与类分),二分法的雅在让人感受到了信息时代的气息. 这种品评体现了对数学的一种鉴赏.

二分法根植人们的心中. 幼儿思维的特征便是"非好即坏"的二分思维,成人也常常用"对与错,好与坏,恶与善"等二分思想来看待人和事. 这种一分为二,是哲学思考. 在处理某些问题中,进行二分类讨论,这是类分思考. 如果结合现实提出以下问题:黑白必有交界处,轻重终有平衡点,大小会有中间值. 寻求这样的中介点,是生活中常常遇到的课题.①

事例1 某电视"购物街"栏目有一个猜价格游戏:主持人给出一商品,然后一位观众开始猜价格,随着观众的报价,主持人一会儿说"高了",一会儿说"低了",直到让观众在规定时间内猜对价格为止. 这个游戏在主持人"高了"与"低了"的评判下,逐步趋近真实的价格. 此例中,有二分法的雏形,"高了"与"低了"说明真实价格在此区域内,在此提示下继续猜可以逐步缩小价格区间. 因此,本例在二分法教学中常作为生活情境引入课堂. 当然,观众若能运用"二分法"知识来猜价格,肯定胜券在握.

这个由已知求未知的问题,有两个特点,首先,我们知道这个未知值肯定存在,其次,通过不断试验可以逐步逼近未知值.

事例2 故障检索问题. 在一个风雨交加的夜里,从某水库闸房到防洪指挥部的电话线路发生了故障. 这是一条10 km 长的线路,如何迅速查出故障所在? 如果沿着线路一小段一小段查找,困难很多. 每查一个点要爬一次电线杆,10 km 长的线路,大约有200 多根电线杆. 想一想,维修线路的工人师傅怎样工作最合理?

这可利用二分法的原理进行查找,设闸门和指挥部所在点处分别为A,B,他首先从中点C查,用随身带的话机向两端测试时,发现AC 段正常,断定故障在BC 段,再到BC 的中点D,发现BD 正常,可见故障在CD 段,再到CD 的中点E,这样每查一次,就可以把待查线路的长度缩减为一半,故经过7 次查找,就可以将故障发生的范围缩小到50 m ~100 m 左右,即在一两根电线杆附近.

事例3 矿藏勘探. 某种矿石,往往在甲乙两种不同岩层的交界面上. 地质工程人员钻探打孔,发现了两个孔A,B 分别在甲乙两种不同的岩石区. 于是,就在AB 连线上一定有一

---

① 偶伟国. 雅俗共赏"二分法"[J]. 中学数学教学参考,2010(7):2-3.

个交界面上的点存在这种矿石.如何找到它?也是用二分法.方法同事件2,最后找到矿层所在.

运用以上事例的基本想法,就可以想到用二分法求方程的近似解.

所谓用二分法求方程$f(x)=0$在区间$[a,b]$内的一个近似解,是指若函数$f(x)$在区间$[a,b]$的两个端点取值异号,那么方程必然至少存在一个解,它的算法步骤表示如下:

S_1:取$[a,b]$的中点$x_0=\frac{1}{2}(a+b)$,将区间一分为二.

S_2:若$f(x_0)=0$,则x_0就是方程的根,否则判断根x^*在方程的左侧还是右侧.

若$f(a)f(x_0)>0$,则$x^*\in(x_0,b)$,以x_0代替a;

若$f(a)f(x_0)<0$,则$x^*\in(a,x_0)$,以x_0代替b.

S_3:若$|a-b|<c$,计算终止,此时$x^*\approx x_0$,否则转S_1.

我们对照三个事例和二分法求根的思路,可以知道,二分法并不难懂,其实非常平易近人.

再说二分法之"雅".

上面提到二分法求根,有两个基本想法,一是判定"解"肯定存在,二是通过逐步逼近求得.判断根存在了,才能进一步去求解.上述二分法的前提条件是函数$f(x)$在区间的端点异号,因而可以运用连续函数的介值性定理判断区间内必至少有一点函数值为0,即$f(x)=0$的根(中学里碰到的函数大多为连续函数,所以就默认了).

逐次逼近思想,则相当于"摸着石头过河",或者说一步一个脚印.摸着第一块石头,根据第一块石头的情况再摸第二块石头,如此继续,不断前进,走向未知的彼岸.

二分法,处在初等数学和高等数学的接口处,是运用计算机技术的良好平台.

"一尺之棰,日取其半,万世不竭."这是极限思想的萌芽.二分法借用极限,可以无限逼近,即收敛于所求的"根".这是典型的高等数学所处理的无限过程.

以前,用二分法求方程的近似解,只能通过反复计算,相当烦琐,有时理论上知道可用二分法逼近,但是计算烦琐,令人望而却步.但到了信息时代,已不可同日而语,我们只需编出"用二分法求方程近似解"的程序,即可上机操作.例如,求方程$x^3-x-1=0$在区间$[1,1.5]$内的一个近似解(误差不超过0.001).

编程略.

计算机按二分法程序得方程的近似解为 1.325 195 312 5.

这样的一个近似解,上机操作,输入程序之后,仅在鼠标点击之间,答案即可呈现,岂不令人感慨万千.

二分法可以有更多的发展.例如华罗庚先生提倡的优选法,就是利用黄金分割,给出更有效率的分法.

总之,细细解读二分法求方程近似解所蕴含的数学思想方法,可以领略其中的隽永含义,雅俗共赏,回味无穷.

案例4 品评一道数学问题多种证法隐含的数学文化.

题目 证明两角和的余弦公式$C_{(\alpha+\beta)}$:

（Ⅰ）$\cos(\alpha+\beta) = \cos\alpha\cos\beta - \sin\alpha\sin\beta$;

再由 $C_{(\alpha+\beta)}$ 推导两角和的正弦公式 $S_{(\alpha+\beta)}$:

（Ⅱ）$\sin(\alpha+\beta) = \sin\alpha\cos\beta - \cos\alpha\sin\beta$.

可以通过挖掘古代中、西方对这道题目的多种证明方法,发现了其隐含的数学文化内涵. 古代中西方数学家留给后人的智慧是很值得我们去学习与借鉴. 在这其中,领略数学家们深邃的思想,同时也能深受启发,从而迸发出火热的思考.

公式中涉及的角 α,β 是任意角,但为了方便,只限于 α 和 β 为锐角或 $0<\alpha+\beta<\pi$ 的情形,因为 α 和 β 不在这个范围,都可通过诱导公式转化到这个范围.

(1)受"图说一体"启发,构造三角形、圆等几何图形证明[①]

证法 1 利用直角三角形边角关系

构造图,如图 6-6 所示,已知 α 和 β 均为锐角,设 $AB=1$,则 $AC=\cos(\alpha+\beta)$,$BC=\sin(\alpha+\beta)$,$DE=\sin\alpha\sin\beta$,$EF=\sin\alpha\cos\beta$,$AF=\cos\alpha\cos\beta$,$BD=\cos\alpha\sin\beta$. 显然有

$$\sin(\alpha+\beta) = \sin\alpha\cos\beta + \cos\alpha\sin\beta \qquad ④$$

$$\cos(\alpha+\beta) = \cos\alpha\cos\beta - \sin\alpha\sin\beta \qquad ⑤$$

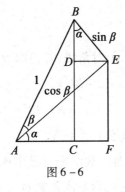
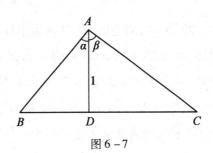

图 6-6　　　　　　　　　　　　图 6-7

证法 2 利用正弦定理和余弦定理

构造图,如图 6-7 所示,在 $\triangle ABC$ 中,设 BC 边 h 的高 $AD=1$,$\angle BAD=\alpha$,$\angle CAD=\beta$,则 $BC=\tan\alpha+\tan\beta$,$\dfrac{1}{AB}=\cos\alpha$,$\dfrac{1}{AC}=\cos\beta$. 由正弦定理

$$\frac{\sin(\alpha+\beta)}{\tan\alpha+\tan\beta} = \frac{\sin C}{AB} = \frac{AD}{AC\cdot AB} = \cos\alpha\cdot\cos\beta$$

于是得

$$\sin(\alpha+\beta) = \cos\alpha\cos\beta(\tan\alpha+\tan\beta) = \sin\alpha\cos\beta + \cos\alpha\sin\beta$$

又由余弦定理

$$\cos(\alpha+\beta) = \frac{AB^2+AC^2-BC^2}{2AB\cdot AC}$$

[①] 沈金兴. 一道高考题的多种证法隐含的数学文化[J]. 数学通报,2011(8):40-42.

$$= \frac{\frac{1}{\cos^2\alpha} + \frac{1}{\cos^2\beta} - (\tan\alpha + \tan\beta)^2}{2\frac{1}{\cos\alpha\cos\beta}}$$

$$= \frac{\cos^2\alpha + \cos^2\beta - \cos^2\beta\sin^2\alpha - \cos^2\alpha\sin^2\beta - 2\cos\alpha\cos\beta\sin\alpha\sin\beta}{2\cos\alpha\cos\beta}$$

$$= \cos\alpha\cos\beta - \sin\alpha\sin\beta$$

证法 3 利用圆和托勒密定理

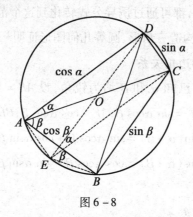

图 6-8

构造图,如图 6-8,四边形 $ABCD$ 内接于直径为 1 的圆 O,对角线 AC 是圆 O 的直径. 由托勒密定理知:$AC \times BD = AB \times CD + AD \times BC$,$AB \times EC = AE \times BC + BE \times AC$.

令 $\angle CAD = \alpha$, $\angle BAC = \beta$, 设 E 为 D 的对径点, 则 $BD = \sin(\alpha + \beta)$, $BE = \cos(\alpha + \beta)$, $AD = EC = \cos\alpha$, $CD = AE = \sin\alpha$, $BC = \sin\beta$, $AB = \cos\beta$, 故得公式④和⑤.

品评上述 3 种证法的数学文化:"图说一体"在古代东西方数学中就已出现. 如古希腊毕达哥拉斯学派对于形数的研究即为早期的例子. 而中国古代数学家刘徽对勾股定理的证明便是古代东方"图说一体"的典型例子. 其实,17 世纪以前,数学家对方程的求解过程往往离不开与图形的结合,它的本质就是构造几何图形来进行求解或证明. 上面三种证法就是古代"图说一体"思想的翻版,这是受古代数学文化影响而得到的证法.

(2)受西方数学方法启发,利用距离公式证明

证法 4 利用两点之间距离公式.

构造图,如图 6-9,单位圆 O 上的四点的坐标分别为 $A(1,0)$, $B(\cos\beta, \sin\beta)$, $C(\cos(\alpha+\beta), \sin(\alpha+\beta))$ 和 $D(\cos(-\alpha), \sin(-\alpha))$, 不妨设 $0 < \alpha + \beta < \pi$, 因 $AC = BD$, 故得 $[1 - \cos(\alpha+\beta)]^2 + \sin^2(\alpha+\beta) = (\cos\beta - \cos\alpha)^2 + (\sin\beta + \sin\alpha)^2$.

整理即得公式⑤. 此方法便是人教版原教材上采用的证明方法.

另一方面,直线 AC 和 BD 的方程分别为

$$(\sin\alpha + \sin\beta)x + (\cos\alpha - \cos\beta)y - (\sin\alpha \cdot \cos\beta + \cos\alpha\cos\beta) = 0$$

$$\sin(\alpha+\beta)x + (1-\cos(\alpha+\beta))y - \sin(\alpha+\beta) = 0$$

因原点 O 到两直线的距离相等,即得公式④.

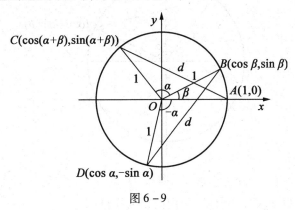

图 6-9

证法 5　利用点到直线的距离公式.

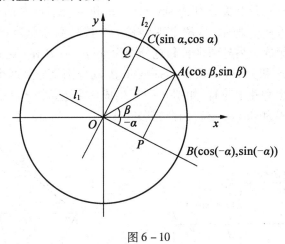

图 6-10

构造图如图 6-10 中,直线 l_1 方程为

$$x\sin\alpha + y\cos\alpha = 0$$

l_2 与 l_1 垂直,单位圆 O 上一点 A 到 l_1 和 l_2 的距离分别为 $AP = \sin(\alpha+\beta)$ 和 $AQ = \cos(\alpha+\beta)$,但由点到直线的距离公式,它们分别是 $\sin\alpha\cos\beta + \cos\alpha\sin\beta$ 和 $\cos\alpha\cos\beta - \sin\alpha\sin\beta$,公式④⑤得证.

品评上述两种证法的数学文化:19 世纪法国著名数学家柯西在证明两角差余弦公式时用了如下方法:构造图如图 6-11,根据两点之间的距离公式和余弦定理,有

$$|AB|^2 = (\cos\alpha - \cos\beta)^2 + (\sin\alpha - \sin\beta)^2$$
$$= 1 + 1 - 2\cos(\alpha+\beta)$$

由此得 $\cos(\alpha-\beta) = \cos\alpha\cos\beta + \sin\alpha\sin\beta$.可见方法 4 和方法 5 就是直接借鉴了柯西的方法,它们在思维本质上如出一辙.

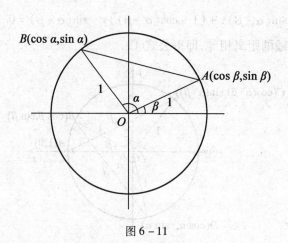

图 6 - 11

(3) 受中国古代数学家方法启发,利用面积变换证明

证法 6 利用面积变换法.

构造两个对角线为 1,长和宽分别为 $\sin\alpha, \cos\alpha$ 和 $\sin\beta, \cos\beta$ 的矩形 $ABCD$ 和 $GCEF$ (不妨设 $\alpha>\beta$),如图 6 - 12 所示. 这两个矩形和一个长和宽分别为 $\cos\beta - \cos\alpha$, $\sin\alpha - \sin\beta$ 的小矩形 $DGMN$ 组成了另外两个长和宽分别为 $\sin\alpha, \cos\beta$ 和 $\cos\alpha, \sin\beta$ 的矩形 $ABKN$ 和 $MKEF$,因此其面积之和为 $\sin\alpha\cos\beta + \cos\alpha\sin\beta$. 现分别将原来两个矩形中的 $Rt\triangle ABC$ 和 $Rt\triangle CEF$ 平移到右上和左上位置,如图 6 - 13,构成一个边长为 1、一组对角为 $\alpha+\beta$ 的菱形 $ACFH$. 显然它的面积为 $\sin(\alpha+\beta)$,由此得公式④.

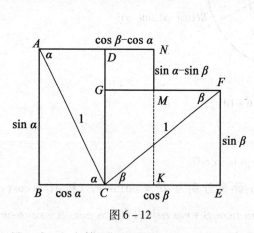

图 6 - 12

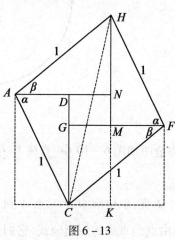

图 6 - 13

另一方面,在等腰 $\triangle ACH$ 和 $Rt\triangle HCK$ 中,分别由余弦定理和勾股定理得

$$CH^2 = 1^2 + 1^2 - 2\cos(\alpha+\beta) = 2 - 2\cos(\alpha+\beta)$$
$$CH^2 = (\cos\beta - \cos\alpha)^2 + (\sin\alpha + \sin\beta)^2$$
$$= 2 - 2(\cos\alpha\cos\beta - \sin\alpha\sin\beta)$$

由此得和角余弦公式⑤.

证法 7 利用三角形两边夹角正弦面积公式给出无字证明如下

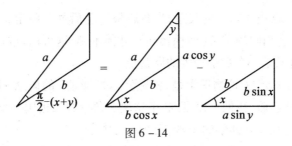

图 6-14

$$\cos(x+y) = \cos x\cos y - \sin x\sin y$$

即为④.

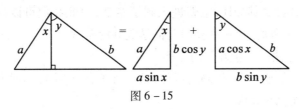

图 6-15

$$\sin(x+y) = \sin x\cos y - \cos x\sin y$$

即为⑤.

品评上述证法的数学文化：中国古代数学家在证明勾股定理时用的是"出入相补"原理，即面积变换法，他们构造出各种各样的图形通过面积变换证明了勾股定理. 而证法 6 便是受三国时期数学家赵爽用弦图证明勾股定理的方法启发而来.

2. 鉴赏的角度

鉴赏的角度可以从数学的真、善、美出发，也可以从数学文化的角度出发，还可以从数学学科的内容出发，等等.

数学美感，有许多诉诸直观的内容. 常见的有美丽的几何图形，黄金分割、对称图形，以至现代计算机制作的美丽的分形图案. 这些已经有很多资料可供参考，这里不做重复. 我们这里提供三个案例，涉及"美妙"的鉴赏. 美妙，是一种发自内心的赞叹，一种拍案叫绝的愉悦.

案例 5 重心：品评数学的美妙.[①]

任意三角形的三条中线交于一点，称为重心. 以下是一个欣赏活动设计.

（Ⅰ）要求学习者画任意一个三角形的三条中线，让学习者发现三条中线交于一点. 这是一个出人意料的结论. 为什么"造化"如此安排几何规律？怎么会有如此美妙的数学结果？我们能够亲手发现一个大自然的规律，不大容易，重心的发现是一个难得的机遇. 可以相信，如果不是事前预习，或者课外阅读得知此结果，真的是第一次发现，学习者内心的震撼可想而知. 敬畏自然，感叹上苍的心情油然而生. 这就是数学之美、数学之妙.

（Ⅱ）做实验. 用一块质地均匀的三角形金属板，在三个顶点处拴上绳子，在一个顶点处让金属板自然下垂，然后在金属板上从该顶点画一条垂直于地面的线，这恰巧是中线. 三个顶点画出的中线相交于一点，那就是这块金属板的重心. 于是可以问，为什么这条垂线就是

---

① 竺仕芬. 数学基本活动经验与数学欣赏[J]. 中学数学教学参考,2012(6):4-14.

中线？引导学习者发现，由于重力的关系，当金属板下垂后处于稳定状态时，垂线两边的那两个小的三角形必须有相同的重量(面积相同)，才能平衡．这可以复习"等底同高的三角形面积相等"的知识．这又是一个数学美妙的欣赏点．

（Ⅲ）重心名字的来历．无论物理学是否已经学过"重心"的概念，都需要在数学课上加以联系，成为一种生活经验．我们可以设问，把这块三角形金属板用一个棍子支撑，那么棍子应放在何处？当然是重心．几何学的美妙，已在不言中了．

（Ⅳ）证明．《课标(2011年版)》没有要求证明，可以在课外活动，或者拓展至教学中．借用面积方法，不难获得证明．优秀的学习者可以学习多种证明方法．

由重心的美妙欣赏，对其品评，也就进入到了鉴赏，由此我们可以延伸"重心"的概念，让学习者画垂心、内心、外心，再一次获得几何学美妙的鉴赏．

案例6　科学记数法——精确美的品评．

数学美感的品评，需要培养．精确与近似，是一对矛盾．初中数学课本中有科学记数法一节，我们可以设计一个品评片断．

（Ⅰ）精确与近似，大家已经有多种经验，从小学对数学计算的精确要求以及"估算"的知识，说明在某些情况下近似的必要性．

（Ⅱ）近似数，有几位有效数字？精确到小数点后第几位？等等．

（Ⅲ）今天我们来欣赏精确与近似的另一个意义：科学记数法．我们通常说，这两个数"差不多"大，或者"差别很大"，都是没有科学判定，只是跟着感觉走．

（Ⅳ）科学记数法则给出了一个科学的表述．例如，我们将一个数字 9 872 000 000 记作 9.872×10^9，0.004 538 765 记作 $4.538 765 \times 10^{-3}$．

（Ⅴ）这到底是为什么呢？科学记数法的核心思想在于"数量级"的确定．现在有了科学记数法，关键在于看后面10的幂次．如果用科学记数法表示的两个数，它们后面10的幂次相同，我们说它们是一个数量级的，即差不多；如果彼此的幂次不同，就说它们不是一个数量级的．

数学的美妙也在于精确．但是不精确或者不相同的数字，还是要有精确度区分，这就是属性不同于日常生活的美妙之处．

数学美不能仅仅诉诸视觉，而是要通过内心的感受，并进行赏析．正如一首特别的乐曲、一幅抽象的画、一首古诗，需要一定的解说才能审美，需要有专家指点才能赏析一样．数学之美，常需要他人点拨，还要通过内省的活动，进行品味、品评，才能获得美的感悟，进行美的鉴赏．

案例7　品评图形运动之美．

新课程改革以来，图形运动进入九年义务教育课程．我们可以设计如下的欣赏层次．

（Ⅰ）生活中物体运动之美．我们常见的"平移与旋转"课堂设计，总是先以录像形式创设游乐园的场景：观览车、激流勇进、波浪飞椅、弹射塔、勇敢者转盘、滑翔索道等，熟悉的游戏项目，借此激发学习者极大的求知乐趣，学习者通过观察分类和以往的实际体验顺利感知了"平移"和"旋转"；接着，又以汽车方向盘、水龙头、推拉窗户等学习者熟识的生活素材来检验学生获得新知的情况，进一步巩固经验的获得．

如上解说平移和旋转,乃是语文课式的欣赏.数学欣赏,不同于语文欣赏.数学课程里的运动,不能停留在讲解什么是平移、旋转这样的名词含义,而是要研究图形运动下的不变性质.欣赏数学运动,离开了这个本质,数学美就荡然无存了.

(Ⅱ)于是我们有第二层的欣赏活动,用几何图形的运动生成新的几何图形.

一个平面上的矩形,沿着其上的一条边作为旋转轴在空间中旋转,构成了旋转门的模型.如果完整地旋转一周,结果是一个圆柱体.

一个平面上的矩形,沿着和它一条边平行的(但不相同的)的直线作为旋转轴在空间中旋转,结果得到一个空心的圆柱体.

一块直角三角板,沿着直角边旋转一周,得到一个圆锥体.

一个圆,沿着圆外的直线旋转一周,得到一个自行车胎一样的圆环面.

……

这些活动,是品评几何图形通过运动以构成不同的几何体,但是,要注意,这些运动都是最简单的情形.

在中学里只考虑平面上图形的运动,即图形只可以在平面上移动、旋转和反射,不得离开本平面(例如,折纸过程就是会离开平面的,只是其折痕和移动的结果仍在本平面中).很多课堂设计在乎面图上标注了出租车和不同位置的两名乘客,让学生做一名出租车调度员进行实际操作.其实,这只是把出租车和乘客作为平面上的一个点来考察的结果.

中小学数学课程列入"运动"的目的在于用运动来研究几何图形的变换.这里的运动只限于刚体运动,目的在于表达两个图形之间是否能够通过刚体运动得以重合,即进行全等变换.求平行四边形的面积,要将一个三角形搬到另一个地方,形状大小都不变,即是刚体运动.这样的品评,使学习者深化了认知,也就发挥了鉴赏的作用.

案例8 圆锥曲线一组定值的鉴赏.

一个数学问题,当你深入地欣赏它时,可能会有一系列新的发现.数学真理就是这样由人们从欣赏到探索发现的.当你获得这个这些新的发现后,不仅有一种喜悦感,还有一种自豪感.这样由数学欣赏走向了鉴赏数学问题.

已知椭圆 C 过点 $A\left(1,\dfrac{3}{2}\right)$,两个焦点为 $(-1,0),(1,0)$.

(Ⅰ)求椭圆 C 的方程;

(Ⅱ)E,F 是椭圆 C 上的两个动点,如果直线 AE 的斜率与 AF 的斜率互为相反数,证明直线 EF 的斜率为定值,并求出这个定值.

略解:(Ⅰ)易得椭圆方程为 $\dfrac{x^2}{4}+\dfrac{y^2}{3}=1$;

(Ⅱ)证略,直线 EF 的斜率为定值 $\dfrac{1}{2}$.

上述题目中,由欣赏可以观察出点 A 的横坐标恰与右焦点的横坐标相同,直线 EF 的斜率恰为椭圆的离心率.多美妙的结论呵!那么是否所有的椭圆都有上述美妙的结论?

(1)推广至椭圆的一般情况

考虑把椭圆一般化,可以得到下面的命题:[1]

命题 1 已知椭圆 $C: \dfrac{x^2}{a^2} + \dfrac{y^2}{b^2} = 1 (a > b > 0)$,点 $A\left(c, \dfrac{b^2}{a}\right)$,$E, F$ 是椭圆 C 上的两个动点,若 $k_{AE} + k_{AF} = 0$,则 $k_{EF} = e$(e 表示离心率).

证明 设直线 AE 方程为

$$y = k(x - c) + \dfrac{b^2}{a}$$

代入 $\dfrac{x^2}{a^2} + \dfrac{y^2}{b^2} = 1$ 得

$$(b^2 + a^2 k^2)x^2 + 2ak(b^2 - ack)x - c(b^2 c + 2ab^2 k - a^2 ck^2) = 0$$

所以

$$[(b^2 + a^2 k^2)x + (b^2 c + 2ab^2 k - a^2 ck^2)](x - c) = 0$$

设 $E(x_E, y_E), F(x_F, y_F)$,因为点 $A\left(c, \dfrac{b^2}{a}\right)$ 在椭圆上,所以

$$x_E = \dfrac{a^2 ck^2 - 2ab^2 k - b^2 c}{b^2 + a^2 k^2}, \quad y_E = kx_E - ck + \dfrac{b^2}{a}$$

又直线 AF 的斜率与 AE 的斜率互为相反数,在上式中以 $-k$ 代 k,可得

$$x_F = \dfrac{a^2 ck^2 + 2ab^2 k - b^2 c}{b^2 + a^2 k^2}, \quad y_F = -kx_F + ck + \dfrac{b^2}{a}$$

所以直线 EF 的斜率

$$k_{EF} = \dfrac{y_F - y_E}{x_F - x_E} = \dfrac{(-kx_F + ck + b^2/a) - (kx_E - ck + b^2/a)}{x_F - x_E}$$

$$= \dfrac{-k(x_E + x_F) + 2ck}{x_F - x_E}$$

$$= \dfrac{c}{a} = e$$

命题 1 中,点 A 的横坐标恰与右焦点的横坐标相同,且纵坐标为正. 如果点 A 的横坐标与右焦点的横坐标相同,且纵坐标为负,会出现怎样的结果呢? 点 A 的横坐标与左焦点的横坐标相同,又会出现怎样的情况呢? 可以采用几何画板进行观察并进行证明我们的猜测. 于是我们有:

命题 2 已知椭圆 $C: \dfrac{x^2}{a^2} + \dfrac{y^2}{b^2} = 1 (a > b > 0)$,点 $A\left(-c, -\dfrac{b^2}{a}\right)$,$E, F$ 是椭圆 C 上的两个动点,若 $k_{AE} + k_{AF} = 0$,则 $k_{EF} = e$.

命题 3 已知椭圆 $C: \dfrac{x^2}{a^2} + \dfrac{y^2}{b^2} = 1 (a > b > 0)$,点 $A\left(c, -\dfrac{b^2}{a}\right)$,$E, F$ 是椭圆 C 上的两个动点,若 $k_{AE} + k_{AF} = 0$,则 $k_{EF} = -e$.

命题 4 已知椭圆 $C: \dfrac{x^2}{a^2} + \dfrac{y^2}{b^2} = 1 (a > b > 0)$,点 $A\left(-c, \dfrac{b^2}{a}\right)$,$E, F$ 是椭圆 C 上的两个动

---

[1] 杨苍洲. 圆锥曲线的一组优美定值[J]. 中学数学研究,2011(12):32 – 33.

点,若 $k_{AE} + k_{AF} = 0$,则 $k_{EF} = -e$.

(2)在圆锥曲线内进行类比推理

椭圆具有上述的性质,在圆锥曲线进行平行类比,我们可得双曲线具有同样类型的性质. 下面只给出结论,它们的证明可以仿照命题1的证明.

命题5 已知双曲线 $C: \dfrac{x^2}{a^2} - \dfrac{y^2}{b^2} = 1 (a>0, b>0)$,点 $A\left(c, \dfrac{b^2}{a}\right)$,$E,F$ 是双曲线 C 上的两个动点,若 $k_{AE} + k_{AF} = 0$,则 $k_{EF} = -e$.

命题6 已知双曲线 $C: \dfrac{x^2}{a^2} - \dfrac{y^2}{b^2} = 1 (a>0, b>0)$,点 $A\left(-c, -\dfrac{b^2}{a}\right)$,$E,F$ 是双曲线 C 上的两个动点,若 $k_{AE} + k_{AF} = 0$,则 $k_{EF} = -e$.

命题7 已知双曲线 $C: \dfrac{x^2}{a^2} - \dfrac{y^2}{b^2} = 1 (a>0, b>0)$,点 $A\left(c, -\dfrac{b^2}{a}\right)$,$E,F$ 是双曲线 C 上的两个动点,若 $k_{AE} + k_{AF} = 0$,则 $k_{EF} = e$.

命题8 已知双曲线 $C: \dfrac{x^2}{a^2} - \dfrac{y^2}{b^2} = 1 (a>0, b>0)$,点 $A\left(-c, \dfrac{b^2}{a}\right)$,$E,F$ 是双曲线 C 上的两个动点,若 $k_{AE} + k_{AF} = 0$,则 $k_{EF} = e$.

椭圆和双曲线我们都称之为有心圆锥曲线,往往他们具有更为近似的共性. 然而,它们具有的性质不一定能类比推广到抛物线,那么在抛物线中是不是有此性质呢? 回答是肯定的.

命题9 已知抛物线 $C: y^2 = 2px (p>0)$,点 $A\left(\dfrac{p}{2}, p\right)$,$E,F$ 是抛物线 C 上的两个动点,若 $k_{AE} + k_{AF} = 0$,则 $k_{EF} = -1$.

证明 设直线 AE 方程为

$$y = k\left(x - \dfrac{p}{2}\right) + p$$

代入 $y^2 = 2px$ 得

$$k^2 x^2 - (2p - 2pk + pk^2) x - \dfrac{p}{2}\left(-2p + 2pk - \dfrac{1}{2}pk^2\right) = 0$$

则

$$\left[k^2 x + \left(-2p + 2pk - \dfrac{1}{2}pk^2\right)\right]\left(x - \dfrac{p}{2}\right) = 0$$

设 $E(x_E, y_E), F(x_F, y_F)$,因为点 $A\left(\dfrac{p}{2}, p\right)$ 在抛物线上,所以

$$x_E = \dfrac{2p - 2pk + \dfrac{1}{2}pk^2}{k^2}, \quad y_E = kx_E - \dfrac{kp}{2} + p$$

又直线 AF 的斜率与 AE 的斜率互为相反数,在上式中以 $-k$ 代 k,可得

$$x_F = \dfrac{2p + 2pk + \dfrac{1}{2}pk^2}{k^2}, \quad y_F = -kx_F + \dfrac{kp}{2} + p$$

所以直线 EF 的斜率

$$k_{EF} = \frac{y_F - y_E}{x_F - x_E} = \frac{(-kx_F + \frac{kp}{2} + p) - (kx_E - \frac{kp}{2} + p)}{x_F - x_E}$$

$$= \frac{-k(x_E + x_F) + kp}{x_F - x_E}$$

$$= -1 = -e.$$

命题 10 已知抛物线 $C: y^2 = 2px(p > 0)$，点 $A\left(\frac{p}{2}, -p\right)$，$E, F$ 是抛物线 C 上的两个动点，若 $k_{AE} + k_{AF} = 0$，则 $k_{EF} = 1$.

综合，可将椭圆、双曲线、抛物线的命题统一写为如下命题：

命题 11 已知 A 是圆锥曲线 C 上一个定点，E, F 是圆锥曲线 C 上的两个动点，若 A 与曲线一个焦点的连线垂直于对称轴，且 $k_{AE} + k_{AF} = 0$，则 $|k_{EF}| = e$.

完成了从椭圆到双曲线、抛物线的类比，我们考虑把点 A 一般化.

当点 A 为曲线上任一定点，我们可得：

命题 12 已知椭圆 $C: \frac{x^2}{a^2} + \frac{y^2}{b^2} = 1 (a > b > 0)$，点 $A(x_0, y_0)$ 为椭圆 C 上一定点，E, F 是椭圆 C 上的两个动点，若 $k_{AE} + k_{AF} = 0$，则 $k_{EF} = \frac{b^2 x_0}{a^2 y_0}$.

证明 设直线 AE 方程为

$$y = k(x - x_0) + y_0$$

代入 $\frac{x^2}{a^2} + \frac{y^2}{b^2} = 1$ 得

$$(b^2 + a^2 k^2) x^2 + 2a^2 k(y_0 - kx_0) x - x_0(b^2 x_0 + 2a^2 y_0 k - a^2 x_0 k^2) = 0$$

所以 $[(b^2 + a^2 k^2) x + (b^2 x_0 + 2a^2 y_0 k - a^2 x_0 k^2)](x - x_0) = 0$

设 $E(x_E, y_E), F(x_F, y_F)$，因为点 $A(x_0, y_0)$ 在椭圆上，所以

$$x_E = \frac{a^2 x_0 k^2 - b^2 x_0 - 2a^2 y_0 k}{b^2 + a^2 k^2}, \quad y_E = kx_E - kx_0 + y_0$$

又直线 AF 的斜率与 AE 的斜率互为相反数，在上式中以 $-k$ 代 k，可得

$$x_F = \frac{a^2 x_0 k^2 - b^2 x_0 + 2a^2 y_0 k}{b^2 + a^2 k^2}, \quad y_F = -kx_F + kx_0 + y_0$$

所以直线 EF 的斜率

$$k_{EF} = \frac{y_F - y_E}{x_F - x_E} = \frac{(-kx_F + kx_0 + y_0) - (kx_E - kx_0 + y_0)}{x_F - x_E}$$

$$= \frac{-k(x_E + x_F) + 2kx_0}{x_F - x_E}$$

$$= \frac{b^2 x_0}{a^2 y_0}$$

同理可得,双曲线和抛物线具有以下的类似性质:

命题 13 已知双曲线 $C:\dfrac{x^2}{a^2}+\dfrac{y^2}{b^2}=1(a>0,b>0)$,点 $A(x_0,y_0)$ 为双曲线 C 上一定点,E,F 是双曲线 C 上的两个动点,若 $k_{AE}+k_{AF}=0$,则 $k_{EF}=\dfrac{-b^2 x_0}{a^2 y_0}$.

命题 14 已知抛物线 $C:y=2px(p>0)$,点 $A(x_0,y_0)$ 为抛物线 C 上一定点,E,F 是双曲线 C 上的两个动点,若 $k_{AE}+k_{AF}=0$,则 $k_{EF}=\dfrac{-p}{y_0}$.

命题 15 已知椭圆 $C:\dfrac{x^2}{a^2}+\dfrac{y^2}{b^2}=1(a>0,b>0)$,$M,N,P,Q$ 为椭圆上不同的四点,若 $k_{MN}+k_{PQ}=0$,则 $k_{MQ}+k_{PN}=0$,$k_{MP}+k_{NQ}=0$.

命题 16 已知双曲线 $C:\dfrac{x^2}{a^2}+\dfrac{y^2}{b^2}=1(a>0,b>0)$,$M,N,P,Q$ 为抛物线上不同的四点,若 $k_{MN}+k_{PQ}=0$,则 $k_{MQ}+k_{PN}=0$,$k_{MP}+k_{NQ}=0$.

命题 17 已知抛物线 $C:y^2=2px(p>0)$,M,N,P,Q 为抛物线上不同的四点,若 $k_{MN}+k_{PQ}=0$,则 $k_{MQ}+k_{PN}=0$,$k_{MP}+k_{NQ}=0$.

证明略,有兴趣读者的可以用几何画板进行验证,再进行证明.最后把命题统一为:

命题 18 已知圆锥曲线 C,M,N,P,Q 为圆锥曲线 C 上不同的四点,若 $k_{MN}+k_{PQ}=0$,则 $k_{MQ}+k_{PN}=0$,$k_{MP}+k_{NQ}=0$.

案例 9 三角函数的鉴赏.

三角函数之真,在于它的精准;三角函数之善,在于它的实用;三角函数之美,在于它的和谐.三角学,是沟通初等数学和高等数学的桥梁,是平面几何的定量化,是数形结合的典范.我们要把三角函数的真善美呈现出来,帮助学习者感受、体验和欣赏三角函数冰冷形式后面的美丽,赏析到三角函数是"好看又好用"的数学典范.[①]

(1)用线段投影的"折扣"来理解三角比

三角比,是三角函数知识的源头.有些教学处理,老是让学习者背诵"sin 是对边比斜边""cos 是邻边比斜边""tan 是对边比邻边"等等,却不知道其来源.

张景中院士建议在小学就引进三角比.他说,所谓正弦,就是边长为 1,有一个角为 A 的菱形的面积,记作 sin A.三角与面积联系起来,给人以无限亲切的感觉.张奠宙教授则补充说:三角比就是单位正方形压扁后面积缩小的比例,或者所打的折扣值(一个 0 与 1 之间的数).

折扣,是一个形象、人文化、易懂的概念.由此,一切形式化"写"出来的三角比,就化为可"观"的欣赏乃至鉴赏内容了.

一个更现实的数学意境是:三角比是梯子放在垂直的墙角在纵向的投影与梯子长的折扣值(一个介于 0 和 1 之间的数值),称为这个角的正弦,横向的投影与梯子长的折扣(即这

[①] 任伟芳,欣赏"好看又好用"的三角函数[J].中学数学教学参考,2010(6):2-3.

个角的余弦).不管梯子有多长,只要它与地面所成的角度都是 A,那么其投影的折扣值都是一样的:$\sin A$(这要用到相似三角形的性质).这样,用"折扣"与"投影"来定义三角,从形式化的内部"跳出"来进行"观察",三角比就不会是"天上掉下来的林妹妹",而是我们身边的可亲近的事物和理念了.数学欣赏的语言不在多,画龙点睛地提出问题,把原始的底牌翻开来,好像给我们打开了一扇窗,能够欣赏到"数学概念"所呈现的美丽.

(2)以观察运动来理解三角函数的特征

周期运动,是我们经常碰到的现象.欣赏三角函数,要从欣赏运动周期性开始.

三角函数具有周期性.北京航空航天大学理学院院长李尚志教授曾用诗来描述三角函数:"东升西落照苍穹,影短影长角不同.昼夜循环潮起伏,冬春更替草枯荣."太阳每天东升西落,在苍穹中运转.运转过程中光线照射地面的角度变化,同一物体的影子长度与光线角度之间的关系可以用三角函数描述.此外,太阳东升西落昼夜循环,潮涨潮落,冬去春来,草枯草绿.

可以说,三角函数是最美丽的周期函数.

世间万物都在变化之中,科学的任务在于找出变化中的本质规律,体现其科学的、美学的价值.

三角函数,标志着质点在圆周上运动时,在两个坐标轴上"投影"长度的变化规律.所以,三角函数又称"圆函数".在给出定义时,又可以分为"终边定义法"与"单位圆定义法".

"单位圆定义法"与"终边定义法"本质上是一致的,但因着重点不同,各有所长,也因而得到不同的偏爱."终边定义法"对应关系不够简捷,"比值"几何含义不够清晰.而"单位圆定义法"以单位圆为载体,自变量 α 与函数值 x,y 的意义非常直观而具体,单位圆中的三角函数线与定义有直接联系."单位圆定义法"能突出三角函数最重要的性质——周期性.

杜甫登泰山诗云:"会当凌绝顶,一览众山小."单位圆周上的质点运动,是理解三角函数的一个制高点.在这一"绝顶"上,三角函数的诱导公式,符号变化,数值消长、图像描绘,等等,可以一览无遗,一切变化尽收眼底,心胸也豁然开朗.学习数学,能达到这样的境界是非常愉快的.品评单位圆定义法,也就进入了鉴赏的大门.

(3)利用三角函数图像的内在和谐以鉴赏三角函数的美妙

数学美的欣赏有四个层次:美观、美好、美妙、完美.三角函数图像的欣赏乃至鉴赏同时具备这四个层次特性的典型.美观是说三角函数图像以形式的对称、和谐、简捷,给人带来美的感受.当我们熟悉它、了解它、运用它、欣赏它,就会感受到它的美好.

正弦(余弦)曲线,起伏对称,错落有致,高低相间,平移不变,体现了一种难得的和谐之美.

三角函数图像的意境之美,可以用"君看一叶舟,出没风波里"(范仲淹《江上渔者》)加以描摹,人文意境、数学意境和人生哲理相互交融,浑然一体.若教师讲到此处,学习者脑海里就会涌现一叶小舟在波浪上不断颠簸,他们会点头微笑.某些学习者,还会用正弦曲线来描写人生的经历.处在顶峰时,要当心高处不胜寒,务须戒骄戒躁.下跌到低谷时,不可失落,确信经过不懈努力能够回归到人生的高点.

这些联想,源于三角函数图像之美丽本色.

(4)发现三角函数是"波"之王以鉴赏三角形的特定价值

我们每天生活在"波"之中,光,是光波;电,是电波;声,是声波;海浪,是水波;车辆震动,是机械波.手机、电视、网络,都是波的传输.波动现象,几乎无处不在,时时相伴.

但是,世界上的"波"如此丰富多彩,却又如此简单:一切周期现象都可以分解为一族正弦波的叠加.例如:我们每个人说话产生的声波,经过仪器的分析可以分解为许多基波的叠加,这些基波,最经常采用的是正弦波.每个人不同的音色,可以用其中固有的各种正弦波成分来表示.今日之通讯,互联网的沟通,电视画面的传输,离不开正弦波的分解、组合与传输.所以可以说,三角函数是"波"之王,其功业惠及天下.

3. 鉴赏的层次

由上述案例9,也使我们看到了数学鉴赏,一般来说有浅层次与深层次之分.不仅如此,也如数学美的四个欣赏层次一样,数学鉴赏有多个层次,这是一个有待我们深入探讨的课题,这也是一个从实践到理论再到实践的探讨课题.那我们首先还是从实践开始吧!逐步提高鉴赏水平.

6.3 逐步提高鉴赏水平

6.3.1 加强教学引导,提高鉴赏水平

学习者数学欣赏的能力,在相当程度上取决于数学教学的引导.正如前面一直强调的,数学欣赏的范围也不能仅仅限于数学美育之内,而应该扩散到数学的真与善的范畴.更进一步看,在数学的欣赏和鉴赏之后,是对数学知识、思想、方法甚至数学文化的深入洞察、体味和理解,相应地,学习者的数学能力和数学素养也应随之提高.数学欣赏和鉴赏应该起到提高数学教学效率,促进学习效果的作用.这也就是说,数学的欣赏和鉴赏应该成为数学教学活动的一个基本形态,融入数学教学的常规化之中.在此,我们倡导,数学欣赏水平既可以作为评价数学教师教学质量的重要隐性指标之一,还可以作为评价学习者数学文化素养的一个重要指标.

案例1 数学公式教学的新视角——公式鉴赏.

我们知道,数学公式表征了自然界不同事物的数量之间的相等或不等的联系,它确切地反映了事物内部和外部的关系,是我们从一种事物到达另一种事物的认识依据,使我们更好地理解事物的本质与内涵.诚然,公式教学是数学教学的重要组成部分,公式教学对训练思维、培养能力有着非常重要的作用,但由于公式具有高度的抽象性和概括性,学习者对公式的学习更多地停留在浅表的结构记忆上,导致公式的认识偏颇甚至错误,对公式的认识不到位问题是教学中极其普遍的问题之一.如果教师在公式教学时能让学习者从鉴赏的眼光去学习数学公式,那么学习者对公式的认识就会从易接受走向越来越深刻.[1]

(1)从数学公式的外在结构进行鉴赏,让学习者感受数学之美

---

[1] 丁益民.公式鉴赏:数学公式教学的新视角[J].中学数学研究,2012(12):3-4.

我们知道,很多公式的结构具有对称、轮换、相似等特点,对学习者而言,这些特点无论是视觉感受还是认知形成都是容易接受的,正是数学公式的这种特有的美触动着学习者的心灵,影响着学习者的审美情趣.所以,我们可从数学公式良好的外在结构上引导学习者对公式进行鉴赏,让学习者在感受数学公式外在之美的同时逐步感受内在本质之美妙.

例如我们在教学正弦定理时,除了重点去讲授正弦定理的证明过程外,对正弦定理结构的鉴赏也是非常重要的,在正弦定理 $\dfrac{a}{\sin A} = \dfrac{b}{\sin B} = \dfrac{c}{\sin C}$ 结构中蕴涵了极其和谐统一的结构特征,学习者最初对公式形成的记忆更多的是和谐统一之美带来的形象性记忆.

再比如讲《等差数列前 n 项和公式》时,让学习者将求和公式 $S_n = \dfrac{(a_1 + a_n)n}{2}$ 与梯形面积公式 $S = \dfrac{(a+b)h}{2}$ 进行结构相似的鉴赏.实践表明,结构的相似性不但引起学习者对公式表征形式的关注,更重要的是引发了学习者对自我认知的补充意识(将形式一致或相似的公式进行系统归类),当然对公式进行形象性记忆的同时必定会感受到数学之美,因此也极大地提升了数学的学习兴趣.

(2)从公式间的关联性上进行鉴赏,让学习者的认识融会贯通

其实,在新公式建构后不应急于应用,"磨刀不误砍柴工",适时地引导学习者将新公式与旧公式(公式本身不存在新旧之分,只是从出现的先后顺序加以区分)相关公式进行比较,寻找关联,侧重从公式间的相互关系(包括逻辑关系、因果关系等)进行鉴赏,使学习者能在整体观下找到公式自身的规律和与其他公式间的联系,提高了公式的教学深度和记忆效果.

如对"对数运算法则"公式的鉴赏:

引导学习者从 3 个公式之间进行鉴赏:

从运算的等效性上看,$\log_a M + \log_a N = \log_a MN$ 与 $\log_a M - \log_a N = \log_a \dfrac{M}{N}$ 实质是一致的(即所谓的"+"与"-","×"与"÷"一致),而 $n\log_a M = \log_a M^n$ 与 $\log_a M + \log_a N = \log_a MN$ 的本质又是相通的(即乘法源于加法);一旦让学习者认识到三个公式之间的内在联系,学习者进行公式记忆时便轻松很多,同时也为公式的运用提供了必要的准备.

引导学习者从对数运算与指数运算之间进行鉴赏:

从运算的功能性上看,指数运算法则与对数运算法则是相互联系和相互贯通的:

对数运算法则↔指数运算法则

$$\log_a M + \log_a N = \log_a MN \leftrightarrow a^m \cdot a^n = a^{m+n}$$

对数运算中是由"+"到"×",是"升级"的运算,而指数运算中则是由"×"到"+",是"降级"的运算,这说明了对数运算与指数运算是一对互逆运算,是对同一关系的不同表达,学习者在此过程中将公式间的外部联系了然于胸,这种认识是逻辑性的理性认识.

通过以上两方面的鉴赏,学习者定能抓住公式的内部和外部的各种联系,进而在头脑里形成思维性记忆,思维性记忆是一种本质性记忆,形成的记忆效果是整体而稳固的.

(3)从公式的不同认识形式上进行鉴赏,让学习者拓宽认识视野

有些公式的形态特征或运算特征决定了公式的呈现方式具有多种形式,若能适时地引导学习者对公式进行不同形式的鉴赏,既可以提高公式的理解深度,又增强了公式运用时的灵活性,同时也给教师开发公式的教学空间提供了契机.

如学习柯西不等式时,我们可以按照它不同形式呈现的先后顺序引导学习者对柯西不等式进行多角度的鉴赏:

以旧引新:$(a^2+b^2)(c^2+d^2) = a^2c^2+b^2d^2+a^2d^2+b^2c^2 = (ac+bd)^2+(ad-bc)^2 \geq (ac+bd)^2$.

这是课本由等式转变出不等式而得出的二维形式的柯西不等式.

显然有 $\sqrt{(a^2+b^2)} \cdot \sqrt{(c^2+d^2)} \geq |ac+bd| \geq ac+bc$,这是二维柯西不等式的变形式.

初出茅庐:求证 $|\vec{a} \cdot \vec{b}| \leq |\vec{a}||\vec{b}|$.

这是柯西不等式的向量形式,学习者此时对其认识只是形式上的,并非本质的,但若将此题简单地当成数量积运算的应用一带而过,便失去一次较好的鉴赏机会,也丢失了对柯西不等式认识的一个重要视角. 其实,由向量数量积与余弦函数的有界性,即设向量 $\vec{a}$ 与 $\vec{b}$ 的夹角为 θ,则 $\vec{a} \cdot \vec{b} = |\vec{a}||\vec{b}|\cos\theta$,有 $\cos\theta = \dfrac{\vec{a} \cdot \vec{b}}{|\vec{a}||\vec{b}|}$,而 $|\cos\theta| \leq 1$,从而有 $|\vec{a} \cdot \vec{b}| \leq |\vec{a}||\vec{b}|$,若设 $\vec{a} = (x_1, y_1), \vec{b} = (x_2, y_2)$,则 $\sqrt{(x_1^2+y_1^2)(x_2^2+y_2^2)} \geq |x_1x_2+y_1y_2| \geq x_1x_2+y_1y_2$.

重出江湖:求证:$\left(\dfrac{a+b}{2}\right)^2 \leq \dfrac{a^2+b^2}{2}$.

我们可将上式适当变形为 $(a+b)^2 \leq (1^2+1^2) \cdot (a^2+b^2)$,这是柯西不等式的二维代数形式,学习者此时会逐步感觉到这个不等式的内涵,如再结合向量形式,令向量形式中的 $\vec{a} = (a,b), \vec{b} = (1,1)$,学习者的认知在此过程中得到了衔接,增强了公式表现手法,拓宽了公式的认识视野.

三顾茅庐:在学习必修3统计关于样本的均值和方差(或选修2-3概率中离散型随机变量的期望与方差)时,我们将方差公式 $S^2 = \dfrac{1}{n}\sum\limits_{i=1}^{n}(x_i - \bar{x})^2$ 变形如下

$$S^2 = \dfrac{1}{n}\sum_{i=1}^{n}x_i^2 - \dfrac{2\bar{x}}{n}\sum_{i=1}^{n}x_i + \bar{x}^2 = \dfrac{1}{n}\sum_{i=1}^{n}x_i^2 - \bar{x}^2$$

由于 $S^2 \geq 0$,于是

$$\dfrac{1}{n}\sum_{i=1}^{n}x_i^2 \geq \bar{x}^2$$

即 $n(x_1^2+x_2^2+\cdots+x_n^2) \geq (x_1+x_2+\cdots+x_n)^2$.

这是柯西不等式的概率统计形式,学习者在鉴赏中感受数学魅力的同时必定又一次拓宽了认识视野,对柯西不等式的理性认识也进了一步,更重要的一点是为培养学习者思维的灵活性和发散性提供了范例.

(4)从公式的两端进行"收""展"双向鉴赏,为学习者使用公式提供示范

很多公式都有这样一个显著特征:公式左端(或右端)是比较复杂的形式,而另一端则

比较简单,从动态的角度来看,我们将从复杂的一端到简单的一端的过程视为公式的"收",将从简单的一端到复杂的一端的过程则视为"展"(当然这样的"收""展"是符合逻辑的演绎过程).若能在公式教学时,引导学习者"收""展"的角度对公式进行双向鉴赏,能增强公式的认知动感,帮助学习者建立起认识公式的视角,同时也让学习者体会到公式在使用时的两个方向——正用与逆用,也为公式的灵活使用提供了示范.

比如,二项式定理$(a+b)^n = C_n^0 a^n b^0 + C_n^1 a^{n-1} b + C_n^2 a^{n-2} b^2 + \cdots + C_n^r a^{n-r} b^r + \cdots + C_n^n a^0 b^n$ $(0 \leqslant r \leqslant n, r \in \mathbf{N})$.

从左端往右端看,是公式的"展",就是将一个高度浓缩的整体分解到易于把握的个体去研究,而每个展开的个体又呈现出规律性的变化,于是,在这个公式运用时应抓住个体间的变化规律——通项$C_n^r a^{n-r} b^r$去解决问题,这就是公式的"正用"时的核心;从右端往左端看,是公式的"收",就是将一个非常复杂且有规律的对象群体收缩成一个形式比较简捷的对象,而"收"这一活动得以开展的前提就是对复杂形式各个个体的变化规律的洞察,"收"的过程就是公式的"逆用",相对而言,公式的"收"比公式的"展"所需的思维量更大,这也是公式逆用之于正用难的原因.

通过引导学习者对公式两端进行"收""展"双向鉴赏,必定引发学习者对公式结构理解的深度思考,这种思考不是形式的,而是使用公式时一种可借鉴或可模仿的思维程式,长期进行这样的双向训练,学习者的思维品质也将会得到很大的提升.显然,数学鉴赏水平也逐步提高了.

6.3.2 真理观与可误观的结合,使鉴赏水平更上一个层次

数学的两重性特征,启引我们提高数学鉴赏水平要关注真理观与可误观相结合.数学的自律性精神以及数学思维品质的批判性,促使我们要认识到数学的两面性,数学既有可爱的一面,也有"丑陋"的一面.正如就数学的真理性而言,也有虚假的和可误的数学一样,就数学的功用性来说,数学更多是一种善,但也不排除有"恶"的一面(这主要是由于对数学的错误理解或不当使用造成的).因此,要让学习者逐步形成对于数学的较为全面的看法.包括要认识到数学思维的片面性(数学抽象思维、把非数学(不能量化或模式化)的材料剔除、使事物失去了完整性和真实性,以及数学知识的固有缺陷(如纯粹数学的过度膨胀的形式化等)、数学的发展历程(数学家走过的曲折道路、数学信仰、数学悖论与数学危机、不同时期对数学严格性的看法、迄今仍未解决的数学难题,数学被误用或错用等).总的来说,需要对数学保持一种科学和理性的态度,而不要让数学成为像神秘主义、超级迷信、盲目的时尚和流行物一样的东西.这其实也是一种较高层次的数学鉴赏了,即包含有批判和审视的成分在内了.

第七章 从数学文化欣赏走向文化数学研究

科学价值与人文价值是数学文化价值的主要组成部分.数学文化的提出是现代教育发展的需要,也是实现学习者全面发展的需要.《普通高中数学课程标准(实验)》中曾多次强调:"数学文化是贯穿整个高中数学的重要内容之一".并要求将"教材中的数学文化内容采用多样化的教学方式,渗透在每个模块和专题中".

我们在第五章曾说过:数学文化不仅是一种人文关怀,而且是一种人类的理性精神以及探索求真的精神的体现.为了使数学的文化价值更加丰富多彩,便提出了研究文化数学的课题.

7.1 数学文化与文化数学

有一种供小学生习字用的描红字贴上有一首儿歌:

一二三四五,金木水火土.

天地分上下,日月成今古.

这短短的20个字的诗,包含了极为丰富的数学文化内容.一、二、三、四、五是排在前面的几个自然数,它一方面像诗歌的"起兴"一样,有总起全诗的作用,另一方面也泛指一切数量关系.金木水火土是古人认为构成物质世界的基本元素,代表物质世界.但古人也常用一些简单的自然数与金木水火土对应,用数字来表示它们.第三句描写宇宙空间的广阔,第四句描写时间的永恒.中国古代也有用自然数来表示天地的做法.如《周易》中就有"天一,地二,天三,地四……"的说法.事实上,空间的位置,日月的运行都是可以通过数学方式来描述的.可见,在这首短短的20个字的诗中,把数量、物质、空间、时间都通过数量关系联系在一起了,缤纷灿烂的物质世界,浩瀚神奇的宇宙空间,姹紫嫣红、百美争妍,但是都统一于数量关系之中.这种含有丰富数学内容的文学作品,呈现了数学与文学的紧密联系,显然,这是数学文化的生动体现.

一般地,文化是指人类社会历史发展过程中所创造的精神财富,文学、艺术、教育和科学等都属于文化的范畴.数学也是这个范畴中最为高雅、最为重要的文化之一.

事实上,自古以来,人们就把数学和文化融合在一起了.古罗马学者西塞罗(Cicero,前106—前43)提出了一个以培养雄辩家为目的的教育纲领,在这个纲领中,把数学列为人文科学的范畴.他所说的人文科学包括数学、语言学、历史和哲学等,明显的是把数学作为一种文化来对待.西塞罗的纲领后来成为古典教育的基本纲领,对人类教育的历史曾经产生过深远的影响.我国古代把数学教育列为"六艺"之一,是当作文化教育的一部分而设置的.这也说明了数学文化源远流长,历史悠久.

数学文化处于人类文化的较高层次.数学在人类文化当中,依靠其准确性、严密性、抽象性和应用的广泛性和无孔不入而占有极大的优势,加之它证明中逻辑推理的简捷有力和问题的情趣性,从而这种文化具有美学意义下的艺术性和诱人魅力.

在自然科学当中,数学理论起着车马桥舟的作用,在科学史上受惠数学得到成功的事件数不胜数.例如,行星运动三大定律是人类科学史上最重大的成就之一,是数学文化与实验科学联姻哺育的天文学长子,科学史上第二个精彩事例是英国的亚当斯和法国的勒维烈通过复杂的数学分析与推理,预报了当时尚无人所知的一颗行星(即海王星)的存在,且明确预报了这颗星必于何时出现在何处.天体中这种深藏着的奇妙现象,数学可以去发现它、描述它.这些现象甚至使一些哲学家深信,世界是按照数学公式运转的.哲学家们的这种信念又推动人们去探求宇宙之谜,并努力探寻宇宙的数学描绘.

数学理论展现了它的真理性.在社会科学乃至某些自然科学当中,一代人抛弃前代人建立的理论的现象司空见惯.数学当中则是下一代人更上一层楼.数学理论所使用的符号,是高级形式的语言,它具有绘画与音乐那种全球性,甚至有人猜测它可能具有超越地球文化的广度.数学的符号语言,精确化程度高,没有日常用语中的歧义现象,用数学符号表示成的同一个数学模型可以刻画自然界和人类社会中许多不同的变化.这可以说数学文化统一着自然与社会的规律.

数学素养是整体文化素养的重要标志,它使人说话办事条理清楚,逻辑严谨,符合理性标准,守时守约,具有诚信可靠的品质.以至于文化程度较高(即指接受学校教育程度高,而数学教育是学校教育主体)的人容易赢利致富,一个重要的背景是这些人有数学头脑,是他"心中有数"和数学中的运筹化观念和风险观念在起作用.

综上,这说明数学与人类文明同生共存、相依为荣,整体人类文化当中处处含有数学文化的内容.

数学的这种文化内涵与文化属性,数学的这种与其他文化品种之间的种种联系,构成了数学文化的丰富内容与广博程度.

但数学还有另外的一面,很多时候,它的枯涩语言,冷峻的定义与公式、定理,看上去怪里怪气的符号,这些就像一堵高墙,把它和周围世界隔绝了.另外,数学的专门化越分越细也使得这堵墙越增越高.由于数学太重要了,数学必须义无反顾地向广大公众传播和普及.社会日趋数学化,随着人类生活质量的提高,生产力的发展和科学文化的进步,数学知识将迅速介入一切领,高新技术实则成为某种数学技术,一门科学现代化水平将近似地可以用该学科的研究与表述当中所消耗的数学含量来度量.

现实的这种局面给我们提出了挑战,要求我们拆掉这堵高墙,通过对数学的改造或再创造,消除人们对它的神秘感和畏惧感,让它变得尽可能地和蔼可亲,让它发挥更宽广、更深厚的数学文化作用,这便提出了研究文化数学的课题.

显然,数学文化,是以文化为主词,研究数学的文化内涵与属性,研究数学与其他文化品种之间的各种联系,它是属于文化研究的范畴.而文化数学,则是以数学为主词,研究如何对数学改造或再创造,使数学变得易于大众接受,服务于社会的发展,服务于人类生活,成为一种更高雅、更实惠的文化,因而是属于数学研究的范畴.

文化数学,就是为了使人们享受更高雅、更实惠的数学文化生活,来对数学进行文学改造、文化包装、文化优化(包括整合创新优化,返璞归真优化),甚至对数学进行再创造,以满足有些学习者还需要学习更多的数学内容,满足学习者课外生活需要更有趣的数学读物,满足青年走进社会后需要更多的数学教育,满足社会上的人们需要"好玩"的数学科普读物.那么,文化数学从哪些方面进行研究呢? 如何着手呢?

7.2 探讨研究文化数学的着眼点

作者通过探讨,认为研究文化数学可以从如下六方面着眼.

7.2.1 着眼于史料发掘

宋朝的苏轼画了一幅《百鸟归巢图》,广东一位名叫伦文叙的状元给那幅画题了一首诗:

归来一只复一只,三四五六七八只.

凤凰何少鸟何多,啄尽人间千石食.

画题既名"百鸟归巢",而题画诗中却不见"百"字踪影. 也许有人感到怀疑,画中到底是100只鸟还是只有8只鸟呢? 我们可以把诗中出现的数字写成一行1,1,3,4,5,6,7,8,再在其中加上适当的运算符号,就会有

$$1+1+3\times4+5\times6+7\times8=100$$

"百"字出现了,原来诗人独运匠心,使用了数论中整数分拆的方法,把100巧妙地拆成两个1、三个4、五个6、七个8之和,用含而不露的方式写出了100只鸟. 这样,利用诗歌既对贪污腐化的官场进行了辛辣的讽刺,又生动形象地描述了数学知识.

像这样的史料,我们发掘出来,就是一种文化数学的欣赏学习.

人类几千年的文明史,积累了浩如烟海的史料,这些史料在今天虽有哲学、文学、数学、艺术、物理、化学、生物、史学、天文等之分,但在历史上,许多学科是融为一体的. 如哲学与数学、天文学与数学有一段时期就是一门学科. 历史是宏观的,发掘史料,可以宏观的借鉴与思考,这对我们研究文化数学及其溯源打开了一种途径. 例如,湖南教育出版社学数学出身的欧阳维诚先生,对有关史料进行了深入的研究,撰写了一系列著作. 有一本书名为《数学——科学与人文的共同基因》,他从丰富的史料分析中认识到:科学与人文都借重数学,依赖数学来完成各自的使命. 全书从人和自然、人和人以及人自身这三方面的关系对科学与人文关系进行了深入的讨论,得出:数学不仅是数字文化技术的支柱,也是科学精神与人文精神共同的基因. 有一本书名为《文学中的数学》,他介绍了54个史料故事,分九个专题:文学作品中抽象出数学原理、文化作品中蕴含数学趣题、文学作品中有各种数学背景、文学作品融及数学的新分支、文学与数学组成的共同体、文学与数学有共同的思维模式、文学与数学使用共同的技巧、古老的文学话题与全新的数学概念、文学问题与数学问题杂谈. 他从欣赏文学作品出发,引发出一些与之紧密相关的数学趣题,发掘出了文学能帮助我们更有效、更深刻地欣赏数学知识与思想. 又有一本书名为《唐诗与数学》,他挑选了100首唐诗,分十个专题:形式结构遵循数学规律、思想内容隐含数学背景、咏物抒情涉及数学原理、方法技巧

对应数学模式、名言警句启迪数学思维、夕阳芳草激发数学灵感、秦月汉关发挥数学想象、用词造句偶合数学问题、激情雅意增加数学趣味、语言之美道出数学之美. 他试图从自然科学的角度去欣赏或评论唐诗,发掘了在唐诗的情韵中展示的数学思维、数学灵感、数学模式、数学原理、数学规律等,多么丰富的数学内容! 还有一本书名为《寓言与数学》,他挑选了100篇脍炙人口的寓言,作者首先揭示了寓言与数学的四个密切之处(参见本书5.1.1节):寓言是一种幽默化了的常识,数学是系统化了的常识. 寓言从普通的常识出发,用最简捷的语言,借助逻辑力量,或阐明事物的深刻哲理,或讽刺社会的常见弊端. 由于篇幅很小,不能不把一些道理省略,须通过逻辑推理,而且常常还须发挥多元思维或逆向思维去发掘、去理解. 这些正是数学的基本特征. 这就揭示了寓言的表达与数学的方法存在相似之处;寓言的内容常常涉及自然与生活中的某些规律,涉及哲学与逻辑的某些原理,而这些规律、原理的表述,又往往依赖于数学的公式、定理或模型,甚至必须借助数学才能较深刻地呈现. 换言之,不少寓言可以说是某些规律、原理的具体化、形象化,而数学模型则是这些规律、原理的抽象化、逻辑化,这就揭示了寓言的具体形象与数学的抽象模型存在相通之处;数学是研究空间形式和数量关系的科学,现代数学则研究抽象的关系. 这些关系无所不在,在寓言中亦不例外. 一篇寓言,可以从各方面去发掘其思想内涵,有了数学的参与,可以从更加开阔的层面上去发掘寓言的内涵,有的甚至还非这样不可. 这就使得寓言的艺术魅力和讽刺效应与数学的内容存在相依之处;有些寓言涉及一些特殊的概念和关系,这些概念或关系模糊不清,还有待明确和精确化. 这些概念和关系一方面恰恰是寓言家取材的矿点,另一方面又是数学家研究的对象,把概念精确化,把说不清楚的概念说清楚,正是数学的基本工作和看家本领. 这就使得寓言在取材方面、逻辑的基础上与数学的研究对象存在着相同之处. 其次,作者还发掘了在寓言中可以体验到数学的逻辑力量和艺术感染力,从寓言到数学,可以促发思维的飞跃,培养想象力,提高思维素质,加强数学文化修养,这也使得我们认识了文化数学的一个重要载体. 又例如,北京理工大学计算机专业的吴鹤龄教授,撰写的《七巧板、九连环和华容道》,从介绍中国古典智力游戏三绝入手,发掘了这些智力游戏中蕴含的数学问题和数学道理. 玩七巧板、玩九连环、玩华容道,实则是玩数学,使人在游戏中启迪思想、开阔视野、锻炼思维能力.

发掘史料,古为今用,这可以为文化数学研究提供课题.

7.2.2 着眼于科普创作

今天,数学科学正以人们意想不到的速度和力度深刻地影响并改变人类社会的生产、生活和未来走向. 因此,组织数学界和科普界的专家学者,对包括编码和密码、时空几何、小波分析、非线性数、混沌、分形、金融数学等内容比较深奥的数学学科,用深入浅出的方式向大众介绍已成为当务之急.

张景中院士身先士卒,不仅自己撰写了"院士数学讲座专辑"《数学家的眼光》《漫话数学》等8本科普读物,还主编了"好玩的数学"丛书中的《数学聊斋》《数学美拾趣》《幻方及其他》《数学演义》《七巧板、九连环和华容道》《中国古算解趣》《乐在其中的数学》《不可思议的 e》《说不尽的 π》以及"走进教育数学"丛书中的《数学的神韵》《数学不了情》《情真意切话数学》等,这些读物,不同的读者也会从其中得到不同的乐趣和益处,可以当作休闲娱乐小品随便翻翻,有助于排遣工作疲劳、俗事烦恼;可以作为教师参考资料,有助于活跃课堂气氛、启迪学习者心智;可以作为学习者的课外读物,有助于开阔眼界、增长知识、锻炼思维能力. 即使对于数学修养比较高的大学生、研究生甚至数学研究工作者,也会开卷有益.

进行科普创作,是开展文化数学研究的重要方式. 为此本书作者也花了多年的时间,撰写了《从 Cramer 法则谈起——矩阵论漫谈》《从 Stewart 定理的表示谈起——向量理论漫谈》《从高维 Pythagoras 定理谈起——单形论漫谈》(均由哈尔滨工业大学出版社出版),作为向张景中院士学习、宣传张院士的教育思想而做的一点实事.

7.2.3 着眼于文学修饰

传说乾隆皇帝游江南时,在杭州西湖遇上大雪,便随口吟出三句诗:

"一片一片又一片,三片四片五六片,七片八片九十片."

这位附庸风雅的风流皇帝,虽然写过不少的御制诗,但如果单从这几句看实在有点"略输文采",幸亏陪游的沈德潜替他续了一句:"飞入芦花都不见."

这一续突然峰回路转,点石成金,白雪片片落进白色的梅花丛中,顿时融合得不露形迹,动景起了突变,出人意料的收笔产生了奇妙的诗歌效果. 这就是文学修饰的作用.

爱国诗人屈原在《离骚》中写道:"盖方圆之能周兮,夫孰异道而相安."诗人用"方"与"圆"、"直"与"曲"的不能吻合,形象地揭露了君子与小人不能共处,道不同不相为谋. 这是用数学对象来做比喻,给人以新奇、生动和无可怀疑的印象.

同样地,如果对数学内容进行文学修饰也会产生同样的效果与作用.

某些难理解的数学概念,可以给予文学解读帮助理解.

例如,极限定义中的式子 $|x_m - A| < \varepsilon$,可以这样解读:对于给定的任意小的正数 ε,x_n 的取值与常数 A 的差的绝对值要多么小就有多么小. 又例如,对于数学中的弱抽象和强抽象概念,可以这样解读:强抽象可以看作是从越来越狭小的范围里去搜索,弱抽象可以看作是从越来越宽阔的范围去考察.

某些数学对象的性质特点,可以进行文学描述.

例如,有理数可以数个数,无理数不能排次序;此数函彼数,谓之函数;向量一桥飞架,数形天堑变通途,等等.

一章数学内容,可以借助文学作品介绍.

例如,张景中院士主编的高中数学课本的每一章都给出了章头诗. 下面是第 1 章"集合与函数"的章头诗:

日落日出花果香,物换星移看沧桑.
因果变化多联系,安得良策破迷茫.
集合奠基说严谨,映射函数叙苍黄.
看图列表论升降,科海扬帆有锦囊.

有些数学著作的名称直接进行文学修饰.

例如,福建的王志雄先生就写了一本《数学美食城》的著作,宣传数学是人类的一类精神食粮;韩国的朴京美女士撰写了《数学思维树》《数学维生素》,启引读者发现数学的迷人、可爱,从而爱上数学.

文学修饰是用文化来包装数学的一个重要方面,这也是进行文化数学研究的一条途径.下面看两个例子:

例1 多姿多彩的圆.

圆的历史就是数学文化发展的历史.圆的概念的漫长发展过程,凝聚并积淀了一代代人的创造和智慧结晶.

科学认识最初形成于直观的想法,但最终要用抽象的解析式来表达.圆是人类最早认识的图形,人们对圆的认识也经历了直观的圆、理念的圆、解析的圆、文化的圆、数学的圆等过程.[①]

(Ⅰ)直观的圆:长河落日圆

圆形是一个看似简单,实际上却很奇妙的图形.古代人最早从太阳,从阴历十五的月亮得到了圆的概念.一万八千年前的山顶洞人曾经在兽牙、砾石和石珠上钻孔,有些孔就很圆.到了陶器时代,人们将泥巴放在转盘上制成了圆形的陶器.人们开始纺线时,又制出了圆形的石纺锤、陶纺锤.古代人还发现圆的木头滚着走比较省劲.大约在六千年前,美索不达米亚人做出了世界上第一个轮子——圆的木盘.大约在四千多年前,人们将圆的木盘固定在木架下,就成了最初的车子.据说有些文明中,到死(湮灭、消亡)也未能发明出轮子来,所以轮子被某些西方学者视为衡量文明发达高度的标尺之一.但是轮子只是物理世界的圆,即使再精密的轮子,也不可能是真正的圆.北京的"天坛"——祈年殿、皇穹宇、回音壁、圜丘等建筑物也都是圆的.一切制成品都是有误差的,真正的圆形只存在于几何学中,存在于人们的理念中,是从直观的圆抽象而来的.

图案学认为,圆的形式美是任何图形无可比拟的.因为只有圆(或三维的球)才能集对称、均衡、和谐、完整于一体,在视觉上给人以完满无缺、包容无限、运动不息、动静统一的美好感受.圆的形式美是具有永恒性的,圆和圆的连缀就是这"形式美"的最完美的代表.这种形式美及圆形形状能经受内外力的挤压,不变形、不破裂的特点决定了圆在艺术中、在建筑中、在生活中的广泛应用.

可以说,圆是一条"伟大"的曲线,它和人类文明的进步有着巨大的关系.

我国距今约7 000年前的河姆渡文化,就出现了圆形的玉琮和战国时期大量使用战车.战车的车轮为什么必须做成圆的呢?这是由圆的"旋转对称性"所决定的.圆,以圆心为旋转中心,旋转任意角度,都和自己重合.这一旋转运动下的不变性,是圆的最基本的性质,其他任何图形都不具有.

圆是人类文明的标志.没有了圆,就没有了车轮;没有了车轮,就没有了战车;没有了战车,就没有了政治和霸权的地位;没有了车轮没有了交流,那整个社会就不会发展到如今的繁荣.因此圆对于社会的发展和文明的进化都起到了一个不可或缺的作用.

(Ⅱ)理念的圆:最完美的平面图形

---

① 徐章韬,王春华.多姿多彩的圆[J].湖南教育,2010(8):32-34.

圆的形式美也表现了一种"形而上"的"道"的世界.古埃及人就认为圆是神赐给人的神圣图形.古希腊毕达哥拉斯学派曾明确指出:在一切立体图形中最美的是球形,在一切平面图形中最美的是圆形;在周长相同的情况下,面积最大的图形就是圆;在表面积相同的情况下,体积最大的几何体就是球.这种抽象的圆,在古希腊人那里早已出现.但一直到两千多年前我国的墨子才给圆下了一个定义"一中同长也".即是说,圆有一个圆心,圆心到圆周的长都相等.这个定义比古希腊数学家欧几里得圆的定义要早一百年.但古希腊人对圆的性质已经做了大量深入的研究,取得了足以傲视群雄的成果.中国人对圆的几何性质的研究在后来两千年的时间里却几近空白.不过,这种状况并未妨碍中国人在工艺技术方面对圆的应用,也未妨碍中国人求得精确的圆周率.

很早以前,人们看出,圆的周长和直径的比是个与圆的大小无关的常数,并称之为圆周率.中国古代有"径三周一"的粗略说法.1600 年,英国威廉·奥托兰特首先使用 π 表示圆周率,因为 π 是希腊之"圆周"的第一个字母,而 δ 是"直径"的第一个字母,当 δ = 1 时,圆周率为 π.1706 年英国的琼斯首先使用 π,1737 年欧拉在其著作中使用 π,后来被数学家广泛接受,一直沿用至今,π 是学生接触到的第一个无理数.第一个用科学方法寻求圆周率数值的人是阿基米德,用圆内接和外切正多边形的周长确定圆周长的上下界,开创了圆周率计算的几何方法(亦称古典方法或阿基米德方法),得出精确到小数点后两位 π 的值.刘徽在注释《九章算术》时只用圆内接正多边形就求得 π 的近似值,也得出精确到两位小数的 π 值,他的方法被后人称为"割圆术",其中有求极限的思想.

南北朝的时候,祖冲之为了计算圆周率,他在自己书房的地面上画了一个直径 1 丈的大圆,从这个圆的内接正六边形一直作到 12 288 边形,然后一个一个算出这些多边形的周长,那时候的数学计算,不是用现在的阿拉伯数字,而是用竹片作的筹码计算.他夜以继日、成年累月,终于算出了圆的内接正 24 576 边形的周长等于 3 丈 1 尺 4 寸 1 分 5 厘 9 毫 2 丝 6 忽,还有余.因而得出圆周率 π 的值就在 3.141 592 6 与 3.141 592 7 之间,准确到小数点后 7 位,还得到两个近似分数值:密率 $\frac{355}{113}$ 和约率 $\frac{22}{7}$,这一纪录创造了当时世界上的最高水平,日本数学史家三上义夫建议将 3.141 592 6 叫"祖率"以纪念祖冲之的成果.

祖冲之的成就,能为世人所知,只有依赖 20 世纪初我国数学史家研究.这里摘录茅以升"《中国算书中之圆周率研究》识言"中的一段话:

"我国数学能与欧西争辉者,圆周率其一也.惟近世偏重西算,前人伟绩,渐趋湮没,亟待实录表彰,发扬国粹.六年前,愚有《中国圆周率史》之作,即本斯意.……近于《学艺》杂志中,屡见钱君宝琮之著作,于重算研究,探讨极深,至为忻幕.嗣晤君与吴县,始知君另有中国圆周率之作,喜而读之,则考证精详,阐发奇妙,远非拙作能及;因特征为《科学》资料,以供同好".

于是,上述茅以升先生的"识言"和钱宝琮先生的《中国算数中之圆周率研究》一文,刊载于《科学》第八卷(1923 年)第二期第 114 页.此后,李俨、严敦杰诸前辈学者陆续研究,终使祖冲之的贡献为世人共知.

1964 年 11 月 9 日为了纪念祖冲之对我国和世界科学文化做出的伟大贡献,紫金山天文台将1964年发现的,国际永久编号为1888的小行星命名为"祖冲之星",中国上海市浦东新区张江高科技园区,有祖冲之路,东西走向,是该园区主要道路.

1579年,法国数学家韦达给出π的第一个解析表达式.此后,无穷乘积式、无穷连分数、无穷级数等各种π值表达式纷纷出现,π值计算精度也迅速增加;现在有了电子计算机,圆周率已经算到了小数点后12 400亿位了.

在微积分发明之前,几何学是西方天文学家、物理学家的科学利器,而几何学中关于圆的各种性质和定理,则是利器中最重要的部分之一.圆的重要性质表现在对称性上.圆是最对称的二维平面图形,通过中心的任意一条直线,都可以将圆形分成完全相等的两部分.这是圆的反射对称性.三角函数中的诱导公式其实就是圆的反射对称性的解析表达.如,$\cos(-t)=\cos t,\sin(-t)=-\sin t$解析表达了圆对$x$轴的反射对称性,$\cos(\pi-t)=-\cos t$,$\sin(\pi-t)=\sin t$解析表达了圆对$y$轴的反射对称性,$\sin\left(\dfrac{\pi}{2}-t\right)=\cos t,\cos\left(\dfrac{\pi}{2}-t\right)=\sin t$解析表达了圆对直线$y=x$的反射对称性.圆旋转任意角度之后还是回到原来的位置,这就是圆的旋转对称性.和角公式$\cos(\alpha+\beta)=\cos\alpha\cos\beta-\sin\alpha\sin\beta$即是这种性质的解析表达.圆的旋转对称性使得圆上每一点对圆心的"地位"都相当,圆也就因此有一个重要的物理性质——"滑",这在技术上导致了一项重大发明——轮子.只有圆形的轮子,没有方形的轮子.圆的对称性优于正方形.用群来刻画对称性,正方形的群是有限群、离散群,圆的群是连续群、拓扑群.圆上每一点的地位相当,还表现在每一点的曲率都是$\dfrac{1}{R}$.由弧长公式$l=R\theta$,得$\dfrac{1}{R}=\dfrac{l}{\theta}$,再用极限的手段就可求得任意曲线在某点的曲率.直线是曲率为零的圆.当椭圆的两个焦点重合时,椭圆也就变成了圆.当圆在平面上做纯滚动时,圆上某点的轨迹就是摆线.类似地,可得到内摆线、外摆线,进而可得到星形线、心脏线,还可以得到圆的渐伸线等.这在机械装置中有广泛的应用.

几何学上的曲与直是对立的统一.圆周角则是曲与直之间相互转化的桥梁,特别是直径上的圆周角,恰是直角.直角来源于两条直线的垂直,本是直线形的重要特性,现在却在圆周上出现了.圆和直角,一曲一直,本来似乎没有关系,但是却神奇地联结在一起了.一般地,用圆弧的"曲",体现两"直"线的交角,生动地体现了曲直转化的内在和谐性.

圆周角定理是说:在同圆或等圆中,同弧所对的圆周角是圆心角的一半.而圆周角定理的推论:圆周角的度数是它所对的弧的度数的一半,如果将角的顶点从圆上移到圆外,则成了圆外角,得到圆外角等于它所夹的两条弧的度数差的一半;若将顶点从圆上移到圆内,则变成了圆内角,得到圆内角等于角两边所在的直线所夹的两条弧的度数和的一半.圆弧长度和直径,决定了角的度数,成为度量几何学的一根支柱.弧度影响着整个数学,因为三角函数是以弧度支撑而发展起来的.微积分学里有一个基本极限$\lim\limits_{x\to 0}\dfrac{\sin x}{x}=1$,当$x\to 0$时,弧度$x\to\sin x$,这是此后许多计算的基础.弧度之重要,在以后的课程中会不断地体现.

(Ⅲ)解析的圆:刻画周期现象的有力工具

"一石激起千层浪",湖面上荡漾的环形水波纹,从中心向外扩散,形成一系列同心圆.

海啸则是一种长周期的水波. 波在三维空间中传播时可以形成一系列球面波. 紫外线、x射线、γ射线、红外线、微波、无线电波都以球面波的方式传播. 圆,周而复始,无始无终,是刻画振动现象、波动现象和周期现象的有力工具.

圆除了代表完满的形态之外,还涉及物体的运动. 圆的重要性表现在人们对天空和地球的研究上. 由于在古希腊人的美学观念中,球被看作是最完美的实体形象,太阳和月亮等球体的运动看来都是走的圆形轨道,于是天文学家和数学家就试图通过用匀速圆周运动的各种几何构造的组合来建立模型,从而解释天体中的各种现象. 因此人们对圆形轨道有一种特殊的情结. 当然,地球绕日的椭圆运动也有周期性,不过圆周运动最为典型. 满足 $\begin{cases} x = r\cos t \\ y = r\sin t \end{cases}$, 的所有点 (x,y) 的集合,就是圆. 三角函数就是匀速圆周运动的本质表现,三角函数又称圆函数. 当一个质点在圆(又称参考圆)上作匀速圆周运动时,其在 y 轴上的投影的运动就是一个简谐振动,可以用三角函数 $y = A\sin(\omega t + \varphi)$ 表示这个运动. 自 1784 年欧拉给出三角函数是一种函数线与圆半径的比值这一极其科学的定义后,三角学就从静态地研究解三角形的狭隘天地中解放出来,反映现实世界中一切可以用函数反映的运动或变化过程.

(Ⅳ)文化的圆:数学人文两相宜

圆,不仅是一个数学概念,还有文化意蕴.《周髀算经》以科学的口吻说"圆出于方,方出于矩",古训"没有规矩,不成方圆"却让科学回归到生活中,使圆的意味更厚重、更深邃、更开阔."大漠孤烟直,长河落日圆"是诗中画,画中诗,有禅味,此中的情趣化解了直线与平面垂直、圆与平面相切的理趣,让人在虚心涵泳中体会个中真味. 天圆地方是中国人的传统思想,外圆内方是中国人的处世哲学,古代圆形的铜钱中间镂空出一个正方形,真是有圆必有方,有方必有圆. 与此相映成趣的是:圆有内接正方形,有外切正方形;正方形有内切圆,有外接圆. 圆,均匀对称,每一点的地位都相当,具有不偏不倚、公正公平客观的品质. 因此,国际上的重大会议都以圆桌会议的形式举行,寓意国家之间一律平等. 天上月圆,人间月半,每逢佳节倍思亲,取意"圆"满之意,即每一点的曲率都相同. 圆形还是表达"形而上""道"的载体. 如,圆是西藏宗教的象征,是与天地对话的一种方式."道"处于基础的地位;"圆"也基本. 轮子、星空、圆锥曲线、万有引力、振动、摆线、波、相对论、原子,直到宇宙,圆的影子无处不在. 千百年来,人类一直寻求各种方式不断地模仿圆、制造圆、应用圆. 然而,真正意义上的、严格的、完美的圆,只存在于超现实的数学世界中,只存在于数学的抽象、清晰和严谨之中,只存在于人们的理念中、文化中.

(Ⅴ)数学的圆:赏心悦目练思维

A. 圆的直径的作用

圆关于直径的轴对称性,具有深刻的几何特性. 利用圆的对称性能帮助我们解决一些难题. 例如,如图 7-1,已知 P 是 $\odot O$ 直径 AB 上的一个动点,$\odot O$ 的半径为 2,$\overset{\frown}{AD}$ 的度数为 $60°$,$\overset{\frown}{AC}$ 的度数为 $30°$,求 $PC + PD$ 的最小值.

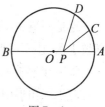

图 7-1

此题只要利用圆的轴对称性,将点 C 作关于 AB 的对称点 C',然后

联结 $C'D, OD, OC'$，即可求出 $PC + PD$ 的最小值，且最小值为 $2\sqrt{2}$.

又看下面一道集"圆心角、圆周角""垂径定理"于一身的问题，解题过程中学习者作不同的辅助线会有不同的思维启示.

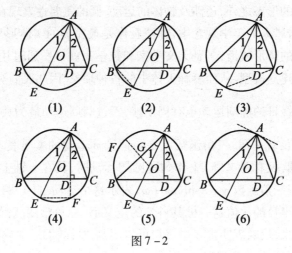

图 7 - 2

问题 已知：如图 7 - 2(1)，AD 是 $\triangle ABC$ 中 BC 边上的高，AE 是 $\triangle ABC$ 的外接圆 O 的直径．求证：$\angle 1 = \angle 2$.

辅助线作法分析，证法 1：联结 BE；证法 2：联结 CE；证法 3：延长 AD 至点 F，联结 EF；证法 4：过点 O 作 AB 的垂线交 $\odot O$ 于点 F，垂足为 G；证法 5：过点 A 作 AE 的垂线 MN；证法 6：不作任何辅助线．(对应图为图 7 - 2(2) ~ 图 7 - 2(6))

动因分析：证法 1、证法 2 比较常见，其方法主要是构造"直径所对的圆周角为直角"；启示学习者，$\angle 2$ 能否构造成为圆周角，于是有了证法 3；证法 1、证法 2、证法 3 都是利用了圆周角？那么，可否利用圆心角？于是有了证法 4；学有余力的学习者，可利用证法 5 和证法 6 进行证明.

B. 一个圆的趣题

你能把这 9 个小圆放进大圆中，使它们互不重叠吗？如图 7 - 3.

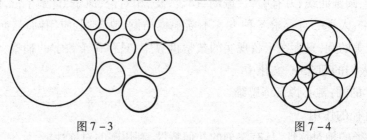

图 7 - 3   图 7 - 4

这是一道关于圆的趣题，既能培养学习者动手操作能力，又能反映圆与圆之间的关系，寓教于乐，让学习者体会到数学就在身边.

C. 一个经典的圆——九点圆

对于三角形中三条高线与三边的交点，三边中点，垂心到三顶点连线的中点（共九点），则这九点共圆.

人们第一次接触九点圆问题,确实有点始料未及:互不相干的九点能共圆吗?数学竟有如此"美妙"的定理?一旦证明之后,却又觉得在情理中之."造化之巧夺天工",令人不禁感叹.这时的心情,宛如在欣赏一幅古典的雕塑.

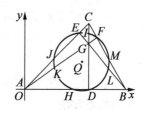

图 7-5

这个结论怎样证明呢?可以让其中的三点先确定一个圆,然后让其他的点也在这个圆上.而要确定其他的点在已确定的圆上,最好的办法是这些点到圆心的距离等于半径,这个就可以借助直角坐标来解决.因此在任意 △ABC 中,AB 为 x 轴正方向建立平面直角坐标系然后一一证明.

这个结论证明的方法很多.在 20 世纪 40 年代,这还是初中几何的必学内容,后来因为太复杂就被精简了.

D. 共圆的几何故事

2000 年 12 月 20 日,时任国家主席的江泽民同志在视察濠江中学时说,学习几何能锻炼一个人的思维,解答数学题,最重要的是培养一个人的钻研精神.然后,江泽民同志兴致勃勃地给大家出了一道几何题,请大家解答:五边形 FGHIJ 的边延长后得五角星 ABCDE. 如图 7-6,每个"角"(三角形)的外接圆相交,除 F,G,H,I,J 外又有五个交点 F',G',H',I',J',证明这五点共圆.

这个命题很简单,但结论令人惊叹. 几何就是这样神奇,它能让看似不可思议的东西变成必然. 不仅是几何,数学都是在这么一种基础上建立的. 数学这种基本思想所体现的就是美,一种无法用语言描述的美. 思想境界越高,你能发现的美就越多,正是这种美,让大自然、人类、生命变得如此和谐. 有关此问题的详细论证,见张英伯、叶彩娟的《五点共圆问题与 Clifford 定理》,收入张奠宙编的《交流与合作》,由广西教育出版社 2009 年出版. 亦可见《数学通报》或《数学教学》2007 年第 9 期.①

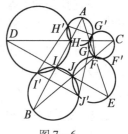

图 7-6

数学是美丽动人、使人赏心悦目的科目. 如果在平时的教学环节中积极地渗透"欣赏",使更多的人喜欢数学,数学教育将会有更强的生命力.

例 2 韦达定理——数学中的一座桥.

(Ⅰ)架设在已知和未知之间的天堑沟通之桥

"一桥飞架南北,天堑变通途",韦达定理就是这样的一座桥梁. 韦达定理之美,在于这种沟通已知和未知的数学智慧之美.②

韦达被后世尊称为"代数之父",这是因为他在发展现代的符号代数上起了决定性的作用. 韦达生活在 16 世纪末的法国,他是一名律师,只是在闲暇之余研究一些数学问题. 1591 年,韦达不仅首先使用字母表示未知数,而且使用字母表示方程中的系数,使方程的形式极为简捷. 同时,韦达还发现了根与系数的关系,发展了解决代数方程的统一方法.

---

① 王继光,龚辉.关于"圆"的欣赏[J].中学数学教学参考,2010(9):2-4.
② 龚辉.欣赏韦达定理:天堑变通途[J].中学数学教学参考,2011(3):32-34.

对一元二次方程 $ax^2+bx+c=0(a\neq 0)$,我们有两座山峰:

已知的一座山峰,其中是各个方程系数 a,b,c;

未知的是另一座山峰,其中是各个方程的根 x_1,x_2.

韦达定理则是沟通已知和未知这两座山峰的桥梁. 它是说一方面,可以用已知系数表达未知的方程根

$$x_1=\frac{-b+\sqrt{b^2-4ac}}{2a}, x_2=\frac{-b-\sqrt{b^2-4ac}}{2a}$$

另一方面,未知的方程根 x_1,x_2,又能够表达已知的系数,即

$$x_1+x_2=-\frac{b}{a}, x_1\cdot x_2=\frac{c}{a}$$

称为根与系数的关系.

如果方程 $ax^2+bx+c=0(a\neq 0)$ 的首项系数为 1,则两根之和正好是一次项系数的相反数,两根之积正好是常数项,简捷、清新、平和.

大自然的数学规律往往深藏于现象之后. 我们预先给出一个方程,本来并不知道它的系数和存在的根有什么联系. 韦达定理揭开了这层神秘的面纱,终于成为初中数学里最重要的定理之一.

发现真理的道路并非总是笔直的,难免要经过曲折. 韦达在推导根与系数关系时所用的方法就兜了一个大圈子——用代换法来解方程,具体做法如下:

设有一元二次方程 $ax^2+bx+c=0(a\neq 0)$,引入代换 $x=y+z$,代入方程得 $a(y+z)^2+b(y+z)+c=0$,即

$$ay^2+(2ax+b)y+az^2+bz+c=0 \qquad ①$$

令 $2az+b=0$,得

$$z=-\frac{b}{2a} \qquad ②$$

将②代入①,得

$$ay^2+a\cdot\left(-\frac{b}{2a}\right)^2+b\cdot\left(-\frac{b}{2a}\right)+c=ay^2+\frac{4ac-b^2}{4a}=0$$

即有

$$y^2=\frac{b^2-4ac}{4a^2}$$

从而

$$y=\pm\sqrt{\frac{b^2-4ac}{4a^2}}=\pm\frac{\sqrt{b^2-4ac}}{2a}$$

于是

$$x=y+z=-\frac{b}{2a}\pm\frac{\sqrt{b^2-4ac}}{2a}$$

令 $x_1=\frac{-b+\sqrt{b^2-4ac}}{2a}, x_2=\frac{-b-\sqrt{b^2-4ac}}{2a}$,则

$$x_1+x_2=-\frac{b}{a}, x_1\cdot x_2=\frac{c}{a}$$

(Ⅱ)对称与和谐的美丽之桥

韦达定理不仅是一座克服困难的桥梁,而且本身具有对称与和谐之美.

众所周知,几何图形会带给人们对称之美,例如:轴对称图形和中心对称图形等.然而在代数中也有对称美.韦达定理则是代数中对称美的一个重要标志.

对称,是一种运动.例如一个图形经过平移、翻转、旋转的运动之后,图形的大小形状都不变,于是显示出美来.这种运动之下的不变性质,是一种数学美.几何图形如此,代数上也是如此.

现在,我们将韦达定理中的 x_1 变为 x_2,x_2 变为 x_1,这是一种代数的变换(运动).但是结论中的代数式 $x_1 + x_2$ 和 $x_1 \cdot x_2$ 没有变,形式上与先前完全一样.这就是代数式的对称性.

众所周知,世间万物都是在变化的,数学的智慧是要找出"变化中不变的规律".这种不变性,具有美学的价值.韦达正是在错综复杂,看似变化无常的方程中发现了根与系数的不变规律,开创了代数学的先河.

韦达定理的对称式 $x+y$ 和 $x \cdot y$ 具有简单和谐的内涵,常见的 $x^2+y^2=(x+y)^2-2xy$, $\dfrac{x}{y}+\dfrac{y}{x}=\dfrac{(x+y)^2-2xy}{xy}$ 等,就是把复杂的对称式,用韦达定理的对称式加以表达,于是构成了一道亮丽的风景线.

问题1 已知 $a \neq b$,且 $a^2+2a-1=0$,$b^2+2b-1=0$.求代数式 $\dfrac{1}{a^3}+\dfrac{1}{b^3}$ 的值.

解析 由已知条件可知,a、b 为方程 $z^2+2z-1=0$ 的两根.根据韦达定理 $a+b=-2$,$ab=-1$.

故 $\dfrac{1}{a^3}+\dfrac{1}{b^3}=\dfrac{a^3+b^3}{a^3b^3}=\dfrac{(a+b)(a^2-ab+b^2)}{(ab)^3}=\dfrac{(a+b)[(a+b)^2-3ab]}{(ab)^3}=14.$

简单的美丽和内在的和谐,就像一座美丽的虹桥,让人观赏之余流连忘返,回味无穷.

(Ⅲ)有用且实用的高效之桥

庞加莱曾这样论述过数学和美学:"数学的优美感,不过就是问题的解答适合我们心灵需要而产生的一种满足感."满足感,在运用韦达定理时常常可以感受到.一些巧妙的设计,会使人的心灵产生震动,乃至体会到大自然内在数学规律的美妙.

(i)方程验根,借韦达定理可以曲径通幽

一般说来,检验一个方程的根比较复杂.有时借助韦达定理,转个弯子容易展现一片幽美的天地,例如在韦达定理教学的引入阶段,如果先展示一组二次项系数为1的一元二次方程:$x^2-x-2=0$,$x^2+x-2=0$,$x^2-2x+1=0$ 和 $x^2-2x-1=0$ 等,要求学习者解题后快速判断解答是否正确(验根).学习者解答之后将求得之根需要逐一代入方程验算,相当麻烦.此时教师便充当"魔术师"的角色,借助韦达定理迅速地判断出方程根的正确性.教师的魔力,来源于韦达定理的内在和谐性,直接通向真理.

(ii)中介牵线,借韦达定理可以求证其他结果

大家知道,设一个字母不一定为了求这个字母."设而不求"的思想是指:设定一些辅助的未知量,通过辅助未知量把这些不太明显的关系表示出来,得到新结论,但却不必求出这些未知量本身的数值.

问题 2 已知实数 x,y,z 满足 $x=6-y, z^2=xy-9$,求证:$x=y$.

解析 由已知条件得 $x+y=6, xy=z^2+9$.

由韦达定理知 x,y 可看作方程 $t^2+6t+z^2+9=0$ 的两个根.

又已知 x,y 都是实数,故方程的判别式 $\Delta \geq 0$,即
$$6^2-4(z^2+9) \geq 0$$

则 $-4z^2 \geq 0$,得 $z^2 \leq 0$.

而 z 是实数,必有 $z^2 \geq 0$,从而 $z^2=0$,即 $z=0$.

故 $\Delta=0$,于是原方程有两个相等实根,即 $x=y$.

这里的 t,z 都是中介变量,并不需要求出来.

(iii) 建立模型,韦达定理能应用于物理问题

电学、光学、热学中的有些问题若用物理方法求解,比较烦琐,容易出错. 若用数学中的"韦达定理"来解,则能别开生面,不仅缩减解题步骤,而且大大提高了解题的正确性.

问题 3 两个定值电阻,串联后总电阻为 50Ω,并联后总电阻为 8Ω. 求这两个定值电阻的阻值分别为多少?

解析 由题意可得
$$R_{串}=R_1+R_2=50 \qquad ③$$
$$R_{并}=\frac{R_1 \cdot R_2}{R_1+R_2}=8 \qquad ④$$

将③代入④得
$$R_1 \cdot R_2 = 400 \qquad ⑤$$

由③⑤可得 R_1, R_2 是关于 x 的方程 $x^2-50x+400=0$ 的两个实数根.

解之得 $x_1=10, x_2=40$.

故 $\begin{cases} R_1=10\Omega \\ R_2=40\Omega \end{cases}$,或 $\begin{cases} R_1=40\Omega \\ R_2=10\Omega \end{cases}$.

(Ⅳ) 拓展与推广

韦达定理的这座桥梁,还可以进一步加强. 在深度和广度上体现数学之美.

(i) 韦达定理可以推广. 在韦达定理的教学中,学习者非常容易提出这样的问题:为什么韦达只研究两根之和、两根之积,而不研究两根之差或两根之商呢? 通过与学习者一起探讨,发现两根之差也具有非常明显的特征:$|x_1-x_2|=\frac{\sqrt{\Delta}}{|a|}$ $(\Delta=b^2-4ac)$,于是学习者们将它命名为"超级韦达定理". 它在解决方程两根差的问题以及二次函数与 x 轴两个交点间距离的问题时非常有用.

(ii) 韦达定理可以拓展. 在初中阶段,由于方程根的范围是实数系,在运用韦达定理时就会碰到一个非常麻烦的问题:根的存在性. 例如在教学中,可以让学习者做如下一个多项选择题——在下列方程中,两根之和为 2 的,方程是( ).

A. $x^2-2x-1=0$ \qquad\qquad B. $x^2-2x+3=0$

C. $x^2+2x-1=0$ \qquad\qquad D. $x^2+2x+3=0$

这道题可以检验学习者对根的存在性的判定的理解,学习韦达定理,两根是否存在是定理成立的隐含条件,不可或缺. 但是,当数系扩充到复数集时,若方程无实数根,而韦达定理却依然适用! 例如上题中选择支 B 的根为 $x_1 = 1 + \sqrt{2}i, x_2 = 1 - \sqrt{2}i$,依然满足韦达定理.

(iii)韦达定理可以扩充到高次方程,对于一元 n 次方程,如果有 n 个根 $x_1, x_2, \cdots, x_n$ (1799 年高斯证明在复数域确实存在 n 个根),也能写出 n 个变量的线性方程组

$$x_1 + x_2 + \cdots + x_n = -\frac{a_{n-1}}{a_n}$$

$$x_1 x_2 + x_2 x_3 + \cdots + x_{n-1} x_n = \frac{a_{n-2}}{a_n}$$

$$x_1 x_2 x_3 + x_1 x_2 x_4 + \cdots + x_{n-2} x_{n-1} x_n = -\frac{a_{n-3}}{a_n}$$

$$x_1 x_2 \cdots x_n = (-1)^n \cdot \frac{a_0}{a_n}$$

现在中学里只讨论一元二次的情形.

7.2.4 着眼于艺术渲染

艺术有文学艺术、文化艺术(包括音乐、绘画等)、工艺艺术(建筑、工艺品等)等. 人们之所以喜爱艺术,就是因为艺术有巨大的渲染力、吸引力.

艺术的渲染力是极强的,不仅可以穿透大众与数学之间的屏障,还可以把大众推入喜爱数学,走进数学的大门. 这是因为每一类艺术或每一件艺术品都和数学是密切相关的. 许多数学分支就是人们在欣赏、研究艺术或艺术品中产生、发展而来的,反过来,运用数学又使得这些艺术或艺术品更美妙、更美好.

在古希腊时代,数学本身就被视为一门艺术,我们只要回顾一下古希腊时代的音乐、绘画与建筑的风格,就不难想象数学思想与当时的艺术风格的关系.

毕达哥拉斯学派从研究数学与声学的实践中概括出"美是和谐与比例". 那个时代,琴弦之间长度的比例关系是依靠数学方法来确定的,而琴弦的长度直接影响声音的和谐,即当两个弦的长度成正比时弹出的音和谐动听. 按原来弦的长度为基准,如果其他弦的长度为 $\frac{3}{4}$ 时,则会发出像"哆"和"发"一样的 4 度音,如果其他弦的长度为 $\frac{2}{3}$ 时,则会发出像"哆"和"唆"一样的 5 度音,如果其他弦长的长度为 $\frac{1}{2}$ 时,则会发出像"哆"和高一个 8 度音阶"哆"一样的 8 度音. 主和弦"哆—咪—唆"和频率之比为 $1 : \frac{5}{4} : \frac{3}{2}$,即 $4:5:6$,属和弦"唆—西—来"和下属和弦"发—来—哆"的频率之比,计算结果为 $4:5:6$.

通过声音组合制作出动人的音乐,从某种意义上讲与单调乏味的数学好像风马牛不相及,但通过音乐基础——音程理论的数学原理,我们可切身感受到"音乐是感性的数学,数学是理性的音乐"这句数学家西尔维斯特(Sylvester)的至理名言. 可以说,"艺术之王"——

音乐与"科学之王"——数学相互有着密不可分的联系.以至于大数学家笛卡儿和欧拉都有关于音乐理论的著作.笛卡儿在1650年出版了一本题为《音乐概要》的书,欧拉在1731年写了一本以声乐为主题的著作《建立在确切的谐振原理基础上的音乐理论的新颖研究》,这说明音乐与数学到了水乳交融的地步.

古希腊数学不研究变化图形的性质,数学表现为一种静态特征,因而古希腊的绘画艺术给人以一种心理上的宁静之感,追求标准化,强调绘画中的各部分的比例合乎标准.

多少世纪以来,数学与绘画艺术建立了千丝万缕的联系,投影几何、黄金分割、比和比例、视觉幻影、有限和无限、平行和对称等成了数学与绘画艺术的纽带.例如,达·芬奇是文艺复兴时期的一位大画家,他也是一位数学家,以他为代表的一大批卓越的天才,创立了一整套全新的数学透视理论,把数学透视注入绘画艺术之中,开创了全新的绘画风格.

建筑艺术也和数学有着不解之缘.

任何时代、任何国家的文明都可以通过其建筑反映出来,建筑不仅是综合技术的标志,也是精神文明的象征.设计师在设计这些建筑时,尽可能发挥其想象力.数学既是设计师、建筑师的智力资源,也成为减少试验、消除技术差错的重要手段.除了力学结构、材料负荷、成本核算等等都离不开数学外,建筑的风格、建筑的审美要求,也是数学思想的反映.

在古代,埃及的金字塔建筑中石头的形状、大小、重量、排列等的计算工作,就须用到直角三角形、正方形、勾股定理(即毕达哥拉斯定理)等方面的知识.雅典的巴特农神殿用到了黄金分割、幻视觉、比例等方面的知识,并能准确地切割圆柱体,使其柱高恰为底面圆直径的3倍.古罗马的竞技场等运用了圆、半圆、半球和弧,反映当时罗马的主流数学思想.歌特式教堂的建筑师们用数学确定地球的引力中心,并设计拱形的天花板,使天花板上拱形的交点正对隐藏的地底下的用巨石构建的重物.中国的赵州桥的"敞肩拱"结构是世界造桥史上的创举,河南的嵩岳寺塔用到了正十二边形.美国旧金山圣·玛丽大教堂的双曲抛物面顶,支撑东京奥林匹克大厅的悬链线缆,北京故宫的对称建筑群等,莫不得力于数学.

黄金分割的小数表示为0.618,这是一个神秘之数,它不仅是艺术之中的一个王者,也是探索宇宙的钥匙.最初,人们通过研究自然界的现象或艺术品的结构特点,发现了神奇的0.618,它蕴藏在自然界的方方面面,蕴藏在艺术品的里里外外,成为宇宙中、人类文明中的奥妙之数.人们在通过数学、哲学、艺术等方式来解释0.618法则的同时,又将0.618法则应用于经济、社会的各个方面,留下了许多宝贵的经验和成果,带来了意想不到的成功和收获.

工艺品也是艺术品的一类,精巧的工艺品也是数学知识的一种特殊载体.它的形态结构与表面装饰均离不开数学知识的运用.正因为如此,这是可以在文化数学方面有文章可作的领域之一.

数学造就了艺术,艺术也要反哺着数学,让艺术在文化数学的发展中发挥应有的作用——强大的渲染力.

在学校中,有教学艺术,并且教学艺术所包含的内容极广.

下面,我们以例子的形式,介绍上海文卫星老师的以"诗意课堂引领学生审美"的课堂

艺术.[①]

例3 用诗歌渲染数学课堂.

诗歌是用最少的语言表现出最丰富的内容和思想,是诗人所描绘的生活图景和所表现的思想感情相融合而形成的艺术境界.数学是用最精练的语言(文字语言、符号语言、图形语言)表达最复杂的现实世界,数学家把万事万物加以高度抽象,仅用图形和数量关系来表达,是科学的典范,二者如出一辙.诗歌的凝练与数学的简捷是一致的,诗歌的节奏(比如对联要讲究对仗)与数学的对称不谋而合,诗歌和数学是以不同的方式表达精神和现实的美,是艺术与科学的完美结合.实践表明,数学课中有一些既能揭示数学本质,又能唤起学习者潜意识中对美的追求与向往的诗歌点缀是受学习者欢迎的.

(Ⅰ)抓住本质——求真之美

在数学复习中,针对常用的数学思想方法,以诗歌的形式做小结,既能帮助学习者掌握规律,又能激发学习者的积极性.

数形结合是重要的数学思想方法,是从两个不同角度看待、研究同一个问题,善于运用数形结合的方法,往往能化难为易,给出简捷优美的解法,尤其是客观题,但学习者有时不能很好地做到,而是在各自的范围兜圈子,于是,可用诗歌总结为:

数形结合威力大,遇有难题去找它.

两者本身是一家,分久必合没有啥.

一般与特殊的关系不仅是个哲学命题,而且在数学教学中应用广泛,为"先猜后证"打下坚实的理论基础,对解答客观题,尤其是较难的客观题往往是利器,于是,可用诗歌总结为:

一般蕴涵特殊中,以减驭繁定乾坤.

先猜后证是通法,四两能拨千斤重.

数学既讲逻辑推理也讲合情推理,对一些困难问题,往往先通过合情推理得到结论或寻找思路,再给出证明,于是,可用诗歌总结为:

逻辑推理讲依据,合情分析不小觑.

抽象直觉常相伴,优势互补真有趣.

由于阅读理解型问题题目较长,加之给出学生不熟悉的新定义或新规则,往往需要多遍阅读才能理解题意,学习者在解答这类题目时会表现出急躁等不良情绪,于是,可用诗歌总结为:

阅读理解不慌张,厘清定义慢思量.

尽快适应新规则,手握宝剑斩魍魉.

这些归纳总结形象生动、入木三分,揭示数学本质规律,对学习者又不乏鼓励,寓教于乐.

(Ⅱ)乐于奉献——求善之美

数学与善也是现在讨论得较多问题,这就要求教师用心捕捉生活中的事例,用心引导,

---

① 文卫星.诗意课堂引领学生审美[J].中学数学教学参考,2014(10):7-9.

一般是可以选到合适的例子的. 比如,在概率应用的习题课中可以列举如下的例子.

在一次庙会上,有一项摸奖活动,规则如下:

布袋内放 20 个乒乓球,其中 10 分球 10 个,5 分球 10 个,顾客免费摸奖,从袋内摸出 10 个球,按其累计分值给奖(为节省篇幅,各等奖的金额这里略去).

一等奖 100 分,二等奖 50 分,三等奖 95 分,四等奖 55 分,五等奖 90 分,六等奖 60 分,七等奖 85 分,八等奖 65 分,九等奖 80 分,十等奖 70 分都有大小不同的奖励.

凡是摸 75 分者,按出厂价购买一瓶洗发露 30 元(每瓶成本 10 元),如果每天有 100 人摸奖,请估计摊主的盈亏情况.

表面上看有 11 种情形,其中 10 种有奖,诱惑力极大,其实获一、二等奖的概率为 0.000 005 412 5,三、四等奖的概率为 0.000 541 25,五、六等奖的概率为 0.010 96,七、八等奖的概率为 0.077 94,九、十等奖的概率为 0.238 69,摸 75 分的概率为 0.343 72. 根据奖金额计算结果摊主一天净赚约 531.4 元. 这时才体会有被欺骗的感觉,于是,可用诗歌总结为:

蛊惑之言不可听,看似馅饼实陷阱.

辨别真伪靠数字,于己为民你都行.

这节习题课的内容,对有些学习者来说可能有点难度,"蛊惑之言不可听,看似馅饼实陷阱"对他们是双关语,除了本题就事论事的蛊惑之言,更重要的是要坚持正确的政治方向.

再让学习者计算"双色球"彩票的获奖总概率(教材中有此内容)只有约 6.7%,问学生:双色球的获奖机会比上述抽奖的机会还要小,但还是有很多人买,为什么?有的说是为了大奖,有的说是奉献,这时可用诗歌总结为:

买彩其实是奉献,大奖诱惑存一念.

中奖与否都有乐,心闲气定不为钱.

前后两个问题,买的人都是付出多,甚至"双色球"彩票这种官方行为的获奖率更小,但意义不一样,尤其以诗歌的形式表达,更能加深学习者的印象.

(Ⅲ)与数相伴——视角之美

数学是研究图形与数量关系的学科,视角是人获取美感的重要渠道之一. 许多图形(像)赏心悦目,令人啧啧称赞. 如果再配以适当的文字,一诗一画,别有情趣.

在研究正弦函数与余弦函数图像关系及性质时如图 7-7,可用诗歌总结为:

正弦平移得余弦,点线对称一目然.

增减奇偶图中见,美不胜收因循环.

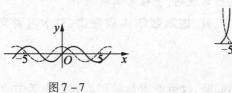

图 7-7

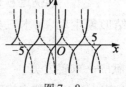

图 7-8

在讲授正切与余切函数图像时,如图 7-8,向学生讲述一些有关正切与余切函数的历史:由于测量日影引入正切、余切,最后可用诗歌总结为:

刺破青天锷未残,量天测地不等闲.

两线都切单位圆,亭亭玉立来人间.

当把正弦与余弦函数、正切与余切函数、正割与余割函数(上海教材中有这 6 个函数)图像都画在同一坐标系时,得到如图 7-9 所示的美丽的图像,学生十分赞叹,于是,可用诗歌总结为:

三角图像实在美,婀娜多姿惹人醉.

有些性质在图内,数形结合天仙配.

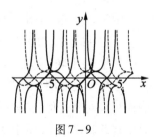

图 7-9

数形结合不仅是一种重要的数学思想方法,也是揭示、引导学习者欣赏数学美的重要途径之一.

(Ⅳ)坚毅不屈——理性之美

数学教学的重要功能是培养学习者的理性思维,但理性思维相对枯燥,尤其对数学基础不好的学习者,觉得学数学就是在受罪. 如果以诗歌的形式对所学内容进行归纳总结,或许能激发学习者的兴趣,"哄"得学生开口笑,"骗"得学生多坚持. "连哄带骗"也许是现实数学教学中需要的一种艺术.

学生在学习、生活中难免会有磕磕碰碰,教育学生正确对待挫折是教师义不容辞的责任. 在椭圆教学中,综合题有一定困难,部分学生有畏难情绪,在对一些"难题"讲评后给出如下一段文字:标题是"椭圆——另一片天".

我本是圆家一成员/但被抛弃,把我压扁成另类/我很委屈,恨其不公,没人理会.

转而想到:炭被压紧成金刚石,人把压力转动力/豁然开朗,面对现实寻找发展新方向.

终于——在数学世界赢得一席:行星按照我的形状运动/建筑装饰有我身影/剧场造型有我份儿/放电影离我真不行/人们赐予我新名——椭圆.

赋予我美丽的外形/或胖,或瘦,甚至包含圆/圆锥、圆柱都可截出我的造型.

朋友,遇有挫折或不公,不要气馁,抓住机会,还有另一片天!

在学习双曲线时,有学生想到曾经一首流行歌曲《悲伤的双曲线》,在结束这一单元时,文老师以《快乐的双曲线》为题写了一段文字:

我是双曲线,美丽羡人成双结对/我视野开阔,沿着既定目标向前/我很幸福,有天生保护神——渐近线/我的应用大无边——海上能定位,电厂有身影,光学有应用……

啊!造福人类,乐此不疲,永不寂寞,这就是我——快乐的双曲线!

由于学生在初中不学二元二次方程组的解法,对韦达定理也不要求,所以学生感到解析几何很难、很繁,"会而不对"情况很严重,影响部分学生的学习积极性,所以这段文字赢得了学生的掌声.

(Ⅴ)师生同乐——和谐之美

和谐的师生关系是教书育人的基础. 一方面来自日常教学中教师对学生的爱心,一方面来自教师与学生的欣赏与平等相处. 学生在新年晚会上的舞蹈赢得大家掌声,文老师随后给出上联:歌美舞美人美. 让学生对下联及横批(以下的下联和横批有些是集体凑出,有些是一人给出).

学生1:下联:睡好吃好玩好;横批,及时享乐.
学生2:下联:学好吃好玩好;横批,劳逸结合.
学生3:下联:情乐景乐影乐;横批,良辰美景.
学生4:下联:妙哉快哉善哉;横批,美妙人生.
学生5:下联:文能武能全能;横批,全面发展.

学生1是聪明好玩学习不很踏实的学生,此下联基本反映他的生活状态,其他学生给出的横批是对其调侃,玩笑而已.学生2是把学生1的下联改一个字,又有学生给出横批,这副对联格调就高多了.学生3、学生4是音乐、舞蹈爱好者,下联及横批对的还可以,大家一乐.学生5正如横批所说,学业和文体活动全面发展,上下联对的工整,寓意也较好,最后学生追问文老师的下联:天大地大志大,横批:大美有疆.上下联的寓意是鼓励学生既要立大志,又不要死读书,横批各取两联一个字,又赞美学生的家乡——新疆,赢得学生喜爱.

数学课中的诗歌作为教学中的一些点缀,起到激发学生兴趣,活跃课堂气氛,揭示数学本质,提高文化修养的目的.

让人高兴的是,教师的行为对学生有潜移默化的作用,有一位同学在圆锥曲线一章的小节中,针对"双曲线"写道:

归雁离别带走思念/秋天穿梭在我眼前/悲欢离合不断上演/缭乱思绪回忆扑面/从前家就是那个椭圆/很大而有范围的区间/却会因我的喜怒改变.

和她走过的风雨季节/我的任性一直很明显/她却从来没有过怨言/偶有争吵都是她妥协/我竟未想过要融冰雪.

我就是那双曲线/她是那条渐近线/花费很多的时间/想离我更远一点/保护我不出边界.

等我终于明白有关爱的字眼/这时我已离开了那道保护线/一切的一切都开始变得怀念.

也许未来某一天/她变成了双曲线/我成为那渐近线/任凭沧海化桑田/我会陪在她身边/换我保护她永远/永远永远……

这或许就是"桃李不言,下自成蹊"吧!愿数学课中多些诗歌、多些笑声、多些欢乐,但更要多些对数学本质的理解……

7.2.5 着眼于生活现实解惑

张奠宙先生曾提出倡议:建构符合时代需求的数学常识,享受充满数学智慧的精彩人生.这就要我们的头脑要进行数学地思考,处事"心中有数",做人和谐中庸,言语用点数学描述.这样,有可能解决我们现实生活中的许多困惑,这也是一种数学文化的享用与文化数学的熏陶.

头脑要进行数学地思考,就是说一个人要有数学智慧.数学是思维的体操,是提高人们思维能力、激发灵感、培养智慧的学科.勤于学习、奋于积累,勤于思考、善于变化,勤于动手、勇于实践,才有可能面临困境或难题时,综合运用多方面知识,采用各种方法和手段,探索解困的多种途径,才能"急中生智".数学智慧还体现于数学的理性精神、求简精神、求美精神、创新精神等诸方面.

处事"心中有数",就是说在做事之前,要估计一下,这件事做成功有多大的把握,或者说成功的概率是多少,也暗示了做事要用数学的思维方法去考虑. 在现实生活中,"情况不明决心大,心中无数点子多"的人还不少,所以出现许多不该有的差错,不该有的重复建设,造成许多新的困惑.

做人和谐中庸."中庸之道"是中国古代哲学的核心思想,其从定性的高度掌控事物运动变化之规律. 和谐是指各种矛盾和关系配合协调,使之相生相长. 和谐可以表现为某种恰当的数的比例关系,人类文明中的音乐、绘画、几何、雕塑、宇宙天体中都有和谐的范例,它们可通过黄金分割比 0.618 来体现. 0.618 是从定理的角度把握事物运动变化的进程."质"和"度"是事物的两个核心,0.618 这一黄金比例也可以说是对"中庸之道"的"度"的衡量. 现实生活中的许多不安定事件、事故往往就是某些人偏离"中庸之道"所产生的.

体现数学文化的生活用言不仅生动形象,而且不会产生歧义,让人误解. 例如,与人交谈,谈到自己所知道的情况时,说"略知一二"表示谦虚,听到别人做事很快,则说:"你做事真是三下五去二"等,生动形象. 现实生活中的许多矛盾,如家庭矛盾、邻里矛盾、师生矛盾、医患矛盾、上下级矛盾等有许多情形是由误解产生的. 正因为这样,我们是否可以试探,按文化数学的思想,对有关语言进行数学化改造以体现数学文化呢?

其实,不少名家喜欢用数学化的语言作比来喻事论理:

成功的秘诀:大科学家爱因斯坦以"$A = x + y + z$"的数学公式来揭示成功的秘诀. 他说:"A 代表成功,x 代表艰苦的劳动,y 代表正确的方法,z 代表少说空话."

天才公式:大发明家爱迪生说:"天才 = 1% 的灵感 + 99% 的汗水."

人生分数:大文豪托尔斯泰说:"一个人好比分数,他的实际才能好比分子,而他对自己的估价好比分母. 分母越大,则分数的值就越小."

这样的文化数学用语,不仅生动形象,而且是一种极大的激励!

用文化数学的方式,也可以给出数学中的许多概念可以充满哲学的思辨:

方程:未知中蕴含着已知.

函数:变化中蕴含着确定.

极限:无限中蕴含着有限.

概率:偶然中蕴含着必然.

图像:抽象中蕴含着具体.

补集:对立中蕴含着统一.

交集:个性中存在着共性.

导数:蕴含着否定之否定.

7.2.6 着眼于高新技术解读

数字化时代,高新技术就是数学技术. 这如何解读?

如果说前面 5 个着眼点是从文化优化的角度来对数学进行改造或再创造来进行文化数学研究的话,则可以说这一着眼点是从科技文化角度来宣传,进行文化数学学习,从而提高数学文化的层次,以适应数学文化时代的需要.

对大多数人来说,数学技术还是一个陌生的名称.让我们来看看有关数学技术的一些新闻和故事.

抗洪斗争的新闻:1998 年 9 月 7 日,许多报纸都报道:"20 吨炸药进入倒计时,最后一刻共和国决策者决定荆江不分洪."其中有一段是这样写的:"由多方专家组成的水利专家组用'有限单元法'对荆江大堤的体积渗漏进行了预算,确定出一个安全系数.照这一系数推定,沙市水位即使涨到 45.30 米,也可以坚持对长江大堤严防死守,不用分洪."这里提出的"有限单元法",就是求解微分方程边值问题的一种数学方法.这种方法用途十分广泛,以至于在这次抗洪斗争中用于大堤的强度计算.这就是数学技术巨大作用的体现.

数字化电视的故事:在信息传输过程中如何压缩信息是一个重要问题,而数学在这方面就大有可为.现代数学中有一门学问叫作小波分析,它在信息压缩技术中有重大作用.日本在发展高清晰度电视的竞争中落后于美国,就是因为信息压缩技术不够先进.美国应用数学研究成果发展信息压缩技术,在高清晰度电视及网络传输方面领先于日本(因日本在常规电视生产上占有优势),成为世界上信息技术最先进的国家.这就是诞生于美国的小波技术——一种信息压缩的数学技术,在其中起了关键的作用.

激光照排技术:我国科学院院士、工程院院士、北大教授王选,在印刷技术攻关中,由于汉字字形信息量太大,便利用自己所学的数学知识,深入研究信息压缩,他运用轮廓描述和参数描述相结合的方法描述字形设计出一套把汉字轮廓快速复原成点阵的算法,又克服重重困难,发明了分辨率字形的高倍率信息压缩和复原技术用于印刷照排系统,以后又设计专用的超大规模集成电路实行复原算法,使这一技术成为国际领先水平,印刷业也就告别了"铅与火"的历史.

今天,数学技术已进入艺术的方方面面.动漫已形成强大的产业,音乐几乎可由计算机主宰.利用计算机技术,可以合成已有的各种音乐声和各种音色,也可以合成自然界和世界上还没有过的声音,使音乐的范围得到了无限的扩张.传统的音乐常常以传统的乐器和人声为模本,用电声模仿他们的音色,而计算机则可别开生面,别树一帜.在音律上,计算机完全冲破了传统的五声、七声、十二声等规范,无限自由地扩宽了天地.又如作曲的思想方法、程序等也发生了改变等等.计算机进入音乐,还会使人们产生新的心理感受和审美标准.如对"音色美",除了过去认为丰满、圆润、清纯、柔和是美之外,今天还有可能加上新奇等.旋律过去以悠扬、流畅为美,今天则可能要加上曲折、跳跃等.

今天,我们将生活在两个"宇宙空间"之中.一个是由原子和分子构成的物质空间,一个是由数字化技术构成的"虚拟空间".

如果说,物质空间并不是"上帝"按数学规律和数学方法设计的,然而,虚拟空间却实实在在是由"上帝"的子民——人类按数学理论和数学方法设计的.

像数学中的实数和虚数一样,开始只有实数,后来产生了虚数,人们无法接受它,把它称为幽灵,但后来终于认识到虚数的意义和作用,接纳了虚数,并且和实数处于完全对称的地位,共同构成了完整的数系——复数系.

虚拟空间虽然是由数字化构成的虚拟世界,但它又是现实的.正如科学大师钱学森所论

证的那样,虚拟现实技术:

"将与人的思维能力、形象思维和灵感思维理论、大成智慧等等相联系,从而能够推动思维科学和科学大发展,引发科技革命,甚至还会推动文艺大发展和引发'文化革命'."

"虚拟空间"这一术语是由移居加拿大的美国科幻作家威廉·吉布森在1984年创造的. 吉布森在他的一本科幻小说中提出了"赛伯空间"这一名词. 吉布森在故事里告诉人们,电脑"屏幕之中另有一个真实的空间". 这一空间不仅可以包含人的思想,而且也包括人类制造的各种系统,如人工智能和虚拟现实系统,等等. 赛伯空间能生动地反映出电脑与人脑以及电脑网络文化之间的联系,更具有电脑时代的文化意蕴,因而受到科学界和文化界的普遍认同,赛伯空间这一概念便被普遍地接受了. 我国通常也将它译为"在线空间". 为了方便,我们还是称它为"虚拟空间".

因此,虚拟空间就是思维和信息的虚拟世界. 它利用信息高速公路作为最基本的平台,通过互联网实现人与人之间的感情交流与文化交流,虚拟空间文化则是知识经济时代特有的文化.

柏拉图曾经在自己的学园门口悬挂一块写着"不懂几何的人不得入内"的牌子,如果说这样的牌子有点不切实际和过于苛求,那么在今天,如果在地球上悬挂一块写着"不懂数字化技术的人不许进入虚拟空间",大概不算过分的要求. 由于数字技术的应用,历史被压缩,世界在连通,地球在变小. 这种大时空的变化说明人类文明正在经历着核聚变般的巨变. 不管你是愿意还是不愿意,不管你是适应还是不适应,也不管你的国家是否足够发达,都将被卷入,或被挟持、裹胁地走进这场历史性的巨大漩涡. 用美国麻省理工学院未来学家尼葛洛庞帝的话来说,计算不再只和计算机有关,它决定我们的生存.

那么,我们进入的虚拟空间将会是什么样子的呢? 根据未来学家的描述,大体可以归纳为几点:①

第一,在不久的将来,虚拟空间将覆盖全球的每个角落. 随着第二代"因特网"的建设,"虚拟空间"的物质基础——信息高速公路将初步成形.

在虚拟空间里正在造就有史以来最奇特的人文景观. 时空被极大地压缩,世界正朝着"地球村"演变. 任何人都可以与地球上任何国家和地区的人直接沟通,形成全球范围内的知识共享,甚至可能在未来形成一种世界性的普遍文化,同时又保留着各民族特有的文化.

语言将不再作为人类交往的唯一媒体,符号、图像、视野等多种形式也将支持人类的信息交流.

第二,人类生活方式的数字化. 工作、学习、社交、娱乐等大部分活动都可以在网上进行. 休闲时间将逐渐超出劳动时间. 一方面人可以自由地在网上与世界上的网民交往办事,因而办事效率高,资源消耗小,在推动经济与社会的可持续发展上起到积极作用;另一方面,这样的方式又把人限制在一个狭小的范围内. 在一个虚拟的社区,通过数字来实现社会交往,把人与人的直接接触减少到最低限度. 这种超出人的自然本性与社会特性的生活,会在心理、行为、个性、人格等方面带来消极影响.

---

① 欧阳维诚. 数学—科学与人文的共同基因[M]. 长沙:湖南师范大学出版社,2000:315-318.

第三，虚拟空间将带来新的思维方式、价值观念、道德观念、法律意识，一言以蔽之，主要是人文精神的深刻变化.

人们常说"初生之犊不畏虎". 这句话可以包含两层意思：一方面初生之犊血气方刚，敢于拼搏，所以不畏虎. 另一方面"初生之犊"阅世不深，经验缺乏，还不知道虎之可畏. 事实上，对付老虎，牛犊常比壮牛吃亏得多. 但是，在虚拟空间里就未必是那么一回事了，尼葛洛庞帝指出：

"智慧，从历史上看，是等同于年龄的. 我们能在数字化时代看到相反的情况吗？智慧等于青年？或者有点创意地说：新思想等于年轻？如果真是这样，我们是不是需要更多地学习孩子们的想法？……你可以把智慧定义为经历时间考验的事物，但革新却以多种方式产生，其中之一是由于往往不了解许多事情发生的不可能性，因此勇敢去做的，最后得以成功. 在这层意义上，很多革新是在孩子们的天真思想中产生的. "①

著名人类学家玛格丽特·米德认为，人类发展的历史将经历三种不同的文化. 前喻文化是后代人必须向前代人学习，并喻文化是两代人必须相互学习，而后喻文化则是老一代人必须向年轻一代人学习. 在当今的电脑网络领域，已率先从前喻文化发展为并喻文化，甚至是后喻文化阶段. 许多孩子们从小就接受了网络训练，他们生活在成年人难以理解的世界，比上辈们更理解什么是"虚拟空间".

虚拟空间极大地提高了人的认知能力，可以更全面、更透彻、也更迅速地认识世界. 极大程度地缓解了人对逻辑、运算及程序化思维的重复. 创造性的灵感、直觉有了更充分发挥的可能，各种思维方式达到高效的组合. 使人有可能在非逻辑思维、个性化思维上迈开轻捷的步伐. 但另一方面，在简单的人机组合中，人只需要敲击键盘，无须冥思苦想. 人只管随着程序走，缺乏主动性，情感也是机器引发的结果. 人实际上被剥夺了自由思想的能力，甚至成为机器的延伸. 这对人的思维方式、人格内涵及公民素质都产生巨大的影响，特别是对青少年素质的训练，人生观、世界观的陶冶等，都带来不能回避的挑战.

在虚拟空间中，过去通行的道德观念、法律意识等都在面临着新的整合与考验. 那些我们曾经认为优秀的、有价值的思想、观念、传统、习俗怎样在虚拟空间中保持下去，如何做好两个空间、两个世界的价值体系的自然传承与健康发展，就像数学中当年引进虚数以后，如何使实数系统那些正确的公理和有效的运算法则在复数领域中仍然保持有效？

虚拟空间绝不是人文精神的伊甸园. 电脑技术和网络文化的种种负面效应，亵渎科学精神的丑恶行为，在这个空间中也已司空见惯. 给人类带来防不胜防的灾难. 当然，人类既然有能力创建虚拟空间，也将有能力使它健康地发展.

第四，科学与人文的分野是人类认识到一定阶段的产物. 在虚拟空间中，科学与人文及学科间的壁垒将得到淡化，使之渐趋于整体，不同的研究方法将得到革命性的综合. 科学主义及精神与人文精神在社会生活中的不同的价值观的分歧，在虚拟空间中有可能重新融合在一起. 因此，真正意义上的大同世界在虚拟空间中得到实现.

---

① 尼葛洛庞帝著. 胡泳、范海燕译. 数字化生存[M]. 海口：海南出版社，1997.

主要参考文献

[1] 张奠宙,柴俊. 欣赏数学的真善美[J]. 中学数学教学参考,2012(1-2):3-7.
[2] 张奠宙. 谈课堂教学中如何进行数学欣赏[J]. 中学数学月刊,2010(10,11,12):1-3.
[3] 黄秦安,刘达卓,聂晓颖. 论数学欣赏的"含义""对象"与"功能"——数学教育中的数学欣赏问题[J]. 数学教育学报,2013(1):8-12.
[4] 张奠宙. 数学欣赏:一片等待开发的沃土[J]. 中学数学教学参考,2014(1,2):3-6.
[5] 林少安. 揭示数学美育,彰显数学文化[J]. 中学数学研究,2010(12):13-15.
[6] 杨春波,程汉波. "美丽"背后的"火热的思考":兼谈不等式证明的六部曲[J]. 数学通讯,2013(5):28-29.
[7] 徐广华. 对圆锥曲线定义的再认识[J]. 数学通讯,2013(3):17-19.
[8] 汪宏亮,丁胜锋. Euler 恒等式 $\frac{\pi}{6} = \sum_{k=1}^{\infty} \frac{1}{k^2}$ 的初等证明[J]. 中学数学研究,2013(5):19.
[9] 姜坤崇. 一个不等式与三类条件最值问题[J]. 数学通讯,2013(8):37-40.
[10] 秦庆雄,范花妹. 证明和发现不等式的级数方法[J]. 数学通讯,2013(12):36-38.
[11] 李锋. 浅谈数学教育中"真""善""美"的渗透[J]. 福建中学数学,2012(6):36-38.
[12] 陈铭金. 异曲同工共奏数学思维之美——一道加拿大数学奥林匹克试题的多解赏析[J]. 中学数学教学,2012(4):37-38.
[13] 黄清波. 2014 年高考陕西卷理科第 15 题解法赏析[J]. 中学数学研究,2014(10):32-33.
[14] 张楚廷. 数学文化[M]. 北京:高等教育出版社,2000.
[15] 刘美良,姜国标. 对一道解析几何选择题的探究[J]. 中学教研(数学),2008(5):5-7.
[16] 张小平. 漫谈数学的两重性[J]. 数学通报,2012(6):1-8.
[17] 章建跃,张翼. 对数学本质特征的若干认识[J]. 数学通报,2001(6):3-5.
[18] 孙联荣,戴再平. 单位分数问题——例谈"有限混沌型"数学开放题教学的研究[J]. 数学通报,2007(12):24-25.
[19] 欧阳维诚. 数学:科学与人文的共同基因[M]. 长沙:湖南师范大学出版社,2000.
[20] 沈虎跃,金国林. 杨辉三角中的奇偶分布[J]. 中学数学月刊,2008(3):28-29.
[21] 王先东. 杨辉三角形中的奇数与偶数[J]. 数学通报,2009(5):62-61.
[22] 孙旭花,黄毅英,林智中. 变式的角度,数学的眼光[J]. 数学教学,2007(10):13-16.
[23] 王继光. 数学"不变量与不变性"欣赏[J]. 数学教学,2010(10):33-36.
[24] 章敏. 万变不离其宗——欣赏数学中的不变量与不变性质[J]. 数学教学,2011(4):9-10.
[25] 张奠宙. 话说"无限"[J]. 数学通报,2006(10):1-3.
[26] 蒋亮. 直面"无限",彰显数学教学品位[J]. 中学数学教学参考,2014(4):5-7.
[27] 王庆人,译. 数学家谈数学本质[M]. 北京:北京大学出版社,1989.
[28] 单墫,李善良. 数学:人类认识自然的中介——数学的价值研究之一[J]. 数学通讯,

2002(5):1-3.
[29] 单墫,李善良.数学:人的发展中不可缺的内容——数学的价值研究之二[J].数学通讯,2002(3):1-3.
[30] 王芝平,王坤.数学解题勿忘自然、简单的原则[J].数学通报,2014(1):5-9.
[31] 曾建国.高观点下圆锥曲线一组性质的统一[J].数学通报,2012,51(8):60-61.
[32] 牛珍珠.一道能联系 F 数列、组合数、杨辉三角的题[J].数学通讯,2009(1):63.
[33] 王冠中.抽象函数"对称性""周期性""奇偶性"的互相转化[J].中学数学研究,2015(1):30-32.
[34] 刘彦学,徐章韬.作为数学欣赏的对称[J].中学数学,2014(11):51-53.
[35] 刘瑞美.也谈对勾函数的性质及应用[J].中学数学研究,2014(7):35-37.
[36] 冯文光.题"变"题[J].数学通讯,2013(2):62-63.
[37] 王钦敏.黄金椭圆与黄金双曲线的对偶性质[J].福建中学数学,2012(5):20-21.
[38] 刘再平.从一道多重根式不等式趣题谈起[J].中学数学研究,2015(1):封二.
[39] 马跃进,康宇.圆锥曲线的一个优美性质[J].数学通报,2012(7):59-61.
[40] 刘洁民.数学文化:是什么和为什么[J].数学通讯,2010(11):11-15.
[41] 欧阳维诚.寓言与数学[M].长沙:湖南教育出版社,2014.
[42] 陈荣,杨飞.对联与数学[J].数学通讯,2013(10):63-65.
[43] 熊雯.音乐中的数学[J].中学生数学,2008(9):23-24.
[44] 张映姜.欣赏圆锥曲线体验历史文化[J].数学通讯,2012(11):41-42.
[45] 李善良,单墫.数学:人类文化的重要组成部分——数学的价值研究之三[J].数学通讯,2002(9):53.
[46] 郑毓信.漫谈数学文化[J].中学数学研究,2008(2):封二~3.
[47] 田化澜.赏析·溯源·推广[J].数学通讯,2011(2):29-32.
[48] 竺仕芬.数学基本活动经验与数学欣赏[J].中学数学教学参考:2012(6):9-13.
[49] 偶伟国.雅俗共赏"二分法"[J].中学数学教学参考,2010(7):2-3.
[50] 沈金兴.一道高考题的多种证法隐含的数学文化[J].数学通报,2011(8):40-42.
[51] 竺仕芬.欣赏"好看又好用"的三角函数[J].中学数学教学参考,2010(6):2-3.
[52] 杨苍洲.圆锥曲线的一组优美定值[J].中学数学研究,2011(12):32-33.
[53] 丁益民.公式鉴赏:数学公式教学的新视角[J].中学数学研究,2012(12):3-4.
[54] 徐章韬,王春华.多姿多彩的圆[J].湖南教育,2010(8):32-34.
[55] 王继光,龚辉.关于"圆"的欣赏[J].中学数学教学参考,2010(9):2-4.
[56] 龚辉.欣赏韦达定理:天堑变通途[J].中学数学教学参考,2011(3):32-34.
[57] 文卫星.诗意课堂引领学生审美[J].中学数学教学参考,2014(10):7-9.

作者出版的相关书籍与发表的相关文章目录

书籍类

[1] 走进教育数学. 北京:科学出版社,2015.

[2] 单形论导引. 哈尔滨:哈尔滨工业大学出版社,2015.

[3] 奥林匹克数学中的几何问题. 长沙:湖南师范大学出版社,2015.

[4] 奥林匹克数学中的代数问题. 长沙:湖南师范大学出版社,2015.

[5] 奥林匹克数学中的真题分析. 长沙:湖南师范大学出版社,2015.

[6] 走向 IMO 的平面几何试题诠释. 哈尔滨:哈尔滨工业大学出版社,2007.

[7] 三角形——从全等到相似. 上海:华东师范大学出版社,2005.

[8] 三角形——从分解到组合. 上海:华东师范大学出版社,2005.

[9] 三角形——从全等到相似. 台北:九章出版社,2006.

[10] 四角形——从分解到组合. 台北:九章出版社,2006.

[11] 中学几何研究. 北京:高等教育出版社,2006.

[12] 几何课程研究. 北京:科学出版社,2006.

[13] 初等数学解题研究. 长沙:湖南科学技术出版社,1996.

[14] 初等数学研究教程. 长沙:湖南教育出版社,1996.

文章类

[1] 关于"切已知球的单形宽度"一文的注记. 数学研究与评论,1998(2):291-295.

[2] 关于单形宽度的不等式链. 湖南数学年刊,1996(1):45-48.

[3] 关于单形的几个含参不等式(英). 数学理论与学习,2000(1):85-90.

[4] 非负实数矩阵的一条运算性质与几个积分不等式的证明. 湖南数学年刊,1993(1):140-143.

[5] 数学教育与教育数学. 数学通报,2005(9):27-31.

[6] 数学问题 1151 号. 数学通报,2004(10):46-47.

[7] 再谈一个不等式命题. 数学通报,1994(12):26-27.

[8] 数学问题 821 号. 数学通报,1993(4):48-49.

[9] 数学问题 782 号. 数学通报,1992(8):48-49.

[10] 双圆四边形的一些有趣结论. 数学通报,1991(5):28-29.

[11] 数学问题 682 号. 数学通报,1990(12):48.

[12] 数学解题与解题研究的重新认识. 数学教育学报,1997(3):89-92.

[13] 高师数学教育专业《初等数学研究》教学内容的改革尝试. 数学教育学报,1998(2):95-99.

[14] 奥林匹克数学研究与数学奥林匹克教育. 数学教育学报,2002(3):21-25.

[15] 数学奥林匹克中的几何问题研究与几何教育探讨. 数学教育学报,2004(4):78-81.

[16] 涉及单形重心的几个几何不等式. 湖南师大学报,2001(1):17-19.

[17] 平面几何定理的证明教学浅谈. 中学数学,1987(9):5-7.
[18] 两圆相交的两条性质及应用. 中学数学,1990(2):12-14.
[19] 三圆两两相交的一条性质. 中学数学,1992(6):25.
[20] 卡尔松不等式是一批著名不等式的综合. 中学数学,1994(7):28-30.
[21] 直角三角形中的一些数量关系. 中学数学,1997(7):14-16.
[22] 关联三个正方形的几个有趣结论. 中学数学,1999(4):45-46.
[23] 广义凸函数的简单性质. 中学数学,2000(12):36-38.
[24] 中学数学研究与中学数学教育. 中学数学,2002(1):1-3.
[25] 含60°内角的三角形的性质及应用. 中学数学,2003(1):47-49.
[26] 角格点一些猜想的统一证明. 中学数学,2002(6):40-41.
[27] 完全四边形的一条性质及应用. 中学数学,2006(1):44-45.
[28] 完全四边形的Miquel点及其应用. 中学数学,2006(4):36-39.
[29] 关于两个著名定理联系的探讨. 中学数学,2006(10):44-46.
[30] 一类旋转面截线的一条性质. 数学通讯,1985(7):31-33.
[31] 一道平面几何问题的再推广及应用. 数学通讯,1989(1):8-9.
[32] 一类和(或积)式不等式函数最值的统一求解方法. 数学通讯,1993(6):18-19.
[33] 正三角形的连续. 中等数学,1995(6):8-11.
[34] 关联正方形的一些有趣结论与数学竞赛命题. 中等数学,1998(1):10-15.
[35] 关于2003年中国数学奥林匹克第一题. 中等数学,2003(6):9-14.
[36] 完全四边形的优美性质. 中等数学,2006(8):17-22.
[37] 椭圆焦半径的性质. 中等数学,1984(11):45-46.
[38] 从一道竞赛题谈起. 湖南数学通讯,1993(1):30-32.
[39] 概念复习课之我见. 湖南数学通讯,1986(3):2-4.
[40] 单位根的性质及应用举例. 中学数学研究,1987(4):17-20.
[41] 题海战术何时了. 中学数学研究,1997(3):5-7.
[42] 一道高中联赛平面几何题的新证法. 中学教研(数学),2005(4):37-40.
[43] 平行六面体的一些数量关系. 数学教学研究,1987(3):23-26.
[44] 浅谈平面几何定理应用的教学. 数学教学研究,1987(5):14-16.
[45] 对"欧拉不等式的推广"的简证. 数学教学研究,1991(3):11-12.
[46] 正四面体的判定与性质. 数学教学研究,1994(3):29-31.
[47] 矩阵中元素的几条运算性质与不等式的证明. 数学教学研究,1994(3):39-43.
[48] 逐步培养和提高学生解题能力的五个层次. 中学数学(苏州),1997(4):29-31.
[49] 数学教师专业化与教育数学研究. 中学数学,2004(2):1-4.
[50] 中学数学教师岗位成才与教育数学研究. 中学数学研究,2006(7):封二-4.
[51] 2005年全国高中联赛加试题另解. 中学数学研究,2005(12):10-12.
[52] 2002年高中联赛平面几何题的新证法. 中学数学杂志,2003(1):40-43.
[53] 2001年高中联赛平面几何题的新证法. 中学数学杂志,2002(1):33-34.
[54] 构造长方体数的两个法则. 数学教学通讯,1998(2):36.
[55] 抛物线弓形的几条有趣性质. 中学数学杂志,1991(4):9-12.

[56] 空间四边形的一些有趣结论. 中学数学杂志,1990(3):37-39.

[57] 关于求"异面直线的夹角"公式的简证. 中学数学教学(上海),1987(2):25.

[58] 发掘例题的智能因素. 教学研究,1989(4):26-30.

[59] 数学创新教育与数学教育创新. 现代中学数学,2003(1):2-7.

[60] 剖析现实. 抓好新一轮课程改革中的高中数学教学. 现代中学数学,2004(4):2-7.

[61] 基础+创新=优秀的教育. 现代中学数学,2005(2):1-3.

[62] 平面几何内容的教学与培训再议. 现代中学数学,2005(4):封二.

[63] 运用"说课"这一教学研究和教学交流形式的几点注意. 现代中学数学,2006(1):封二-1.

[64] 二议数学教育与教育数学. 现代中学数学,2006(3):封二-3.

[65] 直角四面体的旁切球半径. 中学数学报,1986(8).

[66] 析命题立意,谈迎考复习. 招生与考试,2002(2).

⊙ 编后语

沈文选先生是我多年的挚友,我又是这套丛书的策划编辑,所以有必要在这套丛书即将出版之际,说上两句.

有人说:"现在,书籍越来越多,过于垃圾,过于商业,过于功利,过于弱智,无书可读."

还有人说:"从前,出书难,总量少,好书就像沙滩上的鹅卵石一样显而易见,而现在书籍的总量在无限扩张,而佳作却无法迅速膨化,好书便如埋在沙砾里的金粉一样细屑不可寻,一读便上当,看书的机会成本越来越大."(无书可读——中国图书业的另类观察,侯虹斌《新周刊》,2003,总166期)

但凡事总有例外,摆在我面前的沈文选先生的大作便是一个小概率事件的结果. 文如其人,作品即是人品,现在认认真真做学问,老老实实写著作的学者已不多见,沈先生算是其中一位,用书法大师、教育家启功给北京师范大学所题的校训"学为人师,行为世艺"来写照,恰如其分. 沈先生"从一而终",从教近四十年,除偶有涉及 n 维空间上的单形研究外,将全部精力投入到初等数学的研究中,不可不谓执着,成果也是显著的,称其著作等身并不为过.

目前,国内高校也开始流传美国学界历来的说法"不发表则自毙(Publish or Perish)".于是大量应景之作迭出,但沈先生已退休,并无此压力,只是想将多年的研究做个总结,可算封山之作.所以说这套丛书是无书可读时代的可读之书,选读此套丛书可将读书的机会成本降至无穷小.

这套书非考试之用,所以切不可抱功利之心去读.中国最可怕的事不是大众不读书,而是教师不读书,沈先生的书既是给学生读的,也是给教师读的.2001年陈丹青在上海《艺术世界》杂志开办专栏时,他采取读者提问他回答的互动方式.有一位读者直截了当地问:"你认为在艺术中能够得到什么?"陈丹青答道:"得到所谓'艺术':有时自以为得到了,有时发现并没得到."(陈丹青.与陈丹青交谈.上海文艺出版社,2007,第12页).读艺术如此,读数学也如此,如果非要给自己一个读的理由,可以用一首诗来说服自己,曾有人将古代五言《神童诗》扩展成七言:

古今天子重英豪,学内文章教尔曹.

世上万般皆下品,人间唯有读书高.

沈先生的书涉猎极广,可以说只要对数学感兴趣的人都会开卷有益,可自学,可竞赛,可教学,可欣赏,可把玩,只是不宜远离.米兰·昆德拉在《小说的艺术》中说:"缺乏艺术细胞并不可怕,一个人完全可以不读普鲁斯特,不听舒伯特,而生活得很平和,但一个蔑视艺术的人不可能平和地生活."(米兰·昆德拉.小说的艺术.董强,译.上海译文出版社,2004,第169页)将艺术换以数学结论也成立.

本套丛书其旨在提高公众数学素养,打个比方说它不是药,但它是营养素与维生素,缺少它短期似无大碍,长期缺乏必有大害.2007年9月初,法国中小学开学之际,法国总统尼古拉·萨科奇发表了长达32页的《致教育者的一封信》,其中他严肃指出:当前法国教育中的普通文化日渐衰退,而专业化学习经常过细、过早.他认为:"学者、工程师、技术员不能没有文学、艺术、哲学素养;作家、艺术家、哲学家不能没有科学、技术数学素养."

最后我们祝沈老师退休生活愉快,为数学工作了一辈子,教了那么多学生,写了那么多书和论文,您太累了,也该歇歇了.

刘培杰

2017年5月1日

刘培杰数学工作室
已出版（即将出版）图书目录——初等数学

书　名	出版时间	定　价	编号
新编中学数学解题方法全书(高中版)上卷	2007—09	38.00	7
新编中学数学解题方法全书(高中版)中卷	2007—09	48.00	8
新编中学数学解题方法全书(高中版)下卷(一)	2007—09	42.00	17
新编中学数学解题方法全书(高中版)下卷(二)	2007—09	38.00	18
新编中学数学解题方法全书(高中版)下卷(三)	2010—06	58.00	73
新编中学数学解题方法全书(初中版)上卷	2008—01	28.00	29
新编中学数学解题方法全书(初中版)中卷	2010—07	38.00	75
新编中学数学解题方法全书(高考复习卷)	2010—01	48.00	67
新编中学数学解题方法全书(高考真题卷)	2010—01	38.00	62
新编中学数学解题方法全书(高考精华卷)	2011—03	68.00	118
新编平面解析几何解题方法全书(专题讲座卷)	2010—01	18.00	61
新编中学数学解题方法全书(自主招生卷)	2013—08	88.00	261
数学奥林匹克与数学文化(第一辑)	2006—05	48.00	4
数学奥林匹克与数学文化(第二辑)(竞赛卷)	2008—01	48.00	19
数学奥林匹克与数学文化(第二辑)(文化卷)	2008—07	58.00	36'
数学奥林匹克与数学文化(第三辑)(竞赛卷)	2010—01	48.00	59
数学奥林匹克与数学文化(第四辑)(竞赛卷)	2011—08	58.00	87
数学奥林匹克与数学文化(第五辑)	2015—06	98.00	370
世界著名平面几何经典著作钩沉——几何作图专题卷(上)	2009—06	48.00	49
世界著名平面几何经典著作钩沉——几何作图专题卷(下)	2011—01	88.00	80
世界著名平面几何经典著作钩沉(民国平面几何老课本)	2011—03	38.00	113
世界著名平面几何经典著作钩沉(建国初期平面三角老课本)	2015—08	38.00	507
世界著名解析几何经典著作钩沉——平面解析几何卷	2014—01	38.00	264
世界著名数论经典著作钩沉(算术卷)	2012—01	28.00	125
世界著名数学经典著作钩沉——立体几何卷	2011—02	28.00	88
世界著名三角学经典著作钩沉(平面三角卷Ⅰ)	2010—06	28.00	69
世界著名三角学经典著作钩沉(平面三角卷Ⅱ)	2011—01	38.00	78
世界著名初等数论经典著作钩沉(理论和实用算术卷)	2011—07	38.00	126
发展你的空间想象力	2017—06	38.00	785
走向国际数学奥林匹克的平面几何试题诠释(上、下)(第1版)	2007—01	68.00	11,12
走向国际数学奥林匹克的平面几何试题诠释(上、下)(第2版)	2010—02	98.00	63,64
平面几何证明方法全书	2007—08	35.00	1
平面几何证明方法全书习题解答(第1版)	2005—10	18.00	2
平面几何证明方法全书习题解答(第2版)	2006—12	18.00	10
平面几何天天练上卷·基础篇(直线型)	2013—01	58.00	208
平面几何天天练中卷·基础篇(涉及圆)	2013—01	28.00	234
平面几何天天练下卷·提高篇	2013—01	58.00	237
平面几何专题研究	2013—07	98.00	258

I

刘培杰数学工作室
已出版(即将出版)图书目录——初等数学

书　名	出版时间	定　价	编号
最新世界各国数学奥林匹克中的平面几何试题	2007—09	38.00	14
数学竞赛平面几何典型题及新颖解	2010—07	48.00	74
初等数学复习及研究(平面几何)	2008—09	58.00	38
初等数学复习及研究(立体几何)	2010—06	38.00	71
初等数学复习及研究(平面几何)习题解答	2009—01	48.00	42
几何学教程(平面几何卷)	2011—03	68.00	90
几何学教程(立体几何卷)	2011—07	68.00	130
几何变换与几何证题	2010—06	88.00	70
计算方法与几何证题	2011—06	28.00	129
立体几何技巧与方法	2014—04	88.00	293
几何瑰宝——平面几何500名题暨1000条定理(上、下)	2010—07	138.00	76,77
三角形的解法与应用	2012—07	18.00	183
近代的三角形几何学	2012—07	48.00	184
一般折线几何学	2015—08	48.00	503
三角形的五心	2009—06	28.00	51
三角形的六心及其应用	2015—10	68.00	542
三角形趣谈	2012—08	28.00	212
解三角形	2014—01	28.00	265
三角学专门教程	2014—09	28.00	387
图天下几何新题试卷.初中(第2版)	2017—11	58.00	855
圆锥曲线习题集(上册)	2013—06	68.00	255
圆锥曲线习题集(中册)	2015—01	78.00	434
圆锥曲线习题集(下册·第1卷)	2016—10	78.00	683
圆锥曲线习题集(下册·第2卷)	2018—01	98.00	853
论九点圆	2015—05	88.00	645
近代欧氏几何学	2012—03	48.00	162
罗巴切夫斯基几何学及几何基础概要	2012—07	28.00	188
罗巴切夫斯基几何学初步	2015—06	28.00	474
用三角、解析几何、复数、向量计算解数学竞赛几何题	2015—03	48.00	455
美国中学几何教程	2015—04	88.00	458
三线坐标与三角形特征点	2015—04	98.00	460
平面解析几何方法与研究(第1卷)	2015—05	18.00	471
平面解析几何方法与研究(第2卷)	2015—06	18.00	472
平面解析几何方法与研究(第3卷)	2015—07	18.00	473
解析几何研究	2015—01	38.00	425
解析几何学教程.上	2016—01	38.00	574
解析几何学教程.下	2016—01	38.00	575
几何学基础	2016—01	58.00	581
初等几何研究	2015—02	58.00	444
十九和二十世纪欧氏几何学中的片段	2017—01	58.00	696
平面几何中考.高考.奥数一本通	2017—07	28.00	820
几何学简史	2017—08	28.00	833
四面体	2018—01	48.00	880
平面几何范例多解探究.上篇	2018—04	48.00	913
平面几何范例多解探究.下篇	即将出版		914

刘培杰数学工作室
已出版(即将出版)图书目录——初等数学

书 名	出版时间	定 价	编号
俄罗斯平面几何问题集	2009—08	88.00	55
俄罗斯立体几何问题集	2014—03	58.00	283
俄罗斯几何大师——沙雷金论数学及其他	2014—01	48.00	271
来自俄罗斯的5000道几何习题及解答	2011—03	58.00	89
俄罗斯初等数学问题集	2012—05	38.00	177
俄罗斯函数问题集	2011—03	38.00	103
俄罗斯组合分析问题集	2011—01	48.00	79
俄罗斯初等数学万题选——三角卷	2012—11	38.00	222
俄罗斯初等数学万题选——代数卷	2013—08	68.00	225
俄罗斯初等数学万题选——几何卷	2014—01	68.00	226
463个俄罗斯几何老问题	2012—01	28.00	152
谈谈素数	2011—03	18.00	91
平方和	2011—03	18.00	92
整数论	2011—05	38.00	120
从整数谈起	2015—10	28.00	538
数与多项式	2016—01	38.00	558
谈谈不定方程	2011—05	28.00	119
解析不等式新论	2009—06	68.00	48
建立不等式的方法	2011—03	98.00	104
数学奥林匹克不等式研究	2009—08	68.00	56
不等式研究(第二辑)	2012—02	68.00	153
不等式的秘密(第一卷)	2012—02	28.00	154
不等式的秘密(第一卷)(第2版)	2014—02	38.00	286
不等式的秘密(第二卷)	2014—01	38.00	268
初等不等式的证明方法	2010—06	38.00	123
初等不等式的证明方法(第二版)	2014—11	38.00	407
不等式·理论·方法(基础卷)	2015—07	38.00	496
不等式·理论·方法(经典不等式卷)	2015—07	38.00	497
不等式·理论·方法(特殊类型不等式卷)	2015—07	48.00	498
不等式探究	2016—03	38.00	582
不等式探秘	2017—01	88.00	689
四面体不等式	2017—01	68.00	715
数学奥林匹克中常见重要不等式	2017—09	38.00	845
同余理论	2012—05	38.00	163
[x]与{x}	2015—04	48.00	476
极值与最值.上卷	2015—06	28.00	486
极值与最值.中卷	2015—06	38.00	487
极值与最值.下卷	2015—06	28.00	488
整数的性质	2012—11	38.00	192
完全平方数及其应用	2015—08	78.00	506
多项式理论	2015—10	88.00	541
奇数、偶数、奇偶分析法	2018—01	98.00	876

刘培杰数学工作室
已出版(即将出版)图书目录——初等数学

书　名	出版时间	定　价	编号
历届美国中学生数学竞赛试题及解答(第一卷)1950—1954	2014—07	18.00	277
历届美国中学生数学竞赛试题及解答(第二卷)1955—1959	2014—04	18.00	278
历届美国中学生数学竞赛试题及解答(第三卷)1960—1964	2014—06	18.00	279
历届美国中学生数学竞赛试题及解答(第四卷)1965—1969	2014—04	28.00	280
历届美国中学生数学竞赛试题及解答(第五卷)1970—1972	2014—06	18.00	281
历届美国中学生数学竞赛试题及解答(第六卷)1973—1980	2017—07	18.00	768
历届美国中学生数学竞赛试题及解答(第七卷)1981—1986	2015—01	18.00	424
历届美国中学生数学竞赛试题及解答(第八卷)1987—1990	2017—05	18.00	769
历届 IMO 试题集(1959—2005)	2006—05	58.00	5
历届 CMO 试题集	2008—09	28.00	40
历届中国数学奥林匹克试题集(第 2 版)	2017—03	38.00	757
历届加拿大数学奥林匹克试题集	2012—08	38.00	215
历届美国数学奥林匹克试题集:多解推广加强	2012—08	38.00	209
历届美国数学奥林匹克试题集:多解推广加强(第 2 版)	2016—03	48.00	592
历届波兰数学竞赛试题集. 第 1 卷,1949~1963	2015—03	18.00	453
历届波兰数学竞赛试题集. 第 2 卷,1964~1976	2015—03	18.00	454
历届巴尔干数学奥林匹克试题集	2015—05	38.00	466
保加利亚数学奥林匹克	2014—10	38.00	393
圣彼得堡数学奥林匹克试题集	2015—01	38.00	429
匈牙利奥林匹克数学竞赛题解. 第 1 卷	2016—05	28.00	593
匈牙利奥林匹克数学竞赛题解. 第 2 卷	2016—05	28.00	594
历届美国数学邀请赛试题集(第 2 版)	2017—10	78.00	851
全国高中数学竞赛试题及解答. 第 1 卷	2014—07	38.00	331
普林斯顿大学数学竞赛	2016—06	38.00	669
亚太地区数学奥林匹克竞赛题	2015—07	18.00	492
日本历届(初级)广中杯数学竞赛试题及解答. 第 1 卷(2000~2007)	2016—05	28.00	641
日本历届(初级)广中杯数学竞赛试题及解答. 第 2 卷(2008~2015)	2016—05	38.00	642
360 个数学竞赛问题	2016—08	58.00	677
奥数最佳实战题. 上卷	2017—06	38.00	760
奥数最佳实战题. 下卷	2017—05	58.00	761
哈尔滨市早期中学数学竞赛试题汇编	2016—07	28.00	672
全国高中数学联赛试题及解答:1981—2017(第 2 版)	2018—05	98.00	920
20 世纪 50 年代全国部分城市数学竞赛试题汇编	2017—07	28.00	797
高中数学竞赛培训教程:平面几何问题的求解方法与策略. 上	2018—05	68.00	906
高中数学竞赛培训教程:平面几何问题的求解方法与策略. 下	即将出版		907
高中数学竞赛培训教程:整除与同余以及不定方程	2018—01	88.00	908
高中数学竞赛培训教程:组合计数与组合极值	2018—04	48.00	909
高考数学临门一脚(含密押三套卷)(理科版)	2017—01	45.00	743
高考数学临门一脚(含密押三套卷)(文科版)	2017—01	45.00	744
新课标高考数学题型全归纳(文科版)	2015—05	72.00	467
新课标高考数学题型全归纳(理科版)	2015—05	82.00	468
洞穿高考数学解答题核心考点(理科版)	2015—11	49.80	550
洞穿高考数学解答题核心考点(文科版)	2015—11	46.80	551

刘培杰数学工作室
已出版(即将出版)图书目录——初等数学

书 名	出版时间	定 价	编号
高考数学题型全归纳:文科版.上	2016—05	53.00	663
高考数学题型全归纳:文科版.下	2016—05	53.00	664
高考数学题型全归纳:理科版.上	2016—05	58.00	665
高考数学题型全归纳:理科版.下	2016—05	58.00	666
王连笑教你怎样学数学:高考选择题解题策略与客观题实用训练	2014—01	48.00	262
王连笑教你怎样学数学:高考数学高层次讲座	2015—02	48.00	432
高考数学的理论与实践	2009—08	38.00	53
高考数学核心题型解题方法与技巧	2010—01	28.00	86
高考思维新平台	2014—03	38.00	259
30分钟拿下高考数学选择题、填空题(理科版)	2016—10	39.80	720
30分钟拿下高考数学选择题、填空题(文科版)	2016—10	39.80	721
高考数学压轴题解题诀窍(上)(第2版)	2018—01	58.00	874
高考数学压轴题解题诀窍(下)(第2版)	2018—01	48.00	875
北京市五区文科数学三年高考模拟题详解:2013~2015	2015—08	48.00	500
北京市五区理科数学三年高考模拟题详解:2013~2015	2015—09	68.00	505
向量法巧解数学高考题	2009—08	28.00	54
高考数学万能解题法(第2版)	即将出版	38.00	691
高考物理万能解题法(第2版)	即将出版	38.00	692
高考化学万能解题法(第2版)	即将出版	28.00	693
高考生物万能解题法(第2版)	即将出版	28.00	694
高考数学解题金典(第2版)	2017—01	78.00	716
高考物理解题金典(第2版)	即将出版	68.00	717
高考化学解题金典(第2版)	即将出版	58.00	718
我一定要赚分:高中物理	2016—01	38.00	580
数学高考参考	2016—01	78.00	589
2011~2015年全国及各省市高考数学文科精品试题审题要津与解法研究	2015—10	68.00	539
2011~2015年全国及各省市高考数学理科精品试题审题要津与解法研究	2015—10	88.00	540
最新全国及各省市高考数学试卷解法研究及点拨评析	2009—02	38.00	41
2011年全国及各省市高考数学试题审题要津与解法研究	2011—10	48.00	139
2013年全国及各省市高考数学试题解析与点评	2014—01	48.00	282
全国及各省市高考数学试题审题要津与解法研究	2015—02	48.00	450
新课标高考数学——五年试题分章详解(2007~2011)(上、下)	2011—10	78.00	140,141
全国中考数学压轴题审题要津与解法研究	2013—04	78.00	248
新编全国及各省市中考数学压轴题审题要津与解法研究	2014—05	58.00	342
全国及各省市5年中考数学压轴题审题要津与解法研究(2015版)	2015—04	58.00	462
中考数学专题总复习	2007—04	28.00	6
中考数学较难题、难题常考题型解题方法与技巧.上	2016—01	48.00	584
中考数学较难题、难题常考题型解题方法与技巧.下	2016—01	58.00	585
中考数学较难题常考题型解题方法与技巧	2016—09	48.00	681
中考数学难题常考题型解题方法与技巧	2016—09	48.00	682

刘培杰数学工作室
已出版(即将出版)图书目录——初等数学

书　名	出版时间	定　价	编号
中考数学选择填空压轴好题妙解 365	2017—05	38.00	759
中考数学小压轴汇编初讲	2017—07	48.00	788
中考数学大压轴专题微言	2017—09	48.00	846
北京中考数学压轴题解题方法突破(第3版)	2017—11	48.00	854
助你高考成功的数学解题智慧:知识是智慧的基础	2016—01	58.00	596
助你高考成功的数学解题智慧:错误是智慧的试金石	2016—04	58.00	643
助你高考成功的数学解题智慧:方法是智慧的推手	2016—04	68.00	657
高考数学奇思妙解	2016—04	38.00	610
高考数学解题策略	2016—05	48.00	670
数学解题泄天机(第2版)	2017—10	48.00	850
高考物理压轴题全解	2017—04	48.00	746
高中物理经典问题 25 讲	2017—05	28.00	764
高中物理教学讲义	2018—01	48.00	871
2016 年高考文科数学真题研究	2017—04	58.00	754
2016 年高考理科数学真题研究	2017—04	78.00	755
初中数学、高中数学脱节知识补缺教材	2017—06	48.00	766
高考数学小题抢分必练	2017—10	48.00	834
高考数学核心素养解读	2017—09	38.00	839
高考数学客观题解题方法和技巧	2017—10	38.00	847
十年高考数学精品试题审题要津与解法研究.上卷	2018—01	68.00	872
十年高考数学精品试题审题要津与解法研究.下卷	2018—01	58.00	873
中国历届高考数学试题及解答.1949—1979	2018—01	38.00	877
数学文化与高考研究	2018—03	48.00	882
新编 640 个世界著名数学智力趣题	2014—01	88.00	242
500 个最新世界著名数学智力趣题	2008—06	48.00	3
400 个最新世界著名数学最值问题	2008—09	48.00	36
500 个世界著名数学征解问题	2009—06	48.00	52
400 个中国最佳初等数学征解老问题	2010—01	48.00	60
500 个俄罗斯数学经典老题	2011—01	28.00	81
1000 个国外中学物理好题	2012—04	48.00	174
300 个日本高考数学题	2012—05	38.00	142
700 个早期日本高考数学试题	2017—02	88.00	752
500 个前苏联早期高考数学试题及解答	2012—05	28.00	185
546 个早期俄罗斯大学生数学竞赛题	2014—03	38.00	285
548 个来自美苏的数学好问题	2014—11	28.00	396
20 所苏联著名大学早期入学试题	2015—02	18.00	452
161 道德国工科大学生必做的微分方程习题	2015—05	28.00	469
500 个德国工科大学生必做的高数习题	2015—06	28.00	478
360 个数学竞赛问题	2016—08	58.00	677
200 个趣味数学故事	2018—02	48.00	857
德国讲义日本考题.微积分卷	2015—04	48.00	456
德国讲义日本考题.微分方程卷	2015—04	38.00	457
二十世纪中叶中、英、美、日、法、俄高考数学试题精选	2017—06	38.00	783

刘培杰数学工作室
已出版(即将出版)图书目录——初等数学

书 名	出版时间	定 价	编号
中国初等数学研究 2009卷(第1辑)	2009—05	20.00	45
中国初等数学研究 2010卷(第2辑)	2010—05	30.00	68
中国初等数学研究 2011卷(第3辑)	2011—07	60.00	127
中国初等数学研究 2012卷(第4辑)	2012—07	48.00	190
中国初等数学研究 2014卷(第5辑)	2014—02	48.00	288
中国初等数学研究 2015卷(第6辑)	2015—06	68.00	493
中国初等数学研究 2016卷(第7辑)	2016—04	68.00	609
中国初等数学研究 2017卷(第8辑)	2017—01	98.00	712
几何变换(Ⅰ)	2014—07	28.00	353
几何变换(Ⅱ)	2015—06	28.00	354
几何变换(Ⅲ)	2015—01	38.00	355
几何变换(Ⅳ)	2015—12	38.00	356
初等数论难题集(第一卷)	2009—05	68.00	44
初等数论难题集(第二卷)(上、下)	2011—02	128.00	82,83
数论概貌	2011—03	18.00	93
代数数论(第二版)	2013—08	58.00	94
代数多项式	2014—06	38.00	289
初等数论的知识与问题	2011—02	28.00	95
超越数论基础	2011—03	28.00	96
数论初等教程	2011—03	28.00	97
数论基础	2011—03	18.00	98
数论基础与维诺格拉多夫	2014—03	18.00	292
解析数论基础	2012—08	28.00	216
解析数论基础(第二版)	2014—01	48.00	287
解析数论问题集(第二版)(原版引进)	2014—05	88.00	343
解析数论问题集(第二版)(中译本)	2016—04	88.00	607
解析数论基础(潘承洞,潘承彪著)	2016—07	98.00	673
解析数论导引	2016—07	58.00	674
数论入门	2011—03	38.00	99
代数数论入门	2015—03	38.00	448
数论开篇	2012—07	28.00	194
解析数论引论	2011—03	48.00	100
Barban Davenport Halberstam 均值和	2009—01	40.00	33
基础数论	2011—03	28.00	101
初等数论 100 例	2011—05	18.00	122
初等数论经典例题	2012—07	18.00	204
最新世界各国数学奥林匹克中的初等数论试题(上、下)	2012—01	138.00	144,145
初等数论(Ⅰ)	2012—01	18.00	156
初等数论(Ⅱ)	2012—01	18.00	157
初等数论(Ⅲ)	2012—01	28.00	158

刘培杰数学工作室
已出版(即将出版)图书目录——初等数学

书 名	出版时间	定价	编号
平面几何与数论中未解决的新老问题	2013—01	68.00	229
代数数论简史	2014—11	28.00	408
代数数论	2015—09	88.00	532
代数、数论及分析习题集	2016—11	98.00	695
数论导引提要及习题解答	2016—01	48.00	559
素数定理的初等证明.第2版	2016—09	48.00	686
数论中的模函数与狄利克雷级数(第二版)	2017—11	78.00	837
数论:数学导引	2018—01	68.00	849
数学眼光透视(第2版)	2017—06	78.00	732
数学思想领悟(第2版)	2018—01	68.00	733
数学解题引论	2017—05	48.00	735
数学史话览胜(第2版)	2017—01	48.00	736
数学应用展观(第2版)	2017—08	68.00	737
数学建模尝试	2018—04	48.00	738
数学竞赛采风	2018—01	68.00	739
数学技能操握	2018—03	48.00	741
数学欣赏拾趣	2018—02	48.00	742
从毕达哥拉斯到怀尔斯	2007—10	48.00	9
从迪利克雷到维斯卡尔迪	2008—01	48.00	21
从哥德巴赫到陈景润	2008—05	98.00	35
从庞加莱到佩雷尔曼	2011—08	138.00	136
博弈论精粹	2008—03	58.00	30
博弈论精粹.第二版(精装)	2015—01	88.00	461
数学 我爱你	2008—01	28.00	20
精神的圣徒 别样的人生——60位中国数学家成长的历程	2008—09	48.00	39
数学史概论	2009—06	78.00	50
数学史概论(精装)	2013—03	158.00	272
数学史选讲	2016—01	48.00	544
斐波那契数列	2010—02	28.00	65
数学拼盘和斐波那契魔方	2010—07	38.00	72
斐波那契数列欣赏	2011—01	28.00	160
数学的创造	2011—02	48.00	85
数学美与创造力	2016—01	48.00	595
数海拾贝	2016—01	48.00	590
数学中的美	2011—02	38.00	84
数论中的美学	2014—12	38.00	351

刘培杰数学工作室
已出版（即将出版）图书目录——初等数学

书　名	出版时间	定　价	编号
数学王者　科学巨人——高斯	2015—01	28.00	428
振兴祖国数学的圆梦之旅：中国初等数学研究史话	2015—06	98.00	490
二十世纪中国数学史料研究	2015—10	48.00	536
数字谜、数阵图与棋盘覆盖	2016—01	58.00	298
时间的形状	2016—01	38.00	556
数学发现的艺术：数学探索中的合情推理	2016—07	58.00	671
活跃在数学中的参数	2016—07	48.00	675
数学解题——靠数学思想给力（上）	2011—07	38.00	131
数学解题——靠数学思想给力（中）	2011—07	48.00	132
数学解题——靠数学思想给力（下）	2011—07	38.00	133
我怎样解题	2013—01	48.00	227
数学解题中的物理方法	2011—06	28.00	114
数学解题的特殊方法	2011—06	48.00	115
中学数学计算技巧	2012—01	48.00	116
中学数学证明方法	2012—01	58.00	117
数学趣题巧解	2012—03	28.00	128
高中数学教学通鉴	2015—05	58.00	479
和高中生漫谈：数学与哲学的故事	2014—08	28.00	369
算术问题集	2017—03	38.00	789
自主招生考试中的参数方程问题	2015—01	28.00	435
自主招生考试中的极坐标问题	2015—04	28.00	463
近年全国重点大学自主招生数学试题全解及研究．华约卷	2015—02	38.00	441
近年全国重点大学自主招生数学试题全解及研究．北约卷	2016—05	38.00	619
自主招生数学解证宝典	2015—09	48.00	535
格点和面积	2012—07	18.00	191
射影几何趣谈	2012—04	28.00	175
斯潘纳尔引理——从一道加拿大数学奥林匹克试题谈起	2014—01	28.00	228
李普希兹条件——从几道近年高考数学试题谈起	2012—10	18.00	221
拉格朗日中值定理——从一道北京高考试题的解法谈起	2015—10	18.00	197
闵科夫斯基定理——从一道清华大学自主招生试题谈起	2014—01	28.00	198
哈尔测度——从一道冬令营试题的背景谈起	2012—08	28.00	202
切比雪夫逼近问题——从一道中国台北数学奥林匹克试题谈起	2013—04	38.00	238
伯恩斯坦多项式与贝齐尔曲面——从一道全国高中数学联赛试题谈起	2013—03	38.00	236
卡塔兰猜想——从一道普特南竞赛试题谈起	2013—06	18.00	256
麦卡锡函数和阿克曼函数——从一道前南斯拉夫数学奥林匹克试题谈起	2012—08	18.00	201
贝蒂定理与拉姆贝克莫斯尔定理——从一个拣石子游戏谈起	2012—08	18.00	217
皮亚诺曲线和豪斯道夫分球定理——从无限集谈起	2012—08	18.00	211
平面凸图形与凸多面体	2012—10	28.00	218
斯坦因豪斯问题——从一道二十五省市自治区中学数学竞赛试题谈起	2012—07	18.00	196

刘培杰数学工作室
已出版(即将出版)图书目录——初等数学

书　名	出版时间	定　价	编号
纽结理论中的亚历山大多项式与琼斯多项式——从一道北京市高一数学竞赛试题谈起	2012—07	28.00	195
原则与策略——从波利亚"解题表"谈起	2013—04	38.00	244
转化与化归——从三大尺规作图不能问题谈起	2012—08	28.00	214
代数几何中的贝祖定理(第一版)——从一道 IMO 试题的解法谈起	2013—08	18.00	193
成功连贯理论与约当块理论——从一道比利时数学竞赛试题谈起	2012—04	18.00	180
素数判定与大数分解	2014—08	18.00	199
置换多项式及其应用	2012—10	18.00	220
椭圆函数与模函数——从一道美国加州大学洛杉矶分校(UCLA)博士资格考题谈起	2012—10	28.00	219
差分方程的拉格朗日方法——从一道 2011 年全国高考理科试题的解法谈起	2012—08	28.00	200
力学在几何中的一些应用	2013—01	38.00	240
高斯散度定理、斯托克斯定理和平面格林定理——从一道国际大学生数学竞赛试题谈起	即将出版		
康托洛维奇不等式——从一道全国高中联赛试题谈起	2013—03	28.00	337
西格尔引理——从一道第 18 届 IMO 试题的解法谈起	即将出版		
罗斯定理——从一道前苏联数学竞赛试题谈起	即将出版		
拉克斯定理和阿廷定理——从一道 IMO 试题的解法谈起	2014—01	58.00	246
毕卡大定理——从一道美国大学数学竞赛试题谈起	2014—07	18.00	350
贝齐尔曲线——从一道全国高中联赛试题谈起	即将出版		
拉格朗日乘子定理——从一道 2005 年全国高中联赛试题的高等数学解法谈起	2015—05	28.00	480
雅可比定理——从一道日本数学奥林匹克试题谈起	2013—04	48.00	249
李天岩—约克定理——从一道波兰数学竞赛试题谈起	2014—06	28.00	349
整系数多项式因式分解的一般方法——从克朗耐克算法谈起	即将出版		
布劳维不动点定理——从一道前苏联数学奥林匹克试题谈起	2014—01	38.00	273
伯恩赛德定理——从一道英国数学奥林匹克试题谈起	即将出版		
布查特—莫斯特定理——从一道上海市初中竞赛试题谈起	即将出版		
数论中的同余数问题——从一道普林南竞赛试题谈起	即将出版		
范·德蒙行列式——从一道美国数学奥林匹克试题谈起	即将出版		
中国剩余定理:总数法构建中国历史年表	2015—01	28.00	430
牛顿程序与方程求根——从一道全国高考试题解法谈起	即将出版		
库默尔定理——从一道 IMO 预选试题谈起	即将出版		
卢丁定理——从一道冬令营试题的解法谈起	即将出版		
沃斯滕霍姆定理——从一道 IMO 预选试题谈起	即将出版		
卡尔松不等式——从一道莫斯科数学奥林匹克试题谈起	即将出版		
信息论中的香农熵——从一道近年高考压轴题谈起	即将出版		
约当不等式——从一道希望杯竞赛试题谈起	即将出版		
拉比诺维奇定理	即将出版		
刘维尔定理——从一道《美国数学月刊》征解问题的解法谈起	即将出版		
卡塔兰恒等式与级数求和——从一道 IMO 试题的解法谈起	即将出版		
勒让德猜想与素数分布——从一道爱尔兰竞赛试题谈起	即将出版		
天平称重与信息论——从一道基辅市数学奥林匹克试题谈起	即将出版		
哈密尔顿—凯莱定理:从一道高中数学联赛试题的解法谈起	2014—09	18.00	376
艾思特曼定理——从一道 CMO 试题的解法谈起	即将出版		

X

刘培杰数学工作室
已出版(即将出版)图书目录——初等数学

书　名	出版时间	定　价	编号
一个爱尔特希问题——从一道西德数学奥林匹克试题谈起	即将出版		
有限群中的爱丁格尔问题——从一道北京市初中二年级数学竞赛试题谈起	即将出版		
贝克码与编码理论——从一道全国高中联赛试题谈起	即将出版		
帕斯卡三角形	2014—03	18.00	294
蒲丰投针问题——从2009年清华大学的一道自主招生试题谈起	2014—01	38.00	295
斯图姆定理——从一道"华约"自主招生试题的解法谈起	2014—01	18.00	296
许瓦兹引理——从一道加利福尼亚大学伯克利分校数学系博士生试题谈起	2014—08	18.00	297
拉姆塞定理——从王诗宬院士的一个问题谈起	2016—04	48.00	299
坐标法	2013—12	28.00	332
数论三角形	2014—04	38.00	341
毕克定理	2014—07	18.00	352
数林掠影	2014—09	48.00	389
我们周围的概率	2014—10	38.00	390
凸函数最值定理：从一道华约自主招生题的解法谈起	2014—10	28.00	391
易学与数学奥林匹克	2014—10	38.00	392
生物数学趣谈	2015—01	18.00	409
反演	2015—01	28.00	420
因式分解与圆锥曲线	2015—01	18.00	426
轨迹	2015—01	28.00	427
面积原理：从常庚哲命的一道CMO试题的积分解法谈起	2015—01	48.00	431
形形色色的不动点定理：从一道28届IMO试题谈起	2015—01	38.00	439
柯西函数方程：从一道上海交大自主招生的试题谈起	2015—02	28.00	440
三角恒等式	2015—02	28.00	442
无理性判定：从一道2014年"北约"自主招生试题谈起	2015—01	38.00	443
数学归纳法	2015—03	18.00	451
极端原理与解题	2015—04	28.00	464
法雷级数	2014—08	18.00	367
摆线族	2015—01	38.00	438
函数方程及其解法	2015—05	38.00	470
含参数的方程和不等式	2012—09	28.00	213
希尔伯特第十问题	2016—01	38.00	543
无穷小量的求和	2016—01	28.00	545
切比雪夫多项式：从一道清华大学金秋营试题谈起	2016—01	38.00	583
泽肯多夫定理	2016—03	38.00	599
代数等式证题法	2016—01	28.00	600
三角等式证题法	2016—01	28.00	601
吴大任教授藏书中的一个因式分解公式：从一道美国数学邀请赛试题的解法谈起	2016—06	28.00	656
易卦——类万物的数学模型	2017—08	68.00	838
"不可思议"的数与数系可持续发展	2018—01	38.00	878
最短线	2018—01	38.00	879
幻方和魔方(第一卷)	2012—05	68.00	173
尘封的经典——初等数学经典文献选读(第一卷)	2012—07	48.00	205
尘封的经典——初等数学经典文献选读(第二卷)	2012—07	38.00	206
初级方程式论	2011—03	28.00	106
初等数学研究(Ⅰ)	2008—09	68.00	37
初等数学研究(Ⅱ)(上、下)	2009—05	118.00	46,47

刘培杰数学工作室
已出版(即将出版)图书目录——初等数学

书　名	出版时间	定　价	编号
趣味初等方程妙题集锦	2014—09	48.00	388
趣味初等数论选美与欣赏	2015—02	48.00	445
耕读笔记(上卷):一位农民数学爱好者的初数探索	2015—04	28.00	459
耕读笔记(中卷):一位农民数学爱好者的初数探索	2015—05	28.00	483
耕读笔记(下卷):一位农民数学爱好者的初数探索	2015—05	28.00	484
几何不等式研究与欣赏.上卷	2016—01	88.00	547
几何不等式研究与欣赏.下卷	2016—01	48.00	552
初等数列研究与欣赏·上	2016—01	48.00	570
初等数列研究与欣赏·下	2016—01	48.00	571
趣味初等函数研究与欣赏.上	2016—09	48.00	684
趣味初等函数研究与欣赏.下	即将出版		685
火柴游戏	2016—05	38.00	612
智力解谜.第1卷	2017—07	38.00	613
智力解谜.第2卷	2017—07	38.00	614
故事智力	2016—07	48.00	615
名人们喜欢的智力问题	即将出版		616
数学大师的发现、创造与失误	2018—01	48.00	617
异曲同工	即将出版		618
数学的味道	2018—01	58.00	798
数贝偶拾——高考数学题研究	2014—04	28.00	274
数贝偶拾——初等数学研究	2014—04	38.00	275
数贝偶拾——奥数题研究	2014—04	48.00	276
钱昌本教你快乐学数学(上)	2011—12	48.00	155
钱昌本教你快乐学数学(下)	2012—03	58.00	171
集合、函数与方程	2014—01	28.00	300
数列与不等式	2014—01	38.00	301
三角与平面向量	2014—01	28.00	302
平面解析几何	2014—01	38.00	303
立体几何与组合	2014—01	28.00	304
极限与导数、数学归纳法	2014—01	38.00	305
趣味数学	2014—03	28.00	306
教材教法	2014—04	68.00	307
自主招生	2014—05	58.00	308
高考压轴题(上)	2015—01	48.00	309
高考压轴题(下)	2014—10	68.00	310
从费马到怀尔斯——费马大定理的历史	2013—10	198.00	I
从庞加莱到佩雷尔曼——庞加莱猜想的历史	2013—10	298.00	II
从切比雪夫到爱尔特希(上)——素数定理的初等证明	2013—07	48.00	III
从切比雪夫到爱尔特希(下)——素数定理100年	2012—12	98.00	III
从高斯到盖尔方特——二次域的高斯猜想	2013—10	198.00	IV
从库默尔到朗兰兹——朗兰兹猜想的历史	2014—01	98.00	V
从比勃巴赫到德布朗斯——比勃巴赫猜想的历史	2014—02	298.00	VI
从麦比乌斯到陈省身——麦比乌斯变换与麦比乌斯带	2014—02	298.00	VII
从布尔到豪斯道夫——布尔方程与格论漫谈	2013—10	198.00	VIII
从开普勒到阿诺德——三体问题的历史	2014—05	298.00	IX
从华林到华罗庚——华林问题的历史	2013—10	298.00	X

刘培杰数学工作室
已出版(即将出版)图书目录——初等数学

书　　名	出版时间	定　价	编号
美国高中数学竞赛五十讲.第1卷(英文)	2014—08	28.00	357
美国高中数学竞赛五十讲.第2卷(英文)	2014—08	28.00	358
美国高中数学竞赛五十讲.第3卷(英文)	2014—09	28.00	359
美国高中数学竞赛五十讲.第4卷(英文)	2014—09	28.00	360
美国高中数学竞赛五十讲.第5卷(英文)	2014—10	28.00	361
美国高中数学竞赛五十讲.第6卷(英文)	2014—11	28.00	362
美国高中数学竞赛五十讲.第7卷(英文)	2014—12	28.00	363
美国高中数学竞赛五十讲.第8卷(英文)	2015—01	28.00	364
美国高中数学竞赛五十讲.第9卷(英文)	2015—01	28.00	365
美国高中数学竞赛五十讲.第10卷(英文)	2015—02	38.00	366
三角函数	2014—01	38.00	311
不等式	2014—01	38.00	312
数列	2014—01	38.00	313
方程	2014—01	28.00	314
排列和组合	2014—01	28.00	315
极限与导数	2014—01	28.00	316
向量	2014—09	38.00	317
复数及其应用	2014—08	28.00	318
函数	2014—01	38.00	319
集合	即将出版		320
直线与平面	2014—01	28.00	321
立体几何	2014—04	28.00	322
解三角形	即将出版		323
直线与圆	2014—01	28.00	324
圆锥曲线	2014—01	38.00	325
解题通法(一)	2014—07	38.00	326
解题通法(二)	2014—07	38.00	327
解题通法(三)	2014—05	38.00	328
概率与统计	2014—01	28.00	329
信息迁移与算法	即将出版		330
IMO 50年.第1卷(1959—1963)	2014—11	28.00	377
IMO 50年.第2卷(1964—1968)	2014—11	28.00	378
IMO 50年.第3卷(1969—1973)	2014—09	28.00	379
IMO 50年.第4卷(1974—1978)	2016—04	38.00	380
IMO 50年.第5卷(1979—1984)	2015—04	38.00	381
IMO 50年.第6卷(1985—1989)	2015—04	58.00	382
IMO 50年.第7卷(1990—1994)	2016—01	48.00	383
IMO 50年.第8卷(1995—1999)	2016—06	38.00	384
IMO 50年.第9卷(2000—2004)	2015—04	58.00	385
IMO 50年.第10卷(2005—2009)	2016—01	48.00	386
IMO 50年.第11卷(2010—2015)	2017—03	48.00	646

刘培杰数学工作室
已出版(即将出版)图书目录——初等数学

书 名	出版时间	定 价	编号
方程(第2版)	2017—04	38.00	624
三角函数(第2版)	2017—04	38.00	626
向量(第2版)	即将出版		627
立体几何(第2版)	2016—04	38.00	629
直线与圆(第2版)	2016—11	38.00	631
圆锥曲线(第2版)	2016—09	48.00	632
极限与导数(第2版)	2016—04	38.00	635
历届美国大学生数学竞赛试题集.第一卷(1938—1949)	2015—01	28.00	397
历届美国大学生数学竞赛试题集.第二卷(1950—1959)	2015—01	28.00	398
历届美国大学生数学竞赛试题集.第三卷(1960—1969)	2015—01	28.00	399
历届美国大学生数学竞赛试题集.第四卷(1970—1979)	2015—01	18.00	400
历届美国大学生数学竞赛试题集.第五卷(1980—1989)	2015—01	28.00	401
历届美国大学生数学竞赛试题集.第六卷(1990—1999)	2015—01	28.00	402
历届美国大学生数学竞赛试题集.第七卷(2000—2009)	2015—08	18.00	403
历届美国大学生数学竞赛试题集.第八卷(2010—2012)	2015—01	18.00	404
新课标高考数学创新题解题诀窍:总论	2014—09	28.00	372
新课标高考数学创新题解题诀窍:必修1~5分册	2014—08	38.00	373
新课标高考数学创新题解题诀窍:选修2-1,2-2,1-1,1-2分册	2014—09	38.00	374
新课标高考数学创新题解题诀窍:选修2-3,4-4,4-5分册	2014—09	18.00	375
全国重点大学自主招生英文数学试题全攻略:词汇卷	2015—07	48.00	410
全国重点大学自主招生英文数学试题全攻略:概念卷	2015—01	28.00	411
全国重点大学自主招生英文数学试题全攻略:文章选读卷(上)	2016—09	38.00	412
全国重点大学自主招生英文数学试题全攻略:文章选读卷(下)	2017—01	58.00	413
全国重点大学自主招生英文数学试题全攻略:试题卷	2015—07	38.00	414
全国重点大学自主招生英文数学试题全攻略:名著欣赏卷	2017—03	48.00	415
劳埃德数学趣题大全.题目卷.1:英文	2016—01	18.00	516
劳埃德数学趣题大全.题目卷.2:英文	2016—01	18.00	517
劳埃德数学趣题大全.题目卷.3:英文	2016—01	18.00	518
劳埃德数学趣题大全.题目卷.4:英文	2016—01	18.00	519
劳埃德数学趣题大全.题目卷.5:英文	2016—01	18.00	520
劳埃德数学趣题大全.答案卷:英文	2016—01	18.00	521
李成章教练奥数笔记.第1卷	2016—01	48.00	522
李成章教练奥数笔记.第2卷	2016—01	48.00	523
李成章教练奥数笔记.第3卷	2016—01	38.00	524
李成章教练奥数笔记.第4卷	2016—01	38.00	525
李成章教练奥数笔记.第5卷	2016—01	38.00	526
李成章教练奥数笔记.第6卷	2016—01	38.00	527
李成章教练奥数笔记.第7卷	2016—01	38.00	528
李成章教练奥数笔记.第8卷	2016—01	48.00	529
李成章教练奥数笔记.第9卷	2016—01	28.00	530

刘培杰数学工作室
已出版(即将出版)图书目录——初等数学

书　名	出版时间	定　价	编号
第19～23届"希望杯"全国数学邀请赛试题审题要津详细评注(初一版)	2014—03	28.00	333
第19～23届"希望杯"全国数学邀请赛试题审题要津详细评注(初二、初三版)	2014—03	38.00	334
第19～23届"希望杯"全国数学邀请赛试题审题要津详细评注(高一版)	2014—03	28.00	335
第19～23届"希望杯"全国数学邀请赛试题审题要津详细评注(高二版)	2014—03	38.00	336
第19～25届"希望杯"全国数学邀请赛试题审题要津详细评注(初一版)	2015—01	38.00	416
第19～25届"希望杯"全国数学邀请赛试题审题要津详细评注(初二、初三版)	2015—01	58.00	417
第19～25届"希望杯"全国数学邀请赛试题审题要津详细评注(高一版)	2015—01	48.00	418
第19～25届"希望杯"全国数学邀请赛试题审题要津详细评注(高二版)	2015—01	48.00	419
物理奥林匹克竞赛大题典——力学卷	2014—11	48.00	405
物理奥林匹克竞赛大题典——热学卷	2014—04	28.00	339
物理奥林匹克竞赛大题典——电磁学卷	2015—07	48.00	406
物理奥林匹克竞赛大题典——光学与近代物理卷	2014—06	28.00	345
历届中国东南地区数学奥林匹克试题集(2004～2012)	2014—06	18.00	346
历届中国西部地区数学奥林匹克试题集(2001～2012)	2014—07	18.00	347
历届中国女子数学奥林匹克试题集(2002～2012)	2014—08	18.00	348
数学奥林匹克在中国	2014—06	98.00	344
数学奥林匹克问题集	2014—01	38.00	267
数学奥林匹克不等式散论	2010—06	38.00	124
数学奥林匹克不等式欣赏	2011—09	38.00	138
数学奥林匹克超级题库(初中卷上)	2010—01	58.00	66
数学奥林匹克不等式证明方法和技巧(上、下)	2011—08	158.00	134,135
他们学什么:原民主德国中学数学课本	2016—09	38.00	658
他们学什么:英国中学数学课本	2016—09	38.00	659
他们学什么:法国中学数学课本.1	2016—09	38.00	660
他们学什么:法国中学数学课本.2	2016—09	28.00	661
他们学什么:法国中学数学课本.3	2016—09	38.00	662
他们学什么:苏联中学数学课本	2016—09	28.00	679
高中数学题典——集合与简易逻辑·函数	2016—07	48.00	647
高中数学题典——导数	2016—07	48.00	648
高中数学题典——三角函数·平面向量	2016—07	48.00	649
高中数学题典——数列	2016—07	58.00	650
高中数学题典——不等式·推理与证明	2016—07	38.00	651
高中数学题典——立体几何	2016—07	48.00	652
高中数学题典——平面解析几何	2016—07	78.00	653
高中数学题典——计数原理·统计·概率·复数	2016—07	48.00	654
高中数学题典——算法·平面几何·初等数论·组合数学·其他	2016—07	68.00	655

刘培杰数学工作室
已出版（即将出版）图书目录——初等数学

书 名	出版时间	定 价	编号
台湾地区奥林匹克数学竞赛试题.小学一年级	2017—03	38.00	722
台湾地区奥林匹克数学竞赛试题.小学二年级	2017—03	38.00	723
台湾地区奥林匹克数学竞赛试题.小学三年级	2017—03	38.00	724
台湾地区奥林匹克数学竞赛试题.小学四年级	2017—03	38.00	725
台湾地区奥林匹克数学竞赛试题.小学五年级	2017—03	38.00	726
台湾地区奥林匹克数学竞赛试题.小学六年级	2017—03	38.00	727
台湾地区奥林匹克数学竞赛试题.初中一年级	2017—03	38.00	728
台湾地区奥林匹克数学竞赛试题.初中二年级	2017—03	38.00	729
台湾地区奥林匹克数学竞赛试题.初中三年级	2017—03	28.00	730
不等式证题法	2017—04	28.00	747
平面几何培优教程	即将出版		748
奥数鼎级培优教程.高一分册	即将出版		749
奥数鼎级培优教程.高二分册.上	2018—04	68.00	750
奥数鼎级培优教程.高二分册.下	2018—04	68.00	751
高中数学竞赛冲刺宝典	即将出版		883
初中尖子生数学超级题典.实数	2017—07	58.00	792
初中尖子生数学超级题典.式、方程与不等式	2017—08	58.00	793
初中尖子生数学超级题典.圆、面积	2017—08	38.00	794
初中尖子生数学超级题典.函数、逻辑推理	2017—08	48.00	795
初中尖子生数学超级题典.角、线段、三角形与多边形	2017—07	58.00	796
数学王子——高斯	2018—01	48.00	858
坎坷奇星——阿贝尔	2018—01	48.00	859
闪烁奇星——伽罗瓦	2018—01	58.00	860
无穷统帅——康托尔	2018—01	48.00	861
科学公主——柯瓦列夫斯卡娅	2018—01	48.00	862
抽象代数之母——埃米·诺特	2018—01	48.00	863
电脑先驱——图灵	2018—01	58.00	864
昔日神童——维纳	2018—01	48.00	865
数坛怪侠——爱尔特希	2018—01	68.00	866
当代世界中的数学.数学思想与数学基础	2018—04	38.00	892
当代世界中的数学.数学问题	即将出版		893
当代世界中的数学.应用数学与数学应用	即将出版		894
当代世界中的数学.数学王国的新疆域（一）	2018—04	38.00	895
当代世界中的数学.数学王国的新疆域（二）	即将出版		896
当代世界中的数学.数林撷英（一）	即将出版		897
当代世界中的数学.数林撷英（二）	即将出版		898
当代世界中的数学.数学之路	即将出版		899

联系地址：哈尔滨市南岗区复华四道街 10 号 哈尔滨工业大学出版社刘培杰数学工作室
网   址：http://lpj.hit.edu.cn/
邮   编：150006
联系电话：0451—86281378   13904613167
E-mail:lpj1378@163.com